国家级职业教育规划教材
对接世界技能大赛技术标准创新系列教材
全国技工院校工业机械自动化装调专业教材

零件车铣加工

人力资源社会保障部教材办公室　组织编写

中国劳动社会保障出版社

内 容 简 介

本书为全国技工院校工业机械自动化装调专业教材。主要内容包括车削的基本知识、轴类零件的车削、套类零件的车削、圆锥的车削、普通螺纹的车削、机械零件的综合车削、铣削的基本知识、平面和连接面的铣削、台阶和直角沟槽的铣削、孔类零件的铣削、典型零件的铣削等。

图书在版编目（CIP）数据

零件车铣加工 / 人力资源社会保障部教材办公室组织编写．-- 北京：中国劳动社会保障出版社，2021

对接世界技能大赛技术标准创新系列教材　全国技工院校工业机械自动化装调专业教材

ISBN 978-7-5167-4971-5

Ⅰ.①零…　Ⅱ.①人…　Ⅲ.①数控机床－车床－加工－技工学校－教材②数控机床－铣床－加工－技工学校－教材　Ⅳ.①TG519.1②TG547

中国版本图书馆 CIP 数据核字（2021）第 154222 号

中国劳动社会保障出版社出版发行

（北京市惠新东街 1 号　邮政编码：100029）

*

北京汇林印务有限公司印刷装订　新华书店经销

787 毫米 ×1092 毫米　16 开本　20.75 印张　339 千字

2021 年 9 月第 1 版　2025 年 5 月第 3 次印刷

定价：42.00 元

营销中心电话：400-606-6496

出版社网址：http://www.class.com.cn

http://jg.class.com.cn

对接世界技能大赛技术标准创新系列教材

编审委员会

主　任：刘　康

副主任：张　斌　王晓君　刘新昌　冯　政

委　员：王　飞　翟　涛　杨　奕　张　伟　赵庆鹏
　　　　姜华平　杜庚星　王鸿飞

工业机械自动化装调专业课程改革工作小组

课 改 校：江苏省常州技师学院
　　　　　淄博市技师学院
　　　　　徐州工程机械技师学院
　　　　　成都市技师学院
　　　　　广西机电技师学院
　　　　　金华市技师学院
　　　　　新昌技师学院

技术指导：宋军民

编　　辑：姜华平

本书编审人员

主　编：孔凡宝

参　编：盖　兵　焦宏亮　柴鹏飞　彭　泽　尚念鹏　孟　潇

主　审：曹　勇　王公安

序

世界技能大赛由世界技能组织每两年举办一届，是迄今全球地位最高、规模最大、影响力最广的职业技能竞赛，被誉为“世界技能奥林匹克”。我国于 2010 年加入世界技能组织，先后参加了五届世界技能大赛，累计取得 36 金、29 银、20 铜和 58 个优胜奖的优异成绩。第 46 届世界技能大赛将在我国上海举办。2019 年 9 月，习近平总书记对我国选手在第 45 届世界技能大赛上取得佳绩作出重要指示，并强调，劳动者素质对一个国家、一个民族发展至关重要。技术工人队伍是支撑中国制造、中国创造的重要基础，对推动经济高质量发展具有重要作用。要健全技能人才培养、使用、评价、激励制度，大力发展技工教育，大规模开展职业技能培训，加快培养大批高素质劳动者和技术技能人才。要在全社会弘扬精益求精的工匠精神，激励广大青年走技能成才、技能报国之路。

为充分借鉴世界技能大赛先进理念、技术标准和评价体系，突出“高、精、尖、缺”导向，促进技工教育与世界先进标准接轨，完善我国技能人才培养模式，全面提升技能人才培养质量，人力资源社会保障部于 2019 年 4 月启动了世界技能大赛成果转化工作。根据成果转化工作方案，成立了由世界技能大赛中国集训基地、一体化课改学校，以及竞赛项目中国技术指导专家、企业专家、出版集团资深编辑组成的对接世界技能大赛技术标准深化专业课程改革工作小组，按照创新开发新专业、升级改造传统专业、深化一体化专业课程改革三种对接转化原则，以专业培养目标对接职业描述、专业课程对接世界技能标准、课程考核与评价对接评分方案等多种操作模式和路径，同时融入健康与安全、绿色与环保及可持续发展理念，开发与世界技能大赛项目对接的专业人才培养方案、教材及配套教学资源。首批对接 19 个世界技能大赛项目共 12 个专业的成果将于 2020—2021 年陆续出版，主要用于技工院校日常专业教学工作中，充分发挥世界技能大赛成果转化对技工院校技能人才的引领示范作用。在总结经验及调研的基础上选择新的对接项目，陆续启动第二批等世界技能大赛成果转化工作。

希望全国技工院校将对接世界技能大赛技术标准创新系列教材，作为深化专业课程建设、创新人才培养模式、提高人才培养质量的重要抓手，进一步推动教学改革，坚持高端引领，促进内涵发展，提升办学质量，为加快培养高水平的技能人才作出新的更大贡献！

2020 年 11 月

目 录

模块一
车削的基本知识

课题一
车床简介

学习目标

1. 掌握卧式车床的主要结构名称和用途。
2. 掌握卧式车床的基本传动路线。
3. 掌握卧式车床各部位的操作方法。
4. 掌握三爪自定心卡盘的结构和卡爪的拆装方法。
5. 掌握卧式车床的润滑方式。

在各类金属切削机床中，车床是应用最多、最广泛的一种机床，在一般机械加工车间的机床配置中，车床约占 40%。卧式车床在车床中使用最多，它适用于单件、小批量轴类、盘类工件的加工，是本课程学习和掌握的重点。

一、机床的型号

机床型号是机床产品的代号，用以简明地表示机床的类型、通用特性和结构特性、主要技术参数等。我国现行的机床型号是按国家标准《金属切削机床　型号编制方法》（GB/T 15375—2008）编制的，它由汉语拼音字母及阿拉伯数字组成。CY6140 型车床型号中各代号的含义如下：

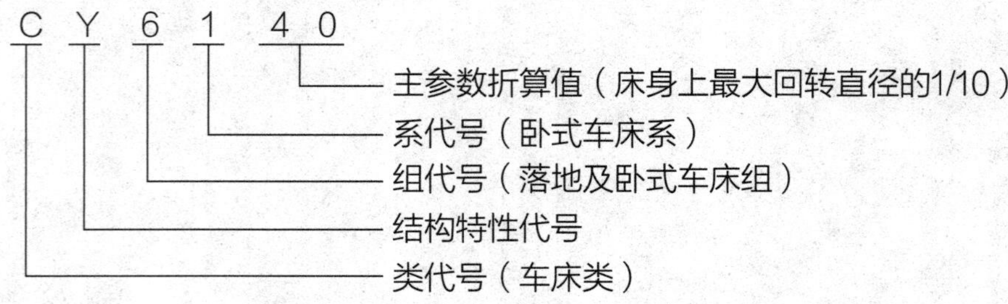

二、CY6140/750型卧式车床的主要技术参数(见表1-1-1)

表1-1-1　CY6140/750型卧式车床的主要技术参数

项目	种类	主要技术参数值
床身上最大回转直径		400 mm
刀架上最大回转直径		220 mm
最大工件长度		750 mm
主轴端部代号		C6
卡盘、拨盘连接方式		短锥过渡盘式连接
主轴内孔直径		52 mm
主轴内锥孔锥度		莫氏6号（Morse No.6）
主轴转速范围	24级	9 ~ 1 600 r/min
纵向进给量种数及范围		
基本进给量	65种	0.063 ~ 2.52 mm/r
缩小进给量	13种	0.028 ~ 0.056 mm/r
加大进给量	15种	2.86 ~ 6.43 mm/r
横向进给量种数及范围		
基本进给量	65种	0.027 ~ 1.07 mm/r
缩小进给量	13种	0.012 ~ 0.026 mm/r
加大进给量	15种	1.21 ~ 2.73 mm/r
车削螺纹和蜗杆的种数及范围		
米制螺纹	48种	0.5 ~ 224 mm
英制螺纹	48种	72 ~ 1/8 牙/in
米制蜗杆	42种	（0.5 ~ 112）m
英制蜗杆	45种	（56 ~ 1/4）D_P
纵向快速移动速度		4.5 m/min
横向快速移动速度		1.9 m/min
纵向丝杠螺距		12 mm
横向丝杆螺距		5 mm
刀具支承面至主轴中心线的垂直距离		约28 mm
允许最大刀具截面尺寸		25 mm × 25 mm
刀架回转角度		± 90°
小滑板最大行程		145 mm

续表

项目	种类	主要技术参数值
中滑板最大行程		320 mm
最大主切削力		13 700 N
最大进给力		3 400 N
尾座套筒直径		75 mm
尾座套筒锥孔锥度		莫氏 5 号（Morse No.5）
尾座套筒有效行程		150 mm
尾座横向移动量		± 15 mm
主电动机功率		7.5 kW
快速移动电动机功率		250 W
机床净重		1 975 kg

三、卧式车床的外形结构和传动路线

1. 卧式车床的外形结构

CY6140 型车床是目前常用的国产卧式车床之一，其外形结构如图 1-1-1 所示。卧式车床的外形结构及用途见表 1-1-2。

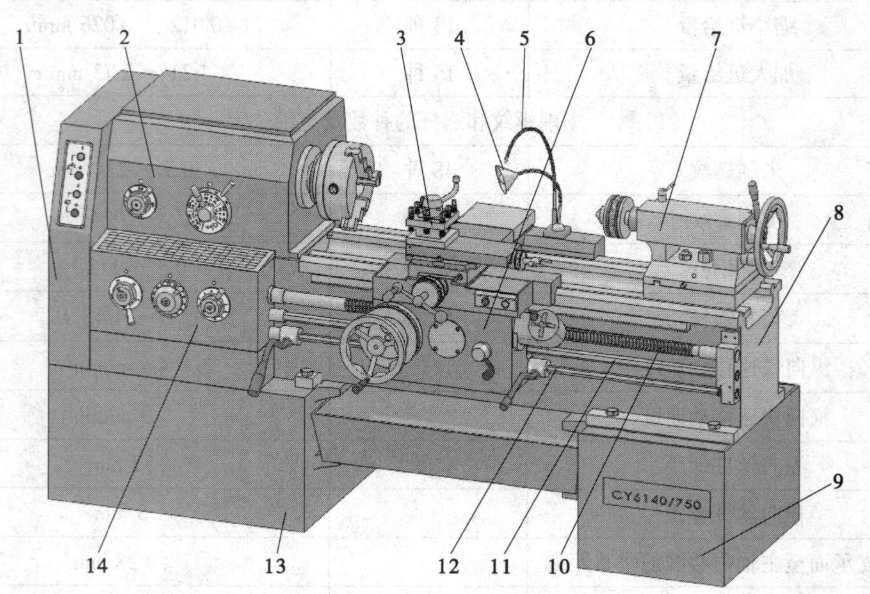

图 1-1-1　CY6140 型卧式车床

1—交换齿轮箱　2—主轴箱　3—刀架　4—照明灯　5—切削液喷管　6—溜板箱　7—尾座

8—床身　9、13—床脚　10—丝杠　11—光杠　12—操纵杆　14—进给箱

表 1-1-2　卧式车床的外形结构及用途

名称	图示	用途
主轴箱	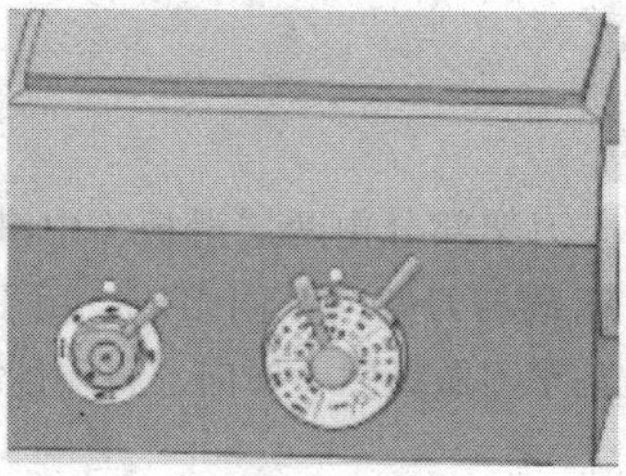	主轴箱支承主轴并带动工件旋转做主运动。箱内装有齿轮、轴等，组成变速传动机构，变换主轴箱外手柄的位置，可使主轴得到不同转速。主轴通过卡盘等夹具装夹工件，并带动工件旋转，以实现车削
进给箱	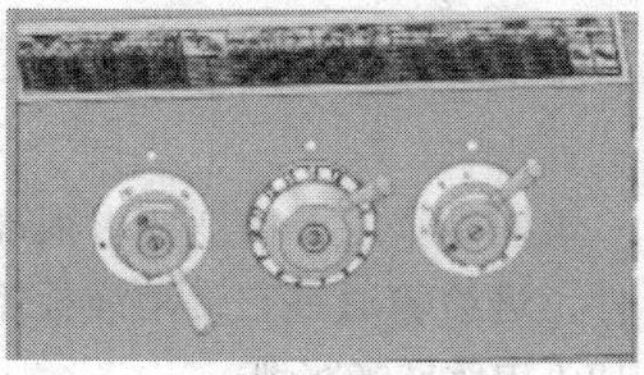	进给箱是进给传动系统的变速机构。它把交换齿轮箱传递过来的运动经过变速后传递给丝杠，以实现各种螺纹的车削；传递给光杠，以实现机动进给车削
交换齿轮箱	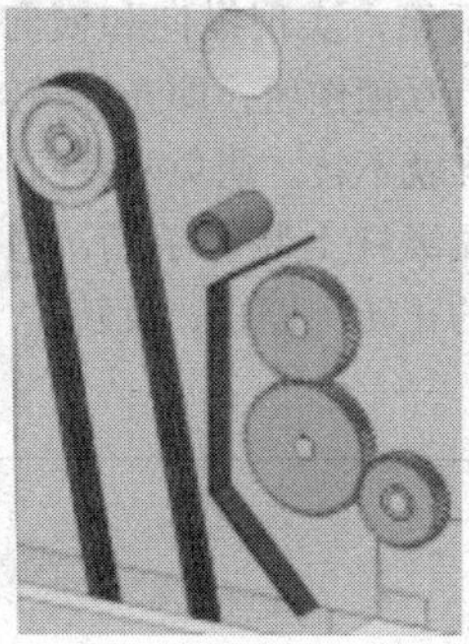	交换齿轮箱用来把主轴箱的运动传递给进给箱。更换箱内齿轮，配合进给箱内的变速机构，可以得到车削各种螺距螺纹（或蜗杆）的进给运动，并满足车削时对不同纵向进给量和横向进给量的需求
溜板箱		溜板箱接受光杠或丝杠传递来的运动，以驱动床鞍、中滑板、小滑板及刀架实现车刀的纵向、横向进给运动。溜板箱上还装有一些手柄及按钮，可以方便地操纵车床来选择机动进给、手动进给、车螺纹及快速移动等运动方式
床身	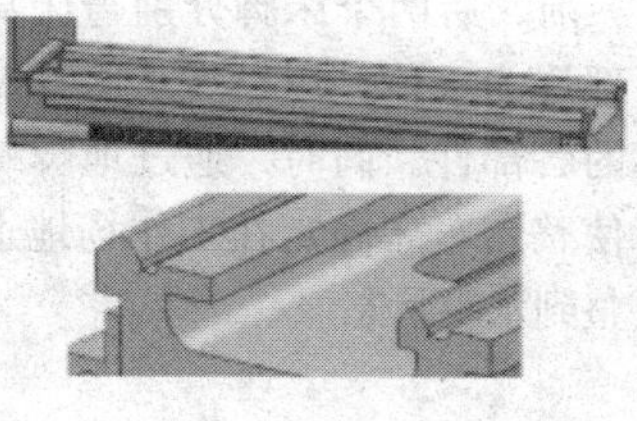	床身是车床上精度要求很高、带有导轨（山形导轨和平导轨）的一个大型基础部件，用于支承及连接车床的各部件，并保证各部件在工作时有准确的相对位置

续表

名称	图示	用途
刀架部分	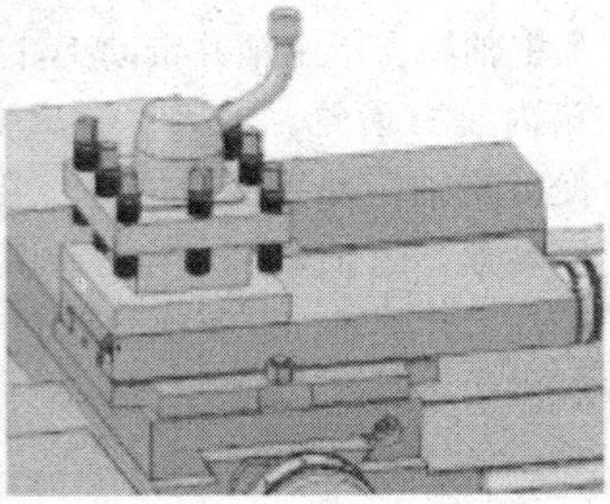	刀架部分由两层滑板（中滑板和小滑板）、床鞍与刀架体共同组成，用于安装车刀并带动车刀做纵向、横向、斜向运动
丝杠、光杠、操纵杆	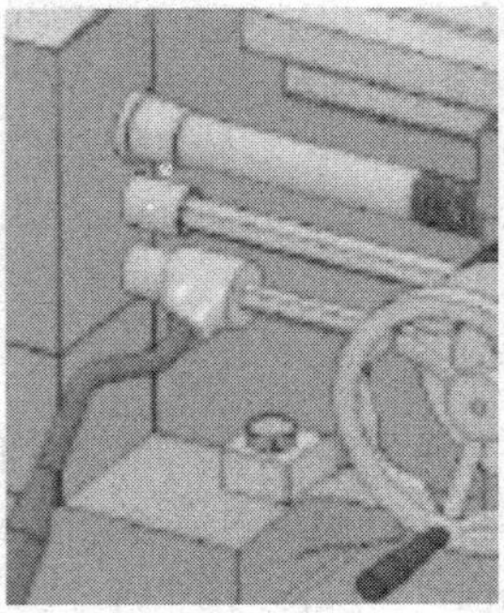	丝杠是车床上精度要求很高的一个传动部件，进给箱通过它带动溜板箱移动。螺纹的加工由丝杠来实现 光杠是一个传动部件，进给箱通过它带动溜板箱，实现纵向和横向移动。它与丝杠之间有互锁作用，即光杠转丝杠就不转，丝杠转光杠就不转。避免两者同时转动而损坏设备 操纵杆上装有手柄，通过操纵手柄实现车床的正转、停止、反转
尾座	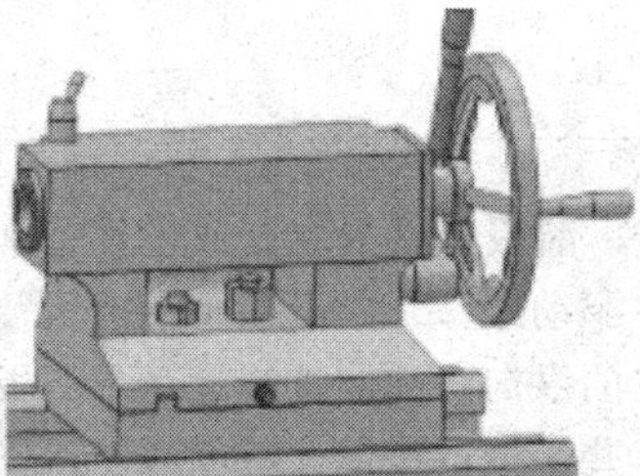	尾座安装在床身导轨上，并可沿此导轨纵向移动，以调整尾座的工作位置。尾座主要用来安装后顶尖，以支承较长的工件，也可安装钻头、铰刀等切削刀具进行孔加工
床脚	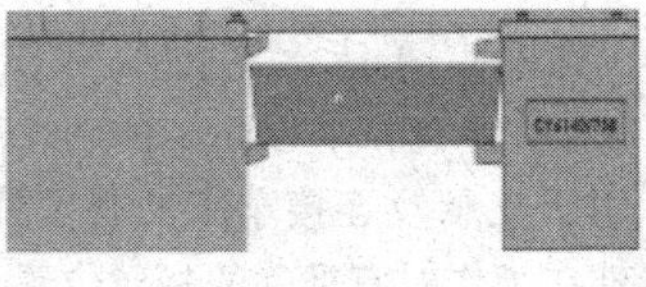	前、后两个床脚分别与床身前、后两端下部连为一体，用以支承床身及安装在床身上的各部件。同时，通过地脚螺栓和调整垫块使整台车床固定在工作场地上，并使床身调整到水平状态

续表

名称	图示	用途
照明灯、切削液喷管		照明灯使用安全电压，为操作者提供充足的光线，保证操作环境明亮，便于观察和测量 冷却装置主要通过冷却泵将切削液箱中的切削液加压后通过切削液喷管喷射到切削区域，降低切削温度，冲走切屑，润滑加工表面，以延长刀具寿命，提高工件的表面质量

2. 卧式车床的传动路线

为把电动机的旋转运动转化为工件和车刀的运动，所通过的一系列复杂的传动机构称为车床的传动路线。现以 CY6140 型车床为例，介绍卧式车床的传动路线，其方框图如图 1-1-2 所示，电动机驱动 V 带轮，把运动输入主轴箱。通过变速机构变速，使主轴获得不同的转速，再经卡盘（或夹具）带动工件做旋转运动。

主轴箱把旋转运动输入交换齿轮箱，再通过进给箱变速后由光杠或丝杠驱动溜板箱和刀架部分，很方便地实现手动、机动快速移动及车螺纹等运动。

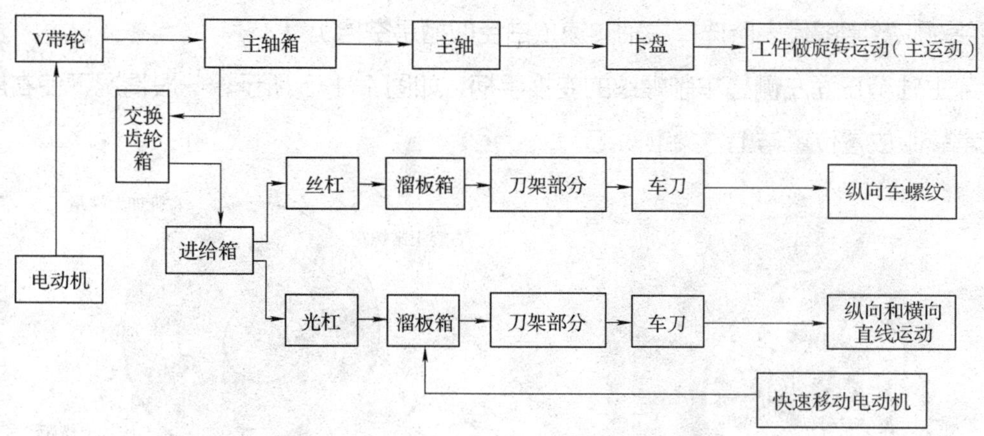

图 1-1-2 CY6140 型卧式车床传动路线方框图

四、卧式车床基本操作

1. 车床的启动

车床启动前，首先检查车床各变速手柄是否处于空挡位置，操纵杆是否处于停止状态，确认无误后，合上车床电源总开关。然后松开交换齿轮箱盖（或床鞍上）的红色停止按钮，再按下上方（或床鞍上）的绿色启动按钮，电动机启动，如图 1-1-3 所示。最后向上提起操纵杆手柄，则主轴正转；操纵杆手柄回到中间位置，则主轴停止转动；向下压操纵杆手柄，则主轴反转。按下红色停止按钮，电动机停止工作。

注意：电动机启动时，操纵杆手柄应处于中间位置，否则会使瞬间启动电流过大而发生电气故障。主轴正转和反转的转换要在主轴停止转动后进行，避免因转换操作而损坏主轴箱内的变速齿轮。

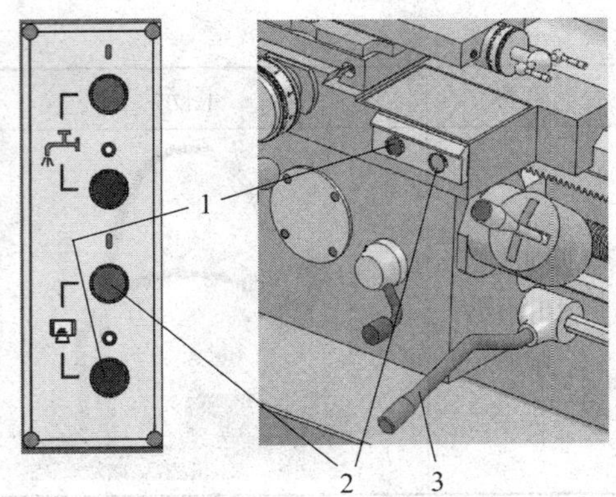

图 1–1–3　车床启动的按钮和操纵杆手柄
1—停止按钮（红） 2—启动按钮（绿）
3—操纵杆手柄

工作完毕，各手柄恢复至开机前的状态，关闭车床电源总开关。

2. 主轴箱的变速

车床主轴变速主要通过改变主轴箱正面右侧两个叠套手柄（见图 1–1–4）的位置来实现，前盖红、黄、蓝三圈数字分别代表高、中、低速挡转速值，当手柄所处挡位上转速数字的颜色与内侧手柄处凹槽颜色一致，并对正叠套手柄上方的尖锥时，颜色对应数字即代表所选择主轴转速（白色凹槽是空挡）。

主轴箱正面左侧是车削螺纹的变换手柄，如图 1–1–5 所示，一般情况下使右旋正常螺距放置位置与上方尖锥对正。

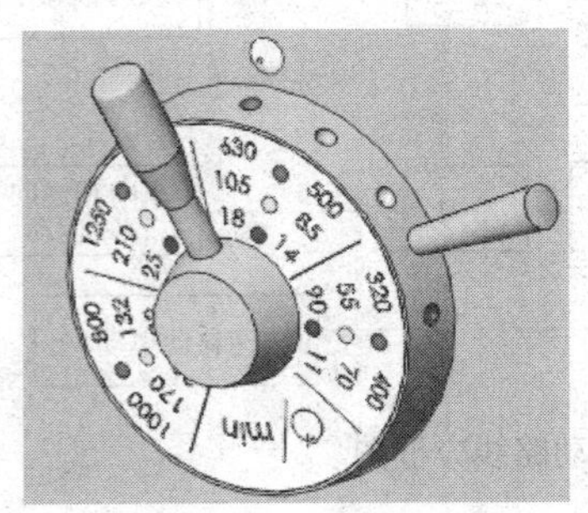

图 1–1–4　主轴箱的变速操作手柄

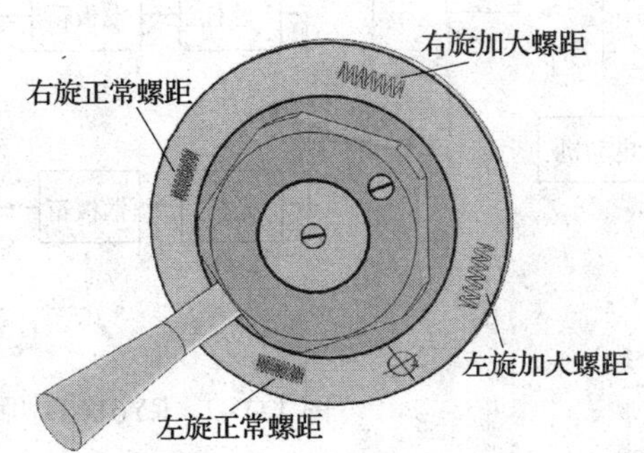

图 1–1–5　车削螺纹的变换手柄

注意：当主轴变换转速时，必须先使主轴停止转动再进行变速，否则会损坏主轴箱内的齿轮。

3. 进给箱的操作

进给箱上从左往右三个手柄分别是螺纹种类手柄、进给基本组操纵手柄、光杠和丝杠转换及进给倍增组操纵手柄，如图 1-1-6 所示。实际操作中应根据加工要求，查找进给箱盖上铭牌的螺纹和进给量调配表来确定手柄的具体位置。

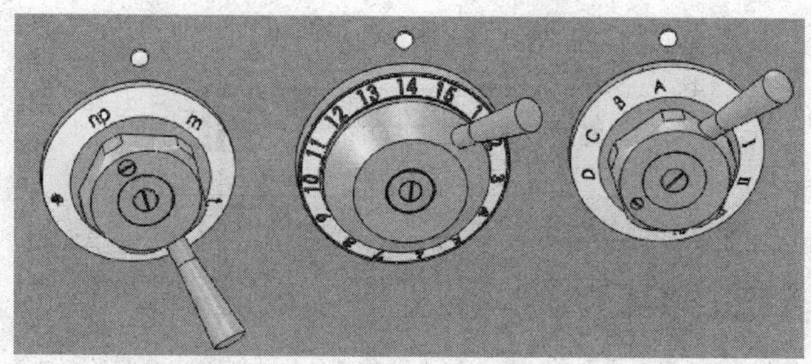

图 1-1-6　进给箱的操作手柄

一般车削时，螺纹种类手柄（见图 1-1-7）放置于 t 位置与上方尖锥对正，进给基本组操纵手柄中的数字 1 ~ 15 表示进给量逐渐加大。

光杠和丝杠转换及进给倍增组操纵手柄（见图 1-1-8）上的 A ~ D 为光杠转动，与进给基本组操纵手柄中的数字 1 ~ 15 配合，以调整进给量数值；Ⅰ ~ Ⅳ为丝杠转动，与进给基本组操纵手柄中的数字 1 ~ 15 配合，以调整螺距。

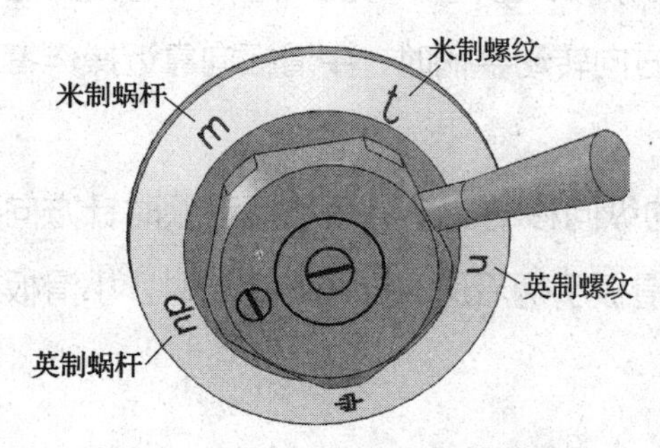

图 1-1-7　进给箱的螺纹种类手柄

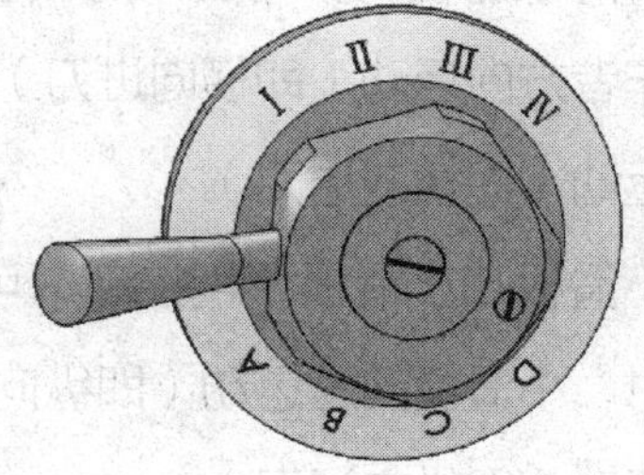

图 1-1-8　光杠和丝杠转换及进给倍增组操纵手柄

4. 溜板部分的操作

溜板部分包括溜板箱、床鞍、中滑板、小滑板和刀架等，如图 1-1-9 所示。溜板部分实现车削时绝大部分的进给运动：床鞍及溜板箱做纵向移动，中滑板做横向移动，小滑板可做纵向或斜向移动。进给运动有手动进给和机动进给两种方式。

（1）溜板部分的手动操作

床鞍及溜板箱的纵向移动由溜板箱正面左侧的大手轮控制。沿顺时针方向转动手轮时，床鞍及溜板箱向右运动（即纵向退刀）；沿逆时针方向转动手轮时，床鞍及溜板箱向左运动（即纵向进刀）。

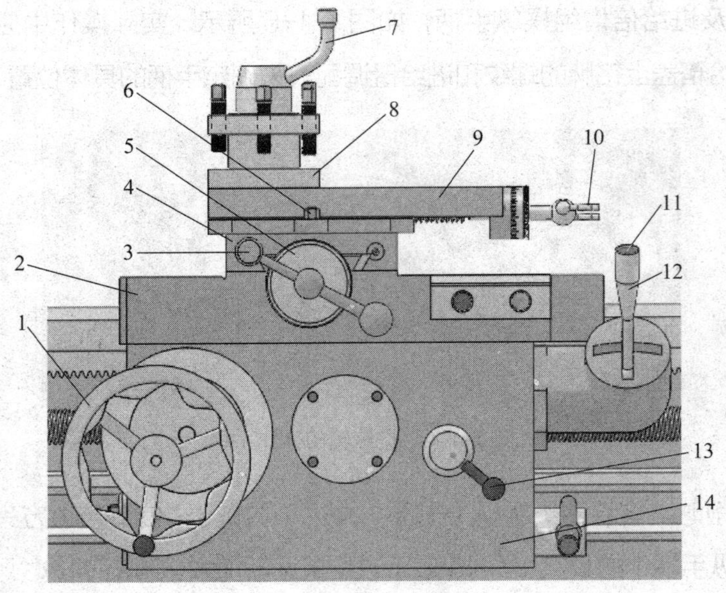

图 1-1-9 溜板部分

1—大手轮 2—床鞍 3—中滑板手柄 4—中滑板 5—刻度盘 6—锁紧螺母 7—刀架手柄 8—刀架 9—小滑板 10—小滑板手柄 11—快进按钮 12—自动进给手柄 13—开合螺母手柄 14—溜板箱

中滑板的横向移动由中滑板手柄控制。沿顺时针方向转动手柄时，中滑板向远离操作者方向运动（即横向进刀）；沿逆时针方向转动手柄时，中滑板向靠近操作者方向运动（即横向退刀）。

小滑板在小滑板手柄控制下可做短距离的纵向移动。小滑板手柄沿顺时针方向转动时，小滑板向左运动（即纵向进刀）；小滑板手柄沿逆时针方向转动时，小滑板向右运动（即纵向退刀）。

（2）溜板部分的机动操作

CY6140 型车床的纵向、横向机动进给和快速移动采用单手柄操纵。自动进给手柄（见图 1-1-9）在溜板箱右侧，可沿十字槽纵向、横向扳动，手柄扳动方向与刀架运动方向一致，操作简单、方便。手柄在十字槽中央位置时，停止进给运动。在自动进给手柄顶部有一快进按钮，按下此按钮，快速电动机工作，床鞍或中滑板按手柄扳动方向做纵向或横向快速移动；松开按钮，快速电动机停止转动，快速移动停止。

溜板箱正面右侧有一开合螺母手柄，如图 1-1-9 所示，用于控制溜板箱与丝杠之间的运动联系。车削非螺纹表面时，开合螺母手柄位于上方；车螺纹时，沿顺时针方向压下开合螺母手柄，使开合螺母闭合并与丝杠啮合，将丝杠的运动传递给溜板箱，使溜板箱、床鞍按预定的螺距（或导程）做纵向进给运动。车完螺纹应立即将开合螺母手柄扳回原位。

5. 刻度盘的原理及操作

溜板箱正面大手轮轴上的刻度盘（床鞍刻度盘，见图 1-1-10a）分为 300 格，每转过 1 格，表示床鞍纵向移动 1 mm。它是控制工件纵向基本尺寸进刀的依据。

中滑板丝杆上的刻度盘（见图 1-1-10b）分为 100 格，每转过 1 格，表示刀架横向移动 0.05 mm（工件回转加工，直径方向就是 0.1 mm）。它是控制工件横向（径向）尺寸进刀的依据。

小滑板丝杆上的刻度盘（见图 1-1-10c）分为 100 格，每转过 1 格，表示刀架纵向移动 0.05 mm。它是控制工件纵向微量进刀的依据。

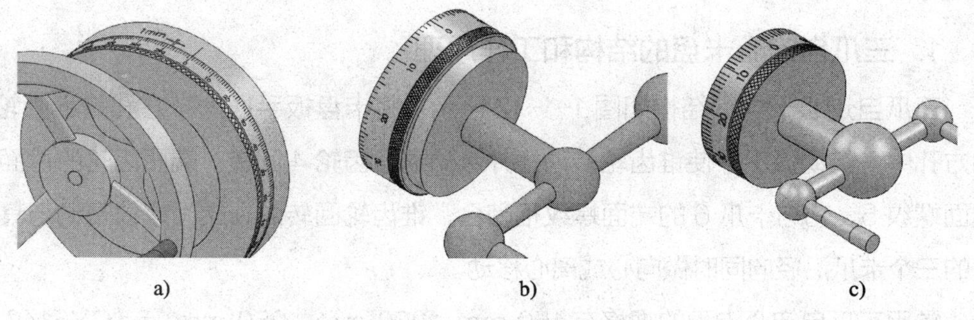

a)　　b)　　c)

图 1-1-10　刻度盘

a）床鞍刻度盘　b）中滑板刻度盘　c）小滑板刻度盘

6. 尾座的操作

尾座的结构如图 1-1-11 所示。

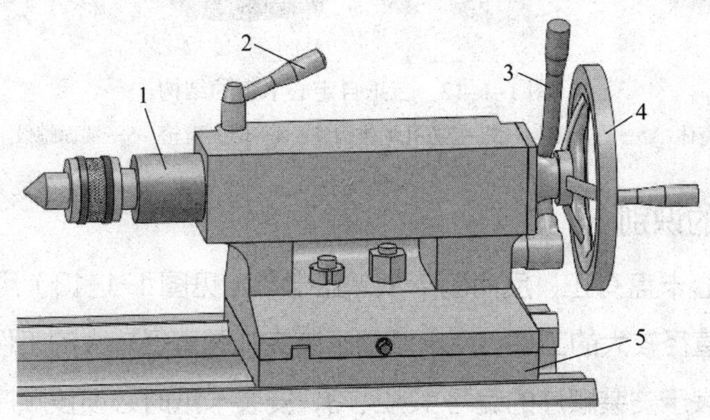

图 1-1-11　尾座的结构

1—套筒　2—套筒锁紧手柄　3—尾座固定手柄　4—手轮　5—底座

（1）尾座的移动和快速锁紧

向前松开尾座固定手柄，推动尾座沿床身导轨移动至合适的位置；向后扳动尾座固定手柄，则将尾座锁紧。

（2）套筒的前进、后退和固定

沿逆时针方向转动套筒锁紧手柄（松开套筒），摇动手轮，使套筒前进、后退；沿顺时针方向转动套筒锁紧手柄，将套筒固定在选定的位置。

（3）后顶尖的安装及退出

擦净套筒锥孔和顶尖锥柄，安装后顶尖。摇动手轮使套筒后退到一定位置会将后顶尖顶出。

五、三爪自定心卡盘

1. 三爪自定心卡盘的结构和工作原理

三爪自定心卡盘的结构如图 1-1-12 所示。将卡盘扳手插入带方孔的锥齿轮 3 的方孔中，转动扳手，使锥齿轮转动，并带动端面齿轮 4 回转。端面齿轮的背面有端面螺纹 5，它与卡爪 6 的端面螺纹相啮合，锥齿轮回转时，端面螺纹带动与其啮合的三个卡爪沿径向同时做向心或离心移动。

常用三爪自定心卡盘的规格有 150 mm、200 mm、250 mm 等。CY6140 型车床的卡盘一般为 250 mm。

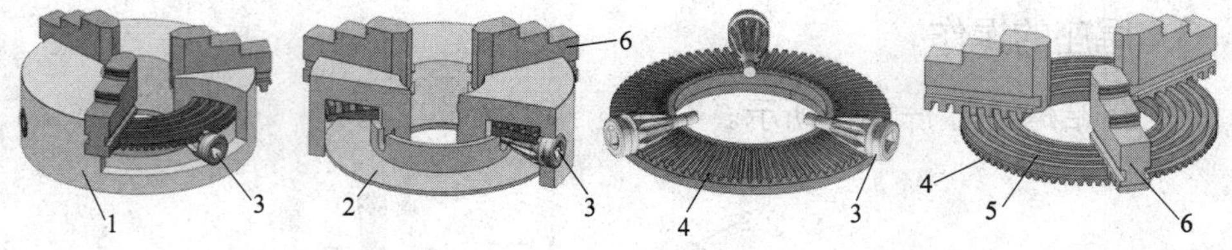

图 1-1-12　三爪自定心卡盘的结构

1—卡盘壳体　2—防尘端盖　3—带方孔的锥齿轮　4—端面齿轮　5—端面螺纹　6—卡爪

2. 卡爪的识别

三爪自定心卡盘有正、反两副卡爪。正卡爪（见图 1-1-13）用于装夹外圆直径较小、内孔直径较大的工件；反卡爪用于装夹外圆直径较大的工件。每副卡爪分别标有编码及表示安装顺序的编号 1、2、3，安装卡爪时必须按顺序装配。如果卡爪的编号标记不清晰，可将三个卡爪并列在一起，以卡爪夹持面与端面螺纹的距离 h 的大小为准，最小的为 1 号，最大的为 3 号。

3. 卡爪的安装与拆卸

（1）卡爪的安装

如图 1-1-14 所示，将卡盘扳手插入锥齿轮的方孔中，沿顺时针方向旋转卡盘扳手，驱动端面齿轮回转，当其背面端面螺纹的螺旋槽起始部位转到将要接近 1 槽时，将 1 号卡爪插入卡盘壳体 1 槽内，继续沿顺时针方向旋转卡盘扳手，依次在卡盘壳体的 2 槽、3 槽内插入 2 号、3 号卡爪。随着卡盘扳手的继续转动，三个卡爪同步沿径向向心运动，直至汇聚于卡盘的中心。

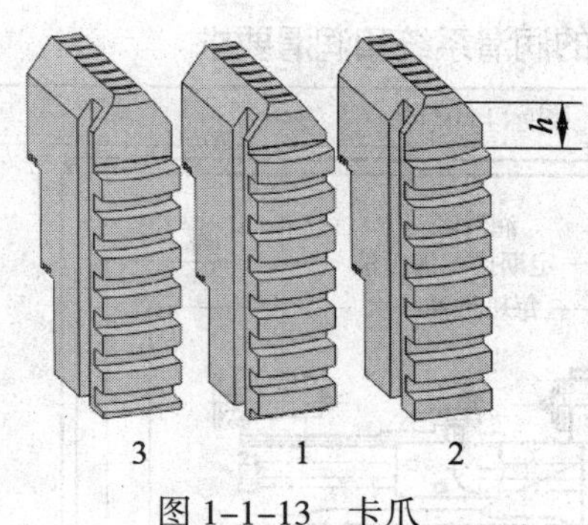

图 1-1-13　卡爪

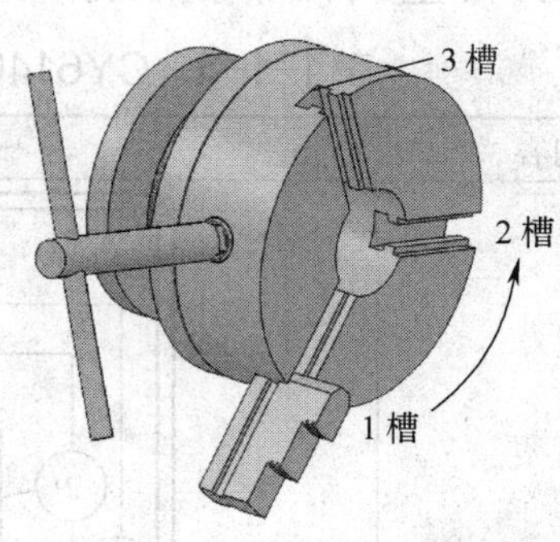

图 1-1-14　卡爪的安装与拆卸

（2）卡爪的拆卸

将卡盘扳手沿逆时针方向旋转，三个卡爪则同步沿径向离心移动，依次退出卡盘壳体。

六、卧式车床的润滑、维护与保养

1. 车床的润滑方式

车床的润滑方式和润滑部位见表 1-1-3。

表 1-1-3　车床的润滑方式和润滑部位

润滑方式	润滑部位
浇油润滑	用于润滑外露的滑动表面，如床身导轨面和滑板导轨面等，用油枪或油壶进行浇注
溅油润滑	用于密闭的箱体中润滑，如车床的主轴箱，利用箱中齿轮的转动将箱内下方的润滑油溅射到箱体上部的油槽中，然后经槽内油孔流送到各润滑点进行润滑
油绳导油润滑	用于车床进给箱和光杠、丝杠、操纵杆支架的润滑，它利用毛线既易吸油又易渗油的特性，通过毛线把油引入润滑点，间断地滴油润滑
弹子油杯注油润滑	用于车床各手轮轴承处、尾座套筒、中滑板丝杆螺母连接处的润滑。用油枪端头的油嘴压下油杯上的弹子，注入润滑油，撤去油嘴，弹子回复原位

续表

润滑方式	润滑部位
油脂杯润滑	用于交换齿轮箱挂轮架中间齿轮轴的润滑，在油脂杯中加满钙基润滑脂，润滑时，拧进油杯盖，则杯中的润滑脂就被挤压到润滑点中
油泵循环润滑	用于主轴箱齿轮、轴、轴承的润滑，利用油泵将润滑油吸入主轴箱内，通过油管将润滑油注入润滑部位

2. 车床的润滑要求

CY6140 型车床的润滑系统和润滑要求见表 1-1-4。

表 1-1-4　CY6140 型车床的润滑系统和润滑要求

内容	图示与说明
车床的润滑系统	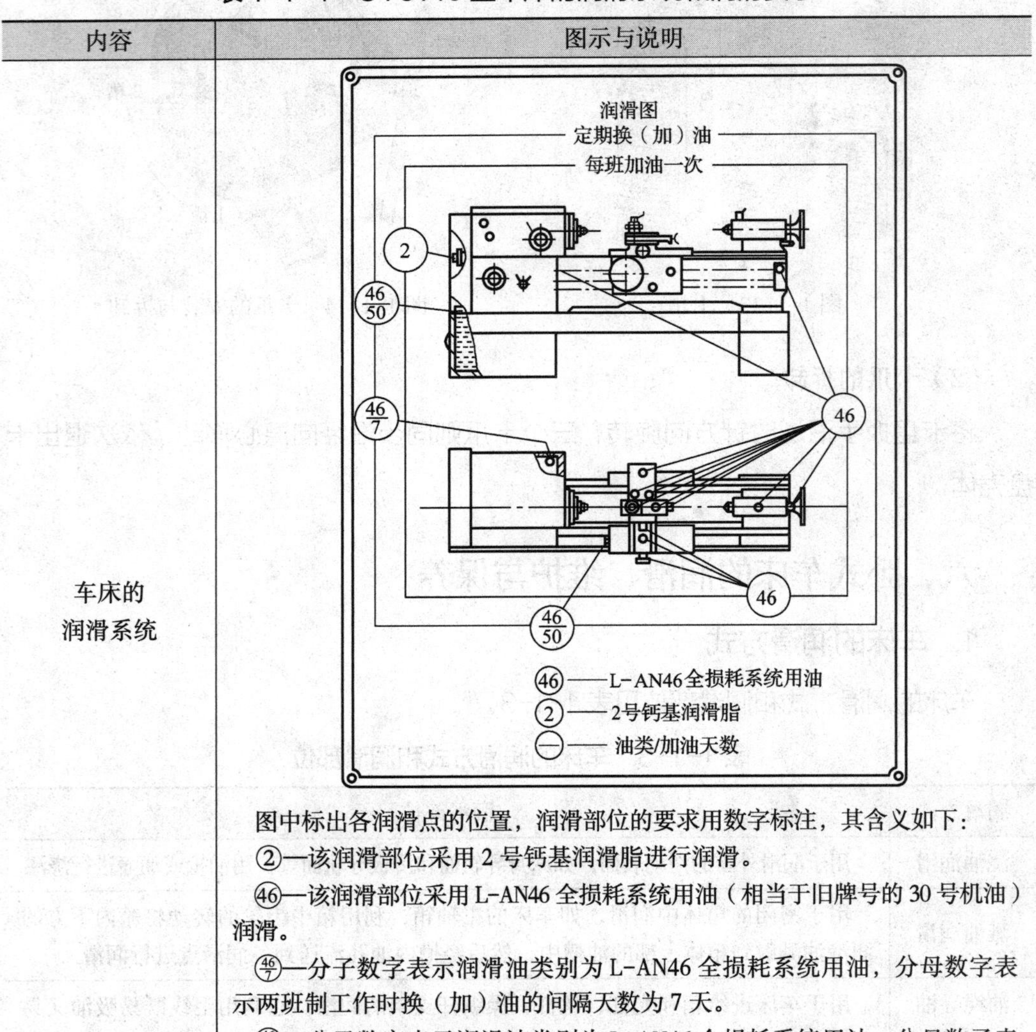 图中标出各润滑点的位置，润滑部位的要求用数字标注，其含义如下： ②—该润滑部位采用 2 号钙基润滑脂进行润滑。 ㊻—该润滑部位采用 L-AN46 全损耗系统用油（相当于旧牌号的 30 号机油）润滑。 $\frac{46}{7}$—分子数字表示润滑油类别为 L-AN46 全损耗系统用油，分母数字表示两班制工作时换（加）油的间隔天数为 7 天。 $\frac{46}{50}$—分子数字表示润滑油类别为 L-AN46 全损耗系统用油，分母数子表示换油间隔为 50 ~ 60 天。 换油时，应先将废油放掉，然后用煤油把箱体内部冲洗干净，再注入新机油，注油时用滤网过滤，且油面应不低于油标的中线。

续表

内容	图示与说明		
	润滑部位	润滑方式	要求
润滑要求	主轴箱内零件	轴承：油泵循环润滑 齿轮：溅油润滑	箱内润滑油每三个月更换一次。车床运转时，箱体上的油标应不间断有油输出
	进给箱内齿轮和轴承	溅油润滑和油绳导油润滑	每班向储油池加油一次
	交换齿轮箱挂轮架中间齿轮轴轴承	油脂杯润滑	每班旋拧一次，每七天向油脂杯加钙基润滑脂一次
	尾座、中滑板和小滑板手柄，以及光杠、丝杠、刀架转动部位	弹子油杯注油润滑	每班一次
	床身导轨面和滑板导轨面	浇油润滑	每班工作前、后擦拭干净并用油枪浇油润滑

3. 车床的日常维护与保养

为保证车床的精度，延长其使用寿命，保证工件的加工质量，提高生产效率，操作者除了要能熟练地操作车床外，还必须能对车床进行合理的维护与保养。车床的日常维护与保养要求如下：

（1）每班工作后，切断电源，擦净车床导轨面（包括中滑板和小滑板导轨面），要求无油污，无切屑，并浇油润滑；擦拭车床各表面、罩壳、操纵手柄和操纵杆等，使车床外表清洁，场地整齐。

（2）每周要求保养车床床身、中滑板、小滑板三个导轨面及转动部位，保证其清洁、润滑。要求油孔畅通，油标清晰。清洗油绳和护床油毛毡，保持车床外表面和工作场地整洁。

课题二
车 削 概 述

学习目标

1. 了解车削的范围。
2. 掌握车削运动的运动形式。
3. 掌握车削过程中形成的表面位置。
4. 掌握切削用量三要素。
5. 掌握车刀的几何角度及名称。
6. 了解切削液的作用、种类和应用场合。
7. 掌握安全文明生产的基本内容和要求。

科学技术的快速发展使新技术、新工艺、新加工方法不断涌现，但在实际生产中，绝大部分的机械零件仍需要通过切削加工来达到规定的尺寸精度、几何精度，以满足产品的性能和使用要求。在车削、铣削、刨削、磨削、镗削、钳加工等诸多切削加工中，车削是最基本、最常见的切削加工方法，车工也是机械加工中最基本的职业之一。

一、车削的基本内容

车削就是在车床上利用工件的旋转运动和刀具的直线运动（或曲线运动）来改变毛坯的形状和尺寸，将毛坯加工成符合图样要求的工件。

车削的加工范围很广泛，基本内容包括车外圆、车端面、切断和车槽、钻中心孔、钻孔、车孔、铰孔、车圆锥、车成形面、车螺纹、滚花和盘绕弹簧等，如果在车床上装上一些附件和夹具，还可以进行镗削、磨削、研磨和抛光等。

二、车削运动

车削时，为了切除多余的工件材料，必须使工件和车刀产生相对的车削运动。按其作用划分，车削运动可分为主运动和进给运动两种，如图 1-2-1 所示。

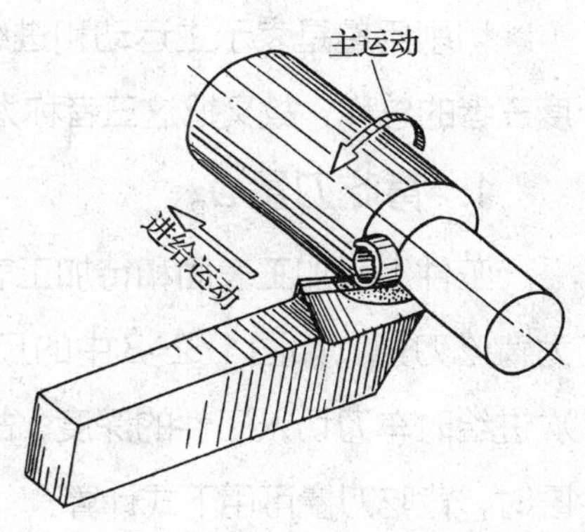

图 1-2-1　车削运动

1. 主运动

主运动是指形成机床切削速度或消耗主要动力的切削运动。车削时工件的旋转运动是主运动，通常主运动的速度较高。

2. 进给运动

进给运动是指使工件的多余材料不断被去除的切削运动。例如，车外圆时的纵向进给运动及车端面时的横向进给运动等。

3. 车削时工件的三个表面

在车削运动中，工件上会形成已加工表面、过渡表面和待加工表面，如图 1-2-2 所示。

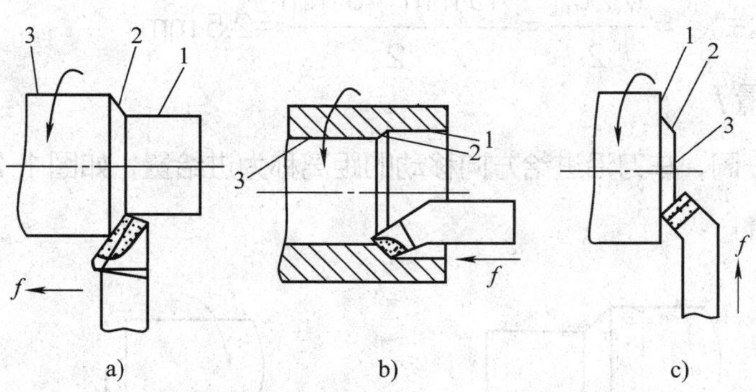

图 1-2-2　车削时工件上的三个表面

a）车外圆　b）车孔　c）车端面

1—已加工表面　2—过渡表面　3—待加工表面

已加工表面是指工件上经车刀车削后产生的新表面。

过渡表面是指工件上由切削刃正在形成的那部分表面。

待加工表面是指工件上有待切除的表面。

三、切削用量三要素

切削用量是表示主运动和进给运动大小的参数，是背吃刀量、进给量和切削速度三者的总称，故又把这三者称为切削用量三要素。

1. 背吃刀量 a_p

工件上已加工表面和待加工表面之间的垂直距离称为背吃刀量，如图 1-2-3 中的尺寸 a_p。背吃刀量是每次进给时车刀切入工件的深度，故又称切削深度。车外圆时，背吃刀量可用下式计算：

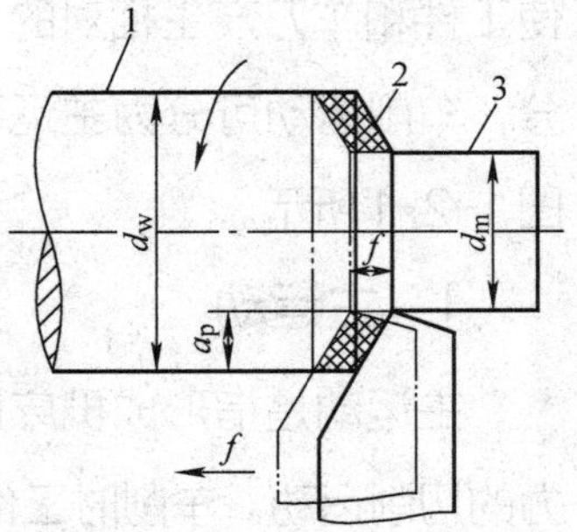

图 1-2-3　背吃刀量和进给量

1—待加工表面　2—过渡表面　3—已加工表面

$$a_p=\frac{d_w-d_m}{2}$$

式中　a_p——背吃刀量，mm；

d_w——工件待加工表面直径，mm；

d_m——工件已加工表面直径，mm。

例如，已知工件待加工表面直径为 45 mm，现一次进给车至直径为 40 mm，求背吃刀量。

解：根据公式 $a_p=\frac{d_w-d_m}{2}=\frac{45\ \text{mm}-40\ \text{mm}}{2}=2.5\ \text{mm}$

2. 进给量 f

工件每转一周，车刀沿进给方向移动的距离称为进给量，如图 1-2-4 中的尺寸 f，单位为 mm/r。

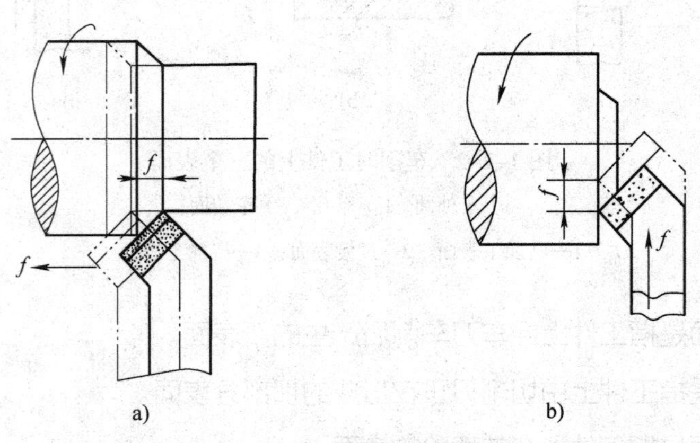

图 1-2-4　纵向进给量和横向进给量

a）纵向进给量　b）横向进给量

根据进给方向不同，进给量又分为纵向进给量和横向进给量，如图 1-2-4 所示。纵向进给量是指沿车床床身导轨方向的进给量，横向进给量是指垂直于车床床身导轨方向的进给量。

3. 切削速度 v_c

车削时，刀具切削刃上选定点相对于工件主运动的瞬时速度称为切削速度，单位为 m/min。切削速度也可理解为车刀在 1 min 内车削工件表面的理论展开直线长度（假定切屑没有变形或收缩），如图 1-2-5 所示。

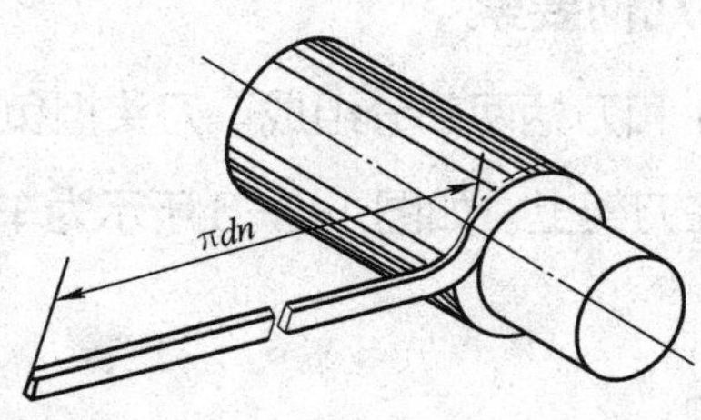

图 1-2-5 切削速度

切削速度可用下式计算：

$$v_c=\frac{\pi dn}{1\,000}\approx\frac{dn}{318}$$

式中 v_c——切削速度，m/min；

d——工件（或刀具）的直径，mm，一般取最大直径；

n——车床主轴转速，r/min。

例如，车削直径为 45 mm 的工件外圆，选定的车床主轴转速为 800 r/min，求切削速度。

解：根据公式 $v_c=\frac{\pi dn}{1\,000}=\frac{3.14\times45\times800}{1\,000}$ m/min ≈ 113 m/min

在实际生产中，往往是已知工件直径，根据工件材料、刀具材料和加工要求等因素选定切削速度，再将切削速度换算成车床主轴转速，以便于调整机床，这时可以将公式改成：

$$n=\frac{1\,000v_c}{\pi d}\approx\frac{318v_c}{d}$$

例如，车削直径为 30 mm 的工件外圆，选择切削速度为 100 m/min，求车床主轴转速。

解：根据公式 $n=\dfrac{1\,000v_c}{\pi d}=\dfrac{1\,000\times100}{3.14\times30}$ r/min ≈ 1 062 r/min

计算出车床主轴转速后，应选取与其接近的车床铭牌转速。故车削该工件时应选取与 CY6140 型卧式车床铭牌上接近的转速，即选取 n=1 000 r/min 作为车床的实际转速。

四、刀具切削部分的几何要素、作用及选择

1. 车刀切削部分的几何要素

车刀由刀头（或刀片）和刀柄两部分组成。刀头担负切削工作，故又称切削部分，刀柄用来把车刀装夹在刀架上。如图 1-2-6 所示为车刀的结构，刀头由若干刀面和切削刃组成。

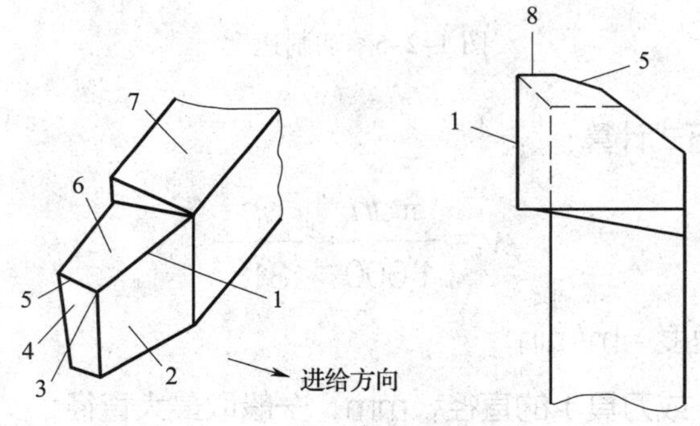

图 1-2-6　车刀的结构

1—主切削刃　2—主后面　3—刀尖　4—副后面　5—副切削刃　6—前面　7—刀柄　8—修光刃

（1）前面 A_γ

刀具上切屑流过的表面称为前面，又称前刀面。

（2）后面 A_α

后面分为主后面和副后面。与工件上过渡表面相对的刀面称为主后面 A_α，与工件上已加工表面相对的刀面称为副后面 A'_α。后面又称后刀面，一般是指主后面。

（3）主切削刃 S

前面和主后面的交线称为主切削刃，它担负着主要的切削工作。

（4）副切削刃 S'

前面和副后面的交线称为副切削刃，它配合主切削刃完成少量的切削工作。

（5）刀尖

主切削刃与副切削刃的连接处相当少的一部分切削刃称为刀尖。为了提高刀尖强度及延长刀具寿命，机夹车刀的刀尖为圆弧状切削刃。

（6）修光刃

副切削刃近刀尖处一小段平直的切削刃称为修光刃，它在切削时起修光已加工表面的作用。装刀时必须使修光刃与进给方向平行，且修光刃长度必须大于进给量，才能起修光作用。

2. 测量车刀角度的三个基准坐标平面

为了测量车刀的角度，需要假想三个基准坐标平面。

（1）基面 p_r

通过切削刃上选定点，垂直于该点主运动方向的平面称为基面。对于车削，一般可认为基面是水平面，如图 1-2-7a 和图 1-2-8 所示。

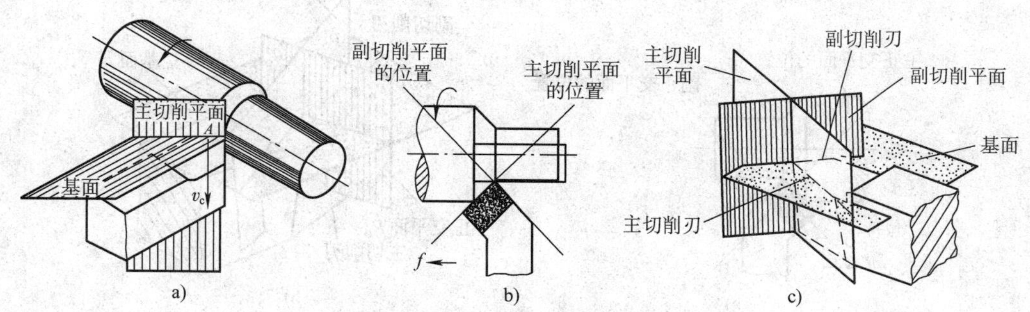

图 1-2-7　基面和切削平面

a）基面和主切削平面　b）主、副切削平面的位置　c）基面和主、副切削平面

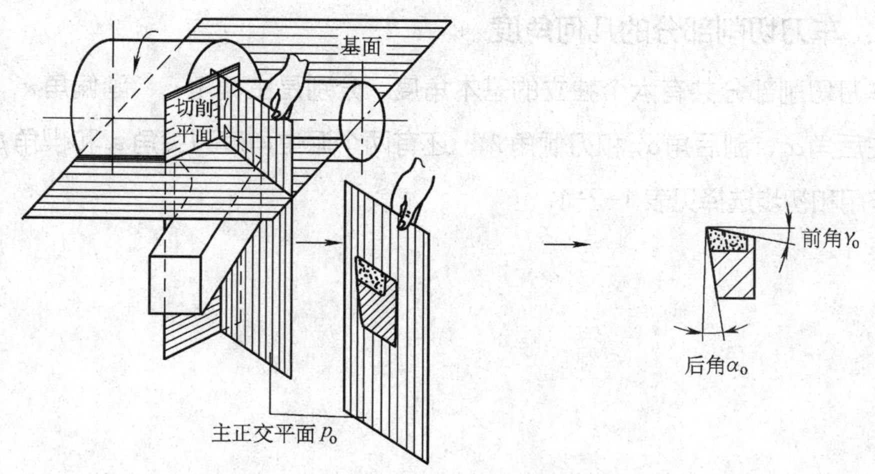

图 1-2-8　测量车刀角度的三个基准坐标平面

（2）**切削平面** p_s

通过切削刃上选定点，与切削刃相切并垂直于基面的平面称为切削平面。其中，选定点在主切削刃上的为主切削平面 p_s，选定点在副切削刃上的为副切削平面 p'_s，如图 1-2-7b 和图 1-2-8 所示。切削平面一般是指主切削平面。对于车削，一般可认为切削平面是铅垂面。

（3）**正交平面** p_o

通过切削刃上选定点，同时垂直于基面和切削平面的平面称为正交平面。也可以认为正交平面是指通过切削刃上的选定点，垂直于切削刃在基面上投影的平面，如图 1-2-9 所示。通过主切削刃上 p 点的正交平面称为主正交平面 p_o，通过副切削刃上 p' 点的正交平面称为副正交平面 p'_o。正交平面一般是指主正交平面。对于车削，一般可认为正交平面是铅垂面。

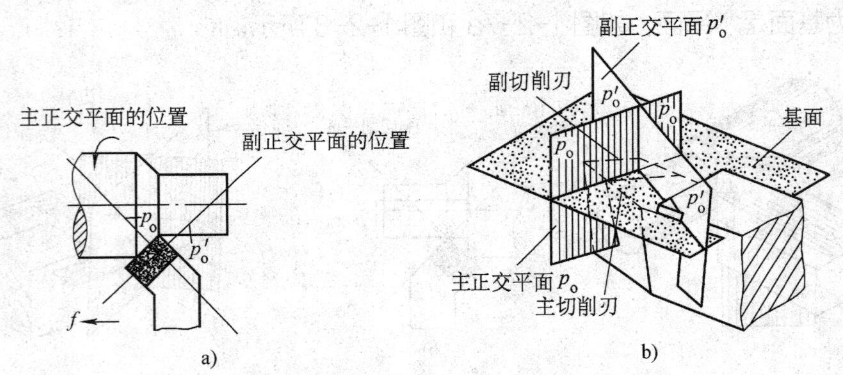

图 1-2-9　主正交平面和副正交平面

a）主、副正交平面的位置　b）基面和主、副正交平面

3. 车刀切削部分的几何角度

车刀切削部分共有六个独立的基本角度，分别是主偏角 κ_r、副偏角 κ'_r、前角 γ_o、主后角 α_o、副后角 α'_o 和刃倾角 λ_s，还有两个派生角度刀尖角 ε_r 和楔角 β_o，其主要作用和初步选择见表 1-2-1。

表 1-2-1　车刀切削部分的几何角度及其主要作用和初步选择

所在基准坐标平面	图示	角度	定义	主要作用	初步选择
基面 p_r	1—主切削刃在基面上的投影 2—基面 3—副切削刃在基面上的投影 f—进给运动方向	主偏角 κ_r	主切削刃在基面上的投影与进给方向间的夹角 常用车刀的主偏角有 45°、60°、75°和 90°等	改变主切削刃的受力及导热能力，影响切屑的厚度	1. 选择主偏角应先考虑工件的形状。例如，加工工件的台阶，必须选取 $\kappa_r \geq 90°$；加工中间切入的工件表面时，一般选取 κ_r=45° ~ 60°，如图 1-2-10 所示 2. 工件的刚度高或工件的材料较硬，应选较小的主偏角；反之，应选较大的主偏角
		副偏角 κ'_r	副切削刃在基面上的投影与背离进给方向间的夹角	减小副切削刃与工件已加工表面间的摩擦。减小副偏角，可以减小工件的表面粗糙度值，但是副偏角不能太小，否则会使背向力增大	1. 副偏角一般取 κ'_r=6° ~ 8° 2. 精车时，如果在副切削刃上刃磨修光刃，则取 κ'_r=0° 3. 加工中间切入的工件表面时，副偏角应取 κ'_r=45° ~ 60°，如图 1-2-10 所示
		刀尖角 ε_r	主、副切削刃在基面上的投影间的夹角	影响刀尖强度和散热性能	ε_r=180° −（κ_r+κ'_r）

续表

所在基准坐标平面	图示	角度	定义	主要作用	初步选择
主正交平面 p_o	p_r γ_o A_γ p_o 进给方向	前角 γ_o	前面和基面间的夹角	影响刃口的锋利程度和强度，影响切削变形和切削力	前角的数值与工件材料、加工性质和刀具材料有关： 1. 车削塑性材料（如钢料）或工件材料较软时，可选择较大的前角；车削脆性材料（如灰铸铁）或工件材料较硬时，可选择较小的前角 2. 粗加工时，尤其是车削有硬皮的铸件或锻件，应选取较小的前角；精加工时，应选取较大的前角 3. 车刀材料的强度和韧性较差时（如硬质合金车刀），应取较小值；反之（如高速钢车刀），可取较大值 车刀前角一般选取 γ_o=-5° ~ 25°。车削中碳钢（如 45 钢）工件，用高速钢车刀时，选取 γ_o=20° ~ 25°；用硬质合金车刀时，粗车选取 γ_o=10° ~ 15°，精车选取 γ_o=13° ~ 18°

续表

所在基准坐标平面	图示	角度	定义	主要作用	初步选择
主正交平面 p_o		主后角 α_o	主后面和主切削平面间的夹角	减小车刀主后面和工件过渡表面间的摩擦	1. 粗加工时，应取较小的主后角；精加工时，应取较大的主后角 2. 工件材料较硬时，后角宜取较小值；工件材料较软时，后角宜取较大值 车刀主后角一般选取 α_o=4°～12°。车削中碳钢工件，用高速钢车刀时，粗车选取 α_o=6°～8°，精车选取 α_o=8°～12°；用硬质合金车刀时，粗车选取 α_o=5°～7°，精车选取 α_o=6°～9°
		楔角 β_o	前面和主后面间的夹角	影响刀头截面的大小，从而影响刀头的强度	β_o=90°－（γ_o+α_o）
副正交平面 p'_o		副后角 α'_o	副后面和副切削平面间的夹角	减小车刀副后面和工件已加工表面间的摩擦	1. 副后角 α'_o 一般磨成与主后角 α_o 大小相等 2. 在切断刀等特殊情况下，为了保证刀具的强度，副后角应取较小值，α'_o=1°～2°
主切削平面 p_s		刃倾角 λ_s	主切削刃与基面间的夹角	控制排屑方向。当刃倾角为负值时，可提高刀头强度，并在车刀受冲击时保护刀尖	见表 1-2-3 中的使用场合

硬质合金外圆车刀切削部分几何角度的标注如图 1-2-11 所示。

在车刀切削部分的基本角度中，主偏角 κ_r 和副偏角 κ'_r 没有正负值规定，但前角 γ_o、主后角 α_o 和刃倾角 λ_s 有正负值规定。车刀前角和主后角分别有正值、零度和负值三种，见表 1-2-2。车刀刃倾角 λ_s 的正负值规定及使用情况等见表 1-2-3。

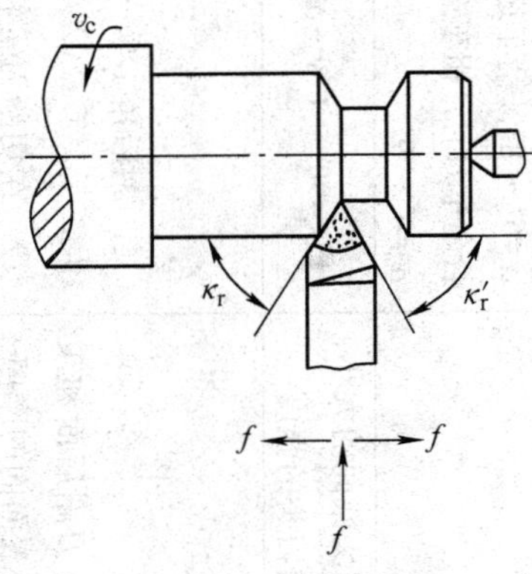

图 1-2-10　加工中间切入工件表面时车刀的主偏角和副偏角

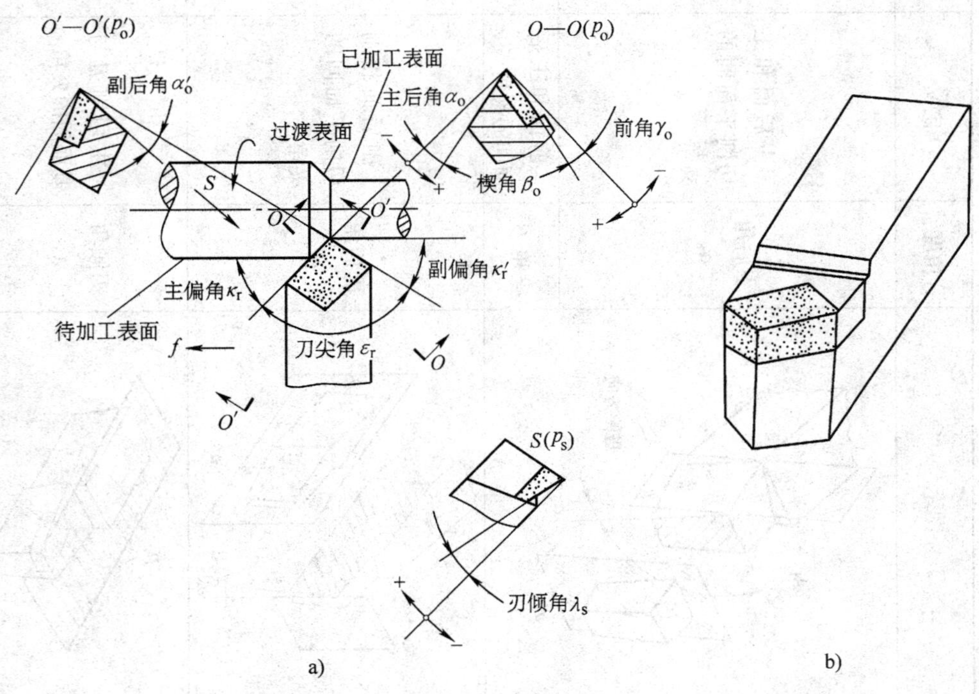

图 1-2-11　硬质合金外圆车刀切削部分几何角度的标注

a）车刀切削部分几何角度的标注　b）车刀外形图

表 1-2-2　在正交平面 p_o 内车刀前角和主后角正负值规定

角度值		正值	零度	负值
前角 γ_o	图示	p_r A_γ $\gamma_o>0°$ $<90°$ p_s $\gamma_o>0°$	p_r A_γ $\gamma_o=0°$ $90°$ p_s $\gamma_o=0°$	$\gamma_o<0°$ A_γ p_r $>90°$ p_s $\gamma_o<0°$
	正负值规定	前面 A_γ 与切削平面 p_s 间的夹角小于 90° 时	前面 A_γ 与切削平面 p_s 间的夹角等于 90° 时	前面 A_γ 与切削平面 p_s 间的夹角大于 90° 时
主后角 α_o	图示	p_r A_α $\alpha_o>0°$ $<90°$ p_s $\alpha_o>0°$	p_r A_α $\alpha_o=0°$ $90°$ p_s $\alpha_o=0°$	p_s p_r A_α $\alpha_o<0°$ $>90°$ $\alpha_o<0°$
	正负值规定	后面 A_α 与基面 p_r 间的夹角小于 90° 时	后面 A_α 与基面 p_r 间的夹角等于 90° 时	后面 A_α 与基面 p_r 间的夹角大于 90° 时

表 1-2-3　车刀刃倾角正负值的规定及使用情况

角度值	$\lambda_s>0°$	$\lambda_s=0°$	$\lambda_s<0°$
正负值规定	p_r S $\lambda_s>0°$	S $\lambda_s=0°$ p_r	S p_r $\lambda_s<0°$
	刀尖位于主切削刃 S 的最高点	主切削刃 S 与基面 p_r 平行	刀尖位于主切削刃 S 的最低点
排出切屑情况	切屑流向 f	切屑流向 f $\lambda_s=0°$	切屑流向 f
	车削时，切屑排向工件的待加工表面方向，切屑不易擦毛已加工表面，车出的工件表面粗糙度值小	车削时，切屑基本上沿垂直于主切削刃方向排出	车削时，切屑排向工件的已加工表面方向，容易划伤已加工表面

续表

刀尖强度和冲击点先接触车刀的位置	刀尖 S $\lambda_s>0°$	刀尖 S $\lambda_s=0°$	刀尖 S $\lambda_s<0°$
	刀尖强度较低，尤其是在车削不圆整的工件受冲击时，冲击点先接触刀尖，刀尖易损坏	刀尖强度一般，冲击点同时接触刀尖和切削刃	刀尖强度高，在车削有冲击的工件时，冲击点先接触远离刀尖的切削刃处，从而保护了刀尖
使用场合	精车时，刃倾角应取正值，λ_s 取 0° ~ 8°	工件圆整、余量均匀的一般车削时，应取 λ_s = 0°	断续车削时，为了提高刀头强度，刃倾角取负值，λ_s 为 -5° ~ -15°

五、车削常用工艺装备

1. 车削常用刀具

车削常用刀具外形及用途见表 1-2-4。

表 1-2-4　车削常用刀具外形及用途

名称	外形	用途
90° 外圆车刀		主要用于车削工件的外圆，也可以对工件端面进行小背吃刀量车削
45° 车刀		用于工件端面的车削和倒角，也可以进行工件外圆的粗加工
车槽刀		用于工件的车槽或切断

续表

名称	外形	用途
内孔车刀		用于工件内孔、端面的车削
外螺纹车刀		用于工件外螺纹的车削
内螺纹车刀		用于工件内螺纹的车削
中心钻		用于工件端面中心孔的钻削，常用的有 A 型、B 型两种
麻花钻		用于在工件上钻孔或扩孔
锪钻		用于孔的倒角，角度有 60°、90°、120°等

续表

名称	外形	用途
圆板牙		一般用于加工大径较小、长度较长的外螺纹
丝锥		一般用于加工孔径较小、长度较长的内螺纹

2. 车削常用量具

车削常用量具外形及用途见表 1-2-5。

表 1-2-5　车削常用量具外形及用途

名称	外形	用途
钢直尺		钢直尺用于确定两点（位置）间的距离，粗略地测量工件的长、宽、高、深、厚等几何尺寸
游标卡尺		游标卡尺是一种用于测量长度、内径、外径、深度的量具。游标卡尺由尺身和附在尺身上能滑动的游标两部分构成，测量精度一般为 0.02 mm
深度游标卡尺		深度游标卡尺是一种测量深度的量具。由尺身和游标两部分构成，测量精度一般为 0.02 mm
外径千分尺		外径千分尺是一种能测量外径、长度的量具。它由固定套筒、微分筒、测微螺杆、尺架、测力装置、锁紧装置等部分构成，测量精度一般为 0.01 mm

续表

名称	外形	用途
深度千分尺		深度千分尺是一种测量深度、台阶长度等尺寸的量具，可根据工件尺寸选择测量杆，测量精度一般为 0.01 mm
内测千分尺		用于测量工件内径或槽宽的精密量具，测量精度为 0.01 mm
三爪内径千分尺		用于测量工件内孔直径的精密量具，可配接长杆用于深孔的测量，测量精度为 0.01 mm
螺纹千分尺		用于测量外螺纹中径，测量头可根据螺距进行更换，测量精度一般为 0.01 mm
百分表及表座		百分表是一种对工件外圆、端面进行找正的量具。百分表应与磁性表座配合使用，测量精度一般为 0.01 mm
杠杆百分表及表座		杠杆百分表是一种对工件外圆、端面、台阶处进行找正的量具。因测量杆可以任意摆动，可用于测量百分表不能测量的部位，但测量行程较小。杠杆百分表应与磁性表座配合使用，测量精度一般为 0.01 mm

续表

名称	外形	用途
塞规		用于测量内孔或槽宽的精密量具，由通端和止端组成。使用时通端可以进入工件且松紧合适，而止端不可进入则尺寸合格
圆锥塞规	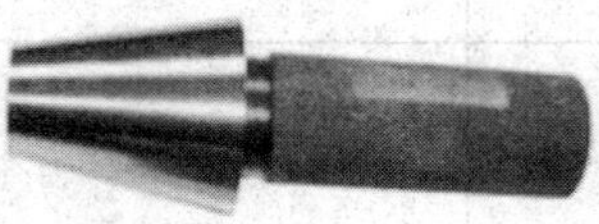	用于测量内圆锥面锥度、长度的综合量具
游标万能角度尺	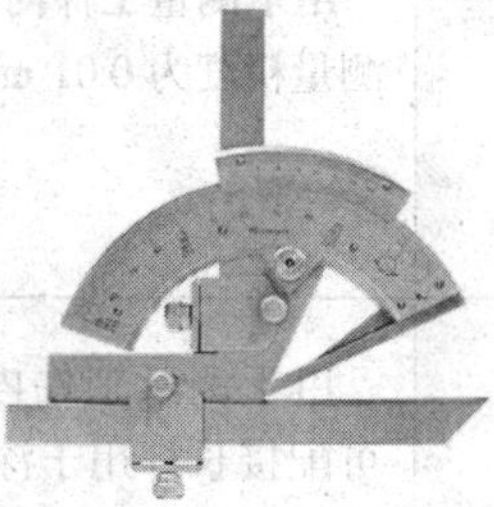	游标万能角度尺是一种测量角度的量具。它由尺身、游标、直尺、直角尺等部分构成，测量精度一般为2′
螺纹环规		用于测量外螺纹的精密量具，由通规和止规组成。使用时通规可以旋入工件且松紧合适，而止规不可旋入则螺纹合格
螺纹塞规		用于测量内螺纹的精密量具，由通端和止端组成。使用时通端可以旋入工件且松紧合适，而止端不可旋入则螺纹合格
量块		量块是一种无刻度的标准端面量具，用于测量工件槽宽、配合间隙等，测量精度为0.01 mm

3. 车削常用工具

车削常用工具外形及用途见表1-2-6。

表1-2-6 车削常用工具外形及用途

名称	外形	用途
卡盘、刀架扳手	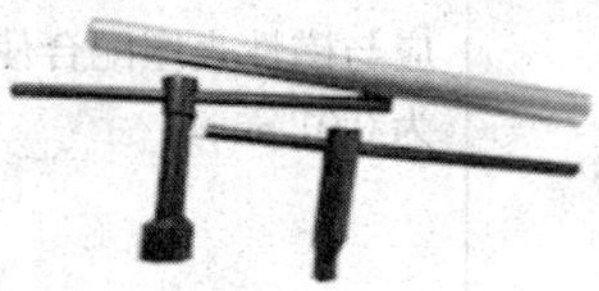	用于工件、刀具的装夹和拆卸

续表

名称	外形	用途
油枪		对机床导轨面、弹子油杯等部位进行注油润滑
毛刷		清除车刀及导轨面的切屑
旋具		主要用于调整中、小滑板镶条的松紧
防护眼镜		防止加工工件时切屑溅入眼内
铜锤		在装夹及找正工件时用于敲击工件
钩子		用于清除切屑
内六角扳手		用于拆装内六角螺钉，当车床尾座轴线与主轴轴线不同轴时，用于调整尾座偏移量
呆扳手		主要用于调节车床各处的螺母

续表

名称	外形	用途
划线盘		用于对工件外圆、端面进行找正
回转顶尖		在车床上加工轴类零件时，借助中心孔用于支顶工件，承受工件重力和切削力，使用时可随工件旋转，提高工件的刚度
钻夹头		用于装夹直柄麻花钻和中心钻
莫氏锥套		用于锥柄麻花钻、回转顶尖、钻夹头锥柄与尾座的过渡连接
鸡心夹头和平行对分夹头		用于夹持工件，传递卡盘动力，带动工件旋转
自制前顶尖		用于支承工件，在卡盘夹持下随工件一起旋转

续表

名称	外形	用途
内孔车刀刀座		用于内孔车刀和刀架之间的连接，提高刀柄刚度，可根据刀柄直径选择刀座内径
内孔车刀导套		当刀座孔径大于刀柄直径时，可以使用导套进行内孔车刀与刀座的过渡连接
板牙架		用于装夹板牙，套螺纹时使用
铰杠		用于夹持丝锥柄部的方榫，攻螺纹时使用

六、切削液

切削液又称冷却润滑液，是在车削过程中为改善切削效果而使用的液体。在车削过程中，在切屑、刀具与加工表面间存在着剧烈的摩擦，并产生很大的切削力和大量的切削热。合理地使用切削液，不仅可以减小表面粗糙度值，减小切削力，而且还会使切削温度降低，从而延长刀具寿命，提高产品质量和生产效率。

1. 切削液的作用

（1）冷却作用

切削液能吸收并带走切削区域大量的热量，降低刀具和工件的温度，从而延长刀具寿命，并能减小工件因热变形而产生的尺寸误差，同时也为提高生产效率创造了条件。

（2）润滑作用

切削液能渗透到工件与刀具之间，在切屑与刀具的微小间隙中形成一层很薄的吸附膜，因此，可减小刀具与切屑、刀具与工件间的摩擦，减少刀具的磨损，使排屑流畅，并提高工件的表面质量。对于精加工，润滑就显得更加重要。

（3）清洗作用

车削过程中产生的细小切屑很容易黏附在工件和刀具上，尤其是铰孔和钻深孔时，切屑更容易堵塞，如果加注一定压力、足够流量的切削液，即可将切屑迅速冲走，使切削顺利进行。

2. 切削液的种类及其使用

车削时常用的切削液有水溶性切削液和油溶性切削液两大类。切削液的种类、成分、性能、作用和用途见表1-2-7。

表1-2-7　切削液的种类、成分、性能、作用和用途

<table>
<tr><th colspan="2">种类</th><th>成分</th><th>性能和作用</th><th>用途</th></tr>
<tr><td rowspan="5">水溶性切削液</td><td>水溶液</td><td>以软水为主，加入防锈剂、防霉剂，有的还加入油性添加剂、表面活性剂，以增强润滑性</td><td>主要起冷却作用</td><td>常用于粗加工</td></tr>
<tr><td rowspan="3">乳化液</td><td>配制成3%～5%的低浓度乳化液</td><td>主要起冷却作用，润滑和防锈性能较差</td><td>用于粗加工及难加工的材料和细长工件的加工</td></tr>
<tr><td>配制成高浓度乳化液</td><td rowspan="2">提高其润滑和防锈性能</td><td>精加工用高浓度乳化液</td></tr>
<tr><td>加入一定的极压添加剂和防锈添加剂，配制成极压乳化液等</td><td>用高速钢刀具粗加工和对钢料精加工时用极压乳化液
在钻削、铰削和加工深孔等半封闭状态下，用黏度较低的极压乳化液</td></tr>
<tr><td>合成切削液</td><td>由水、各种表面活性剂和化学添加剂组成</td><td>冷却、润滑、清洗和防锈性能良好，不含油，可节省能源，有利于环保</td><td>国内外推广使用的高性能切削液。国外的使用率达60%，在我国企业中的使用也日益增多</td></tr>
</table>

续表

<table>
<tr><th colspan="3">种类</th><th>成分</th><th>性能和作用</th><th>用途</th></tr>
<tr><td rowspan="5">油溶性切削液</td><td rowspan="4">切削油</td><td rowspan="2">矿物油</td><td>L-AN15、L-AN22、L-AN32 全损耗系统用油</td><td>润滑作用较好</td><td>在一般的精加工中使用广泛</td></tr>
<tr><td>轻柴油、煤油等</td><td>煤油的渗透作用和清洗作用较突出</td><td>在精加工铝合金、铸铁和高速钢铰刀铰孔中使用</td></tr>
<tr><td>动、植物油</td><td>食用油</td><td>能形成较牢固的润滑膜，其润滑效果比纯矿物油好，但易变质</td><td>应尽量少用或不用</td></tr>
<tr><td>复合油</td><td>矿物油与动、植物油的混合油</td><td>润滑作用、渗透作用和清洗作用均较好</td><td>应用范围广泛</td></tr>
<tr><td colspan="2">极压切削油</td><td>在矿物油中添加氯、硫、磷等极压添加剂和防锈添加剂配制而成。常用的有氯化切削油、硫化切削油</td><td>在高温下不破坏润滑膜，具有良好的润滑效果，防锈性能也得到提高</td><td>用高速钢刀具对钢料精加工时使用
在钻削、铰削和加工深孔等半封闭状态下，用黏度较低的极压切削油</td></tr>
</table>

3. 使用切削液的注意事项

（1）油状乳化油必须用水稀释成乳化液后才能使用。但乳化液会污染环境，应尽量选用环保型切削液。

（2）切削液必须浇注在切削区域内，因为该区域切削热源最集中，温度最高。

（3）用硬质合金车刀切削时一般不加切削液。如果使用切削液，必须从开始就连续充分地浇注，否则硬质合金刀片会因骤冷而产生裂纹。

（4）控制好切削液的流量，流量太小或断续使用，起不到应有的作用；流量太大，则会造成切削液的浪费。

（5）加注切削液可以采用浇注法和高压冷却法。浇注法（见图 1-2-12a）是一种简便易行且应用广泛的方法，一般车床均有这种冷却系统。高压冷却法（见图 1-2-12b）是以较高的压力或较大的流量将切削液喷向切削区域，这种方法一般用于半封闭加工或车削难加工材料。

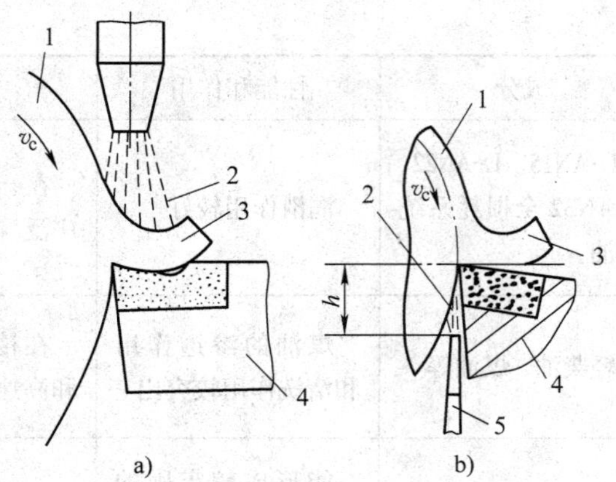

图 1-2-12　加注切削液的方法

a）浇注法　b）高压冷却法

1—工件　2—切削液　3—切屑　4—刀具　5—喷嘴

（6）要具备环保意识。对于不能回收或再利用的切削液和润滑油等废液，必须送到当地指定的回收部门或排污地点按规定处理，严禁随地排放而造成污染。

七、安全文明生产

安全文明生产是生产加工过程中保障操作者和机床设备的安全，防止发生工伤和设备事故的根本保证，也是搞好企业经营管理的重要内容之一。它直接影响人身安全、产品质量和经济效益，以及机床设备和刀具、工具、夹具、量具的使用寿命，影响操作者技术水平的正常发挥。学生在学习和掌握操作技能的同时，必须养成良好的安全文明生产习惯，严格遵守各项要求。

1. 安全生产的基本要求

（1）操作者工作时工作服应穿戴整齐，要将袖口扣子扣好。女生应戴工作帽，头发应盘好后塞入工作帽内。

（2）操作者禁止穿背心、裙子、短裤，戴围巾，穿拖鞋、高跟鞋进入技能训练场地。

（3）严格遵守安全操作规程。

（4）注意防火和安全用电。

2. 车床安全操作规程

（1）车床使用前应检查各部分操作机构是否完好，位置是否正确，运转是否正常。

（2）工件和车刀必须装夹牢固，以防飞出伤人。卡盘必须装有防脱保险装置。工件装夹好后，必须随手从卡盘上取下卡盘扳手。

（3）装卸工件、更换刀具、变换速度、测量加工表面时，必须先停车并关闭车床电动机开关。

（4）不准戴手套操作车床或测量工件。

（5）操作车床时必须集中精力，注意头部、身体和衣服不要靠近回转中的机件（如工件、带轮、带、齿轮、丝杠、光杠等）。

（6）操作车床时，严禁离开岗位，不准做与操作内容无关的其他事情。

（7）棒料毛坯从主轴孔尾端伸出不能太长，并应使用料架或挡板，防止甩弯后伤人。

（8）车床运转时，不准用手摸工件表面，并严禁用棉纱擦拭回转中的工件。

（9）高速切削、车削有崩碎切屑的材料及刃磨刀具时，应戴好防护眼镜。

（10）应使用专用钩子清除切屑，不准用手直接清除。

（11）操作中若出现异常现象，应及时停车检查，出现故障、事故应立即切断电源，及时报修，由专业人员检修，未修复不得使用。

3. 文明生产要求

（1）爱护工艺装备，能正确使用，放置稳妥、整齐、合理，存放在固定的位置，便于操作时取用，用后应放回原处。

（2）爱护车床和车间其他设备、设施，车床主轴箱盖上不放置任何物品。

（3）工具箱内应分类摆放物品，重物放置在下层，轻物放置在上层，精密的物件应放置稳妥，不可随意乱堆乱放，以免损坏和丢失。

（4）量具应经常保持清洁，使用前要进行校对，使用后应擦净、涂油，放入盒内，并及时归还工具室。

（5）不允许在卡盘和床身导轨上敲击或校直工件，床面上不准放置工具或工件。

（6）装夹较重的工件时应用木板保护车床导轨面，下班时若重型工件不卸下，应用工具将工件支承稳固。

（7）车刀磨损后应及时更换刀片，不允许用钝刃车刀继续切削，以免增加车床负荷，损坏车床，影响工件的加工质量和生产效率。

（8）车削铸铁或气割下料的工件前，应擦去车床导轨面上的润滑油，铸件上的型砂、杂质应尽可能去除干净，以免磨损车床导轨面。

（9）加工中如使用切削液，下班前应擦干净，在车床导轨面上均匀涂抹润滑油，切削液应定期更换。

（10）毛坯、半成品和成品应分开放置并堆放整齐，半成品和成品轻拿轻放，严防碰伤已加工表面。

（11）图样、工艺卡片应放置在便于阅读的位置，并注意保持其清洁和完整。

（12）工作场地周围应保持清洁、整齐，避免堆放杂物，防止被绊倒。

（13）工作结束后应认真擦拭机床、工具、量具和其他附件，将各物件归位。车床按规定加注润滑油，将床鞍摇至床尾一端，各手柄放置到空挡位置。清扫工作场地，关闭电源。

模块二

轴类零件的车削

课题一 台阶轴的车削

学习目标

1. 掌握台阶轴加工用刀具的选择和使用。
2. 掌握台阶轴加工用量具的选择和使用。
3. 掌握台阶轴的找正和装夹方法。
4. 掌握台阶轴的车削方法。
5. 掌握车削台阶轴时的注意事项。

台阶轴的车削实际上就是外圆和端面的组合。外圆一般用于支承传动零件和传递转矩，台阶一般用来保证装在轴上的零件有正确的轴向位置，因此，在车削时除了保证外圆的尺寸精度外，还要兼顾台阶长度的精度要求。车削精度一般为 IT8 ~ IT6 级，表面粗糙度一般为 *Ra*12.5 ~ 1.6 μm。

一、常用台阶轴加工用工艺装备

1. 台阶轴加工常用刀具

台阶轴加工一般使用 90°外圆车刀、45°车刀等刀具。

2. 台阶轴加工常用量具

台阶轴加工一般使用钢直尺、游标卡尺、深度游标卡尺、深度千分尺、外径千分尺、百分表、杠杆百分表等量具。

3. 台阶轴加工常用工具

台阶轴加工一般使用卡盘扳手、刀架扳手、加力杆、油枪、毛刷、旋具、防护眼镜、铜锤、钩子、划线盘等工具。

二、相关知识

1. 工件的装夹和找正

（1）工件的装夹

用三爪自定心卡盘装夹工件时能够自动定心，一般不需要找正，如图 2-1-1 所示。但在装夹较长的工件时，工件上离卡盘夹持部分较远处的回转中心不一定与车床主轴轴线重合，这时必须对工件进行找正。此外，当三爪自定心卡盘因使用时间较长而失去应有的夹持精度，而工件的加工精度要求又较高时，也需要对工件进行找正。找正的要求是使工件的回转中心与车床主轴轴线重合。

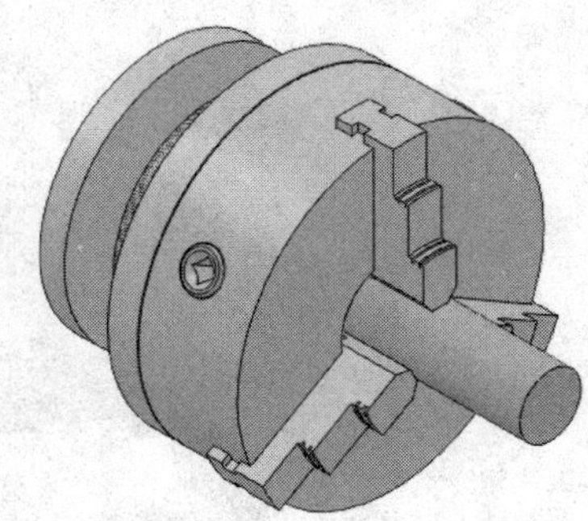

图 2-1-1 用三爪自定心卡盘装夹工件

三爪自定心卡盘适用于装夹形状规则的中、小型工件。

（2）工件的找正

1）粗加工工件的找正。用卡爪轻夹工件，将主轴箱右侧变速手柄置于空挡位置，划线盘放置在适当位置，划针尖触向工件悬伸端外圆表面，如图 2-1-2 所示。用手拨动卡盘，带动工件缓慢转动，观察划针尖与工件表面接触情况，用铜棒（或铜锤）轻轻敲击工件悬伸端，如图 2-1-3 所示，直至划针尖与工件外圆表面间隙均匀一致，找正结束，夹紧工件。

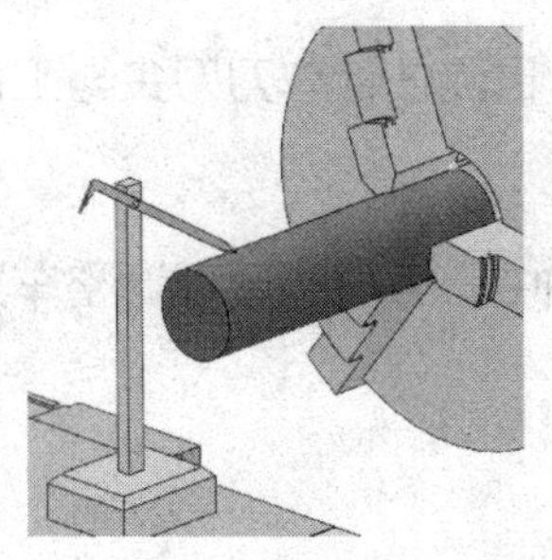

图 2-1-2 用划线盘找正

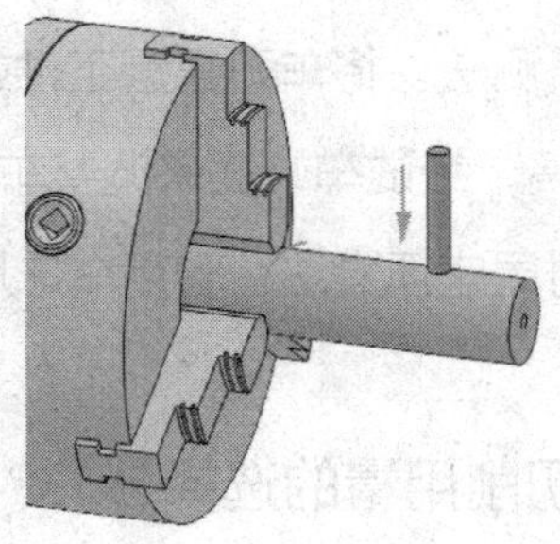

图 2-1-3 用铜棒敲击工件

2）精加工工件的找正。用卡爪轻轻夹住工件，将磁性表座吸在车床固定不动的表面，调整表架位置，使百分表测头垂直指向工件悬伸端外圆表面径向最高点，如图 2-1-4 所示，用手拨动卡盘，带动工件缓慢转动，用铜棒（或铜锤）轻轻敲击工件悬伸端，直至每转中百分表读数的最大差值在工件几何精度要求内，找正结束，夹紧工件。

2. 车刀的装夹

（1）车刀装夹要求

车刀装夹在刀架上的伸出部分应尽量短，以提高车刀刚度，车刀伸出长度为刀柄厚度的1 ~ 1.5倍。车刀下面垫片的数量要尽量少（一般为1 ~ 2片），并与刀架边缘对齐，且至少用两个螺钉均匀压紧，以防振动，如图2–1–5所示。

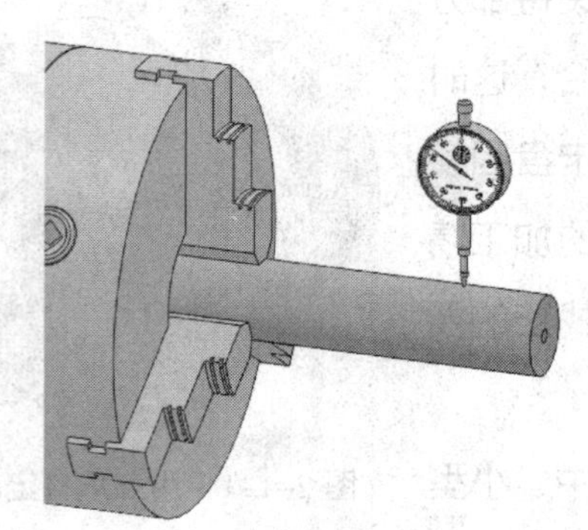
图2–1–4　用百分表找正

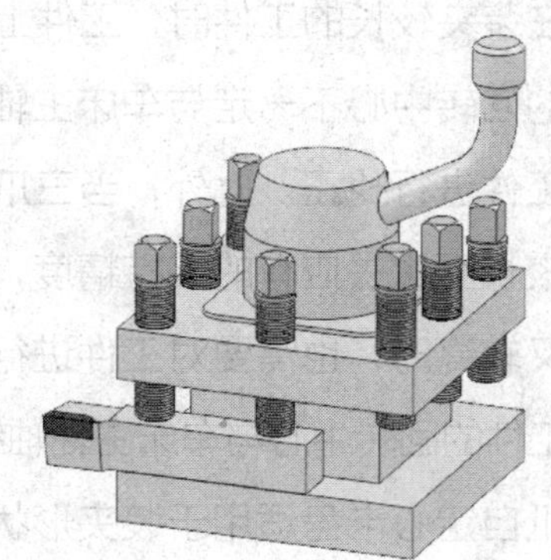
图2–1–5　车刀的装夹

车刀主切削刃与工件轴线的夹角应略大于90°，加工台阶面时，可以保证台阶面与轴线垂直。刀尖应与工件回转中心等高，否则在车至端面中心时，工件会留有凸台，严重时会损坏车刀刀尖。

（2）车刀对中心的方法

1）测量法。根据车床主轴的中心高，用钢直尺测量从导轨面至车刀刀尖的高度进行装刀。

2）目测法。将车刀靠近工件端面，微转工件，目测估计车刀刀尖与工件回转中心是否等高，经试车端面来调整车刀刀尖高度。

3）对尾座顶尖法。利用车床后顶尖与车床主轴中心等高的原理调整车刀刀尖高度。

3. 切削用量的选择

（1）粗车

粗车以提高生产效率为目的，在满足车床功率、工艺系统刚度、工件刚度、刀具寿命前提下，首先提高背吃刀量，其次选择较大的进给量，最后选择较高的切削速度。CY6140型车床粗车时一般取背吃刀量a_p=1.5 ~ 3.0 mm，进给量f=0.3 ~ 0.5 mm/r，切削速度v_c=70 ~ 90 m/min。

（2）精车

精车时首先考虑工件的加工质量，并注意兼顾生产效率和刀具寿命。CY6140 型车床精车时一般取背吃刀量 a_p=0.15 ~ 0.3 mm，进给量 f=0.1 ~ 0.15 mm/r，切削速度 v_c=100 ~ 120 m/min。

4. 减小工件表面粗糙度值的方法

生产中若发现工件的表面粗糙度达不到技术要求，应观察表面粗糙度值大的现象，找出影响表面粗糙度的主要因素，提出解决方法。常见的表面粗糙度值大的现象如图 2-1-6 所示。

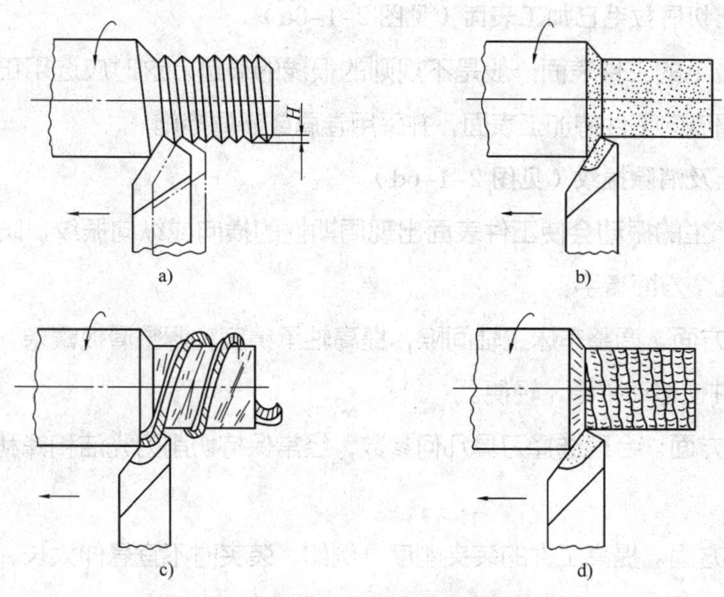

图 2-1-6 常见的表面粗糙度值大的现象

a）残留面积 b）毛刺 c）切屑拉毛 d）振纹

（1）减小残留面积高度（见图 2-1-6a）

车削时，如果工件表面残留面积轮廓清楚，则说明其他切削条件正常。若要减小表面粗糙度值，可从以下几个方面着手：

1）减小主偏角和副偏角。一般情况下，减小副偏角对减小表面粗糙度值效果较明显。但减小主偏角使背向力 F_p 增大，若工艺系统刚度低，会引起振动。

2）增大刀尖圆弧半径。如果机床刚度不足，刀尖圆弧半径 r_ε 过大会使背向力 F_p 增大而产生振动，反而使表面粗糙度值变大。

3）减小进给量。进给量 f 是影响表面粗糙度最显著的一个因素，进给量 f 越小，残留面积越小，此时，鳞刺、积屑瘤和振动均不易产生，因此表面质量越高。

（2）避免工件表面产生毛刺（见图 2-1-6b）

工件表面产生毛刺一般是由积屑瘤引起的，这时可用改变切削速度的方法来控制积屑瘤的产生。用高速钢车刀时应降低切削速度（v_c < 3 m/min），并加注切削液；用硬质合金车刀时应提高切削速度，避开最易产生积屑瘤的中速（v_c=15 ~ 30 m/min）区域。另外，应尽量减小车刀前面和后面的表面粗糙度值，保持切削刃锋利。

（3）避免磨损亮斑

在车削时，已加工表面出现亮斑或亮点，切削时有噪声，说明刀具已严重磨损。磨钝的切削刃将工件表面挤压出亮痕，使表面粗糙度值变大，这时应及时更换或重磨刀具。

（4）防止切屑拉毛已加工表面（见图 2-1-6c）

被切屑拉毛的工件表面一般是不规则的很浅的痕迹。这时应选用正值刃倾角的车刀，使切屑流向工件待加工表面，并采用卷屑或断屑措施。

（5）防止及消除振纹（见图 2-1-6d）

切削时产生的振动会使工件表面出现周期性的横向或纵向振纹。防止及消除振纹可从以下几个方面着手：

1）机床方面。调整车床主轴间隙，提高轴承精度；调整滑板镶条，使间隙小于 0.04 mm，并使移动平稳、轻便。

2）刀具方面。合理选择刀具几何参数，经常保持切削刃光洁和锋利。提高刀具的装夹刚度。

3）工件方面。提高工件的装夹刚度，例如，装夹时不宜悬伸太长，太长时可采用一夹一顶装夹并采用中心架或跟刀架支承。

4）切削用量方面。选用较小的背吃刀量和进给量，改变切削速度。

（6）合理选用切削液，保证充分冷却及润滑

采用合适的切削液是消除积屑瘤、鳞刺及减小表面粗糙度值的有效方法。车削时，合理选用切削液，保证充分冷却及润滑，可以改善切削条件；尤其是润滑性能增强使切削区域金属材料的塑性变形程度下降，从而减小已加工表面的表面粗糙度值。

5. 端面车削

启动机床使工件旋转，移动中滑板和床鞍，使 45° 车刀左侧刀尖轻触工件端面后，退出中滑板（床鞍勿动）；再移动床鞍或小滑板，控制背吃刀量，摇动中滑板手柄做横向进给，由工件外缘向中心车削，如图 2-1-7a 所示。若选用 90° 外圆车刀车削端面，车削过程同 45° 车刀，但背吃刀量应小于 0.5 mm，如图 2-1-7b 所示。

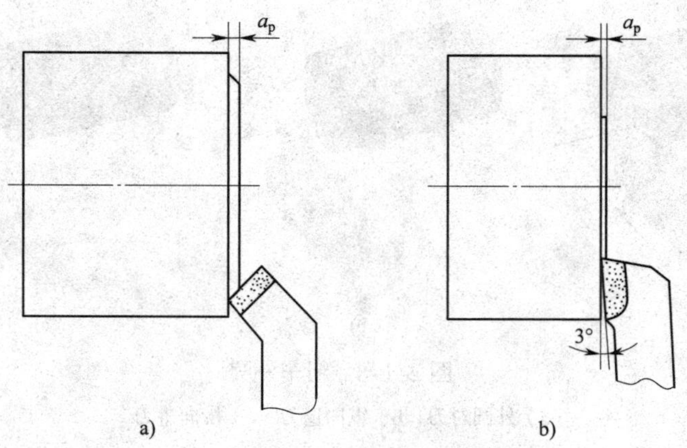

图 2-1-7　车端面

a）45°车刀车削端面　b）90°车刀车削端面

提示：只有启动机床使工件旋转后，才能移动刀具，对端面进行车削，否则会损坏刀尖。

6. 长度的控制及外圆车削

（1）粗车控制长度尺寸

1）刻线法。先用钢直尺或游标卡尺量出台阶的长度尺寸，然后用车刀刀尖在台阶的所在位置（台阶长度一般比实际长度短 1 mm）刻出一圈细线，按刻线车削。

2）床鞍刻度盘控制法。CY6140 型车床床鞍刻度盘一格等于 1 mm，可先将 90°车刀在工件端面（台阶）处轻轻接触，此时床鞍刻度加上台阶长度即为床鞍进给车削的长度。

注意：长度方向粗车后余量根据工件加工性质留 0.5 ~ 1 mm。

（2）粗车外圆

1）外圆对刀。启动车床，使工件回转。左手摇动床鞍手轮，右手摇动中滑板手柄，使车刀刀尖轻轻接触工件待加工表面，以此作为确定背吃刀量的零点位置，如图 2-1-8a 所示。然后反向摇动床鞍手轮（此时中滑板手柄不动），使车刀向右离开工件 3 ~ 5 mm，如图 2-1-8b 所示。

2）横向进刀。摇动中滑板手柄，使车刀横向进给，进给的量即为背吃刀量，其大小通过中滑板刻度盘进行调整和控制，如图 2-1-8c 所示。

3）纵向车削。开动纵向机动进给对工件外圆进行车削，车削至长度刻痕时，沿逆时针方向转动中滑板手柄使车刀离开工件。若加工余量过大，可按照背吃刀量由大至小的原则选择，进刀次数尽可能少。

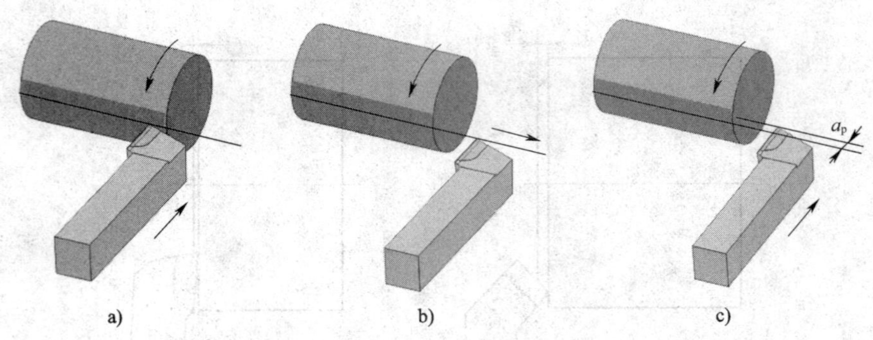

图 2-1-8　粗车外圆

a）外圆对刀　b）纵向退刀　c）横向进刀

注意：外圆粗车后余量根据工件加工性质留 1 ~ 3 mm。

（3）精车外圆

试车法是保证尺寸精度的一个较好的方法，即启动车床，用精车刀在外圆表面对刀后，使床鞍纵向退出，接着操纵中滑板进刀（背吃刀量小于加工余量），车削纵向长度小于 5 mm 后快速纵向退刀（中滑板保持不动），如图 2-1-9a 所示，停车后用游标卡尺或外径千分尺测量试车后的外圆，如图 2-1-9b 所示，根据测量数值控制中滑板进刀量，直至将外圆车至尺寸要求。

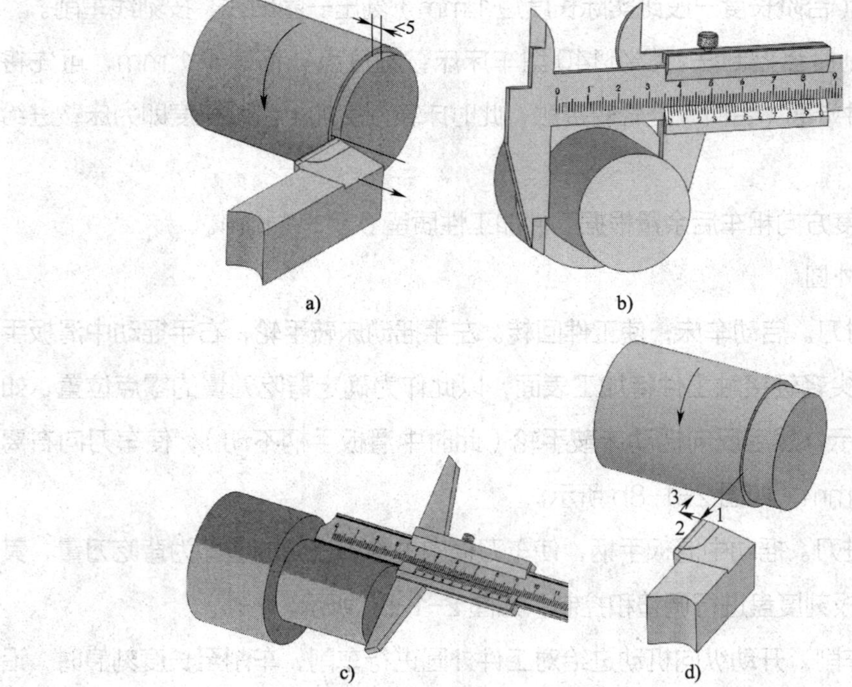

图 2-1-9　精车外圆及控制长度尺寸

a）试车外圆　b）测量外圆　c）测量长度　d）台阶长度尺寸的保证

（4）精车控制长度尺寸

长度方向车至台阶后，要先横向退出车刀，将台阶端面车平，如图 2-1-9d 步骤 1 所示，用深度游标卡尺或深度千分尺测量台阶长度，如图 2-1-9c 所示，根据尺寸精度计算好小滑板进刀格数，再用小滑板纵向进刀，如图 2-1-9d 步骤 2 所示，接着横向进刀至精车外圆的中滑板刻度处，如图 2-1-9d 步骤 3 所示。

三、台阶轴车削练习

台阶轴零件图如图 2-1-10 所示，台阶轴练习各阶段尺寸见表 2-1-1。

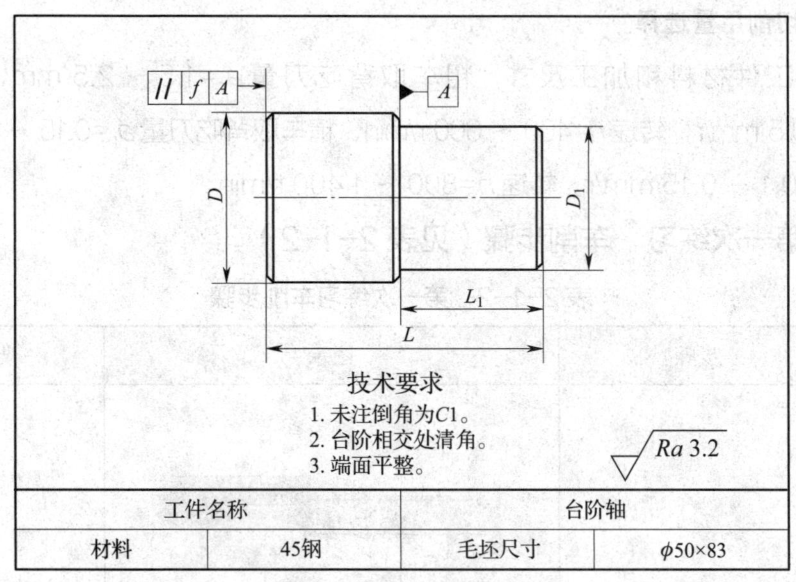

图 2-1-10　台阶轴

表 2-1-1　台阶轴练习各阶段尺寸　mm

次数	项目				
	D	D_1	L_1	L	f
第一次练习	$\phi48_{-0.1}^{0}$	$\phi40_{-0.1}^{0}$	$45_{-0.2}^{0}$	80 ± 0.1	0.1
第二次练习	$\phi44_{-0.06}^{0}$	$\phi36_{-0.06}^{0}$	$45_{-0.1}^{0}$	78 ± 0.05	0.06
第三次练习	$\phi40_{-0.04}^{0}$	$\phi32_{-0.04}^{0}$	$45_{-0.06}^{0}$	76 ± 0.03	0.04

1. 工艺分析

（1）装夹方法

采用三爪自定心卡盘装夹。

（2）刀具选择

选择 90°外圆车刀、45°车刀等。

（3）量具选择

选择 0 ~ 300 mm 钢直尺、25 ~ 50 mm 外径千分尺、0 ~ 150 mm 游标卡尺、0 ~ 200 mm 深度游标卡尺或 0 ~ 100 mm 深度千分尺、杠杆百分表及磁性表座、百分表及磁性表座等。

（4）工具选择

选择扳手、旋具、油枪、毛刷、铜锤、钩子、划线盘等。

（5）切削用量选择

根据工件材料和加工尺寸，粗车取背吃刀量 a_p=1.5 ~ 2.5 mm，进给量 f=0.3 ~ 0.5 mm/r，转速 n=400 ~ 600 r/min；精车取背吃刀量 a_p=0.15 ~ 0.3 mm，进给量 f=0.1 ~ 0.15 mm/r，转速 n=800 ~ 1 400 r/min。

2. 第一次练习[①]车削步骤（见表 2-1-2）

表 2-1-2　第一次练习车削步骤

序号	步骤	图示	要求
1	检查毛坯尺寸	0 10 20 30 40 50 60 70 80 90 100 1 2 3 4 5 6 7 8 9 10 11	毛坯尺寸应符合要求，满足加工需要

① 第二次和第三次练习车削步骤可参照进行。

续表

序号	步骤	图示	要求
2	夹持毛坯外圆，伸出长度为 55 mm，找正并夹紧	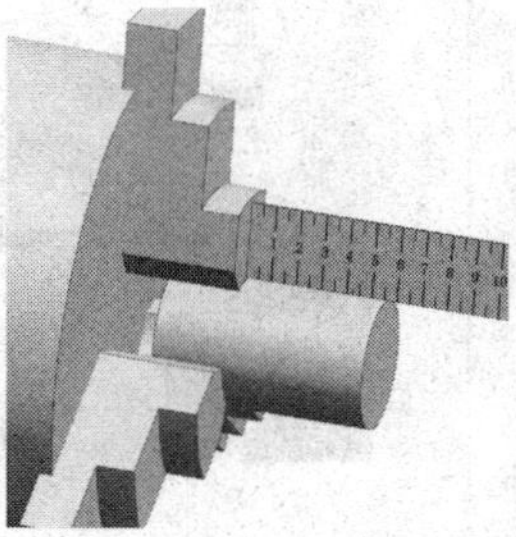 	毛坯的伸出长度及夹持外圆的回转中心误差满足加工要求
3	车端面	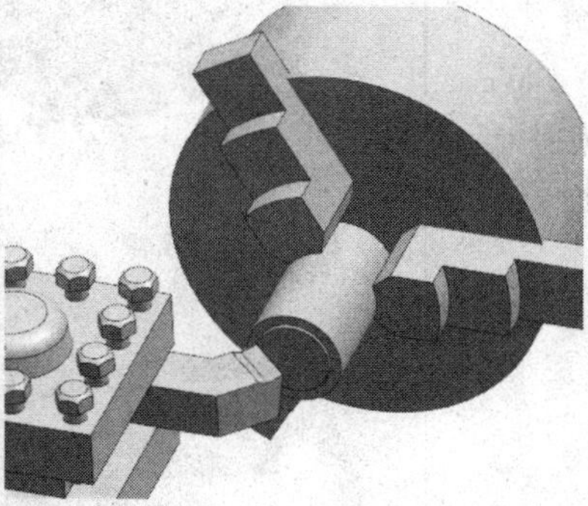	加工表面光整

续表

序号	步骤	图示	要求
4	对于长度 45 mm 尺寸，在毛坯外圆 44 mm 处刻线	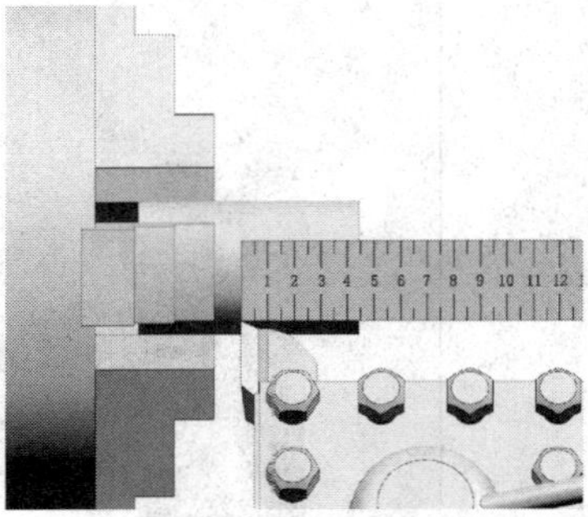 	用钢直尺刻度或床鞍刻度盘控制刻线长度
5	对于外圆尺寸 ϕ40 mm 处，先粗车至 ϕ41 mm，长度至 44.5 mm	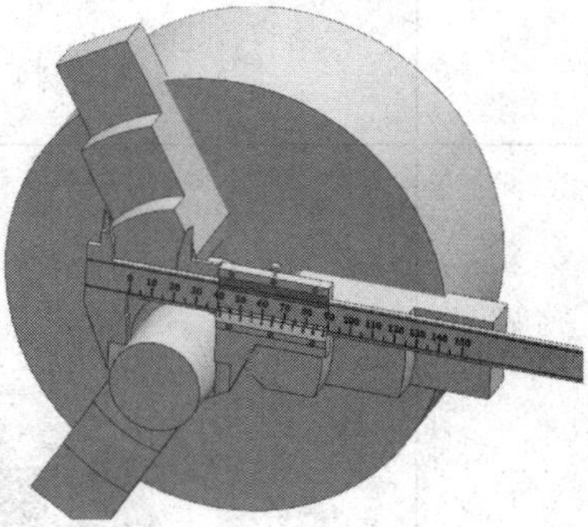 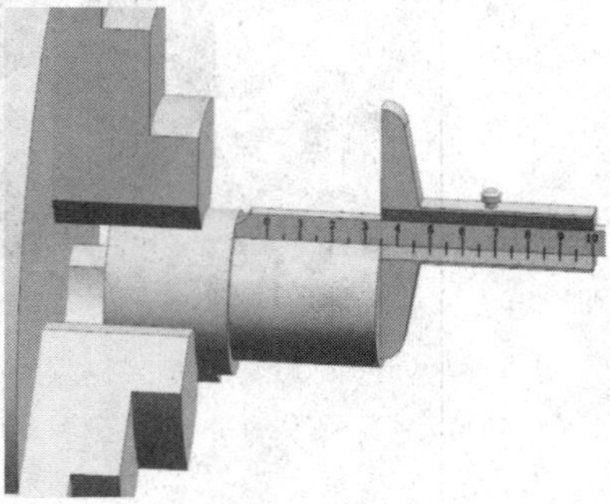	粗车后余量满足精车要求

续表

序号	步骤	图示	要求
6	试车外圆，控制尺寸至 $\phi 40$ mm	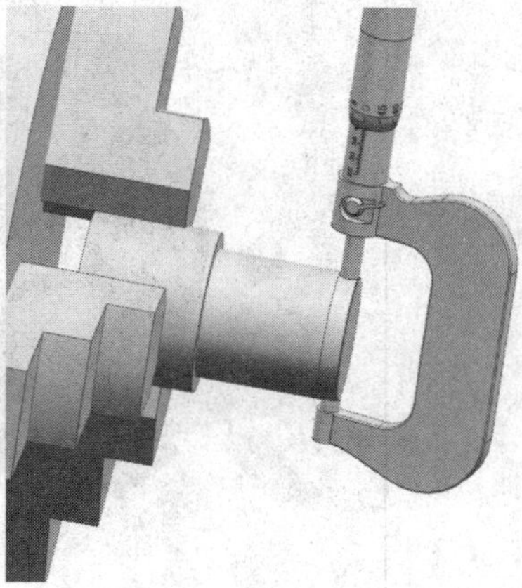	试车长度为 2 ~ 3 mm，测量外圆尺寸精度是否符合要求
7	精车外圆 $\phi 40_{-0.1}^{0}$ mm、长度 $45_{-0.2}^{0}$ mm 至要求	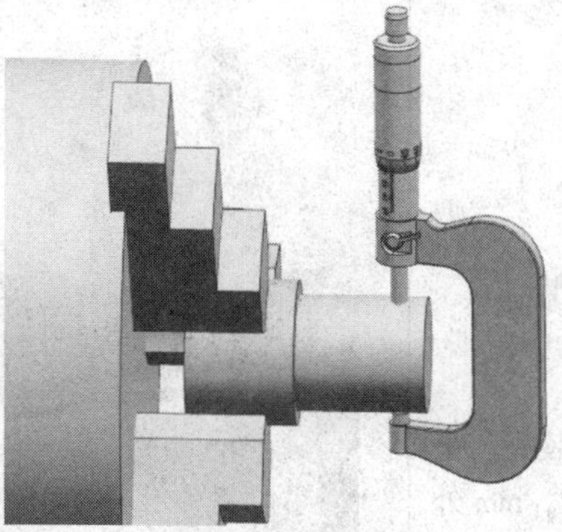 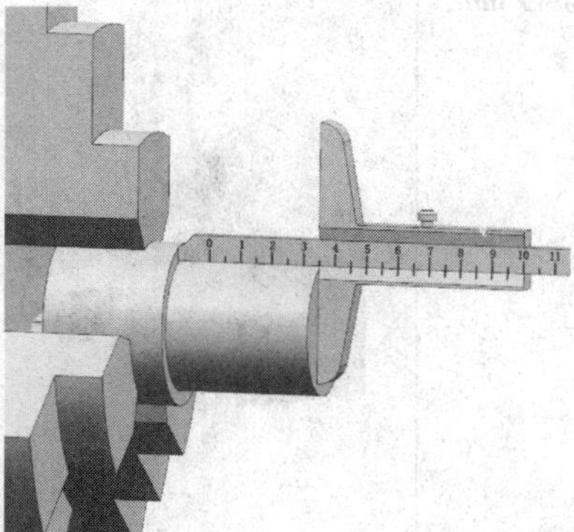	尺寸精度和表面粗糙度符合图样要求，且台阶相交处要清角

续表

序号	步骤	图示	要求
8	倒角 $C1$ mm	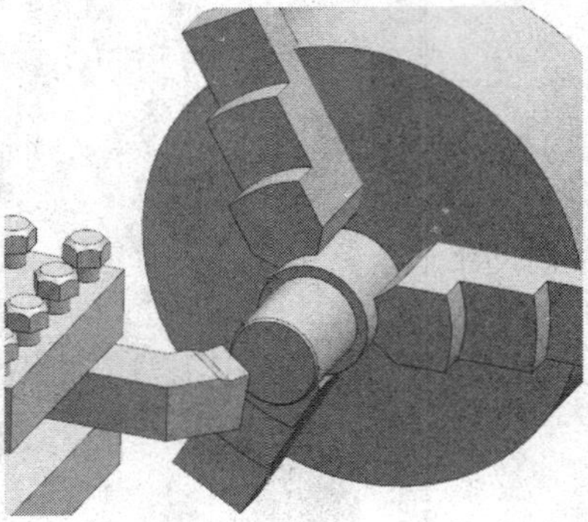	倒角符合图样要求
9	将工件掉头装夹，垫铜皮夹住 $\phi 40_{-0.1}^{0}$ mm 外圆，伸出长度为 45 mm，找正并夹紧	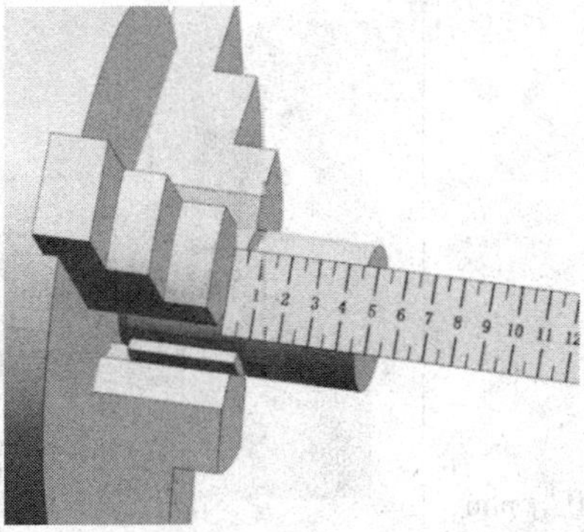 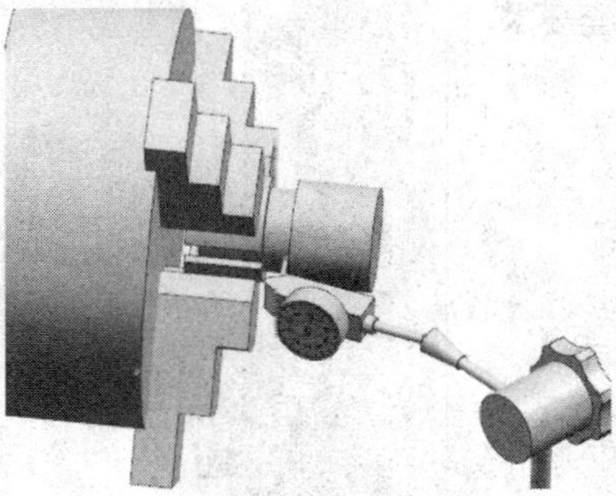	伸出长度和几何精度应符合加工要求

续表

序号	步骤	图示	要求
10	车端面，控制长度 35 mm 及平行度公差 0.1 mm 至要求，间接保证总长（80 ± 0.1）mm	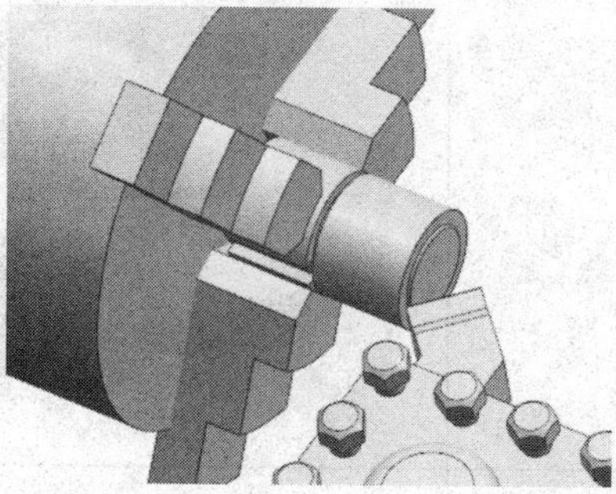 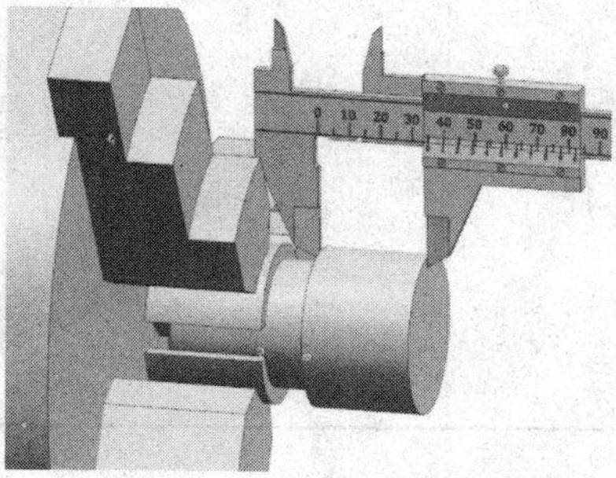	符合图样要求，端面光整
11	对于外圆尺寸 ϕ 48 mm 处，先粗车至 ϕ 49 mm	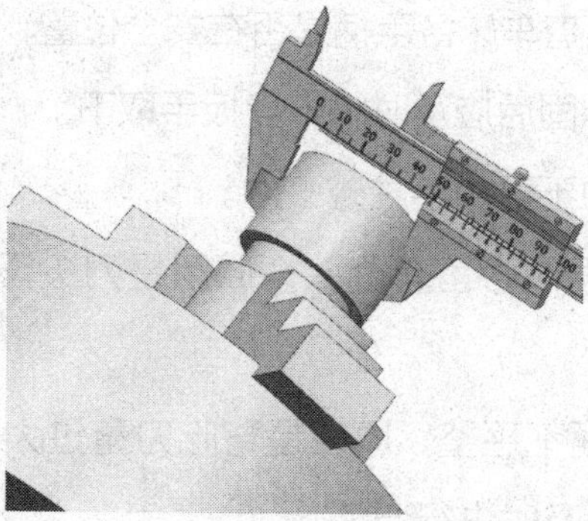	粗车后余量满足外圆精车要求
12	采用试车法精车外圆 $\phi 48_{-0.1}^{\ 0}$ mm 至要求	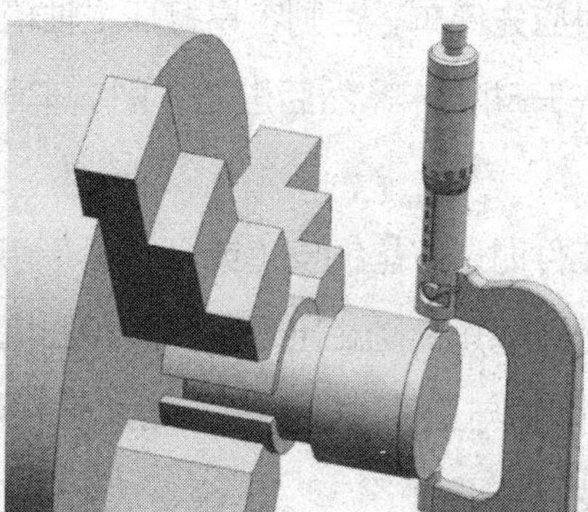	尺寸精度和表面粗糙度符合图样要求

续表

序号	步骤	图示	要求
13	倒角 $C1$ mm		倒角符合图样要求
14	检测并卸下工件		对所加工内容进行检测，合格后卸下工件

3. 加工中的注意事项

（1）加工前，检查车床各手柄是否在安全位置，以防损坏设备或产生危险。

（2）工件装夹牢固后应及时将卡盘扳手取下。

（3）加工过程中不可用手触碰工件。

（4）若工件端面中心留有凸头，原因是刀尖没有对准中心，应调整车刀装夹高度。

（5）若外圆表面不平整，原因是背吃刀量过大，车刀磨损，滑板移动，刀架、车刀夹紧力不足，应及时进行调整。

（6）车床变速时应先停车，否则容易打坏主轴箱内的齿轮。

（7）车削时应先开动机床，然后进刀车削。车削完毕先退刀后停车，否则车刀容易损坏。

（8）掉头装夹工件时最好垫铜皮（或开口套），以防夹伤工件。

（9）台阶相交处要清角，防止出现小台阶和凹坑。

（10）车刀主切削刃与工件轴线夹角应略大于 90°，否则加工的台阶面与主轴轴线不垂直，造成长度尺寸不合格。

（11）不能用量具测量未停转的工件，否则会损坏量具。

（12）量具使用前要进行校对，以防止造成尺寸误差。

（13）工艺装备摆放要整齐有序，使用后及时放回原位。

四、台阶轴车削课后作业

辊子轴零件图如图 2-1-11 所示。

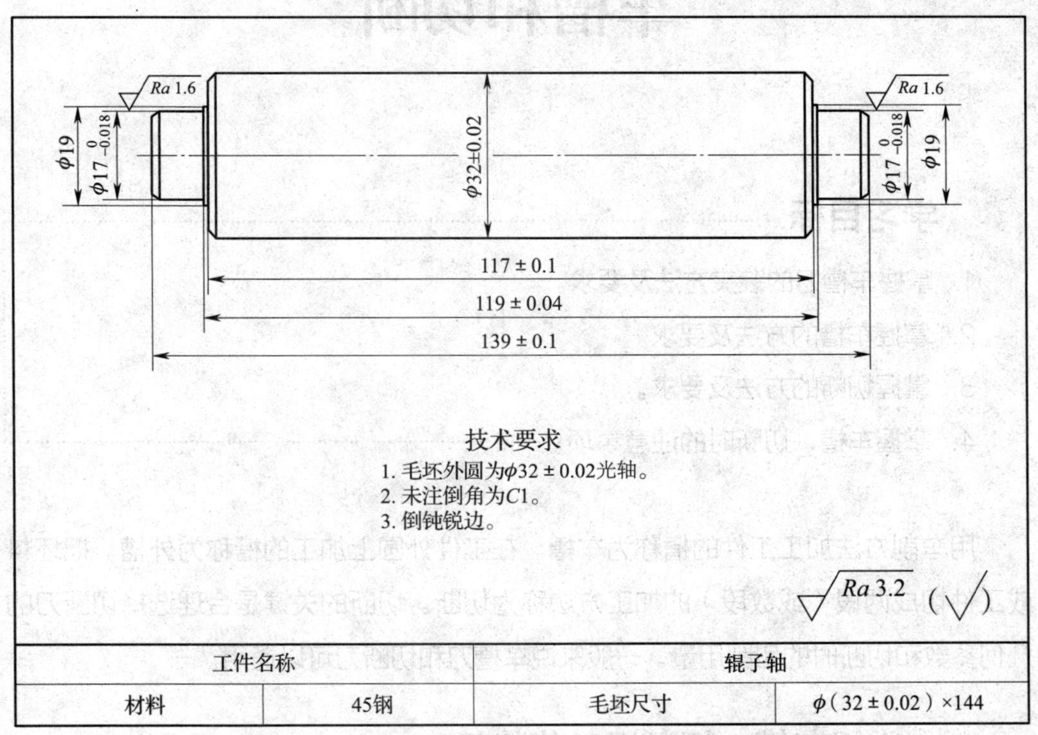

工件名称		辊子轴	
材料	45钢	毛坯尺寸	φ（32 ± 0.02）×144

图 2-1-11　辊子轴

学习要求：

根据零件图加工要求合理进行工艺分析，并写出工件加工步骤。

课题二
车槽和切断

学习目标

1. 掌握车槽刀的装夹方法及要求。
2. 掌握车槽的方法及要求。
3. 掌握切断的方法及要求。
4. 掌握车槽、切断时的注意事项。

用车削方法加工工件的槽称为车槽。在工件外圆上加工的槽称为外槽。把坯料或工件切成两段（或数段）的加工方法称为切断。切断的关键是合理选择切断刀的几何参数和切断时的切削用量。一般来说车槽刀和切断刀可以通用。

一、常用车槽、切断用工艺装备

1. 车槽、切断常用刀具

车槽、切断一般使用 90°外圆车刀、45°车刀、车槽刀、梯形槽车刀等刀具。

2. 车槽、切断常用量具

车槽、切断一般使用钢直尺、游标卡尺、外径千分尺、内测千分尺、塞规、量块等量具。

3. 车槽、切断常用工具

车槽、切断一般使用卡盘扳手、刀架扳手、加力杆、油枪、毛刷、旋具、防护眼镜、铜锤、钩子、划线盘等工具。

二、相关知识

1. 车刀的装夹

（1）装刀时，车槽刀和切断刀主切削刃必须与工件中心等高，且车槽刀主切削刃应与工件轴线平行，否则车出的槽底会产生锥度。

（2）刀柄不宜伸出过长，以提高刀具的刚度及防止振动。

2. 车槽的方法

（1）窄槽加工

车削精度不高和宽度较窄的槽时，可用刀头宽度等于槽宽的车槽刀，采用直进法车出，如图 2-2-1 所示。

（2）宽槽加工

1）粗车控制槽宽和槽底径。车削槽宽较宽、精度较高的矩形槽时，可用多次直进法车削，将车刀每次进给至同样深度，并在槽壁两侧和槽底留一定精车余量，如图 2-2-2 所示。

2）精车槽右侧。测量工件端面至槽右侧尺寸后，用小滑板在槽右侧对刀并消除间隙，根据余量计算小滑板右移格数，用直进法切入至粗车时的中滑板刻度，在保证端面至槽右侧的尺寸后，将车刀纵向左移再横向退出，如图 2-2-3 所示。

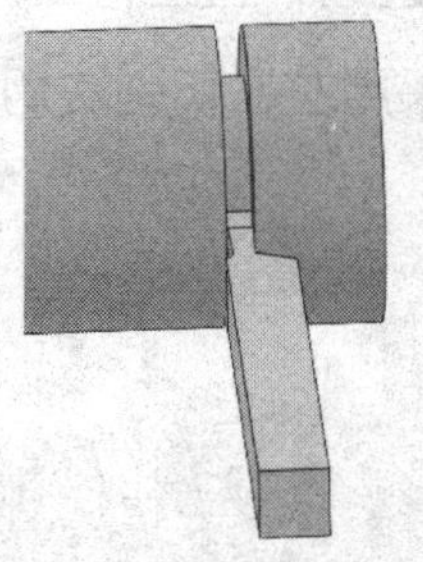
图 2-2-1　窄槽的车削

图 2-2-2　粗车控制槽宽和槽底径

图 2-2-3　精车槽右侧

3）精车控制槽宽。测量槽宽余量，用床鞍将车刀左移，靠近槽左侧时，通过移动小滑板对刀并消除间隙，计算好小滑板左移格数，用直进法切入至粗车时的中滑板刻度，在保证槽宽后，将车刀纵向右移再横向退出，如图 2-2-4 所示。

4）精车控制槽底径。将车刀在槽底表面对刀，计算好中滑板径向进刀格数，将车刀在槽底上切入并纵向左右移动（槽底与槽侧面相交处要清角），车至尺寸后车刀从槽的中间退出，这样就保证了槽底的直径尺寸，如图 2-2-5 所示。

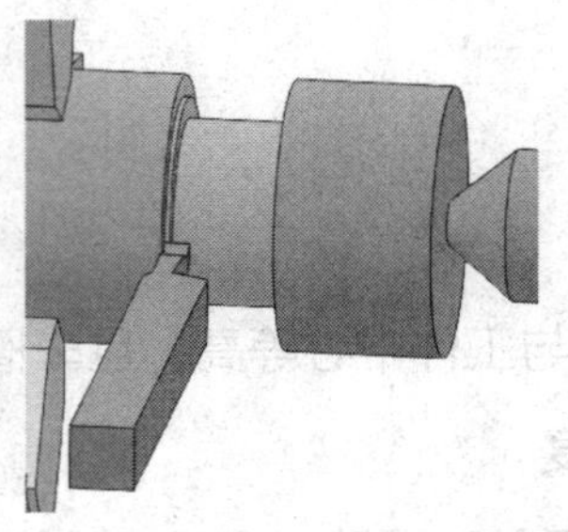
图 2-2-4 精车控制槽宽

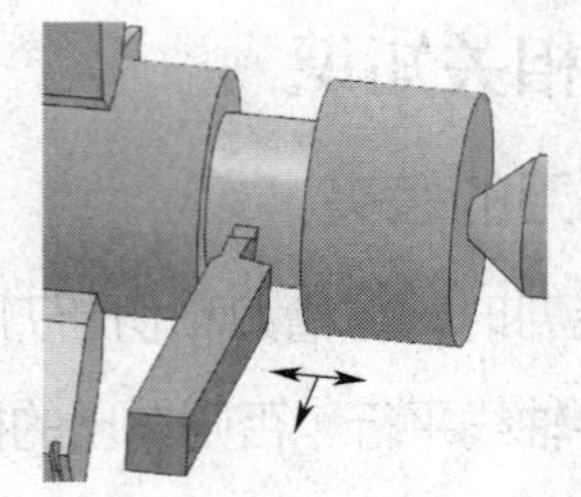
图 2-2-5 精车控制槽底径

（3）梯形槽加工

车削较小的梯形槽时，一般以成形刀一次车削完成。对于较大的梯形槽，通常先车削直槽，然后用梯形槽车刀采用直进法或左右切削法完成车削，如图 2-2-6 所示。

3. 切断的方法

（1）直进法

直进法是指切断刀垂直于工件轴线方向进行切断。这种方法切断效率高，但对车床、切断刀的选择和安装都有较高的要求，否则容易造成刀头损坏，如图 2-2-7 所示。

（2）左右切削法

左右切削法是指切断刀在轴线方向往返移动，间歇做径向进给，直至将工件切断。在切削系统（刀具、工件、车床）刚度不足的情况下，可采用左右切削法切断，如图 2-2-8 所示。

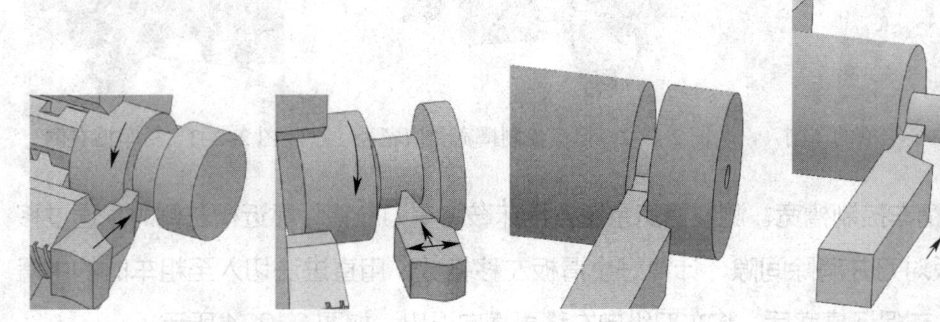
图 2-2-6 车削梯形槽　图 2-2-7 直进法　图 2-2-8 左右切削法

提示：切断时，当切到一定深度时，可以适当横向退刀，以防切屑堵塞而造成刀头损坏。

三、车槽练习

直槽轴零件图如图 2-2-9 所示。

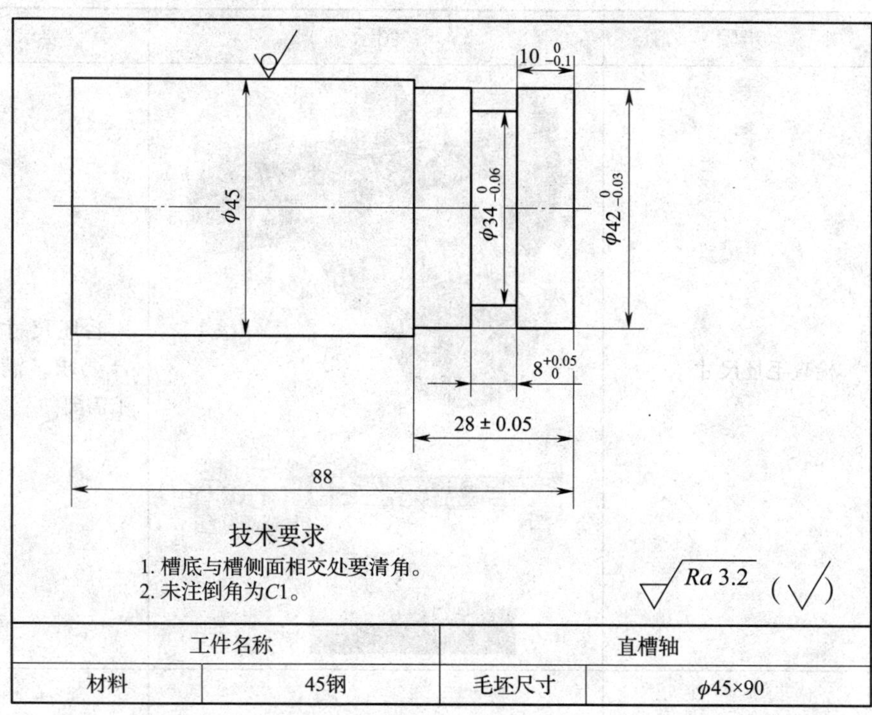

工件名称		直槽轴	
材料	45钢	毛坯尺寸	$\phi45\times90$

图 2-2-9　直槽轴

1. 工艺分析

（1）装夹方法

采用三爪自定心卡盘装夹。

（2）刀具选择

选择 90° 外圆车刀、45° 车刀、刀头宽度为 3 mm 的车槽刀等。

（3）量具选择

选择 0 ~ 300 mm 钢直尺、25 ~ 50 mm 外径千分尺、0 ~ 150 mm 游标卡尺、0 ~ 200 mm 深度游标卡尺、$8^{+0.05}_{\ 0}$ mm 塞规等。

（4）工具选择

选择扳手、旋具、油枪、毛刷、划线盘等。

（5）切削用量选择

车槽时粗车取进给量 f=0.2 mm/r，转速 n=300 ~ 400 r/min；精车取进给量

f=0.1 mm/r，转速 n=600 ~ 800 r/min。

2. 车削步骤（见表 2–2–1）

表 2–2–1　车削步骤

序号	步骤	图示	要求
1	检查毛坯尺寸	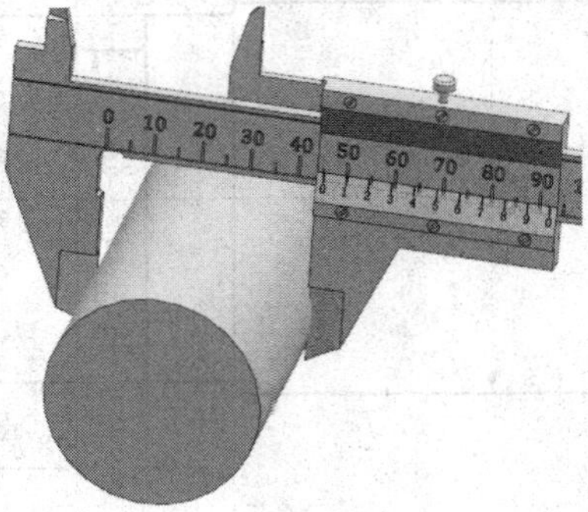 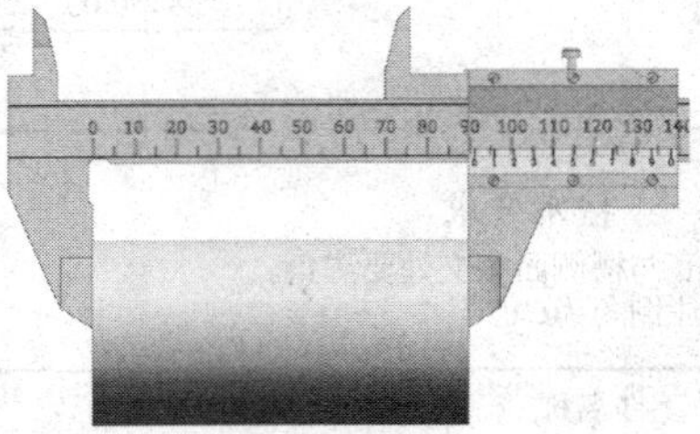	毛坯尺寸应符合要求，满足加工需要
2	夹持毛坯外圆，伸出长度为 35 mm，找正并夹紧	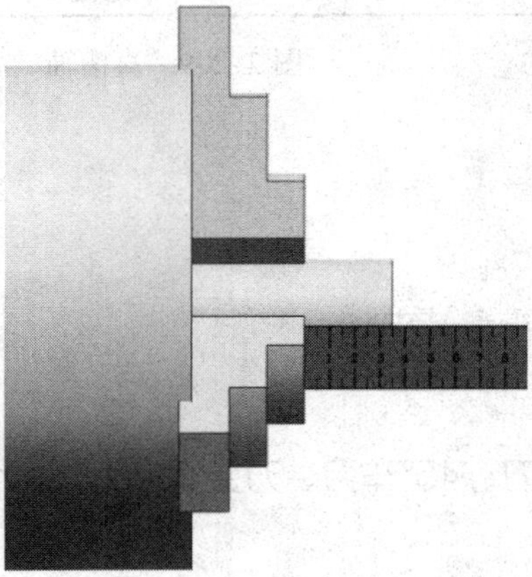 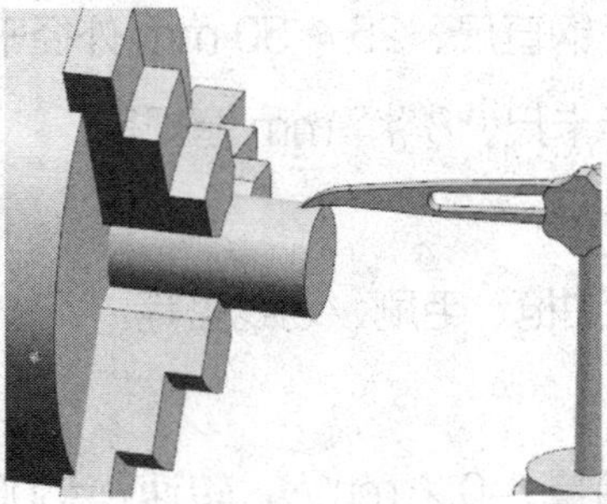	毛坯的伸出长度及夹持外圆的回转中心误差满足加工要求

续表

序号	步骤	图示	要求
3	车端面	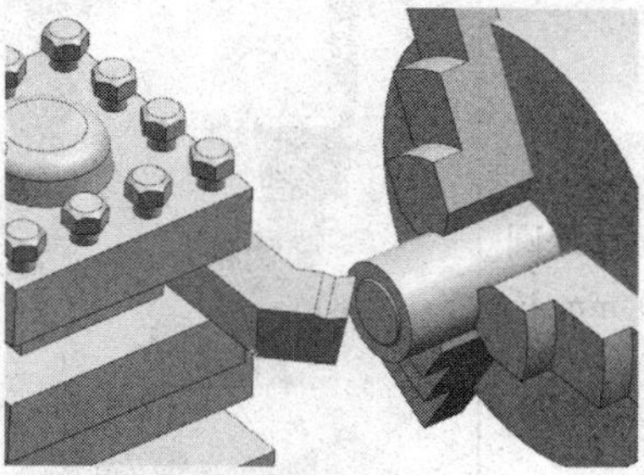	加工表面光整
4	对于图样上外圆尺寸标注为 $\phi 42_{-0.03}^{\ 0}$ mm 处，先粗车至 ϕ43 mm，长度至 27.5 mm	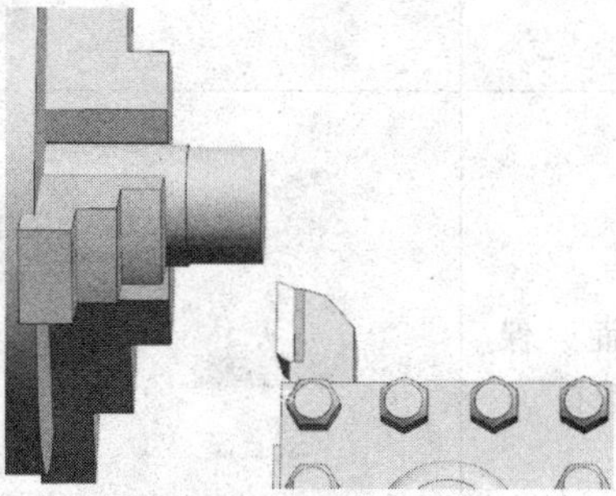	粗车后余量满足精车要求
5	粗车外槽，使工件端面至槽右侧面为 11 mm，槽宽为 6 mm，槽底径为 ϕ34.5 mm	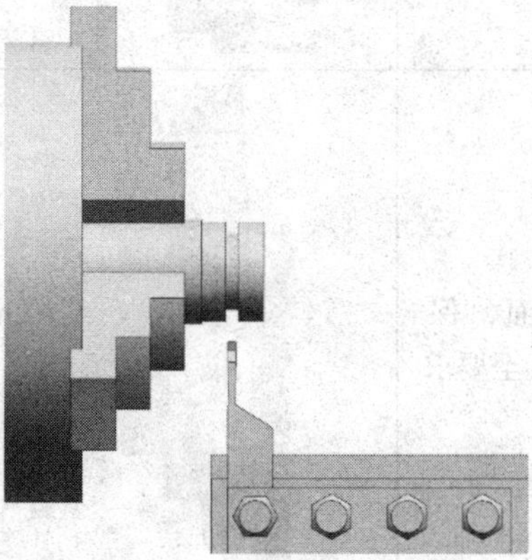	粗车后余量满足精车要求
6	精车右端面	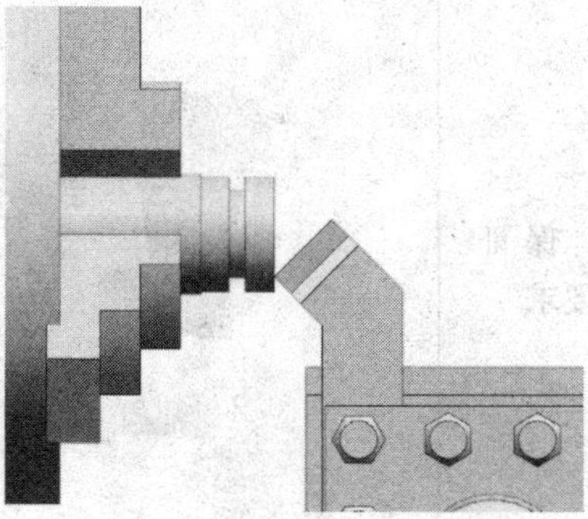	加工表面光整

续表

序号	步骤	图示	要求
7	精车 $\phi 42_{-0.03}^{0}$ mm 外圆及（28 ± 0.05）mm 长度至要求	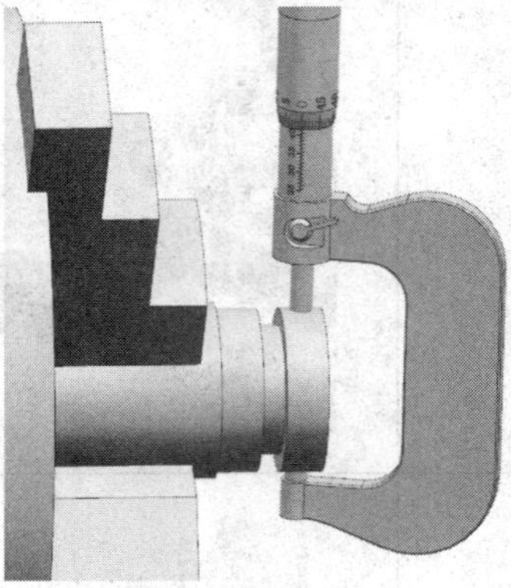	尺寸精度和表面粗糙度符合图样要求，且槽底与槽侧面相交处要清角
8	精车槽右侧面，保证 $10_{-0.1}^{0}$ mm 至要求	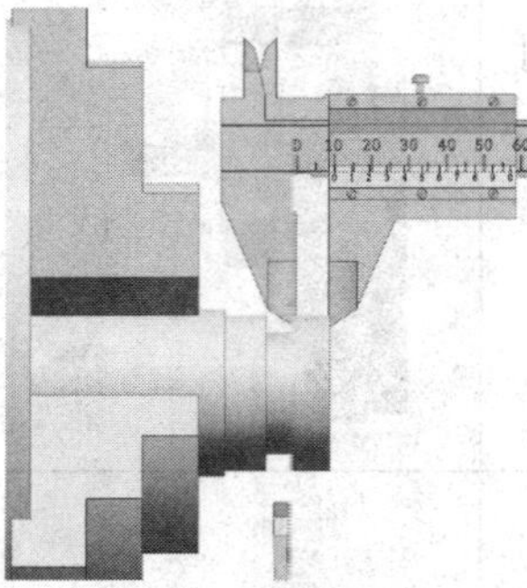	尺寸精度和表面粗糙度符合图样要求
9	精车槽左侧面，保证槽宽 $8_{0}^{+0.05}$ mm 至要求	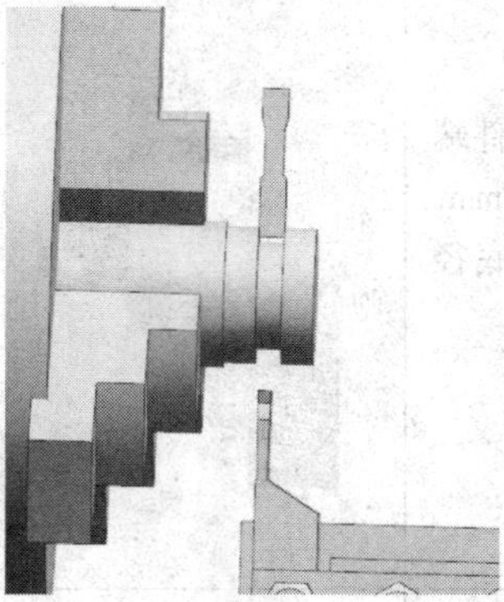	尺寸精度和表面粗糙度符合图样要求
10	精车槽底，保证 $\phi 34_{-0.06}^{0}$ mm 至要求	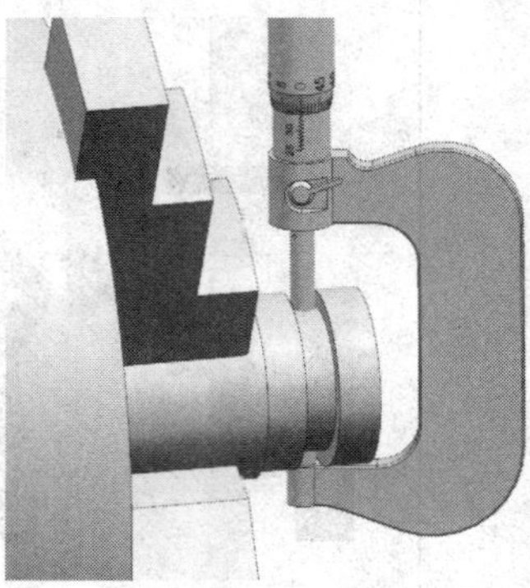	尺寸精度和表面粗糙度符合图样要求，且槽底与槽侧面相交处要清角

续表

序号	步骤	图示	要求
11	倒角 $C1$ mm		倒角符合图样要求
12	检测并卸下工件		对所加工内容进行检测，合格后卸下工件

3. 加工中容易产生的问题和注意事项

（1）车槽时尺寸超差的原因

1）车槽刀主切削刃与工件轴线不平行，造成槽底径不一致，产生锥度。

2）槽侧面和槽底产生小台阶，未清角，主要原因是接刀不当。

（2）产生振动的原因

1）主轴与轴承之间间隙太大。

2）切断时转速过高，进给量过小。

3）切断的棒料太长，在离心力的作用下产生振动。

4）切断刀远离工件支承点或切断刀伸出过长。

5）工件细长，切断刀主切削刃太长。

（3）切断刀折断的原因

1）工件装夹不牢固，切削点远离卡盘，在切削力的作用下工件被抬起，造成切断刀损坏。

2）切断时排屑不畅，切屑堵塞，使切断刀切削部分负荷增大，造成切断刀损坏。

3）切断刀装夹后与工件轴线不垂直，主切削刃与工件回转中心不等高。

4）床鞍、中滑板、小滑板松动，切削时产生“扎刀”现象，造成切断刀折断。

（4）注意事项

1）用一夹一顶方法装夹工件进行切断时，在工件即将切断前，应卸下工件后再将其敲断。

2）不允许用两顶尖装夹工件进行切断，以防切断瞬间工件飞出伤人，造成事故。

四、车槽课后作业

支承轴零件图如图 2-2-10 所示。

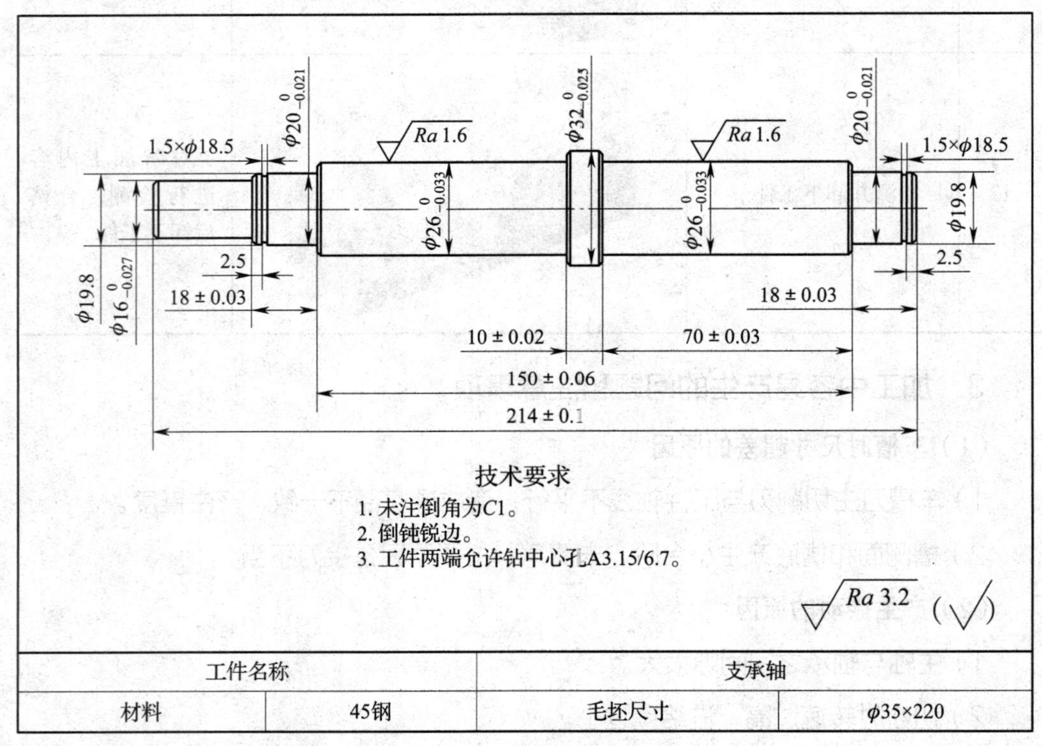

工件名称		支承轴	
材料	45钢	毛坯尺寸	φ35×220

图 2-2-10　支承轴

学习要求：

根据零件图加工要求合理进行工艺分析，并写出工件加工步骤。

课题三
一夹一顶装夹轴类零件的车削

学习目标

1. 掌握中心钻的种类及使用方法。
2. 掌握一夹一顶装夹工件的方法。
3. 掌握一夹一顶装夹工件的车削方法。
4. 掌握尾座偏移后调整锥度的方法。
5. 掌握一夹一顶装夹工件车削时的注意事项。

车削一般轴类工件，尤其是较长、较重且工件两端相互位置精度要求不高时，可将工件的一端用三爪自定心卡盘夹紧，另一端用后顶尖支顶，这种装夹方法称为一夹一顶装夹。这种装夹方法简单、安全、可靠，能承受较大的进给力，提高了工件装夹刚度和车削刚度。

一、一夹一顶装夹轴类零件加工用工艺装备

1. 一夹一顶装夹轴类零件加工常用刀具

一夹一顶装夹轴类零件加工一般使用 90°外圆车刀、45°车刀、中心钻等刀具。

2. 一夹一顶装夹轴类零件加工常用量具

一夹一顶装夹轴类零件加工一般使用钢直尺、游标卡尺、深度游标卡尺、深度千分尺、外径千分尺、百分表、杠杆百分表等量具。

3. 一夹一顶装夹轴类零件加工常用工具

一夹一顶装夹轴类零件加工一般使用卡盘扳手、刀架扳手、加力杆、油枪、毛刷、旋具、防护眼镜、铜锤、钩子、划线盘、内六角扳手、回转顶尖、钻夹头、莫

氏锥套等工具。

二、相关知识

1. 切削用量的选择

（1）粗车时，取背吃刀量 a_p=1.5 ~ 2.0 mm，进给量 f=0.2 ~ 0.4 mm/r，切削速度 v_c=60 ~ 80 m/min。

（2）精车时，取背吃刀量 a_p=0.15 ~ 0.3 mm，进给量 f=0.1 ~ 0.15 mm/r，切削速度 v_c=80 ~ 120 m/min。

2. 工件的装夹

（1）用支承限位

如图 2-3-1a 所示在卡盘内装一个轴向限位支承，以防止在进给力作用下工件发生轴向窜动。

（2）用工艺台阶限位

如图 2-3-1b 所示在工件被夹持部位车削一个长约 10 mm 的工艺台阶，作为轴向限位支承，以防止切削中工件发生轴向窜动。

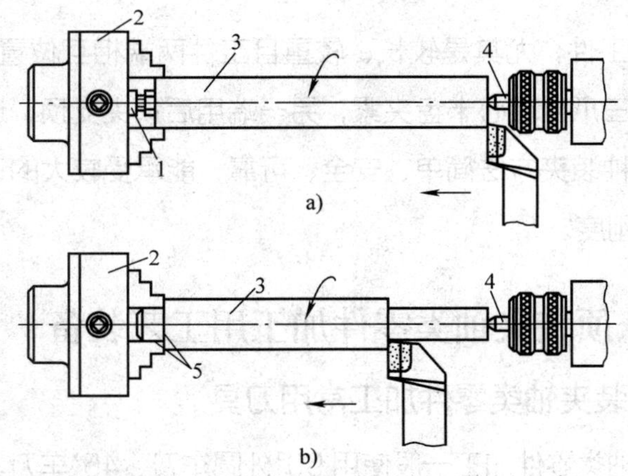

图 2-3-1　一夹一顶装夹

1—限位支承　2—卡盘　3—工件　4—后顶尖　5—工艺台阶

3. 中心孔和中心钻相关知识

（1）中心孔的形状

中心孔可分为 A 型中心孔、B 型中心孔、C 型中心孔、R 型中心孔四种，其形状如图 2-3-2 所示。

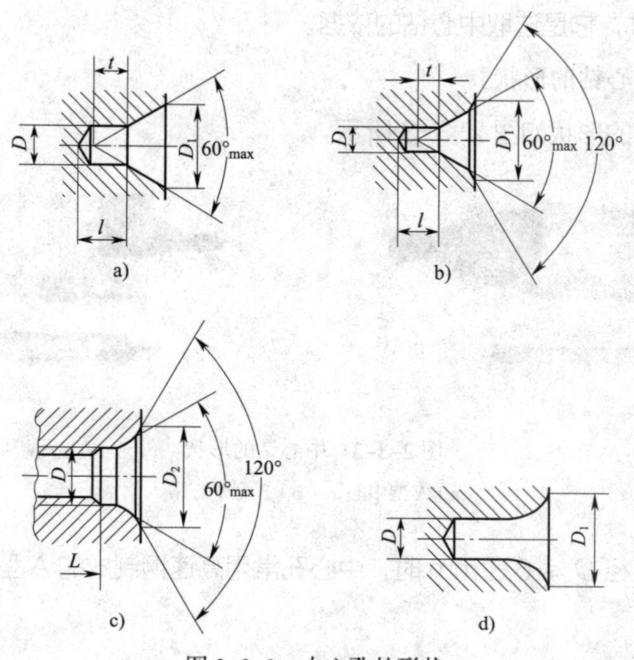

图 2–3–2　中心孔的形状

a）A 型中心孔　b）B 型中心孔　c）C 型中心孔　d）R 型中心孔

（2）中心孔的作用

1）A 型（不带护锥）中心孔。如图 2–3–2a 所示，它由圆柱孔部分和圆锥孔部分组成。圆锥孔的锥角为 60°，与顶尖的锥面配合，起定心作用并承受工件的重力和切削力，因此，锥面的表面质量要求较高，圆柱孔可储存润滑油，并可防止顶尖尖端触及工件，保证顶尖的锥面与中心孔锥面配合贴切。一般适用于不需要多次装夹或不保留中心孔的工件。

2）B 型（带护锥）中心孔。如图 2–3–2b 所示，它在 A 型中心孔的端部多一个锥角为 120° 的圆锥孔，其作用是保护 60° 锥孔的表面，不让其在使用中被拉毛、碰伤。一般用于需要多次装夹的工件。

3）C 型中心孔。如图 2–3–2c 所示，其外端形似 B 型中心孔，里端有一个比圆柱孔还要小的螺纹孔。当需要将其他零件轴向固定在轴上，或需将零件吊挂放置时使用。

4）R 型中心孔。如图 2–3–2d 所示，将 A 型中心孔的圆锥母线由直线改为圆弧线即成 R 型中心孔。这时与顶尖锥面的配合由面接触变成线接触，使摩擦力减小，定位精度提高。适用于轻型和高精度的轴类工件。

注意：在各类型中心孔中应用最多的是 A 型和 B 型中心孔。中心孔以圆柱孔直

径 D 为公称尺寸，它是选取中心钻的依据。

（3）常用中心钻的形状

常用中心钻的形状如图 2-3-3 所示。

a）　　　　b）

图 2-3-3　中心钻的形状

a）A 型中心钻　b）B 型中心钻

当圆柱孔直径 $D \leqslant 6.3$ mm 时，中心孔常用高速钢制成的 A 型、B 型中心钻直接钻出。

（4）中心钻的使用

中心钻在钻夹头上安装，如图 2-3-4 所示，将钻夹头锥柄用力插入尾座套筒的锥孔中，沿逆时针方向旋转钻夹头钥匙，使钻夹头的三个夹爪张开，然后将中心钻插入三个夹爪之间，再沿顺时针方向旋转钻夹头钥匙，通过三个夹爪将中心钻夹紧。

图 2-3-4　装夹中心钻

钻削中心孔时，移动尾座使中心钻钻尖接近工件端面，启动车床，使主轴带动工件回转，观察中心钻钻尖是否与工件回转中心一致，找正后紧固尾座。钻削时取较高的转速，进给量小而均匀，并及时加注切削液进行冷却和润滑。钻完中心孔，中心钻在孔中稍做停留，以修光中心孔，提高中心孔的几何精度和表面质量，然后退出中心钻。

注意：工件端面必须车平整，不允许出现小凸头，尾座必须找正，中心钻前端小圆柱进入端面前不可用力过大。

（5）顶尖的种类

插入尾座套筒锥孔中的顶尖称为后顶尖，后顶尖分为固定顶尖和回转顶尖两种。固定顶尖有普通固定顶尖和镶硬质合金固定顶尖，如图 2-3-5 所示。固定顶尖的优点是定心好，刚度高，切削时不易产生振动；缺点是与工件中心孔之间有相对运动，容易磨损及产生较大热量。

回转顶尖（见图 2-3-6）将顶尖与中心孔之间的滑动摩擦转变成顶尖内部轴承的滚动摩擦，克服了固定顶尖容易磨损及产生较大热量的缺点，可以承受非常高的转速，但其定心精度不如固定顶尖高，刚度也稍低。

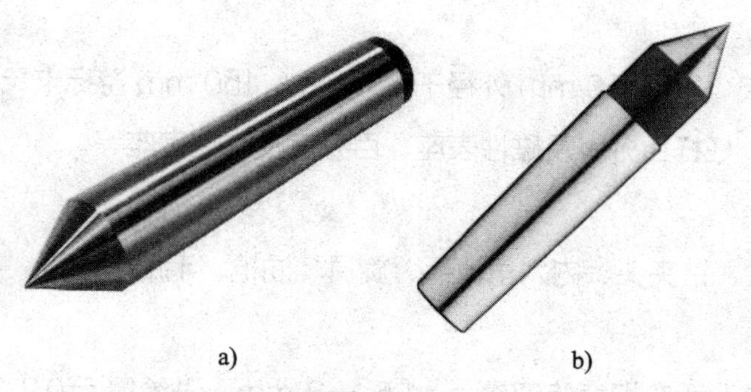

图 2-3-5　固定顶尖

a）普通固定顶尖　b）镶硬质合金固定顶尖

图 2-3-6　回转顶尖

三、一夹一顶装夹轴类零件车削练习

台阶轴零件图如图 2-3-7 所示。

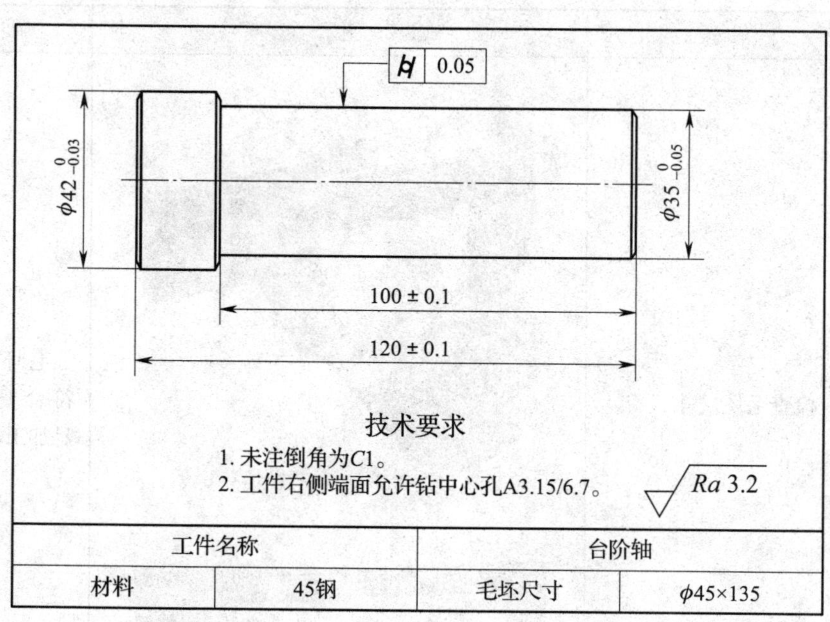

图 2-3-7　台阶轴

1. 工艺分析

（1）装夹方法

采用一夹一顶的方式进行装夹。

（2）刀具选择

选择 90°外圆车刀、45°车刀、A 型中心钻等。

（3）量具选择

选择 0 ~ 300 mm 钢直尺、25 ~ 50 mm 外径千分尺、0 ~ 150 mm 游标卡尺、0 ~ 200 mm 深度游标卡尺、杠杆百分表及磁性表座、百分表及磁性表座等。

（4）工具选择

选择莫氏锥套、回转顶尖、钻夹头、内六角扳手、旋具、油枪、毛刷等。

（5）切削用量选择

根据工件材料和加工尺寸，粗车取背吃刀量 a_p=1.5 ~ 2 mm，进给量 f=0.3 ~ 0.4 mm/r，转速 n=400 ~ 600 r/min；精车取背吃刀量 a_p=0.15 ~ 0.3 mm，进给量 f=0.1 ~ 0.15 mm/r，转速 n=800 ~ 1 000 r/min。

2. 车削步骤（见表 2-3-1）

表 2-3-1　车削步骤

序号	步骤	图示	要求
1	检查毛坯尺寸		毛坯尺寸应符合要求，满足加工需要

续表

序号	步骤	图示	要求
2	夹持毛坯外圆，伸出长度为 30 mm，找正并夹紧	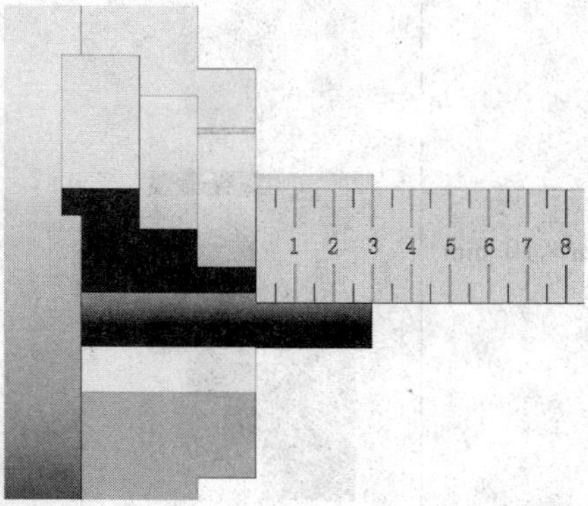 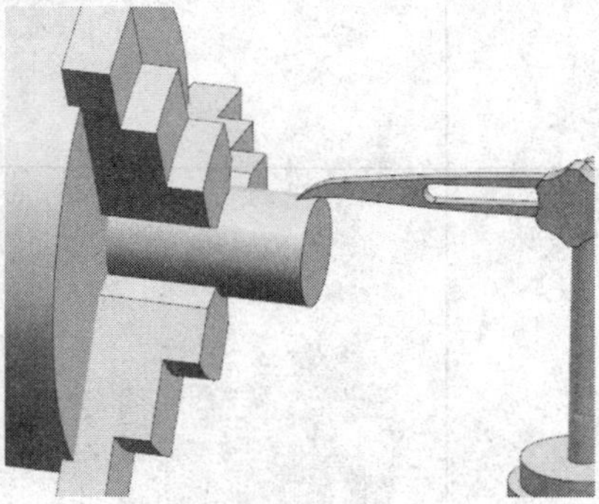 1 2 3 4 5 6 7 8	毛坯的伸出长度及夹持外圆的回转中心误差满足加工要求
3	车端面	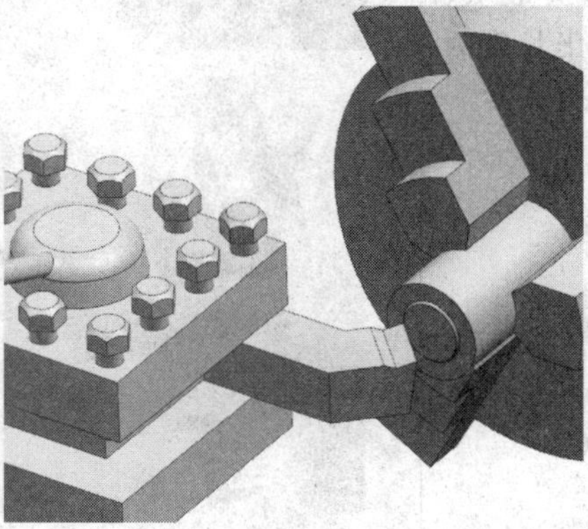	加工表面光整

续表

序号	步骤	图示	要求
4	车 $\phi 40$ mm × 10 mm 工艺台阶	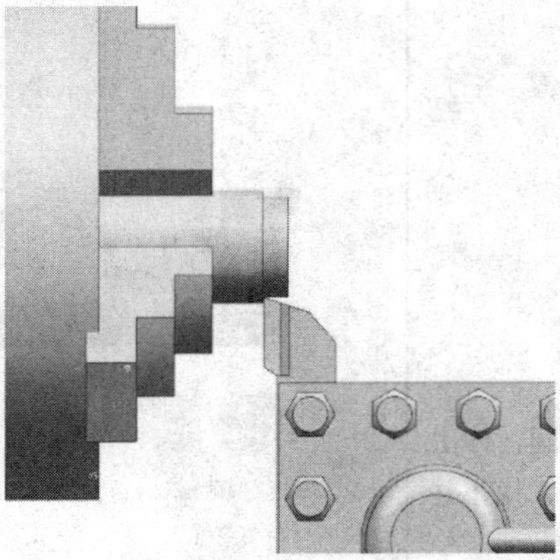	剩余毛坯长度满足加工要求，10 mm 处台阶面与工件轴线垂直
5	将工件掉头装夹，毛坯外圆伸出长度为 30 mm，找正并夹紧	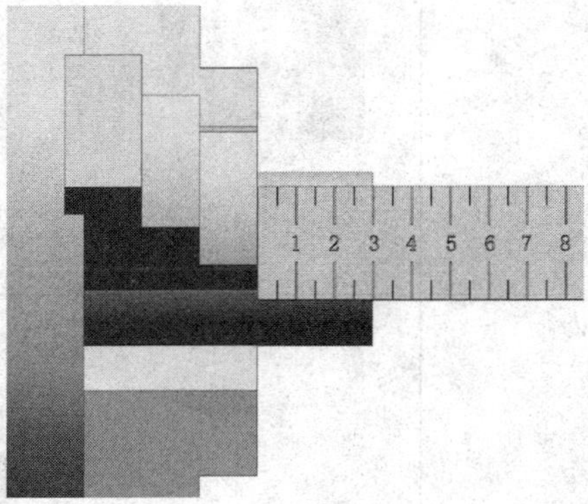 	毛坯的伸出长度及夹持外圆的回转中心误差满足加工要求

续表

序号	步骤	图示	要求
6	车端面，钻中心孔	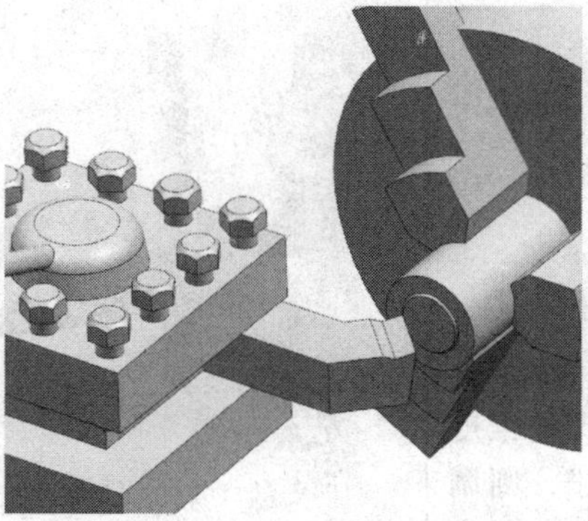 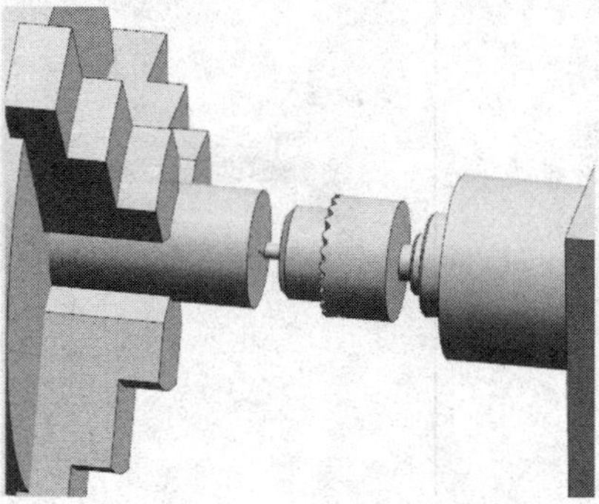	端面光整，中心孔光整
7	夹持 ϕ40 mm × 10 mm 工艺台阶，一夹一顶装夹工件	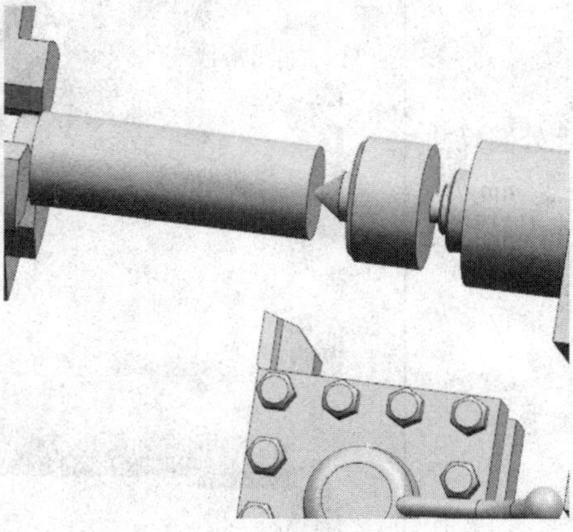	装夹牢固，回转顶尖支顶松紧合适

续表

序号	步骤	图示	要求
8	试车外圆，检测两端是否有锥度，如锥度误差超出要求，则调整尾座	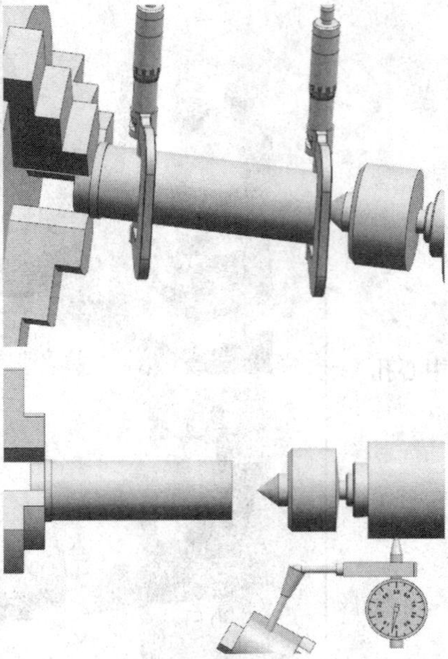	尾座锥度误差满足尺寸精度要求
9	对于图样上外圆尺寸标注为 $\phi 35_{-0.05}^{0}$ mm 处，先粗车至 $\phi 36$ mm，长度至 99.5 mm	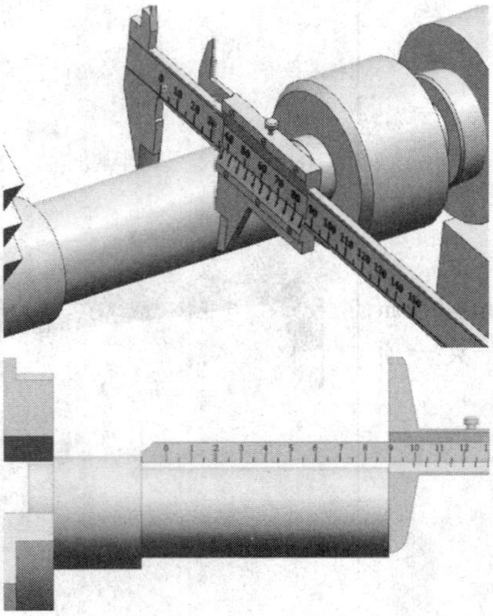	粗车后余量满足精车要求

续表

序号	步骤	图示	要求
10	粗车、精车 $\phi 42_{-0.03}^{0}$ mm 外圆至尺寸要求，总长度略大于 120 mm	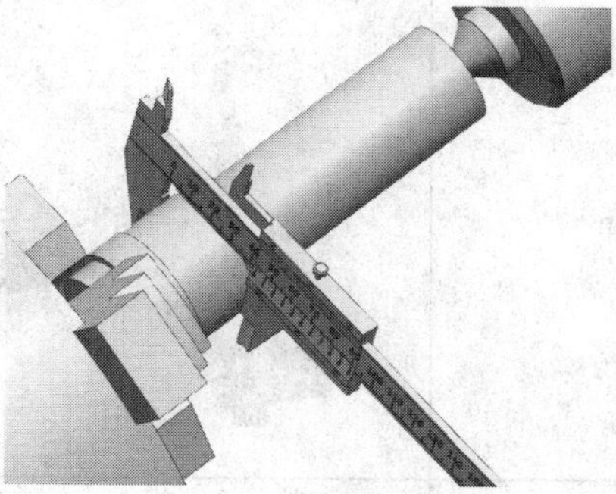 	尺寸精度和表面粗糙度符合图样要求
11	精车外圆 $\phi 35_{-0.05}^{0}$ mm 及长度（100 ± 0.1）mm 至要求	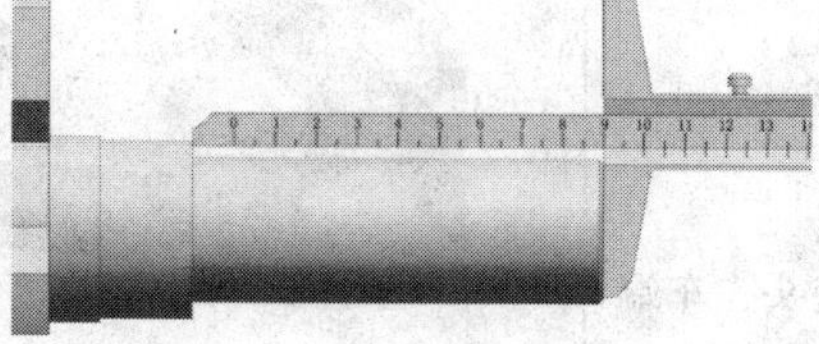 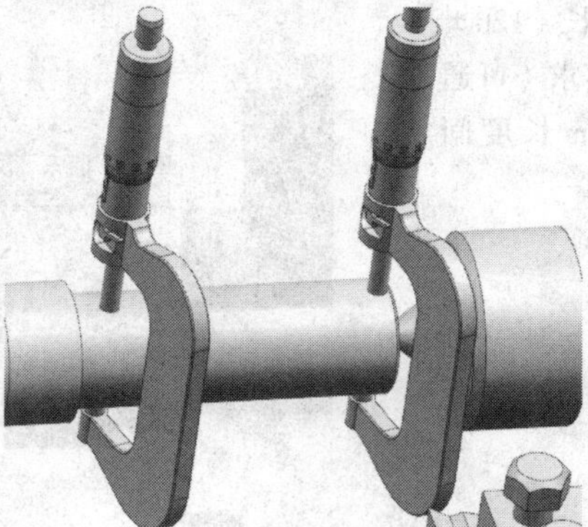	尺寸精度、表面粗糙度和几何精度符合图样要求，台阶相交处要清角

续表

序号	步骤	图示	要求
12	倒角 $C1$ mm	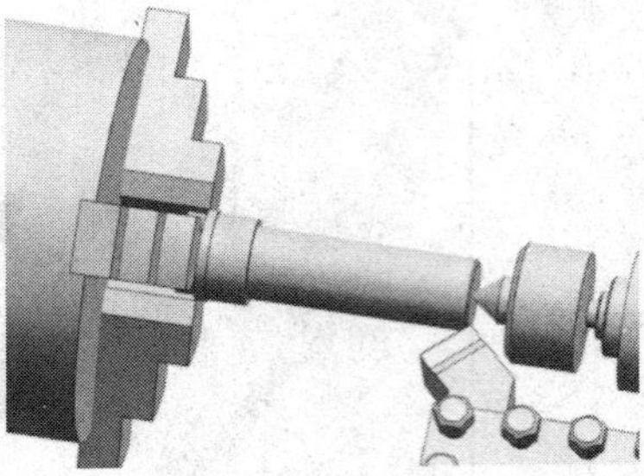	倒角符合图样要求
13	将工件掉头，在外圆 $\phi 35_{-0.05}^{0}$ mm 处垫铜皮夹住，找正并夹紧	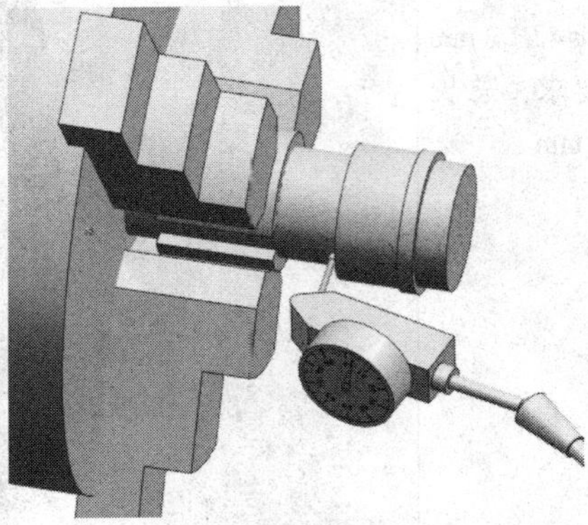	伸出长度满足要求，台阶处端面与主轴轴线垂直
14	切断工艺夹头，车端面，保证总长（120 ± 0.1）mm 至要求（可通过测量 20 mm 长度间接获得）	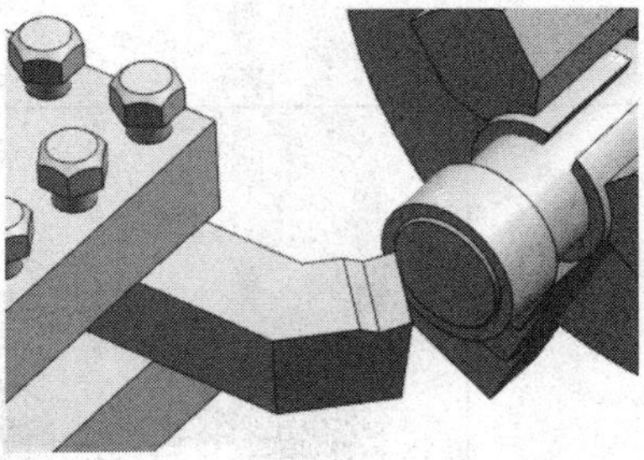 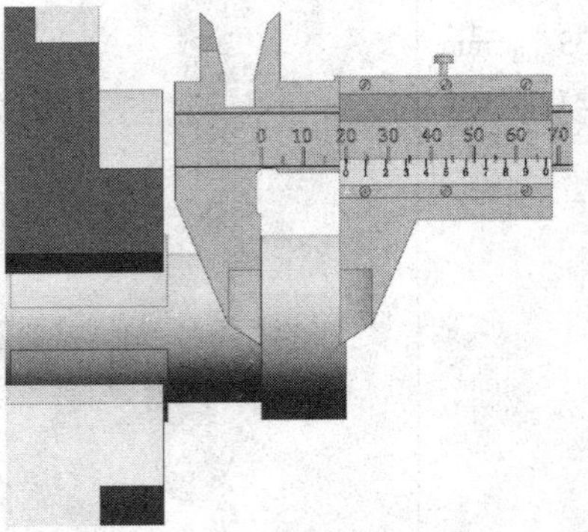	尺寸精度符合图样要求

续表

序号	步骤	图示	要求
15	倒角 $C1$ mm		倒角符合图样要求
16	检测并卸下工件		对所加工内容进行检测，合格后卸下工件

3. 加工中的注意事项

（1）中心钻折断的原因及预防措施

1）中心钻轴线与工件回转中心不一致，使中心钻受到一个附加力而折断。因此，钻中心孔前必须严格找正中心钻的位置。

2）工件端面不平整或中心处留有凸头，使中心钻不能准确地定心而折断。因此，钻中心孔处的端面必须平整。

3）选用的切削用量不合适，如工件转速太低而中心钻进给太快，使中心钻折断。因此，钻中心孔时必须选择较高的主轴转速，中心钻进给要缓慢、均匀。

4）磨钝后的中心钻强行钻入工件也易折断。因此，中心钻磨损后应及时修磨或调换。

5）没有浇注充分的切削液或没有及时清除切屑，导致切屑堵塞而使中心钻折断。因此，钻中心孔时必须浇注充分的切削液并及时清除切屑。

（2）工件车削时的要求

1）后顶尖的中心线应在车床主轴轴线上，否则车出的工件会产生锥度。

2）在不影响车刀切削的前提下，尾座套筒应尽量伸出短些，以提高刚度，减少振动。

3）中心孔的形状应正确，表面粗糙度值要小。装入顶尖前，应清除中心孔内的切屑或异物。

4）当后顶尖用固定顶尖时，由于中心孔与顶尖间为滑动摩擦，故应在中心孔内加入润滑脂，以防温度过高而损坏顶尖或中心孔。

5）顶尖与中心孔配合的松紧度必须合适。如果后顶尖顶得太紧，细长工件会产生弯曲变形。对于固定顶尖，会增大摩擦；对于回转顶尖，容易损坏顶尖内的滚动轴承。如果后顶尖顶得太松，工件则不能准确地定心，对加工精度有一定影响；同时，车削时易产生振动，甚至会使工件飞出而发生事故。

6）一夹一顶车削时，最好用工艺台阶（或轴向限位支承）限位，否则在进给力的作用下工件容易产生轴向位移。

四、一夹一顶装夹轴类零件的车削课后作业

台阶长轴零件图如图 2-3-8 所示。

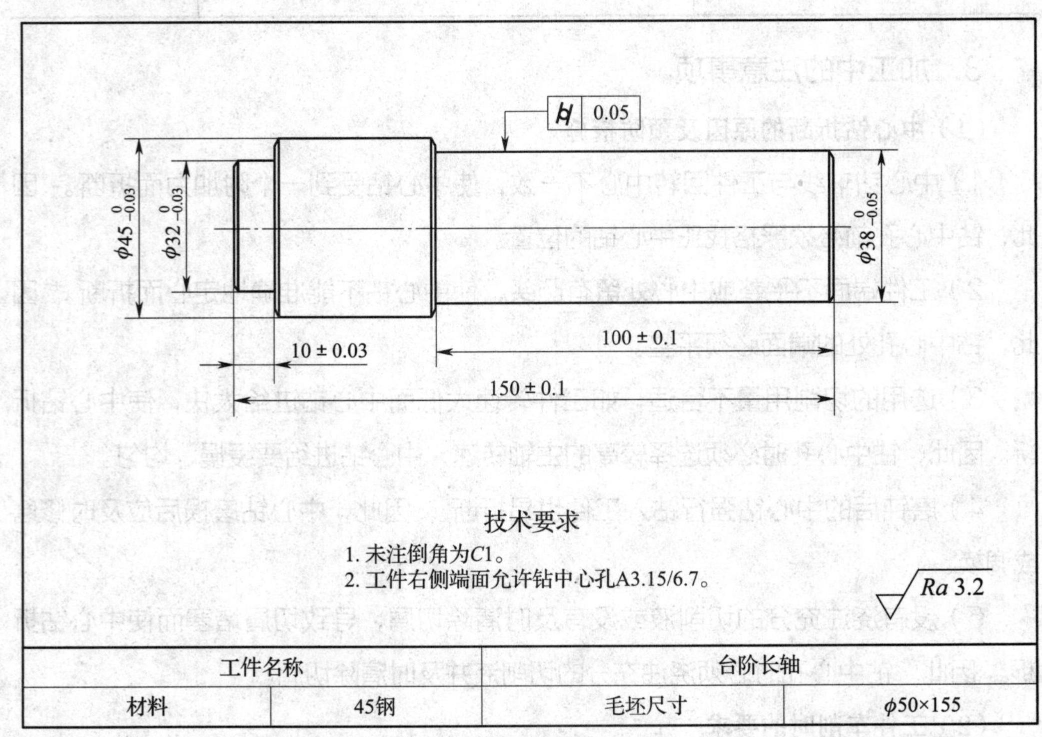

图 2–3–8　台阶长轴

学习要求：

根据零件图加工要求合理进行工艺分析，并写出工件加工步骤。

课题四
两顶尖装夹轴类零件的车削

学习目标

1. 掌握两顶尖装夹工件的方法。
2. 掌握两顶尖装夹工件的车削方法。
3. 掌握转动小滑板车削前顶尖的方法。
4. 了解鸡心夹头的使用方法。
5. 掌握两顶尖装夹工件车削时的注意事项。

加工较长的工件时，如果两端具有较高的几何精度要求，或在车削后还要铣削或磨削的工件，为了保证每次装夹时的装夹精度，可用车床的前、后顶尖（即两顶尖）装夹。这种装夹方式简单、方便，不需找正，装夹精度高，但比一夹一顶装夹的刚度低，影响了切削用量的提高。

一、两顶尖装夹轴类零件加工用工艺装备

1. 两顶尖装夹轴类零件加工常用刀具

两顶尖装夹轴类零件加工一般使用90°外圆车刀、45°车刀、中心钻等刀具。

2. 两顶尖装夹轴类零件加工常用量具

两顶尖装夹轴类零件加工一般使用钢直尺、游标卡尺、深度游标卡尺、外径千分尺、百分表等量具。

3. 两顶尖装夹轴类零件加工常用工具

两顶尖装夹轴类零件加工一般使用卡盘扳手、刀架扳手、加力杆、油枪、毛刷、旋具、防护眼镜、铜锤、钩子、划线盘、内六角扳手、呆扳手、鸡心夹头或平行对

分夹头、固定顶尖、回转顶尖、钻夹头、莫氏锥套等工具。

二、相关知识

1. 切削用量的选择

（1）粗车时，取背吃刀量 a_p=1.0 ~ 1.5 mm，进给量 f=0.2 ~ 0.4 mm/r，切削速度 v_c=50 ~ 70 m/min。

（2）精车时，取背吃刀量 a_p=0.15 ~ 0.3 mm，进给量 f=0.1 ~ 0.15 mm/r，切削速度 v_c=70 ~ 100 m/min。

2. 前顶尖的应用

前顶尖是安装在主轴上的顶尖，它随主轴和工件一起回转。因此，与工件中心孔无相对运动，不产生摩擦。

前顶尖有两种类型，一种是以锥柄插入主轴锥孔内的前顶尖，如图2-4-1所示，这种顶尖装夹牢固，可重复使用，适用于批量生产。另一种是夹在三爪自定心卡盘上的前顶尖，如图2-4-2所示，可在卡盘上夹持一段钢料，车削成圆锥角 2α = 60°的顶尖。这种顶尖制造、装夹方便，定心准确，但顶尖的硬度较低，容易磨损，车削中如受到冲击，容易产生位移，只适用于小批量生产，且顶尖自卡爪上取下后，如需再次装夹后使用，必须修整顶尖的锥面，以保证锥面轴线与主轴轴线重合。

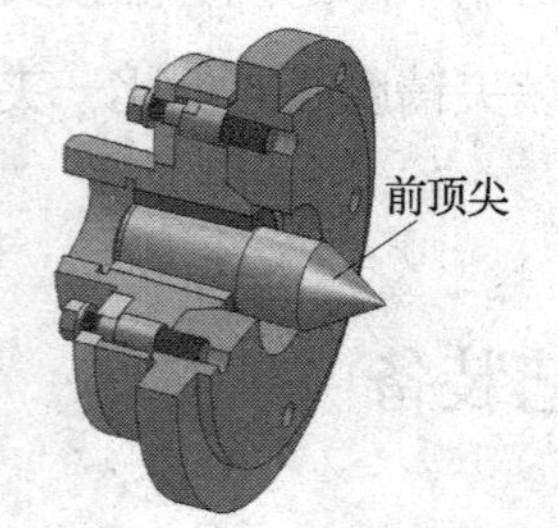

图 2-4-1　主轴锥孔内的前顶尖

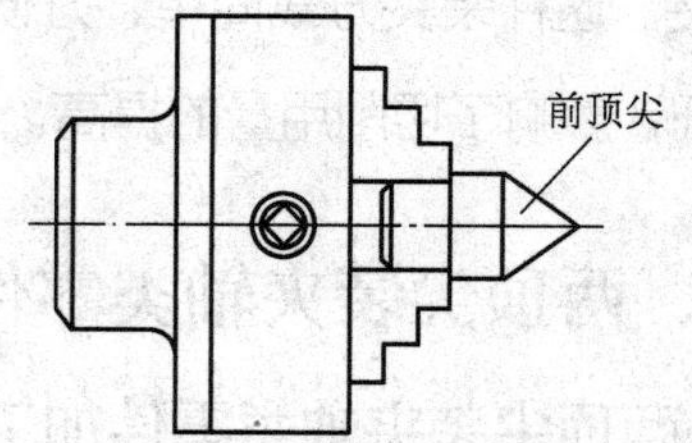

图 2-4-2　在卡盘上车成的前顶尖

3. 工件的装夹

在工件两端钻中心孔，通过鸡心夹头（鸡心夹头的弯头要靠在卡爪的侧面）带动工件在前、后顶尖之间转动，以切除多余的材料，如图 2-4-3 所示。

注意：工件在两顶尖间以灵活转动而没有轴向窜动为宜，不要支顶过紧，过紧会损坏顶尖或使工件变形。尾座套筒伸出长度尽量短，只要车刀车削工件端面时中滑板与尾座不触碰即可。

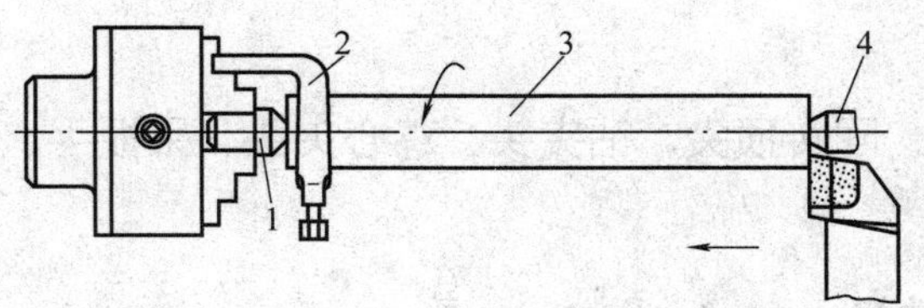

图 2-4-3　用两顶尖装夹

1—前顶尖　2—鸡心夹头　3—工件　4—后顶尖

三、两顶尖装夹轴类零件车削练习

台阶轴零件图如图 2-4-4 所示。

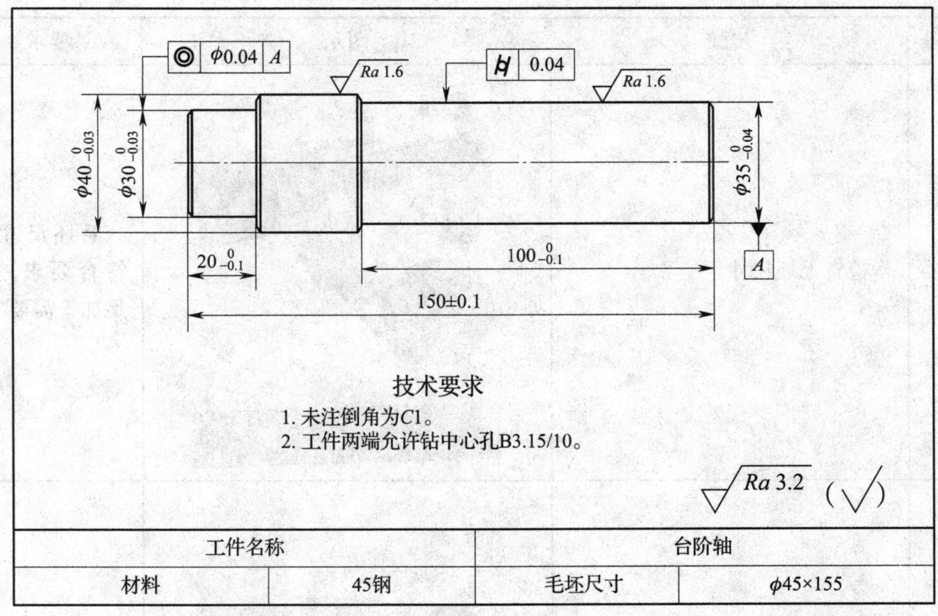

图 2-4-4　台阶轴

1. 工艺分析

（1）装夹方法

采用两顶尖进行装夹。

（2）刀具选择

选择 90°外圆车刀、45°车刀、B 型中心钻等。

（3）量具选择

选择 0 ~ 300 mm 钢直尺、25 ~ 50 mm 外径千分尺、0 ~ 200 mm 游标卡尺、0 ~ 200 mm 深度游标卡尺、百分表及磁性表座等。

（4）工具选择

选择莫氏锥套、回转顶尖、钻夹头、鸡心夹头、呆扳手、内六角扳手、旋具、油枪、毛刷等。

（5）切削用量选择

根据工件材料和加工尺寸，粗车取背吃刀量a_p=1 ~ 2 mm，进给量f=0.2 ~ 0.3 mm/r，转速n=400 ~ 600 r/min；精车取背吃刀量a_p=0.15 ~ 0.3 mm，进给量f=0.1 ~ 0.15 mm/r，转速n=800 ~ 1 000 r/min。

2. 车削步骤（见表 2-4-1）

表 2-4-1　车削步骤

序号	步骤	图示	要求
1	检查毛坯尺寸		毛坯尺寸应符合要求，满足加工需要
2	夹持毛坯外圆，伸出长度为 30 mm，找正并夹紧		毛坯的伸出长度及夹持外圆的回转中心误差满足加工要求

续表

序号	步骤	图示	要求
3	车端面，钻B型中心孔	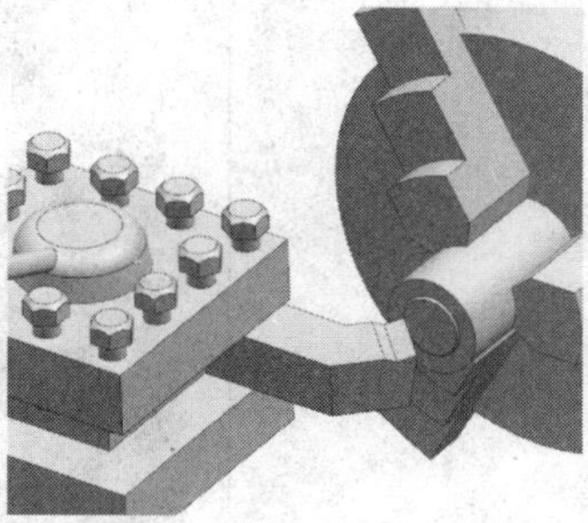 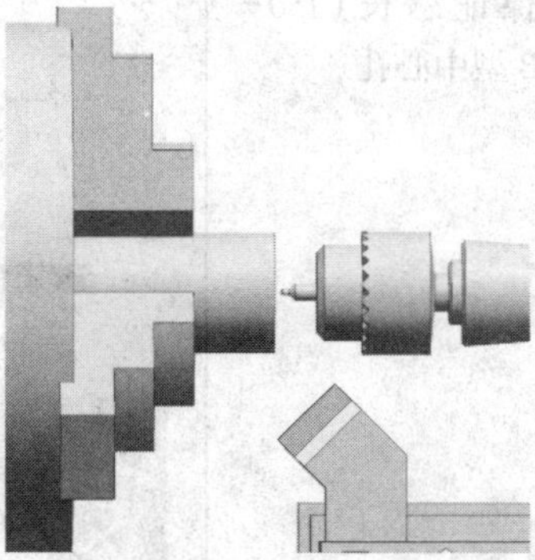	端面光整，中心孔光整
4	将工件掉头，夹持毛坯外圆，伸出长度为30 mm，找正并夹紧	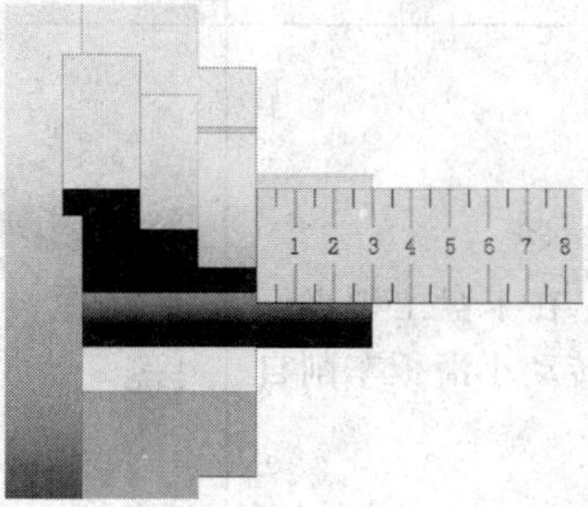 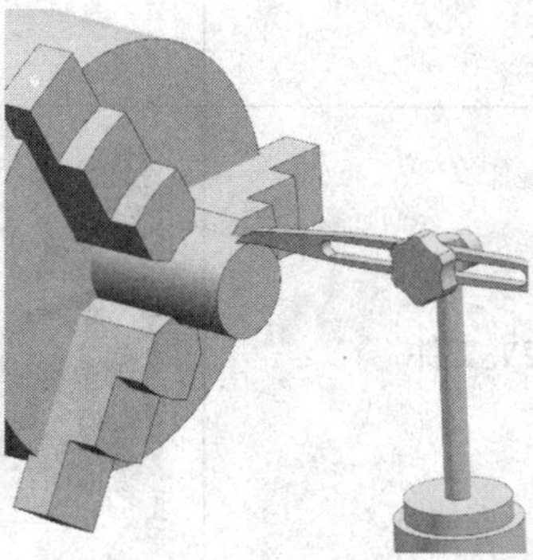	毛坯的伸出长度及夹持外圆的回转中心误差满足加工要求

续表

序号	步骤	图示	要求
5	车端面，保证总长（150 ± 0.1）mm，钻 B 型中心孔	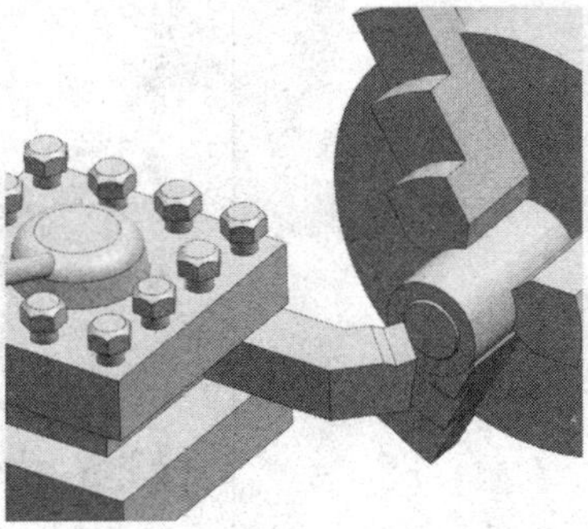 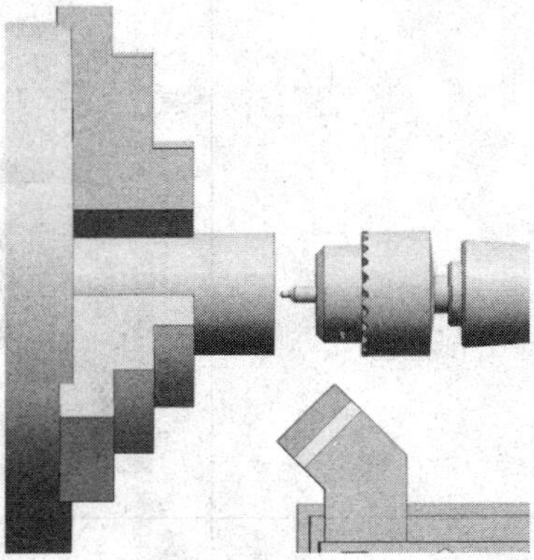	长度尺寸合格，端面光整，中心孔光整
6	卸下工件，在卡盘上装夹一小段棒料，转动小滑板车削自制前顶尖		前顶尖圆锥角为60°或略大于60°，锥面光整
7	用两顶尖装夹工件	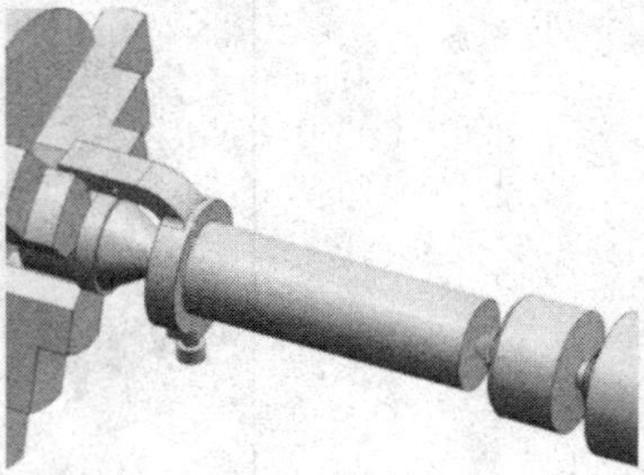	装夹牢固、可靠，顶尖支顶松紧合适

续表

序号	步骤	图示	要求
8	对于图样上外圆尺寸标注为 $\phi 35_{-0.04}^{0}$ mm 处，先粗车至 ϕ36mm，长度为 99.5 mm		粗车后余量满足精车要求，尾座锥度误差满足尺寸精度要求
9	将工件掉头，用两顶尖装夹工件		装夹牢固、可靠，顶尖支顶松紧合适
10	对于图样上外圆尺寸标注为 $\phi 40_{-0.03}^{0}$ mm、$\phi 30_{-0.03}^{0}$ mm 处，先粗车至 ϕ41 mm、ϕ31 mm，长度至 19.5 mm		粗车后余量满足精车要求
11	精车 $\phi 40_{-0.03}^{0}$ mm、$\phi 30_{-0.03}^{0}$ mm 外圆及 $20_{-0.1}^{0}$ mm 长度至要求		尺寸精度和表面粗糙度符合图样要求，台阶相交处要清角

续表

序号	步骤	图示	要求
12	倒角 $C1$ mm	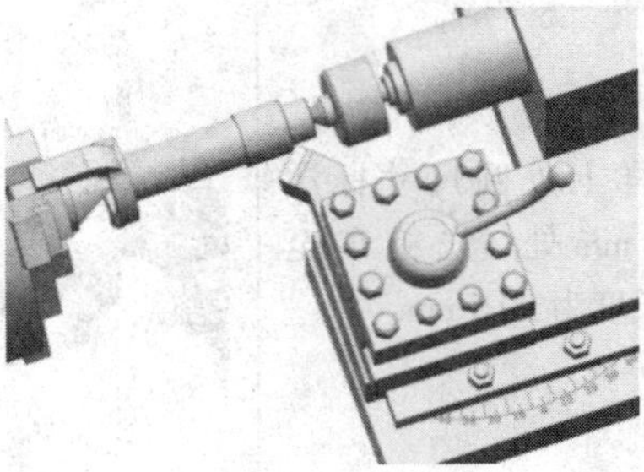	倒角符合图样要求
13	将工件掉头，用两顶尖装夹工件	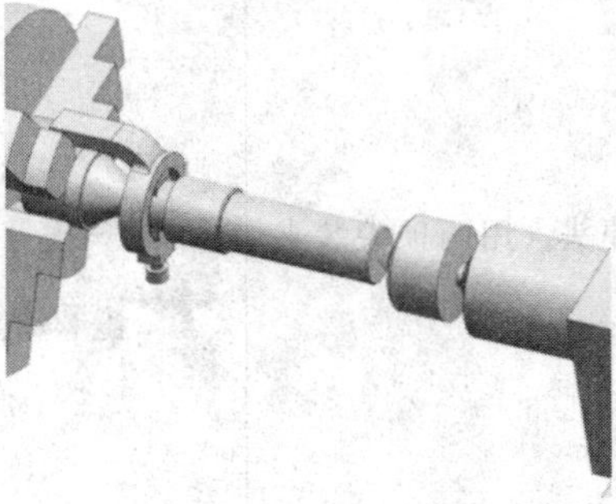	装夹牢固、可靠，顶尖支顶松紧合适
14	精车外圆 $\phi 35_{-0.04}^{0}$ mm 及长度 $100_{-0.1}^{0}$ mm 至要求	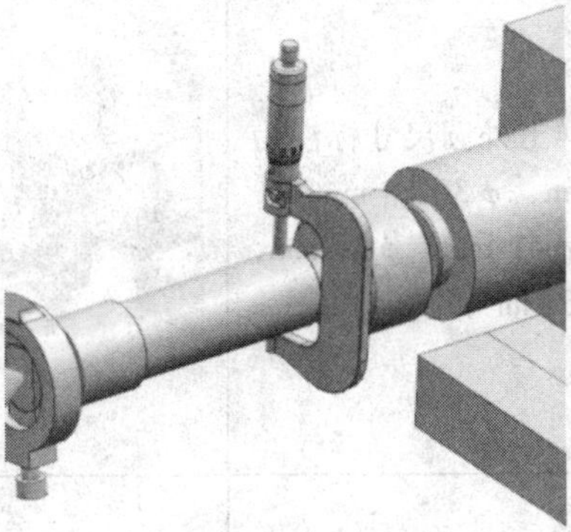	尺寸精度、表面粗糙度和几何精度符合图样要求，台阶相交处要清角
15	倒角 $C1$ mm	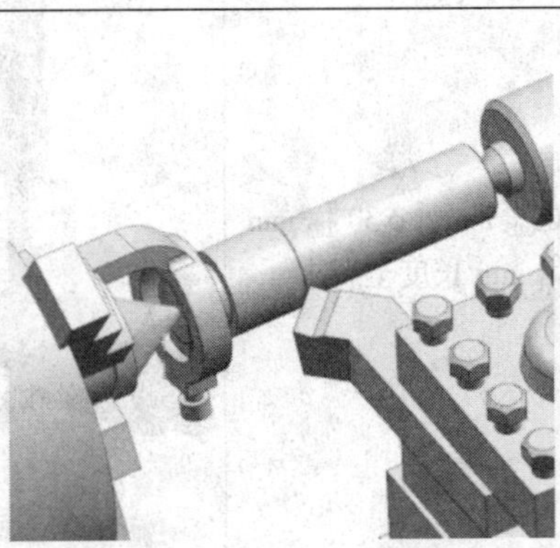	倒角符合图样要求

续表

序号	步骤	图示	要求
16	检测并卸下工件		对所加工内容进行检测，合格后卸下工件

3. 加工中的注意事项

（1）工件在两顶尖上装夹时，应保持中心孔干净并防止碰伤。

（2）鸡心夹头必须牢固地夹住工件并靠在卡爪的侧面，以防止切削时移动、打滑或损坏车刀。

（3）顶尖支顶应松紧合适。支顶太紧，工件易发热、变形，甚至烧坏顶尖和中心孔；支顶太松，工件会产生径向跳动和轴向窜动，切削时易产生振动，致使外圆的圆度误差增大和台阶的同轴度受影响。在切削过程中应随时注意工件在两顶尖间的松紧程度，并及时加以调整。

（4）在条件允许的情况下，尾座套筒伸出的长度应尽可能短些，以提高切削时的刚度。

（5）开始切削前，应摇动手轮使床鞍在全行程左右移动，检查有无碰撞现象。

（6）车台阶轴时，台阶处要清角，不要出现小台阶和凹坑。

（7）注意安全，防止鸡心夹头或平行对分夹头钩住衣服而伤人。

（8）根据工件加工尺寸合理选择主轴转速，转速太高会将工件甩弯，造成工件变形；转速太低会影响切削效率。

（9）钻两端中心孔时，在毛坯外形较规则时，可以将两端中心孔都钻好。如果毛坯外形不规则，应先钻好一侧，将外圆采用一夹一顶的方法粗车后，再夹持粗车后的外圆钻另一侧中心孔，最后用两顶尖装夹工件进行车削。

四、两顶尖装夹轴类零件的车削课后作业

转轴零件图如图 2-4-5 所示。

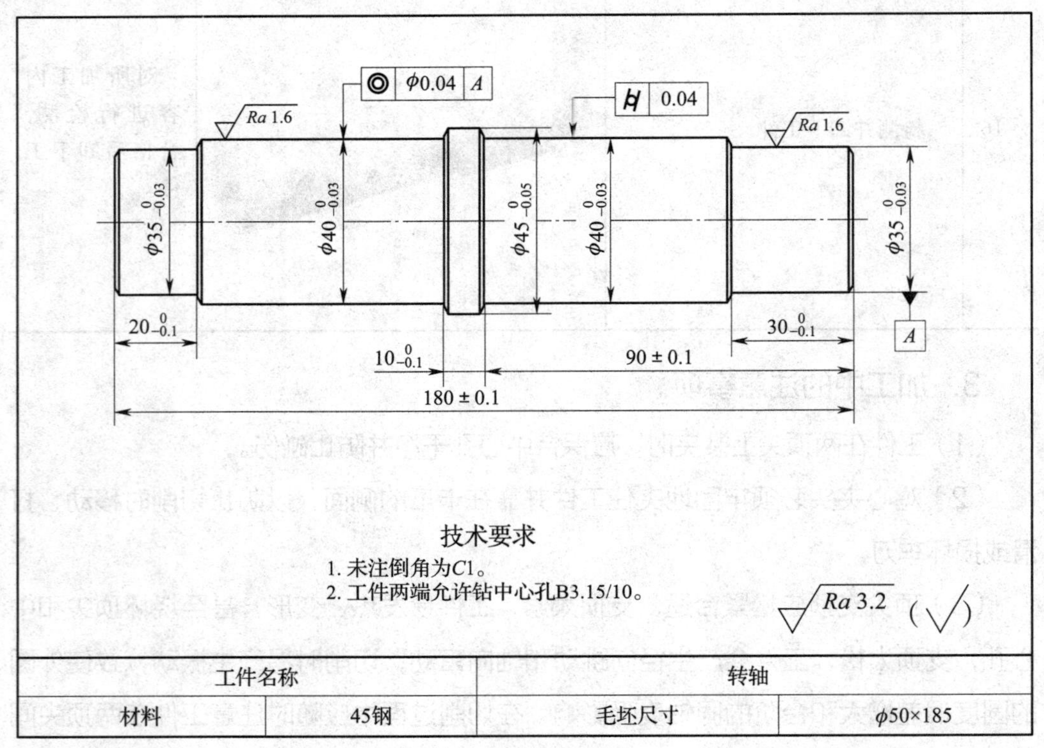

图 2-4-5　转轴

学习要求：

根据零件图加工要求合理进行工艺分析，并写出工件加工步骤。

模块三

套类零件的车削

课题一 钻　孔

学习目标

1. 掌握麻花钻的组成部分及作用。
2. 掌握麻花钻的刃磨方法。
3. 掌握钻孔的方法及要求。
4. 掌握钻孔时的注意事项。

用钻头在实体材料上加工孔的方法称为钻孔。钻孔属于粗加工，其尺寸精度一般可达 IT12 ~ IT11 级，表面粗糙度 *Ra* 值为 25 ~ 12.5 μm。钻孔所用的刀具最普遍的是麻花钻。

一、钻孔用工艺装备

1. 钻孔常用刀具

钻孔一般使用 90°外圆车刀、45°车刀、麻花钻等刀具。

2. 钻孔常用量具

钻孔一般使用钢直尺、游标卡尺等量具。

3. 钻孔常用工具

钻孔一般使用卡盘扳手、刀架扳手、加力杆、油枪、毛刷、防护眼镜、铜锤、钩子、内六角扳手、钻夹头、莫氏锥套、划线盘等工具。

二、相关知识

1. 麻花钻的组成

麻花钻由柄部、颈部和工作部分组成，如图 3-1-1 所示。

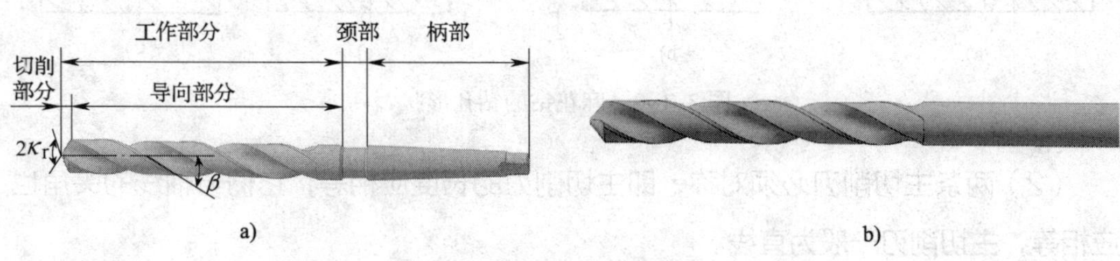

图 3-1-1　麻花钻

a）莫氏锥柄麻花钻　b）直柄麻花钻

（1）柄部

柄部是麻花钻的夹持部分，钻削时起夹持定心和传递转矩的作用。柄部有莫氏锥柄和直柄两种。

（2）颈部

直径较大的麻花钻在颈部标有麻花钻直径、材料牌号和商标。

（3）工作部分

麻花钻的工作部分由切削部分和导向部分组成。切削部分主要起切削作用，导向部分在钻削过程中起保持钻削方向、修光孔壁的作用，同时也是切削的后备部分。

2. 麻花钻的刃磨要求

麻花钻的刃磨质量直接关系到钻孔的尺寸精度、表面粗糙度和钻削效率。麻花钻一般只刃磨两个主后面，并同时磨出顶角、主后角和横刃斜角，刃磨技术要求高，是车工必须掌握的基本功。

如图 3-1-2a 所示为刃磨正确的麻花钻的钻削情形。图 3-1-2b 所示为麻花钻顶角不对称，钻削时两边受力不平衡，使钻出的孔扩大和倾斜。图 3-1-2c 所示为麻花钻顶角对称但主切削刃长度不等，使钻出的孔径扩大。图 3-1-2d 所示为顶角和主切削刃长度不对称，钻出的孔不仅孔径扩大，而且还会产生台阶。

麻花钻的刃磨要求如下：

（1）刃磨出正确的顶角 $2\kappa_r$，钻削中等硬度的钢和铸铁时，$2\kappa_r$=116° ~ 118°。

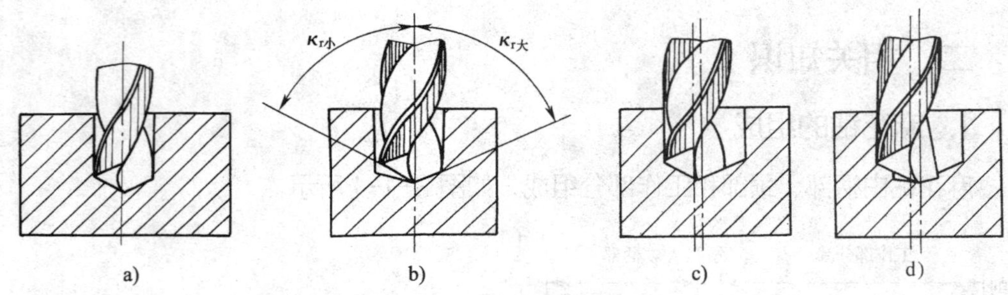

图 3-1-2　麻花钻的钻孔形状

（2）两条主切削刃必须对称，即主切削刃的长度应相等，它们与轴线的夹角也应相等，主切削刃一般为直线。

（3）后角应适当，以获得正确的横刃斜角 ψ，一般 ψ=55°。

（4）主切削刃、钻尖和横刃应锋利，不允许有钝口、崩刃。

3. 麻花钻的刃磨方法

（1）刃磨前，应先检查砂轮表面是否平整，如砂轮表面不平或有跳动现象，须先对砂轮进行修整。麻花钻一般由高速钢制成，选择白色氧化铝砂轮进行刃磨。

（2）用右手握住钻头前端作为支点，左手紧握钻头柄部，摆正钻头与砂轮的相对位置，使钻头轴线与砂轮外圆柱面母线在水平面内的夹角等于顶角的一半（即 59°）；同时钻尾向下倾斜 1°～2°，如图 3-1-3 所示。

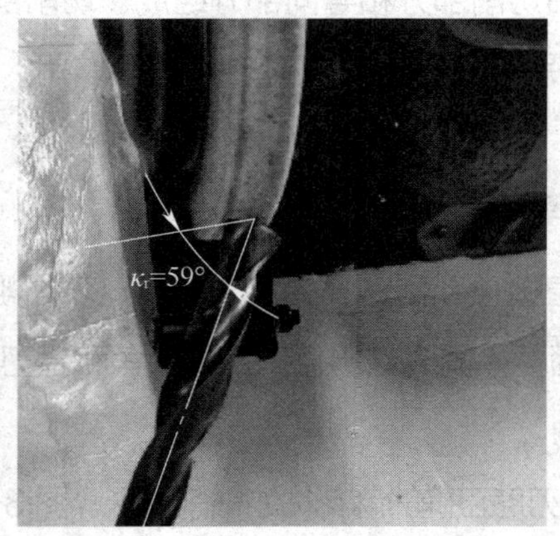

图 3-1-3　麻花钻的刃磨位置

（3）以钻头前端支点为圆心，缓慢地使钻头绕其轴线由下向上转动，右手配合左手的向上摆动缓慢地做同步下压运动（略带转动），刃磨压力逐渐增大，磨出主切削刃和主后面，如图 3-1-4 所示。为保证钻头近中心处磨出较大后角，还应做适当右移运动。

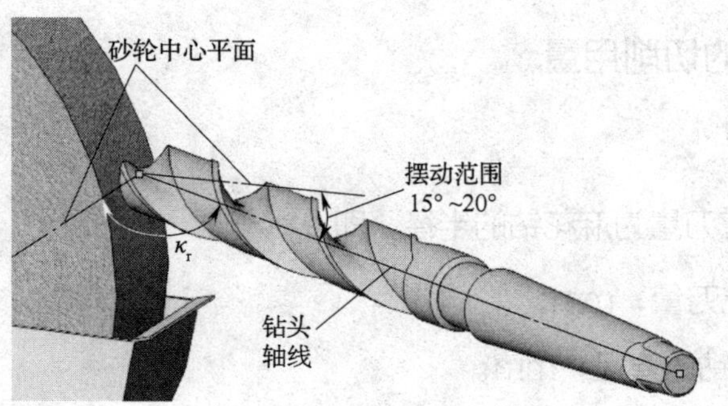

图 3-1-4 麻花钻的刃磨方法

（4）一个主后面刃磨好后，将钻头转过 180°刃磨另一个主后面，操作者要保持原来的位置和姿势，这样才能使磨出的两条主切削刃对称。按此方法不断重复，两主后面经常交换磨，边磨边检查，直至达到要求为止。

4. 麻花钻的检查

（1）用目测法检查

麻花钻刃磨好后，通常采用目测法检查。其方法是将钻头垂直竖立在与眼睛等高的位置，在明亮的背景下用肉眼观察两条主切削刃的长短、高低、后角等，如图 3-1-5 所示。由于视差的原因，往往会感到左刃高、右刃低，此时则应将钻头转过 180°，再观察是否仍然是左刃高、右刃低，经反复观察对比，直至觉得两刃基本对称时方可使用。使用时如发现仍有偏差，则应再次修磨。

（2）用角度尺检查

将角度尺的一边贴靠在麻花钻的棱边上，另一边放在麻花钻的主切削刃上，测量其刃长和角度，如图 3-1-6 所示，然后将麻花钻转过 180°，用同样的方法检查另一条主切削刃。

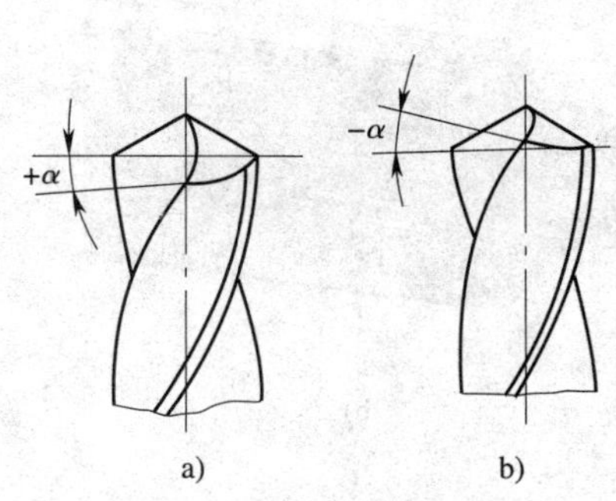

图 3-1-5 用目测法检查
a）刃磨正确 b）刃磨错误

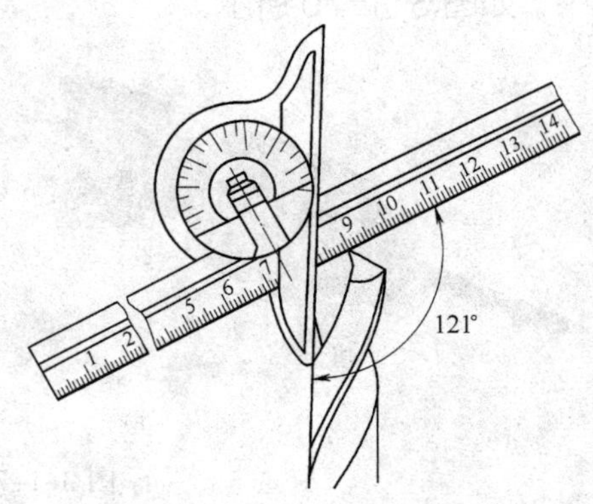

图 3-1-6 用角度尺检查

5. 钻孔时的切削用量

（1）背吃刀量 a_p

钻孔时的背吃刀量为麻花钻的半径，即 $a_p=\frac{d}{2}$。

式中 a_p——背吃刀量，mm；

d——麻花钻的直径，mm。

（2）切削速度 v_c

钻孔时的切削速度 $v_c=\frac{\pi dn}{1\,000}$。

式中 v_c——切削速度，m/min；

d——麻花钻的直径，mm；

n——车床主轴转速，r/min。

用高速钢麻花钻钻削钢料时，切削速度一般取 v_c=15 ~ 30 m/min；钻削铸铁时，取 v_c=10 ~ 25 m/min；钻削铝合金时，取 v_c=75 ~ 90 m/min。

（3）进给量 f

在车床上钻孔时的进给量是用手转动车床尾座手轮来实现的。用小直径麻花钻钻孔时，进给量太大会使麻花钻折断。用麻花钻钻削钢料时，选进给量 f=0.15 ~ 0.35 mm/r，钻削铸铁时进给量可略大些。

6. 麻花钻的装夹

（1）直柄麻花钻用钻夹头装夹，再将钻夹头的锥柄插入尾座的锥孔中，如图 3-1-7a 所示。

（2）莫氏锥柄麻花钻可直接或用莫氏锥套（变径套）过渡连接后插入尾座的锥孔中，如图 3-1-7b 所示。

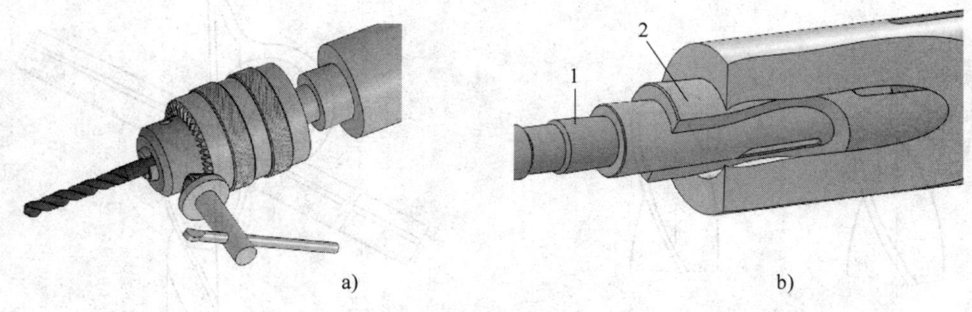

图 3-1-7 麻花钻的装夹

a）直柄麻花钻的装夹 b）锥柄麻花钻的装夹

1—钻头 2—莫氏锥套

7. 钻孔的方法

（1）钻孔前，先将工件端面车平，中心处不允许留有凸台，以利于钻头正确定心。

（2）找正尾座，使钻头中心对准工件回转中心，否则，可能会将孔钻大、钻偏，甚至将钻头折断。

（3）用小直径麻花钻钻孔时，钻孔前在工件端面钻出中心孔后再钻孔，这样便于定心，且钻出的孔同轴度精度高。

（4）在实体材料上钻孔，孔径不大时可以用钻头一次钻出；若孔径较大（超过 30 mm），应分两次钻出，即先用小直径钻头钻出底孔，再用大直径钻头钻至所要求的尺寸。通常第一次所用钻头的直径为所要求孔径的 1/2 ～ 7/10。

（5）对于钻孔后需铰孔的工件，由于所留铰削余量较小，因此，钻孔时当钻头钻进工件 1 ～ 2 mm 后，应将钻头退出，停车检查孔径，防止因孔径扩大没有铰削余量而报废。

（6）钻不通孔与钻通孔的方法基本相同，只是钻孔时需要控制孔的深度。常用的控制方法如下：钻削开始时，摇动尾座手轮，当麻花钻切削部分（钻尖）切入工件端面时，用钢直尺测量尾座套筒的伸出长度，钻孔时用尾座套筒伸出的长度加上孔深来控制尾座套筒的伸出量。如尾座套筒有刻度，只需按刻度钻孔即可。

三、钻孔练习

通套零件图如图 3-1-8 所示。

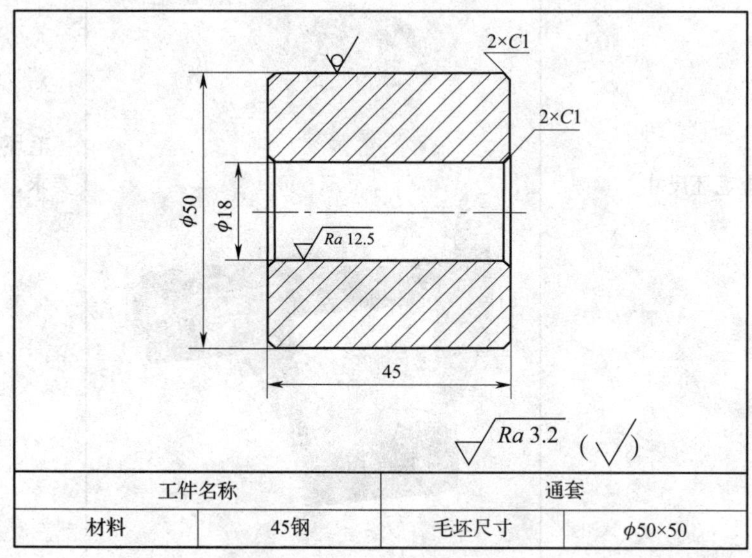

图 3-1-8　通套

1. 工艺分析

(1)装夹方法

采用三爪自定心卡盘装夹。

(2)刀具选择

选择 45°车刀、ϕ18 mm 钻头等刀具。

(3)量具选择

选择 0 ~ 300 mm 钢直尺、0 ~ 150 mm 游标卡尺等。

(4)工具选择

选择钻夹头、莫氏锥套、扳手、内六角扳手、划线盘、铜锤、油枪、毛刷等。

(5)切削用量选择

根据工件材料和加工尺寸，取进给量 f=0.2 ~ 0.3 mm/r，转速 n=300 ~ 400 r/min。

2. 钻削步骤（见表 3–1–1）

表 3–1–1 钻削步骤

序号	步骤	图示	要求
1	检查毛坯尺寸	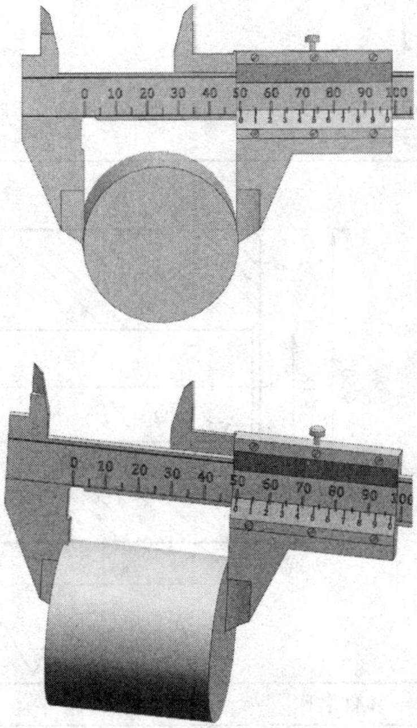	毛坯尺寸应符合要求，满足加工需要

续表

序号	步骤	图示	要求
2	夹持毛坯外圆，伸出长度为 15 mm，找正并夹紧	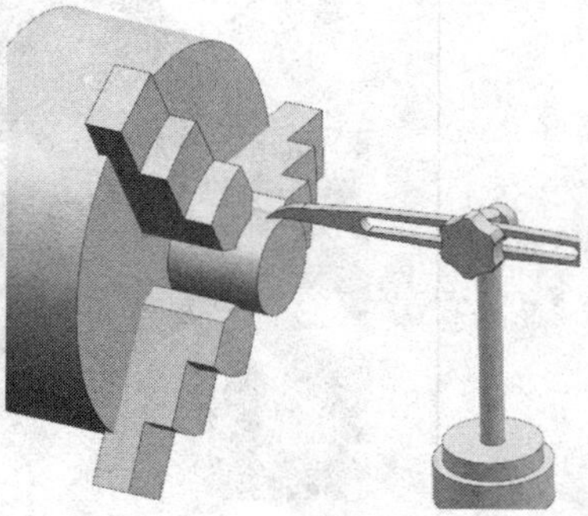	毛坯的伸出长度及夹持外圆的回转中心误差满足加工要求
3	车端面，钻孔 ϕ18 mm	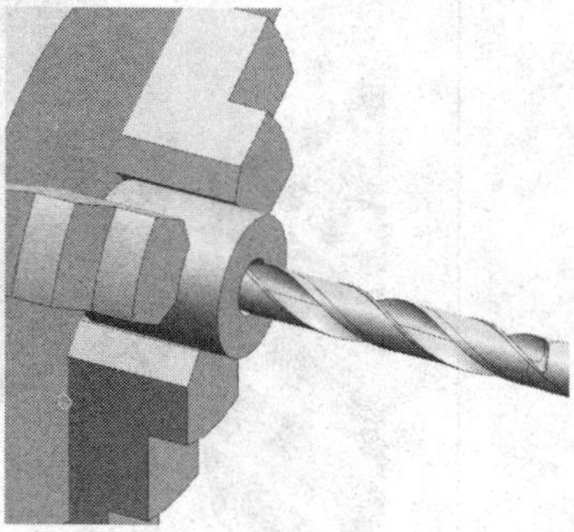	端面光整，内孔尺寸及表面粗糙度符合要求
4	倒角 C1 mm	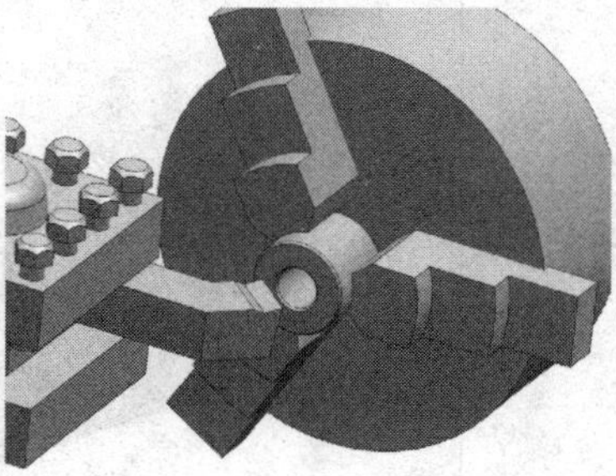	倒角符合图样要求
5	将工件掉头，夹持毛坯外圆，伸出长度约 15 mm，找正并夹紧	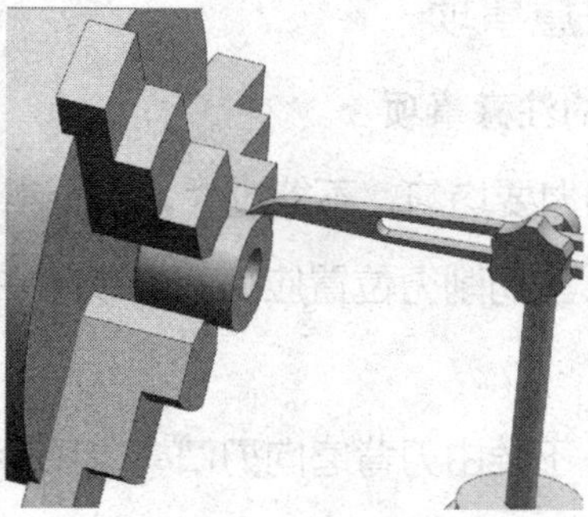	毛坯的伸出长度及夹持外圆的回转中心误差满足加工要求

续表

序号	步骤	图示	要求
6	车端面至长度 45 mm		工件表面粗糙度及长度尺寸符合要求
7	倒角 $C1$ mm		倒角符合图样要求
8	检测并卸下工件		对所加工内容进行检测，合格后卸下工件

3. 加工中的注意事项

（1）刃磨钻头时的注意事项

1）刃磨钻头时用力要均匀，不能过大，应经常目测磨削情况，随时修正。

2）刃磨钻头时，主切削刃位置应略高于砂轮中心平面，以免磨出负后角，致使钻头无法切削。

3）刃磨钻头时，不要由刃背磨向刃口，以免造成刃口退火。

4）刃磨钻头时，应注意磨削温度不应过高，要经常冷却钻头，以防因退火而降低硬度，降低切削性能。

（2）钻孔时的注意事项

1）起钻时进给量要小，待钻头切削部分全部进入工件后才可正常钻削。

2）钻通孔将要钻穿工件时，进给量要小，以防钻头折断。

3）钻小孔或钻较深的孔时，必须经常退出钻头清除切屑，防止因切屑堵塞而导致钻头被“咬死”或折断。

4）钻削钢料时，必须充分浇注切削液冷却钻头，以防钻头退火。钻削铝合金等其他金属材料时，应考虑其材料的性能，适当提高切削速度，加大进给量。

四、钻孔课后作业

衬套零件图如图 3-1-9 所示。

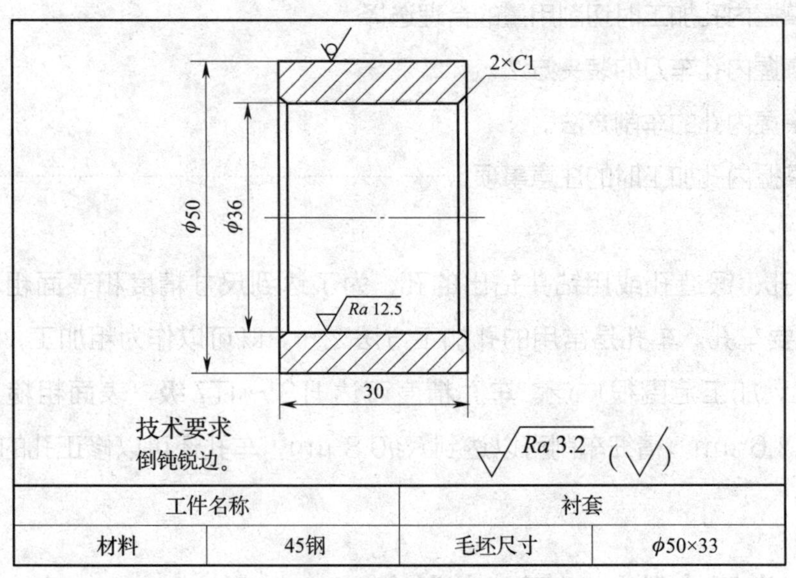

图 3-1-9　衬套

学习要求：

根据零件图加工要求合理进行工艺分析，并写出工件加工步骤。

课题二
车　　孔

学习目标

1. 掌握内孔加工时的技术要求。
2. 掌握内孔加工时切削用量的合理选择。
3. 掌握内孔车刀的装夹方法。
4. 掌握内孔的车削方法。
5. 掌握内孔加工时的注意事项。

铸造孔、锻造孔或用钻头钻出的孔，为了达到尺寸精度和表面粗糙度的要求，还需要车孔。车孔是常用的孔加工方法之一，既可以作为粗加工，也可以作为精加工，加工范围很广泛。车孔精度可达 IT8 ~ IT7 级，表面粗糙度值可达 *Ra*3.2 ~ 1.6 μm，精细车削可以达到 *Ra*0.8 μm，车孔还可以修正孔的直线度误差。

一、常用内孔加工用工艺装备

1. 内孔加工常用刀具

内孔加工一般使用 90°外圆车刀、45°车刀、钻头、内孔车刀等刀具。

2. 内孔加工常用量具

内孔加工一般使用钢直尺、游标卡尺、深度游标卡尺、内测千分尺、塞规、三爪内径千分尺、百分表、杠杆百分表等量具。

3. 内孔加工常用工具

内孔加工一般使用卡盘扳手、刀架扳手、加力杆、油枪、毛刷、旋具、防护眼镜、铜锤、钩子、划线盘、内六角扳手、莫氏锥套、内孔车刀导套、内孔车刀刀座等工具。

二、相关知识

1. 车孔的技术要点

车孔的关键技术是解决内孔车刀的刚度和排屑问题。

（1）尽量增大刀柄的截面积

焊接内孔车刀的刀尖一般位于刀柄的上面，如图 3-2-1 所示，这样车刀有一个缺点，即刀柄的截面积小于孔截面积的 1/4，刀柄刚度较低。现代加工多采用机夹车刀，刀尖位于刀柄中心线上，如图 3-2-2 所示，使刀柄的截面积大大增加，有效地提高了刀柄刚度，可根据内孔直径选择合适的机夹车刀的刀柄。

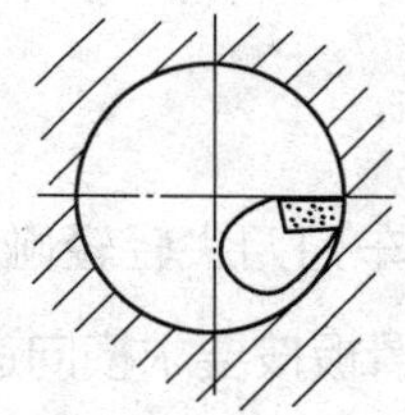

图 3-2-1　刀尖位于刀柄上面

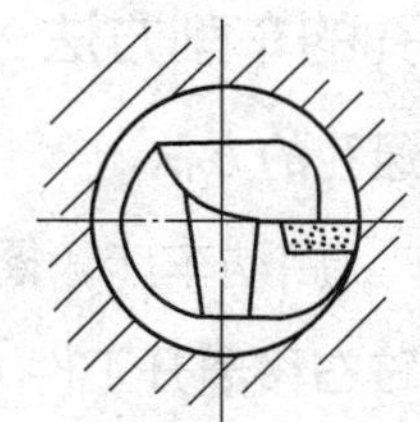

图 3-2-2　刀尖位于刀柄中心线上

（2）刀柄的伸出长度尽可能缩短

如果刀柄伸出太长，就会降低刀柄的刚度，容易引起振动，影响孔径的加工精度。一般只要刀柄的伸出长度比孔深大 5 ~ 10 mm 即可，这样可使刀柄以最大刚度的状态工作。

（3）排屑问题

排屑问题主要是控制切屑流出的方向。粗车孔时可采用负值刃倾角的内孔车刀，以延长刀尖使用寿命；精车孔时可采用正值刃倾角的内孔车刀，使切屑流向待加工表面，保护已加工表面的精度。

2. 切削用量的选择

内孔车刀受孔径的影响，一般刀柄细长，刚度较低，车孔时排屑较困难，因此车孔时的切削用量应选得比车外圆时小。车孔时的背吃刀量 a_p 是车孔余量的一半，进给量 f 比车外圆时小 20% ~ 40%，切削速度 v_c 比车外圆时低 10% ~ 20%。

3. 内孔车刀装夹要求

（1）内孔车刀的刀尖应与工件中心等高或微高。若刀尖低于工件中心，车削时在切削抗力的作用下，容易将刀柄压低而产生“扎刀”现象，并造成孔径扩大。

（2）刀柄伸出刀架不宜过长，一般伸出长度比被加工孔深大 5 ~ 10 mm。

（3）内孔车刀刀柄与工件轴线应基本平行，否则，在车削到一定深度时刀柄后半部分容易碰到工件的孔口，损坏工件和刀柄。

（4）内孔车刀装夹好后，应先在孔内试走一遍，检查有无碰撞现象，确保安全后再开动机床进行加工。

（5）加工台阶孔时，要使车刀的主切削刃与工件端面成 3° ~ 5°夹角。

（6）尽量减少垫刀片的数量或使用内孔车刀刀座装夹刀具，以提高刀具刚度。

4. 内孔的车削方法

（1）车通孔的方法

1）粗车。启动车床，摇动床鞍手轮、中滑板手柄使车刀刀尖轻轻碰到工件孔壁，先使床鞍右移离开工件（中滑板保持不动），再将中滑板按要求横向进给吃刀，然后对工件内孔进行车削，直至孔径留精车余量 0.5 ~ 1 mm。

提示：内孔车削基本上与车削外圆相同，只是进刀和退刀方向相反，粗车第一刀后要对孔径进行测量，然后根据内孔余量参照中滑板刻度进刀车削，直至粗车完成。

2）精车。中滑板进刀量小于 0.3 mm，试车 2 ~ 3 mm 长度后快速纵向退刀（中滑板保持不动），停车测量。如果尺寸未达精度要求，则计算好进刀格数，微调横向进刀量，再试车、测量，直至符合孔径要求为止，最后纵向车削至孔全长。

（2）车台阶孔的方法

1）内孔直径的控制。车直径较小的台阶孔时，由于观察困难，尺寸不易掌握，一般先粗车、精车小孔，再粗车、精车大孔。车直径大的台阶孔时，在视线不受影响的情况下，先粗车小孔和大孔，再精车小孔和大孔。

2）内孔深度的控制。粗车时通常采用在刀柄上刻线痕（见图 3-2-3）、安放限位铜片（见图 3-2-4）及利用床鞍刻度盘的刻线等方法来控制内孔深度。精车时则利用小滑板刻度盘的刻线及用深度游标卡尺测量后车削进行控制。

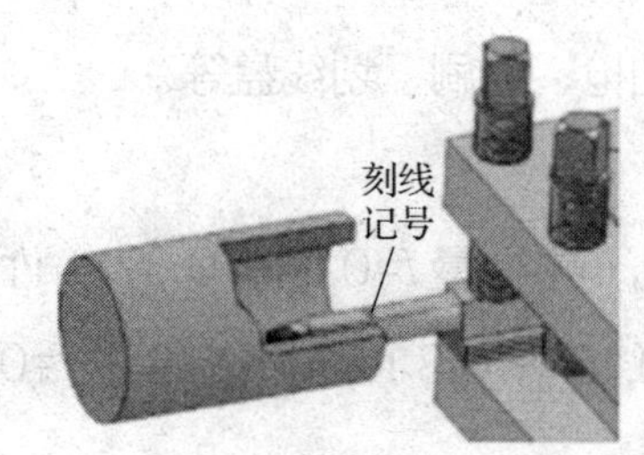

图 3-2-3　在刀柄上刻线痕控制孔深

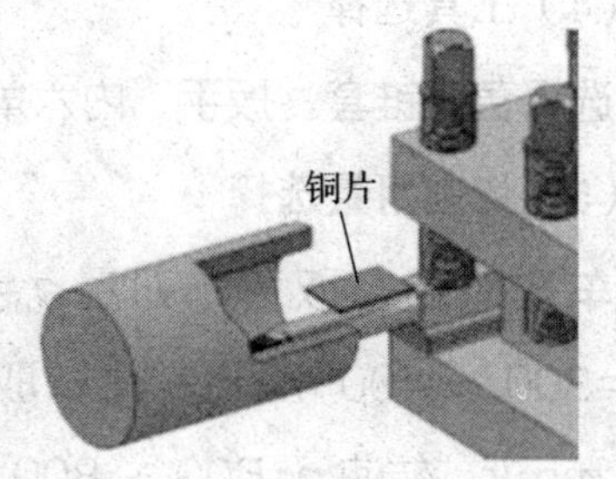

图 3-2-4　安放限位铜片控制孔深

三、车孔练习

嵌套零件图如图 3-2-5 所示。

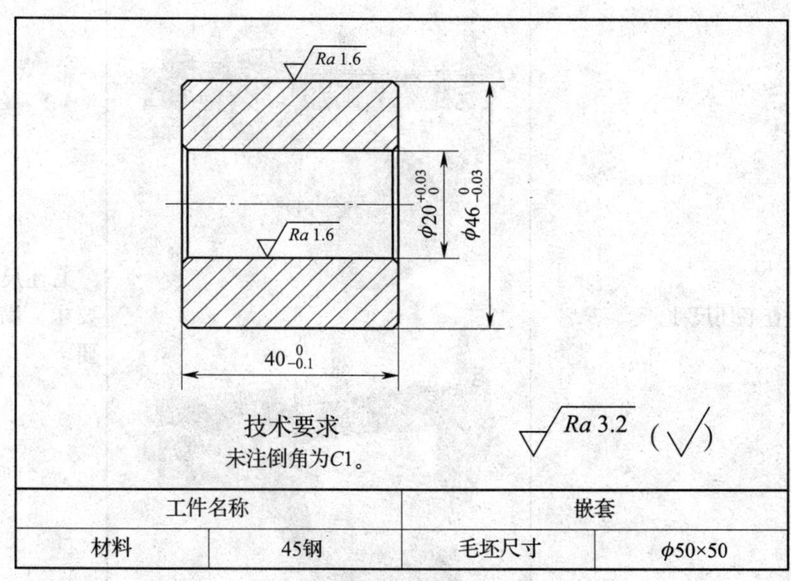

工件名称		嵌套	
材料	45钢	毛坯尺寸	$\phi 50\times 50$

图 3-2-5　嵌套

1. 工艺分析

（1）装夹方法

采用三爪自定心卡盘装夹。

（2）刀具选择

选择 90°外圆车刀、45°车刀、ϕ18 mm 钻头、内孔车刀等刀具。

（3）量具选择

选择 0 ~ 300 mm 钢直尺、0 ~ 150 mm 游标卡尺、25 ~ 50 mm 外径千分尺、杠杆百分表及磁性表座、内测千分尺等。

（4）工具选择

选择莫氏锥套、扳手、内六角扳手、旋具、油枪、毛刷、划线盘等。

（5）切削用量选择

车孔时粗车取背吃刀量 a_p=1.0 ~ 2.0 mm，进给量 f=0.2 ~ 0.3 mm/r，转速 n=300 ~ 400 r/min；精车取背吃刀量 a_p=0.15 ~ 0.3 mm，进给量 f=0.1 ~ 0.15 mm/r，转速 n=600 ~ 800 r/min。

2. 车削步骤（见表 3–2–1）

表 3–2–1　车削步骤

序号	步骤	图示	要求
1	检查毛坯尺寸	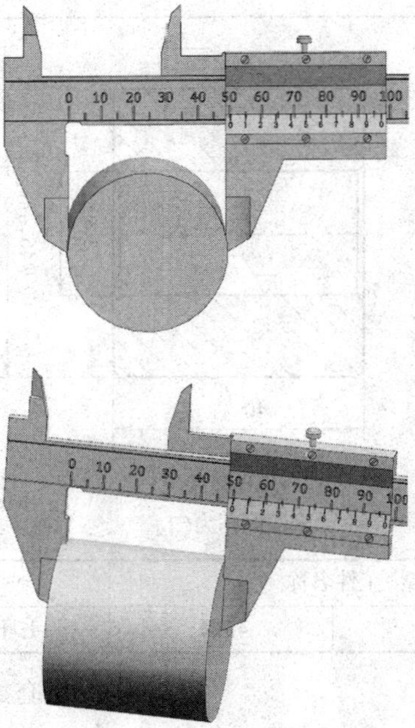	毛坯尺寸应符合要求，满足加工需要
2	夹持毛坯外圆，伸出长度约为 15 mm，找正并夹紧	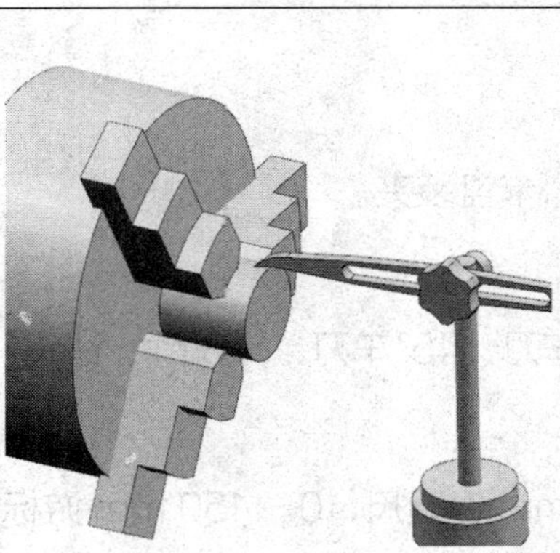	毛坯的伸出长度及夹持外圆的回转中心误差满足加工要求

续表

序号	步骤	图示	要求
3	车端面，车出 $\phi46$ mm × 8 mm 的工艺台阶，钻 $\phi18$ mm 孔	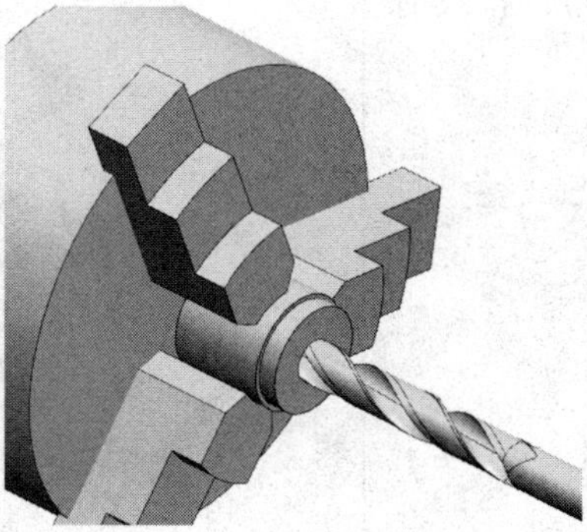	端面光整，内孔余量满足加工要求，工艺台阶尺寸符合装夹要求
4	将工件掉头，夹持 $\phi46$ mm × 8 mm 工艺台阶，找正并夹紧		装夹牢固，满足加工要求
5	车端面	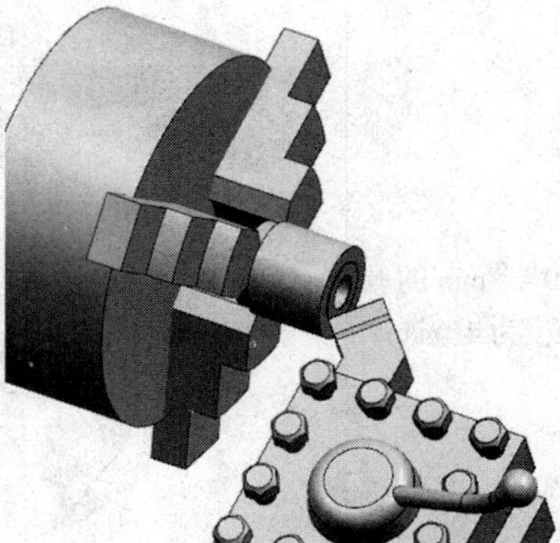	加工表面光整

续表

序号	步骤	图示	要求
6	将图样上 $\phi46_{-0.03}^{0}$ mm 的外圆粗车至 $\phi47$ mm，长度大于 40 mm	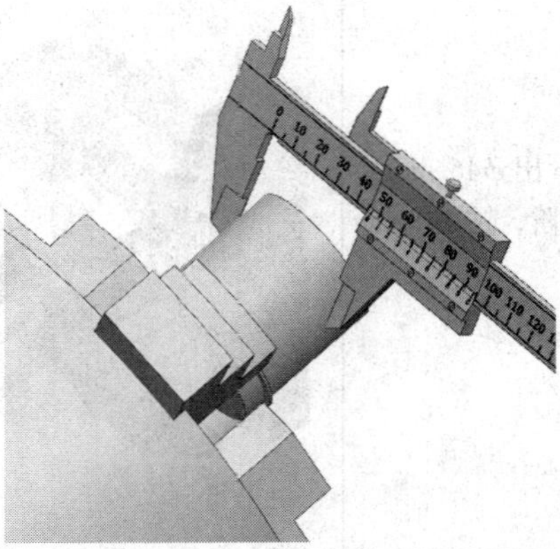 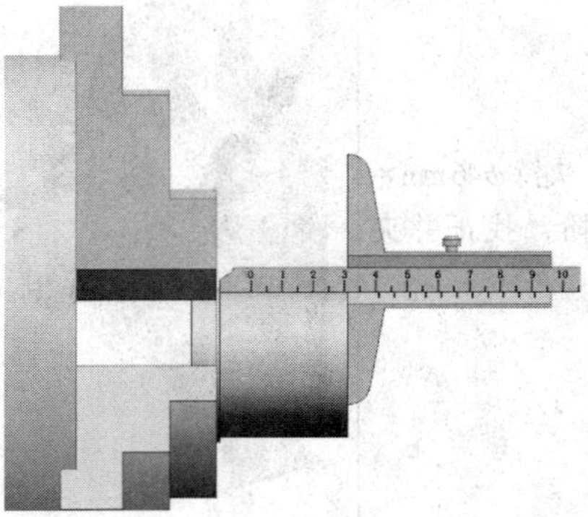	粗车后余量满足精车要求
7	粗、精车 $\phi20_{0}^{+0.03}$ mm 的孔至图样要求，深度为 41 mm	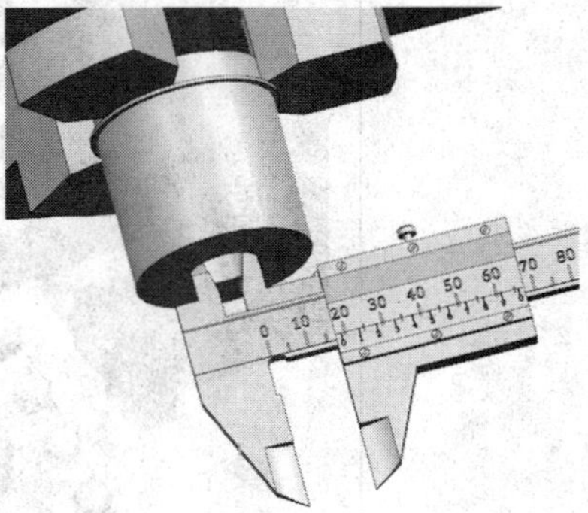	尺寸精度和表面粗糙度符合图样要求

续表

序号	步骤	图示	要求
7		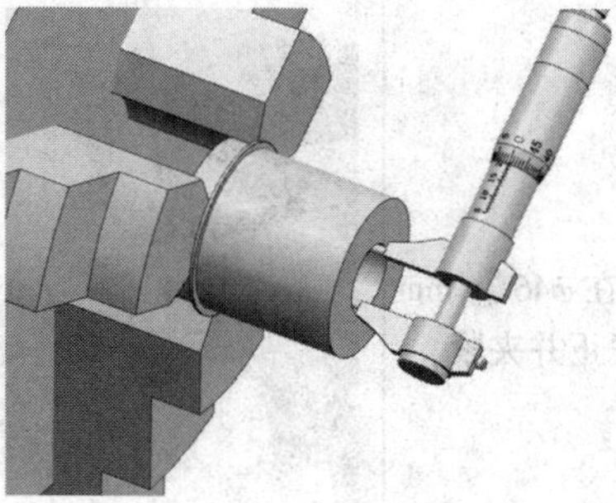	
8	精车 $\phi46_{-0.03}^{\ 0}$ mm 外圆至图样要求，长度大于 40 mm	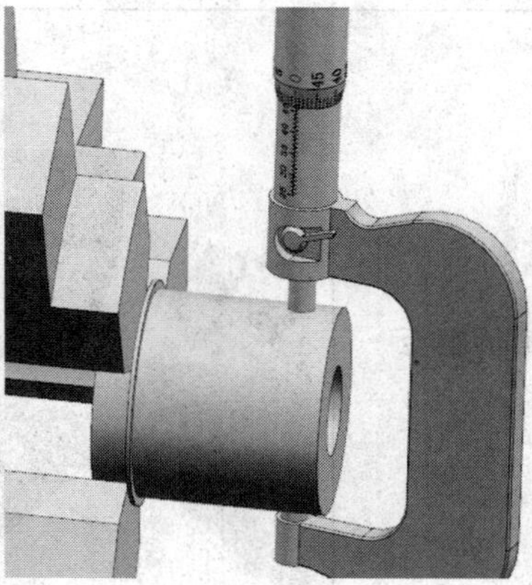	尺寸精度和表面粗糙度符合图样要求
9	内孔、外圆倒角 $C1$ mm	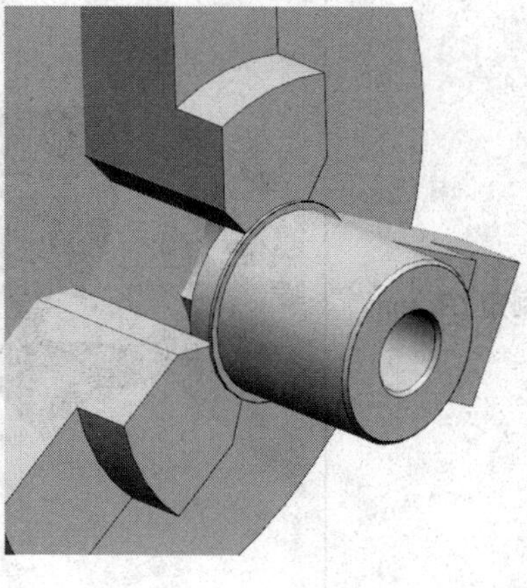	倒角符合图样要求

续表

序号	步骤	图示	要求
10	将工件掉头，在 $\phi46_{-0.03}^{0}$ mm 外圆处垫铜皮找正并夹紧	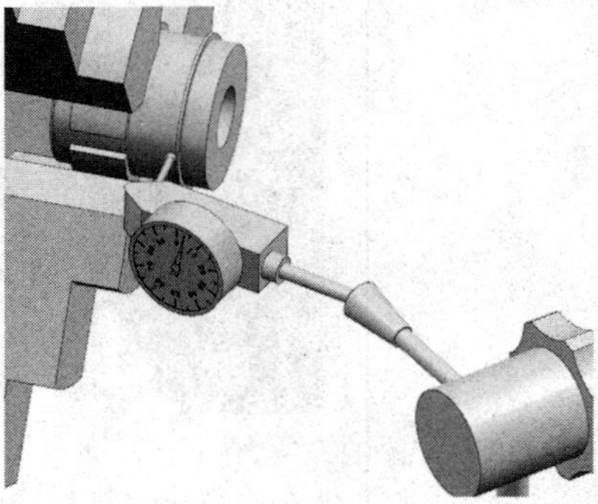	伸出长度及几何精度应符合加工要求
11	车端面，控制长度至 $40_{-0.1}^{0}$ mm	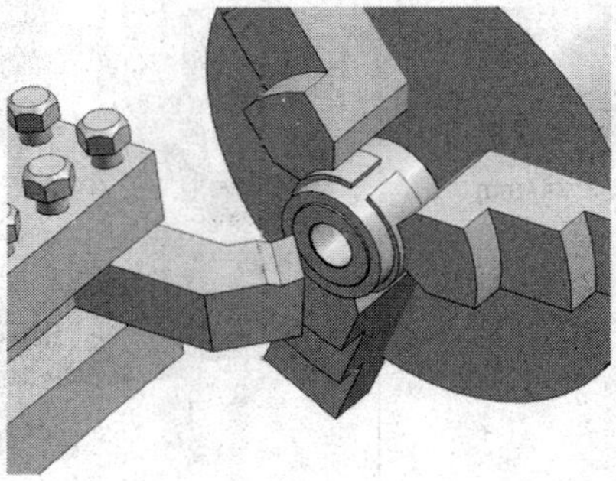	尺寸精度符合图样要求
12	内孔、外圆倒角 $C1$ mm	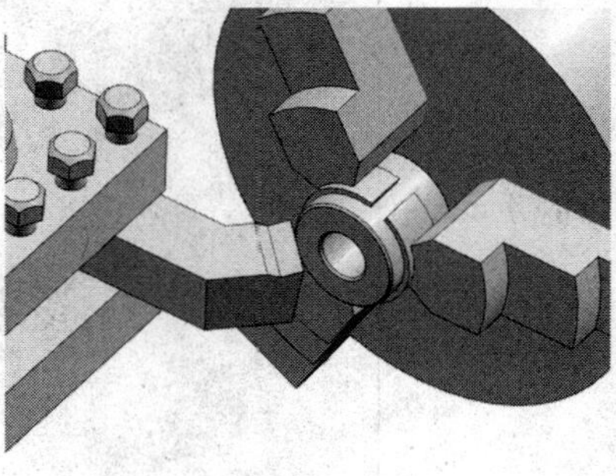	倒角符合图样要求

续表

序号	步骤	图示	要求
13	检测并卸下工件		对所加工内容进行检测，合格后卸下工件

3. 加工中的注意事项

（1）加工时注意中滑板进刀、退刀方向与车外圆相反。

（2）精车时若工件温度较高，不能立即测量孔径，应冷却后再进行测量，以防工件热胀冷缩造成尺寸误差。

（3）用塞规检查孔径时，塞规不能倾斜，以防造成孔小的错觉，把孔径车大；相反，若孔径小了，不能用塞规硬塞，更不能用力敲击。

（4）从孔内取出塞规时应注意安全，防止与内孔车刀碰撞。

（5）车削铸铁件内孔至接近图样要求的孔径时，不要用手去摸工件，以防增加车削难度。

（6）精车内孔时，应保持切削刃锋利和刀柄刚度，否则容易产生“让刀”现象，把孔车成锥形。

（7）车小孔时应注意排屑问题，否则，由于内孔切屑阻塞，会造成内孔车刀严重“扎刀”而把内孔车废。

（8）孔壁与内台阶面相交处要清角，并防止出现凹坑和小台阶。

（9）车孔时应防止出现喇叭口和试切痕迹。

四、车孔课后作业

隔套零件图如图 3-2-6 所示。

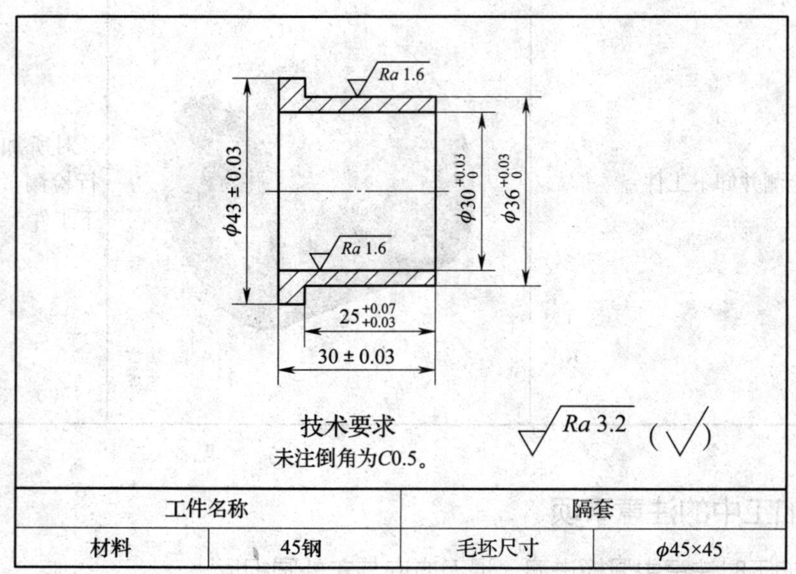

工件名称		隔套	
材料	45钢	毛坯尺寸	φ45×45

图 3-2-6　隔套

学习要求：

根据零件图加工要求合理进行工艺分析，并写出工件加工步骤。

模块四

圆锥的车削

课题一
外圆锥的车削

学习目标

1. 掌握转动小滑板车削外圆锥面的方法。
2. 根据工件的锥度，会计算小滑板的旋转角度。
3. 掌握外圆锥面的检测方法。
4. 掌握外圆锥面加工中的注意事项。

在机床和工具中有许多使用圆锥面配合的场合，如车床主轴锥孔与顶尖的配合、车床尾座锥孔与麻花钻锥柄的配合等，常见的圆锥零件有锥齿轮、锥形主轴、锥形手柄等。在车床上车削外圆锥面的方法主要有转动小滑板法、偏移尾座法、仿形法和宽刃刀车削法。本课题主要学习和掌握转动小滑板法车削外圆锥的方法。

一、外圆锥面加工常用工艺装备

1. 外圆锥面加工常用刀具

外圆锥面加工一般使用 90°外圆车刀、45°车刀等刀具。

2. 外圆锥面加工常用量具

外圆锥面加工一般使用钢直尺、游标卡尺、深度游标卡尺、外径千分尺、游标万能角度尺、百分表、杠杆百分表等量具。

3. 外圆锥面加工常用工具

外圆锥面加工一般使用卡盘扳手、刀架扳手、加力杆、油枪、毛刷、旋具、防护眼镜、铜锤、钩子、划线盘等工具。

二、相关知识

1. 小滑板转动的原理和角度的确定

转动小滑板法就是将小滑板沿顺时针或逆时针方向按工件的圆锥半角 $\alpha/2$ 转动一个角度，使车刀的运动轨迹与所需加工圆锥在水平轴平面内的素线平行，用双手配合均匀、不间断地转动小滑板手柄，手动进给车削圆锥面的方法，如图 4-1-1 所示。

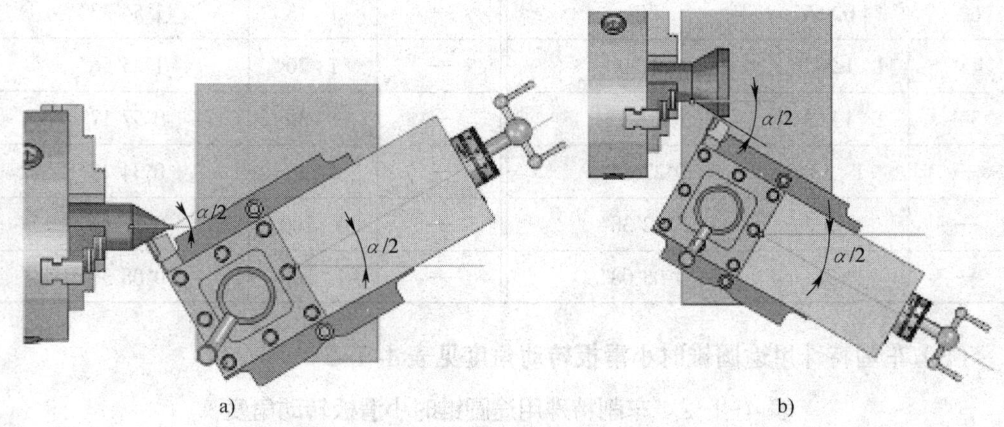

图 4-1-1 转动小滑板车圆锥面

a）沿逆时针方向转动小滑板车圆锥 b）沿顺时针方向转动小滑板车圆锥

（1）圆锥的基本参数

圆锥的基本参数如图 4-1-2 所示。

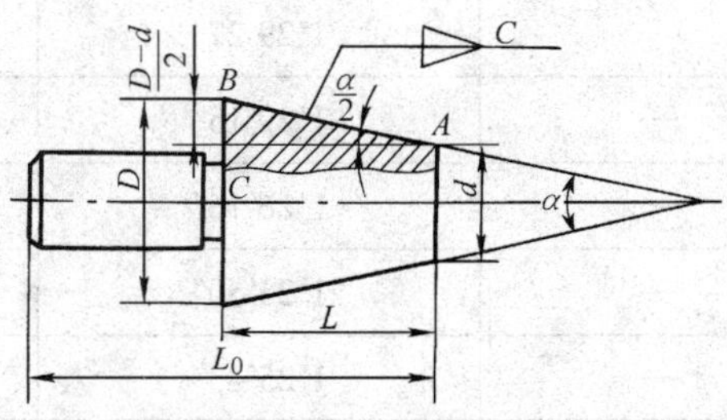

图 4-1-2 圆锥的基本参数

$\alpha/2$——圆锥半角（即小滑板转动的角度），（°）；

C——锥度，$C=\dfrac{D-d}{L}$；

D——圆锥大端直径，mm；

d——圆锥小端直径，mm；

L——圆锥长度，即圆锥大端直径与小端直径之间的轴向距离，mm。

（2）车削一般用途圆锥时小滑板转动角度见表 4-1-1。

表 4-1-1　车削一般用途圆锥时小滑板转动角度

基本值	锥度 *C*	小滑板转动角度	基本值	锥度 *C*	小滑板转动角度
120°	1 : 0.289	60°	—	1 : 8	3°34′35″
90°	1 : 0.500	45°	—	1 : 10	2°51′45″
75°	1 : 0.652	37°30′	—	1 : 12	2°23′09″
60°	1 : 0.866	30°	—	1 : 15	1°54′33″
45°	1 : 1.207	22°30′	—	1 : 20	1°25′56″
30°	1 : 1.866	15°	—	1 : 30	0°57′17″
—	1 : 3	9°27′44″	—	1 : 50	0°34′23″
—	1 : 5	5°42′38″	—	1 : 100	0°17′11″
—	1 : 7	4°05′08″	—	1 : 200	0°08′36″

（3）车削特殊用途圆锥时小滑板转动角度见表 4-1-2。

表 4-1-2　车削特殊用途圆锥时小滑板转动角度

基本值	锥度 *C*	小滑板转动角度	备注
7 : 24	1 : 3.429	8°17′46″	机床主轴、工具配合
1 : 19.002	—	1°30′26″	莫氏锥度 No.5
1 : 19.180	—	1°29′36″	莫氏锥度 No.6
1 : 19.212	—	1°29′27″	莫氏锥度 No.0
1 : 19.254	—	1°29′15″	莫氏锥度 No.4
1 : 19.922	—	1°26′16″	莫氏锥度 No.3
1 : 20.020	—	1°25′50″	莫氏锥度 No.2
1 : 20.047	—	1°25′43″	莫氏锥度 No.1

2. 车刀的装夹

车刀的刀尖必须严格对准工件的回转中心，否则车出的外圆锥素线不是直线，而是内凹双曲线，如图 4-1-3 所示。

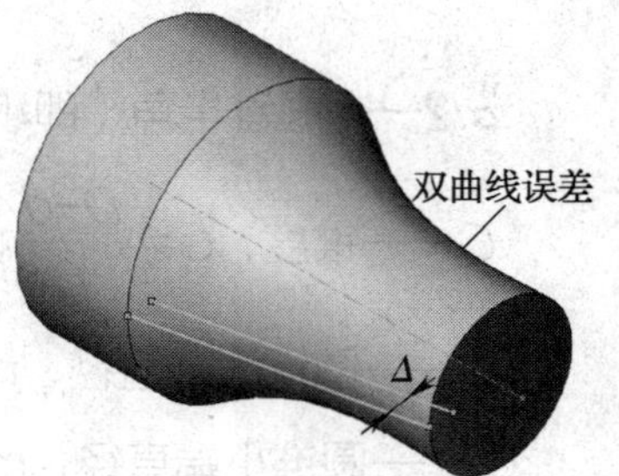

图 4-1-3　外圆锥面双曲线误差

3. 小滑板镶条的调整

（1）车削外圆锥面前，应检查及调整小滑板导轨与镶条间的配合间隙。

（2）配合间隙应调整合适，过紧或过松都会使车出的锥面表面粗糙度值增大，且圆锥的素线不直。

（3）配合间隙调得过紧，手动进给费力，小滑板移动不均匀，在圆锥表面留下停顿痕迹，影响表面质量。配合间隙调得过松，则小滑板间隙太大，车削时刀纹时深时浅，影响表面质量和圆锥素线的直线度。

4. 转动小滑板的方法

（1）用扳手将小滑板转盘上前、后两个紧固螺母松开，如图 4-1-4a 所示。

（2）按工件上车削外圆锥面的倒、顺方向确定小滑板的转动方向。车削正外圆锥面（又称顺锥），即圆锥大端靠近主轴、小端靠近尾座方向，小滑板应沿逆时针方向转动，如图 4-1-1a 所示。车削反外圆锥面（又称倒锥），小滑板应沿顺时针方向转动，如图 4-1-1b 所示。

（3）根据确定的转动角度（$\alpha/2$）和转动方向转动小滑板至所需位置，使小滑板基准零线与圆锥半角 $\alpha/2$ 刻线对齐，然后锁紧转盘上的紧固螺母，如图 4-1-4b 所示。

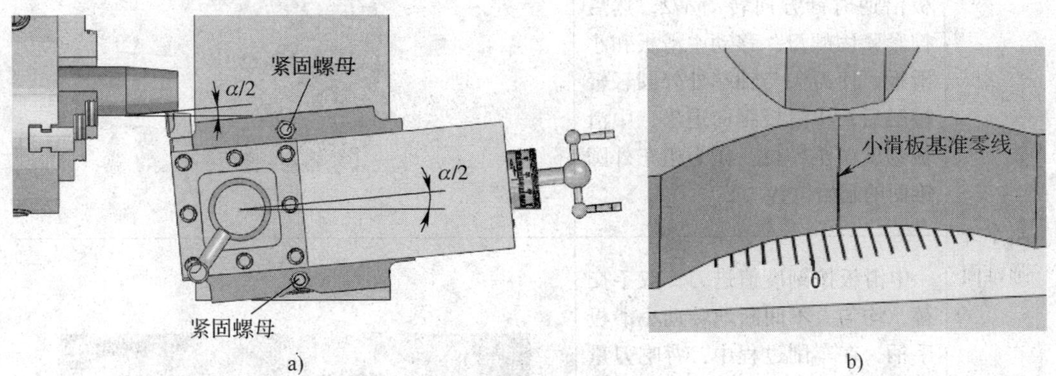

图 4-1-4　转动小滑板的方法

（4）当圆锥半角 $\alpha/2$ 不是整数值时，其小数部分用目测的方法估计，大致对准后再通过试车逐步找正。转动小滑板时，可以使小滑板转角略大于圆锥半角 $\alpha/2$，若转角偏小，会将圆锥素线车长而难以修正圆锥长度尺寸，如图 4-1-5 所示。

5. 外圆锥面的车削方法

（1）粗车外圆锥面

粗车外圆锥面的方法见表 4-1-3。

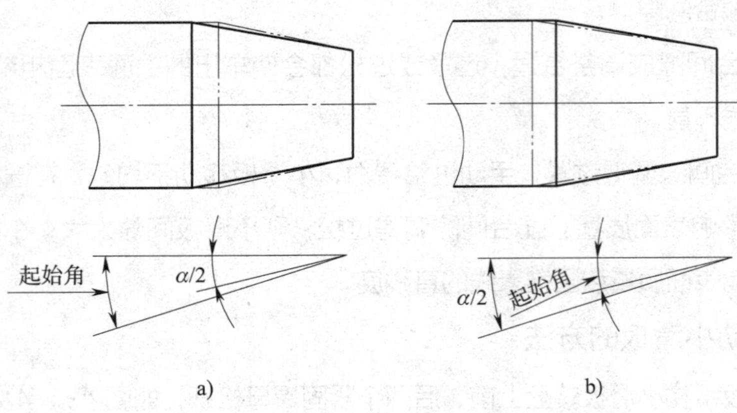

图 4-1-5　小滑板转动角度的影响
a）起始角大于 α/2　b）起始角小于 α/2

表 4-1-3　粗车外圆锥面的方法

粗车外圆锥面	先按圆锥大端直径和圆锥长度车出圆柱，然后再车圆锥面	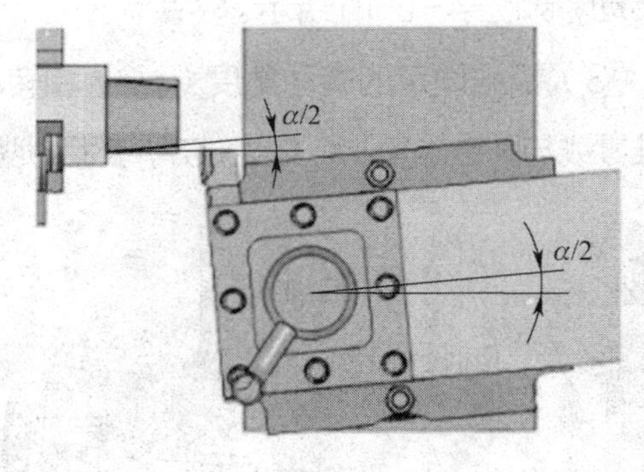
	松开小滑板紧固螺母，将小滑板沿逆时针方向转动 α/2，然后拧紧紧固螺母。移动中滑板和小滑板，使刀尖与轴端处外圆轻轻接触后，小滑板纵向退出，中滑板刻度调至零位，作为粗车外圆锥面的起始位置	
	中滑板按刻度值进刀，双手交替，均匀、不间断地转动小滑板手柄。在车削过程中，背吃刀量会逐渐减小，当车至终端时将中滑板退出，小滑板则快速后退复位	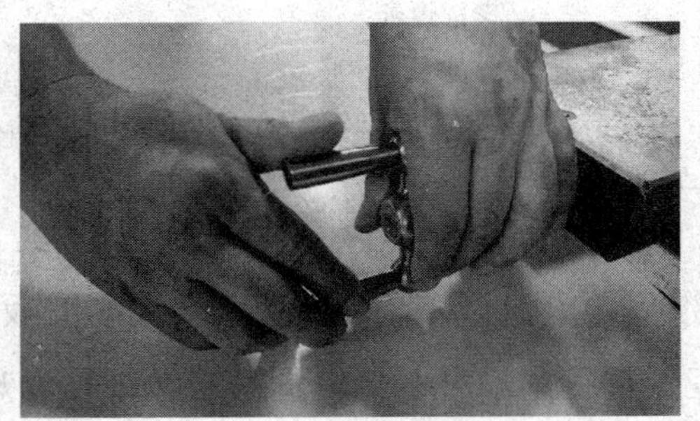
	根据中滑板刻度值持续进刀，反复粗车至圆锥长度为工件实际圆锥长度的 1/3 ~ 1/2 时，检测圆锥角度	

（2）**精车外圆锥面**

精车外圆锥面的方法见表 4-1-4。

表 4-1-4　精车外圆锥面的方法

移动床鞍法精车外圆锥面	根据量出的长度 a（零件图标注的锥长与实际测量锥长之差），使车刀刀尖轻触工件圆锥小端外圆，小滑板纵向退出，使车刀沿轴向离开工件端面超过一个 a 值的距离	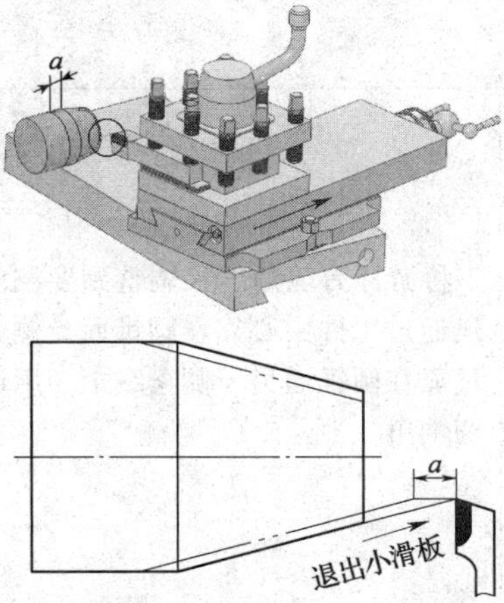
	移动床鞍，使车刀前移 a 值（中滑板不动），此时虽然没有移动中滑板，但车刀已经切入了一个所需的深度，移动小滑板进刀车削圆锥面	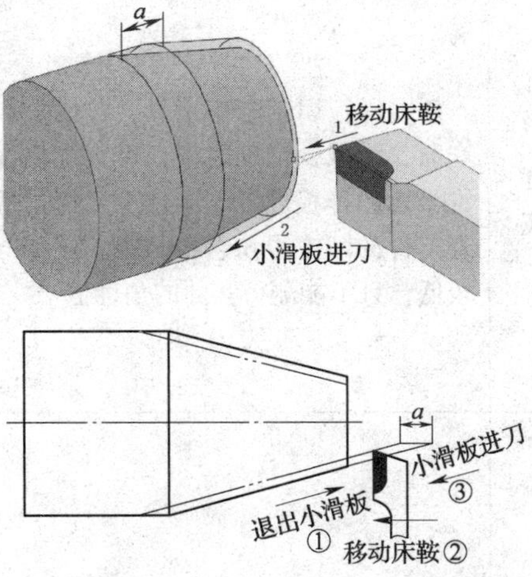

6. 外圆锥面的检测方法

外圆锥面的检测方法见表 4-1-5。

表 4-1-5　外圆锥面的检测方法

检测量具	检测方法	图示
游标万能角度尺	将游标万能角度尺调整到要测的角度，基尺通过工件中心靠在圆锥端面上，直尺靠在圆锥面素线上，用透光法检测圆锥半角	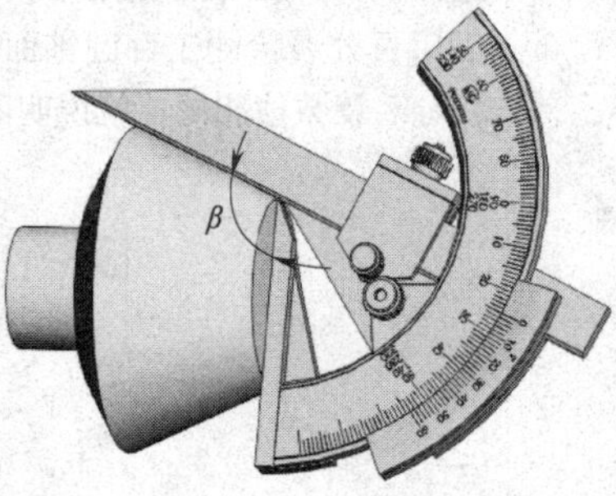

续表

检测量具	检测方法	图示
游标万能角度尺	将游标万能角度尺调整到要测的角度，基尺通过工件中心靠在圆锥面一侧素线上，直尺靠在圆锥面另一侧素线上，用透光法检测圆锥角	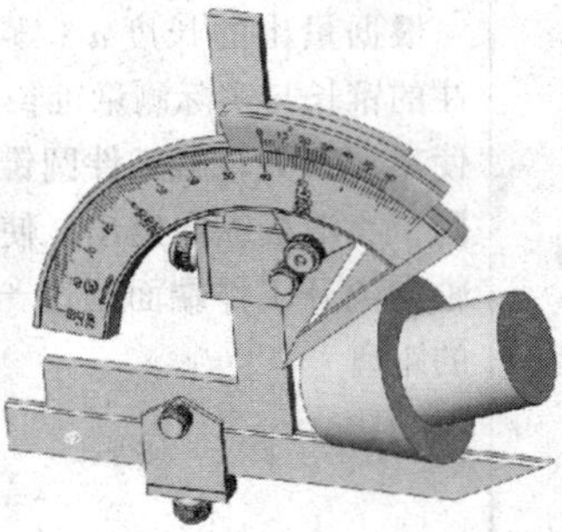
角度样板	角度样板属于专用量具。在成批和大量生产时，为减少辅助时间，可直接将设定好圆锥半角的样板放置于工件上，通过透光法检查工件的圆锥半角合格与否。这种方法精度较低，且不能测得实际的角度值	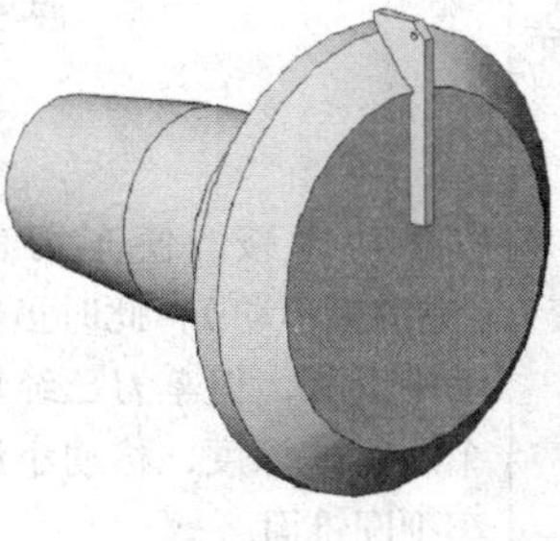
正弦规	正弦规两个圆柱之间的中心距要求很精确，有 100 mm 和 200 mm 两种。中心连线必须与长方体工作平面平行。测量时，将正弦规安放在平板上，圆柱的一端用量块垫高，被测工件放在正弦规的平面上，量块高度可以根据被测工件圆锥半角进行精确计算获得。然后用百分表检测工件圆锥面两端的高度，若百分表读数值相同，就说明圆锥半角准确	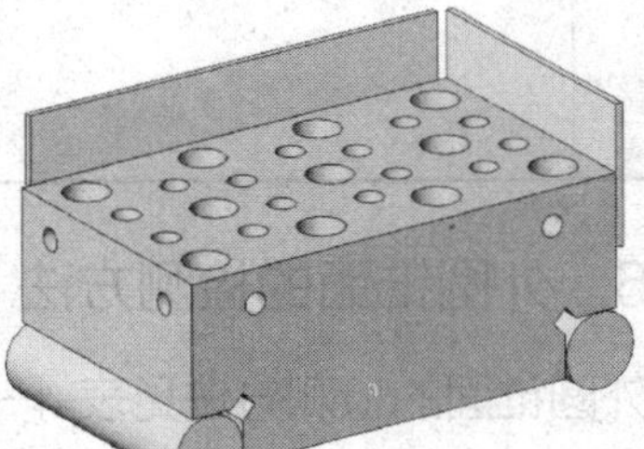 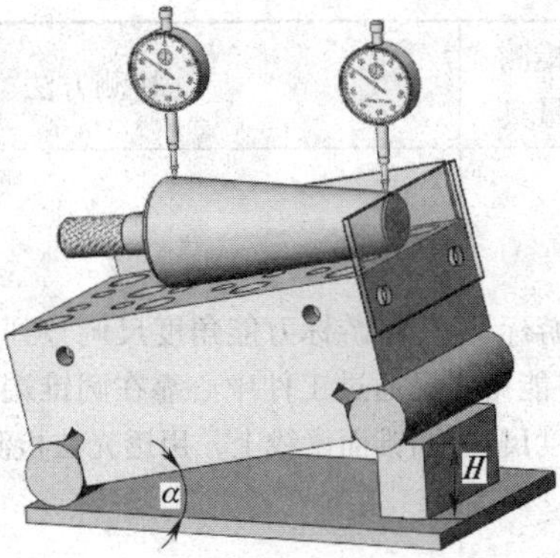 α H

续表

检测量具	检测方法		图示
圆锥套规	标准圆锥或配合精度要求较高的外圆锥工件可使用圆锥套规检测。被检测工件的外圆锥表面粗糙度 $Ra \leqslant 3.2\ \mu m$，且无毛刺。检测时要求工件与套规表面清洁	在工件圆周表面顺着圆锥素线薄而均匀地涂上均等的三条显示剂（如印油、红丹粉、机油的调和物等）	
		手握套规轻轻地套在工件上，稍加轴向推力，并将套规转动半圈	
		取下套规，观察工件表面显示剂被擦去的情况。若三条显示剂全长擦痕均匀，表明圆锥接触良好，说明锥度正确。若小端显示剂被擦去，大端未被擦去，说明圆锥角小了；若大端显示剂被擦去，小端未被擦去，说明圆锥角大了	

三、外锥面车削练习

外锥轴零件图如图 4-1-6 所示。

1. 工艺分析

（1）装夹方法

采用三爪自定心卡盘装夹。

（2）刀具选择

选择 90°外圆车刀、45°车刀等。

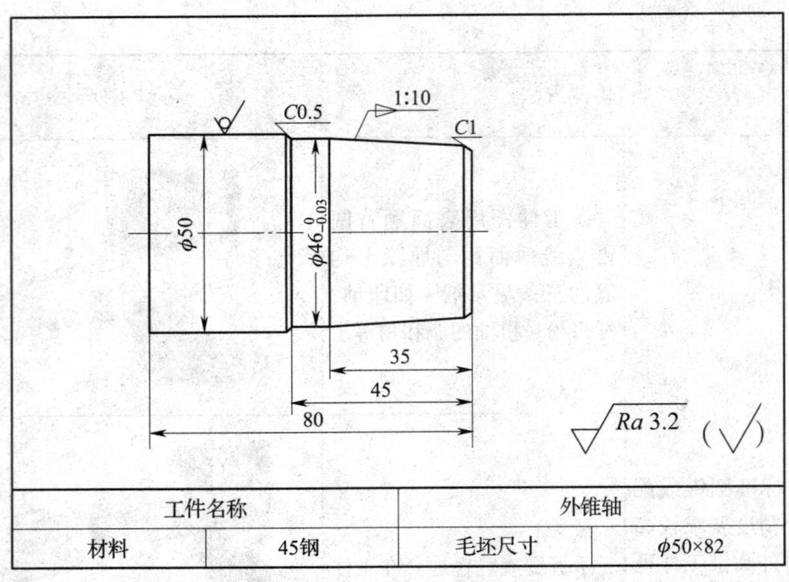

图 4-1-6　外锥轴

（3）量具选择

选择 0 ~ 300 mm 钢直尺、25 ~ 50 mm 外径千分尺、0 ~ 150 mm 游标卡尺、0 ~ 200 mm 深度游标卡尺、游标万能角度尺等。

（4）工具选择

选择扳手、旋具、油枪、毛刷、铜锤、钩子、划线盘等。

（5）切削用量选择

根据工件材料和加工尺寸，粗车时取背吃刀量 a_p=0.5 ~ 1.0 mm，进给量 f=0.2 ~ 0.3 mm/r，转速 n=600 ~ 800 r/min；精车时取背吃刀量 a_p=0.15 ~ 0.3 mm，进给量 f=0.1 ~ 0.15 mm/r，转速 n=800 ~ 1 000 r/min。

2. 车削步骤（见表 4-1-6）

表 4-1-6　车削步骤

序号	步骤	图示	要求
1	检查毛坯尺寸		毛坯尺寸应符合要求，满足加工需要

续表

序号	步骤	图示	要求
1		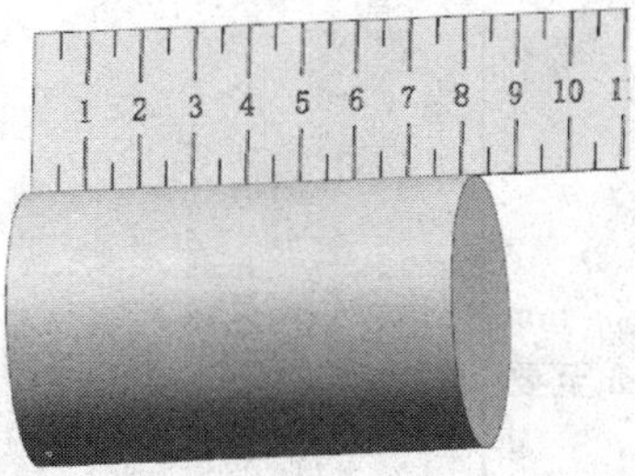	
2	夹持毛坯外圆，伸出长度为55 mm，找正并夹紧	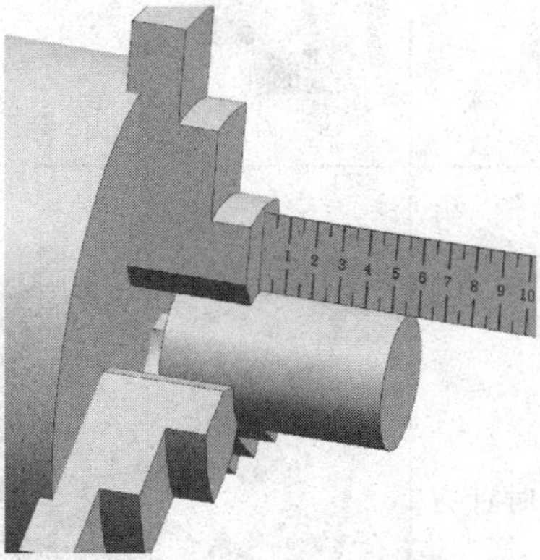 	毛坯的伸出长度及夹持外圆的回转中心误差满足加工要求
3	车端面	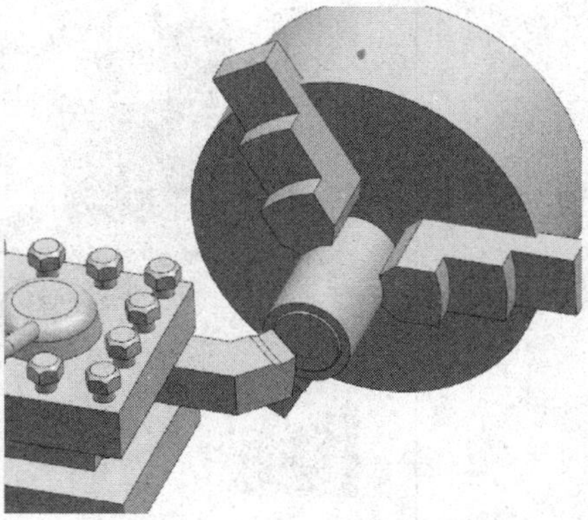	加工表面光整

续表

序号	步骤	图示	要求
4	粗、精车 $\phi 46_{-0.03}^{0}$ mm 外圆及长度 45 mm 至要求	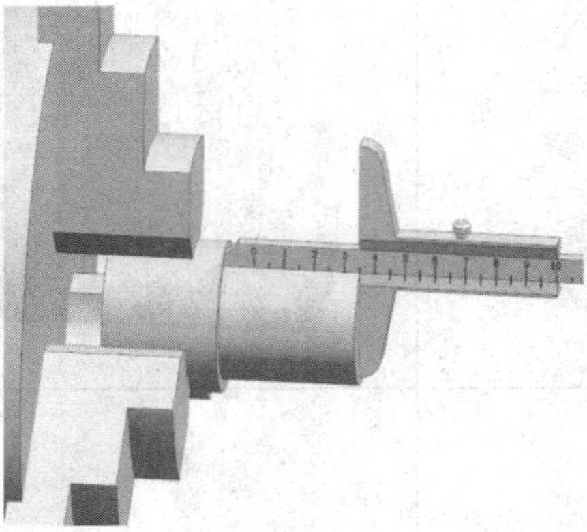	尺寸精度和表面粗糙度符合图样要求，台阶相交处要清角
5	将小滑板沿逆时针方向旋转约 2°51′45″	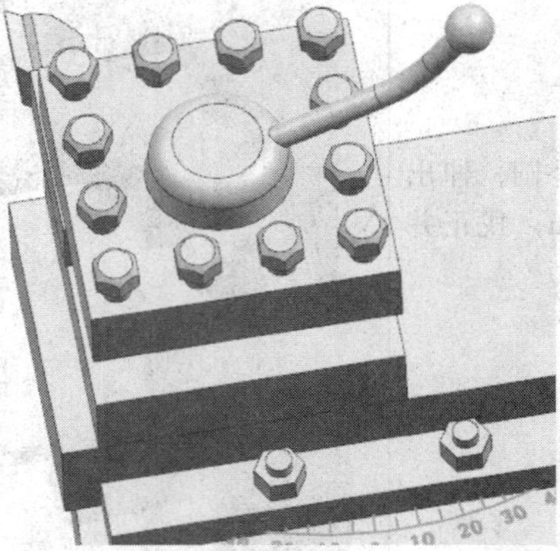	旋转角度等于或略大于圆锥半角
6	粗车外圆锥面	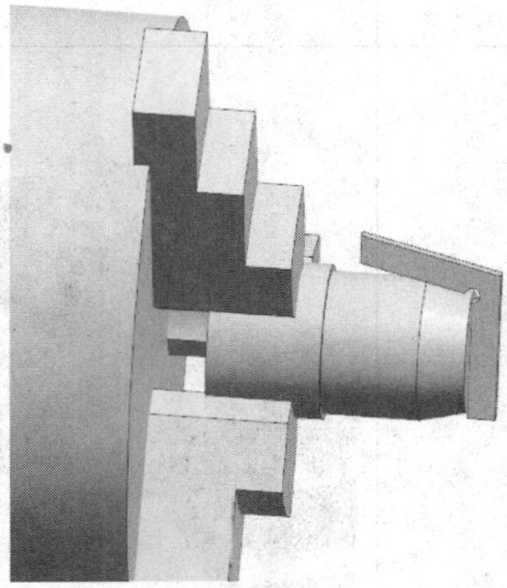	用角度样板（或游标万能角度尺）透光检测锥度是否符合精度要求

续表

序号	步骤	图示	要求
7	精车外圆锥面并控制圆锥长度 35 mm		尺寸精度和表面粗糙度符合图样要求
8	倒角 *C*1 mm 和 *C*0.5 mm		倒角符合图样要求
9	检测并卸下工件		对所加工内容进行检测，合格后卸下工件

3. 加工中的注意事项

（1）车刀必须对准工件回转中心，避免产生双曲线（圆锥素线不直）误差。

（2）车刀切削刃要始终保持锋利，工件表面应一刀车出。

（3）应双手握小滑板手柄，均匀移动小滑板。

（4）粗车时，进给量不宜过大，应先找正锥度，以防将工件车小而报废。

（5）用游标万能角度尺检测锥度时，测量边应通过工件中心。用圆锥套规检测时，工件表面粗糙度值要小，涂色要薄而均匀，一般套规旋转半圈之内，以防造成误判。

（6）小滑板转动角度应略大于圆锥半角，然后逐步找正。当小滑板调整到差不多时，只需将紧固螺母稍松即可，用左手拇指贴在小滑板转盘上，用铜棒向所需找正方向轻敲小滑板，凭手指感觉决定微调量，可以较快找正锥度。

（7）车削圆锥前应将小滑板导轨与镶条间的配合间隙调整合适，否则会影响锥面质量。

四、外圆锥面车削课后作业

锥体轴零件图如图 4-1-7 所示。

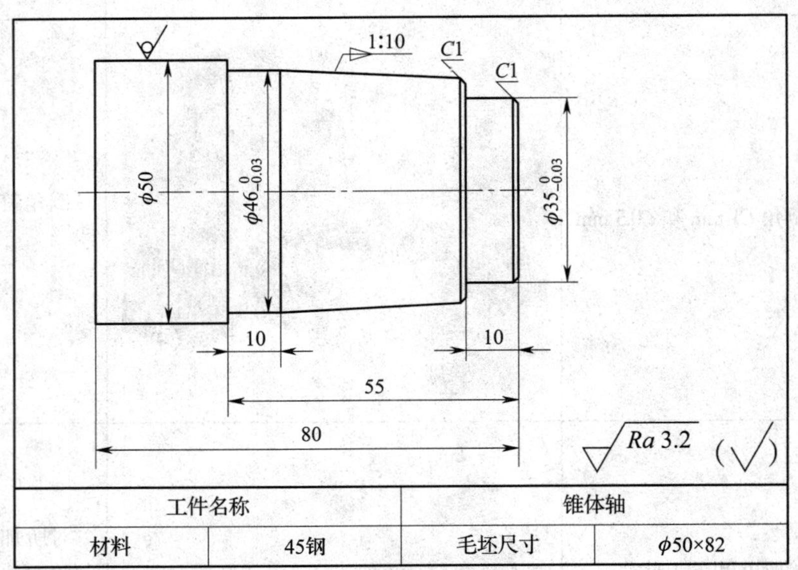

工件名称		锥体轴	
材料	45钢	毛坯尺寸	$\phi50\times82$

图 4-1-7　锥体轴

学习要求：

根据零件图加工要求合理进行工艺分析，并写出工件加工步骤。

课题二 内圆锥的车削

学习目标

1. 掌握转动小滑板车削内圆锥面的方法。
2. 掌握内圆锥面长度的控制方法。
3. 掌握内圆锥面的检测方法。
4. 掌握内圆锥面加工时的注意事项。

车内圆锥面（圆锥孔）比车外圆锥面困难，因为车削时车刀在孔内切削，不易观察和测量。为了便于加工和测量，装夹工件时应使锥孔大端在外端（靠近尾座方向），锥孔小端靠近车床主轴。在车床上加工内圆锥面的方法主要有转动小滑板法、宽刃刀车削法和铰内圆锥法。本课题主要学习及掌握转动小滑板车削内圆锥面的方法。

一、内圆锥面加工常用工艺装备

1. 内圆锥面加工常用刀具

内圆锥面加工一般使用 90°外圆车刀、45°车刀、麻花钻、内孔车刀等刀具。

2. 内圆锥面加工常用量具

内圆锥面加工一般使用钢直尺、游标卡尺、深度游标卡尺、圆锥塞规等量具。

3. 内圆锥面加工常用工具

内圆锥面加工一般使用卡盘扳手、刀架扳手、加力杆、油枪、毛刷、旋具、防护眼镜、铜锤、钩子、划线盘、内六角扳手、莫氏锥套、内孔车刀导套、内孔车刀刀座等工具。

二、相关知识

1. 内孔车刀的装夹

（1）装夹内孔车刀时，应使刀尖严格对准工件回转中心，以免出现内圆锥面双曲线误差，如图 4-2-1 所示。

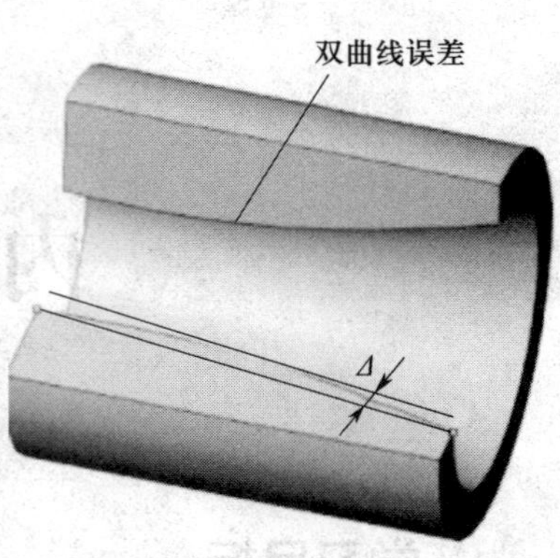

图 4-2-1　内圆锥面双曲线误差

（2）刀柄伸出的长度应保证其切削行程，刀柄与工件锥孔间应留有一定空隙。

（3）车刀装夹好后应在停车状态沿全程移动，检查是否产生碰撞。

2. 内圆锥面的车削方法

（1）粗车内圆锥面

内圆锥面粗加工及检测方法见表 4-2-1。

表 4-2-1　内圆锥面粗加工及检测方法

粗车内圆锥面	车削内圆锥面前，应先车平工件端面，然后选择比锥孔小端直径小 1 ~ 2 mm 的麻花钻钻孔	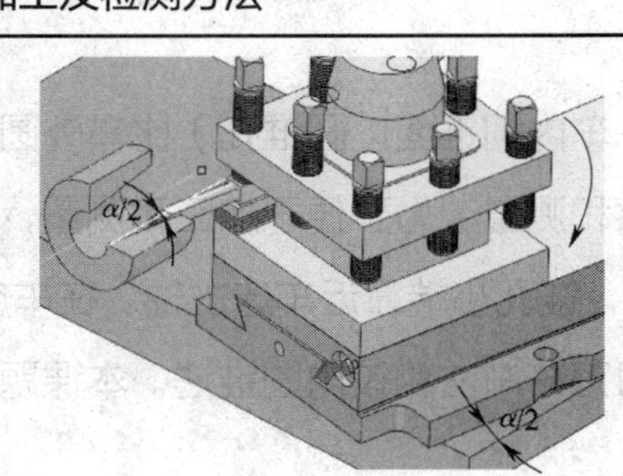
	转动小滑板的方法与车削外圆锥面时相同，车削右图所示的锥孔时应沿顺时针方向旋转圆锥半角。车削前也必须调整好小滑板导轨与镶条的配合间隙，并确定小滑板的行程	
	按圆锥小端直径和圆锥长度车出圆柱孔，然后再车圆锥面。加工时，车刀从锥孔大端面处开始切削，当塞规能塞进工件约 1/2 长度时校准圆锥角	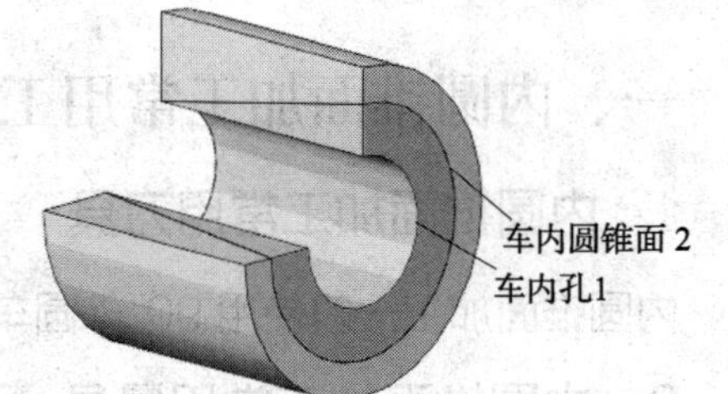
	用涂色法（将显示剂涂在圆锥塞规表面）检测圆锥孔角度。根据擦痕情况调整小滑板转动的角度，经几次试切和检查后逐步将角度找正	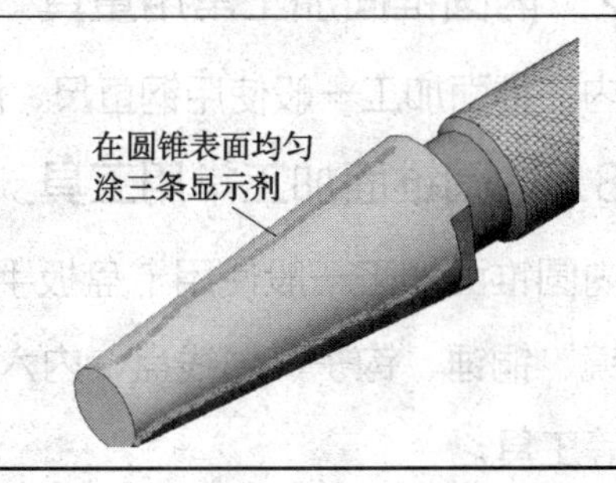

（2）精车内圆锥面

内圆锥面精加工方法见表 4-2-2。

表 4-2-2　内圆锥面精加工方法

用移动床鞍法精车内圆锥面	根据量出的长度 a，使车刀刀尖轻触工件圆锥近大端内壁，移动小滑板退刀，使车刀沿轴向离开工件端面超过一个 a 的距离。接着移动床鞍，使车刀纵向进给 a 值，此时虽然没有移动中滑板，但车刀已经切入了一个所需的深度，这时即可移动小滑板车削圆锥面	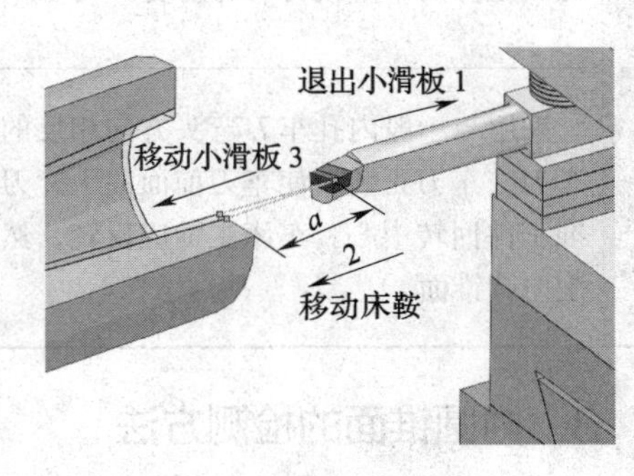

（3）车削对称内圆锥

对称内圆锥车削方法见表 4-2-3。

表 4-2-3　对称内圆锥车削方法

对称内圆锥车削	先把外面的圆锥孔车削正确，再将车刀反装，摇向对面孔壁，车削里面的圆锥孔。这样，小滑板转动角度未变，不但能使两对称圆锥孔锥度相等，而且不需卸下工件，两锥孔可获得很高的同轴度精度	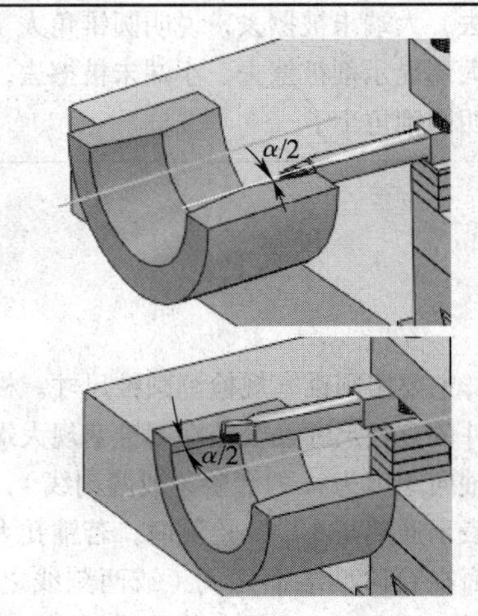

（4）内、外锥配合车削

为保证内、外锥面良好贴合，车削内、外圆锥配合件时，关键在于将小滑板调整至同一位置状态下完成内、外锥面的车削。具体方法是先将外圆锥面车正确，不改变小滑板已调整好的角度，然后用表 4-2-4 所列的方法车削内圆锥面。

表 4-2-4　内、外锥配合车削法

车刀反装法	将内孔车刀反装，使车刀前面向下，刀尖应对准工件回转中心，车床主轴仍正转，再车削内圆锥（注意，不能改变车外圆锥面时已调整好的小滑板转动的角度）	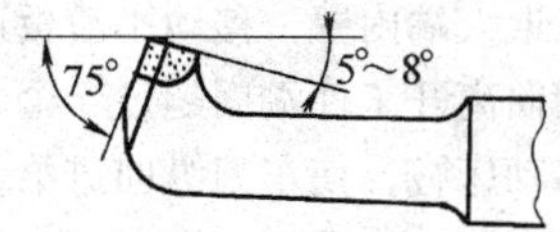
车刀正装法	采用与一般内孔车刀弯头方向相反的内孔车刀，车刀正装，使车刀前面向上，刀尖对准工件回转中心。车床主轴应反转，然后车削内圆锥面	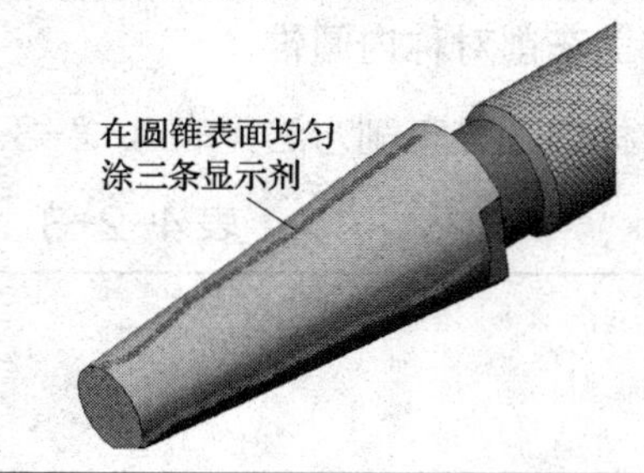

3. 内圆锥面的检测方法

内圆锥面的检测方法见表 4-2-5。

表 4-2-5　内圆锥面的检测方法

锥度的检测	使用圆锥塞规，采用涂色法检测锥度。具体检测要求与用圆锥套规检测外圆锥相同，将显示剂涂在塞规表面，判断圆锥角大小的方法刚好相反。若小端显示剂被擦去，大端未被擦去，说明圆锥角大了；若大端显示剂被擦去，小端未被擦去，则说明圆锥角小了	
圆锥尺寸的检测	主要用圆锥塞规检测圆锥尺寸。根据工件的直径尺寸及公差在圆锥塞规大端开有轴向距离为 m 的台阶（或两刻线），分别表示通端与止端。检测时，若锥孔大端平面在台阶两端面之间（或两刻线之间），说明锥孔尺寸合格；若锥孔大端平面超过了止端刻线，说明锥孔尺寸大了；若通端和止端两条刻线都没有进入锥孔，说明锥孔尺寸小了	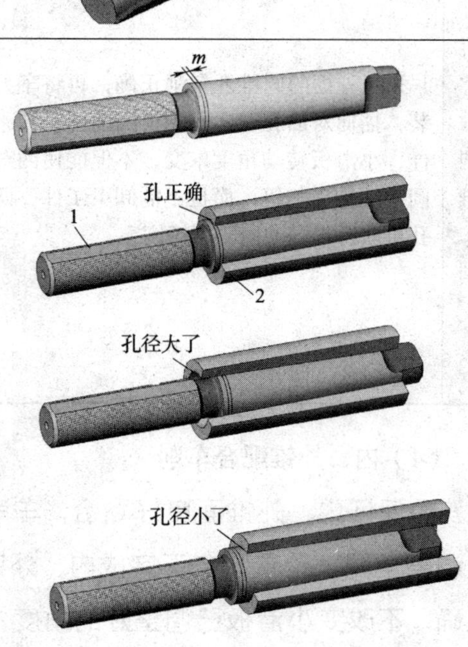 1—圆锥塞规　2—工件

三、车内锥面练习

锥套零件图如图 4-2-2 所示。

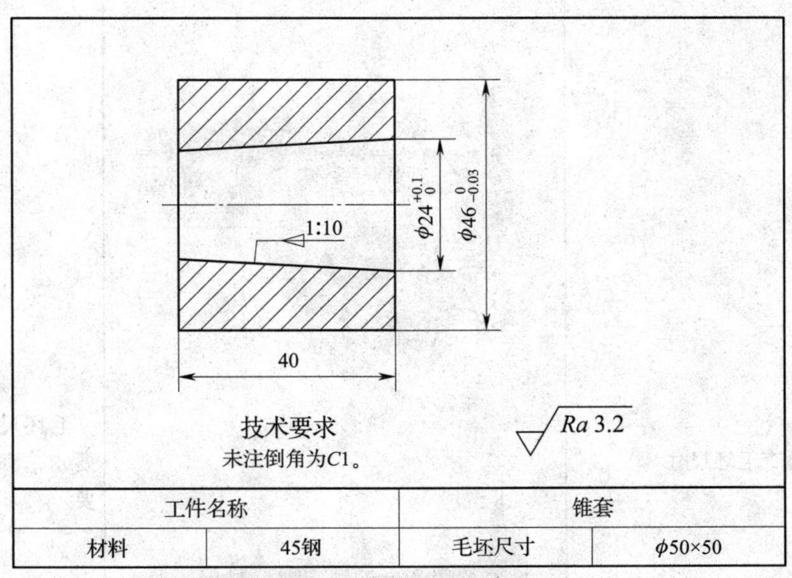

工件名称		锥套	
材料	45钢	毛坯尺寸	$\phi50\times50$

图 4-2-2　锥套

1. 工艺分析

（1）装夹方法

采用三爪自定心卡盘装夹。

（2）刀具选择

选择 90°外圆车刀、45°车刀、ϕ18 mm 钻头、内孔车刀等。

（3）量具选择

选择 0 ~ 300 mm 钢直尺、0 ~ 150 mm 游标卡尺、25 ~ 50 mm 外径千分尺、杠杆百分表、圆锥塞规等。

（4）工具选择

选择莫氏锥套、扳手、内六角扳手、旋具、油枪、毛刷等。

（5）切削用量选择

车孔时粗车取进给量 f=0.2 ~ 0.3 mm/r，转速 n=300 ~ 400 r/min；精车取进给量 f=0.1 ~ 0.15 mm/r，转速 n=600 ~ 800 r/min。

2. 车削步骤（见表 4-2-6）

表 4-2-6　车削步骤

序号	步骤	图示	要求
1	检查毛坯尺寸	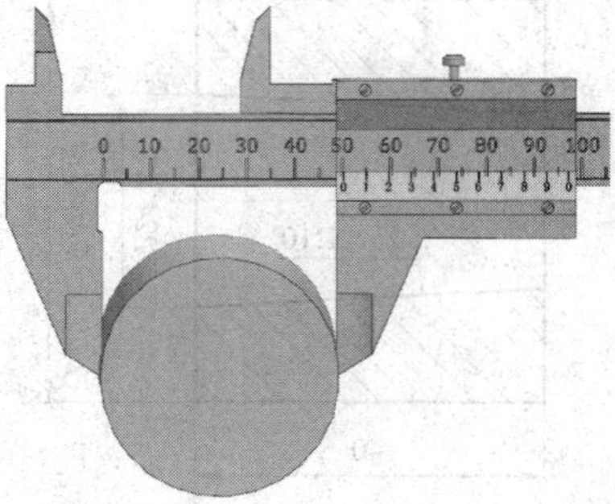 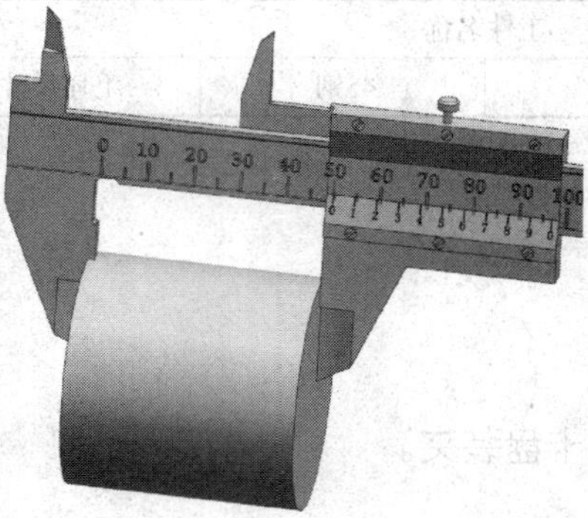	毛坯尺寸应符合要求，满足加工需要
2	夹持毛坯外圆，伸出长度约为 15 mm，找正并夹紧	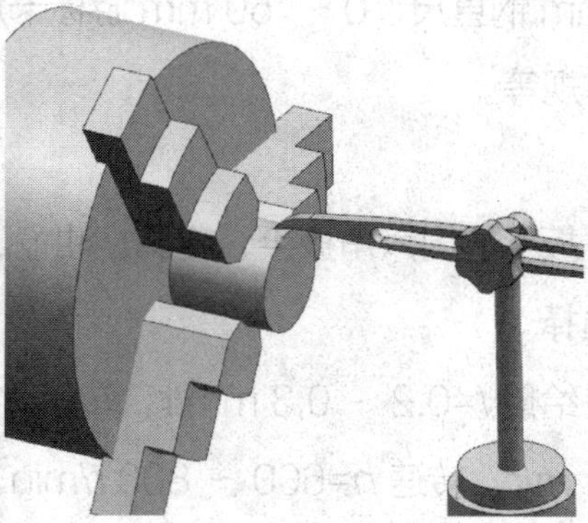	毛坯的伸出长度及夹持外圆的回转中心误差满足加工要求

续表

序号	步骤	图示	要求
3	车端面，在外圆车出 ϕ46 mm × 8 mm 的工艺台阶，钻 ϕ18 mm 孔	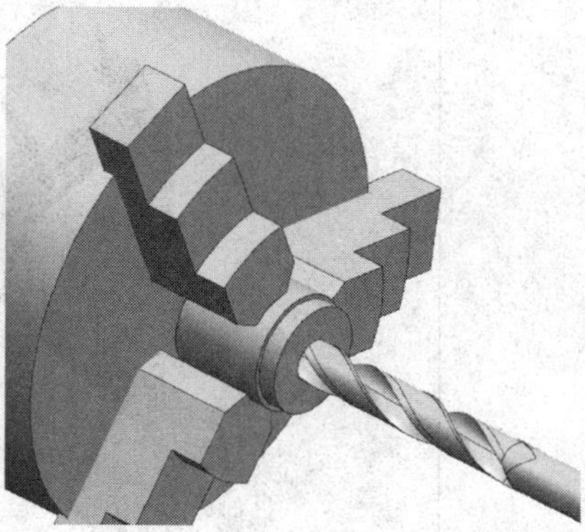	端面平整，内孔余量满足加工要求，工艺台阶尺寸符合装夹要求
4	将工件掉头，夹住 ϕ46 mm × 8 mm 的工艺台阶，找正并夹紧		装夹牢固，满足加工要求
5	车端面	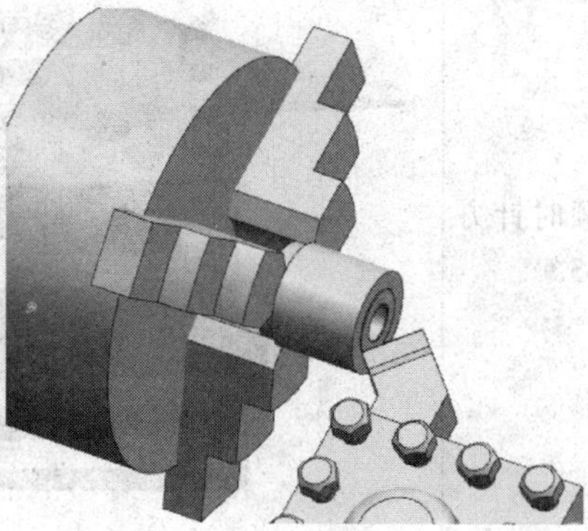	加工表面光整

续表

序号	步骤	图示	要求
6	将图样上 $\phi46_{-0.03}^{\ 0}$ mm 的外圆粗车至 $\phi47$ mm，长度大于 40 mm	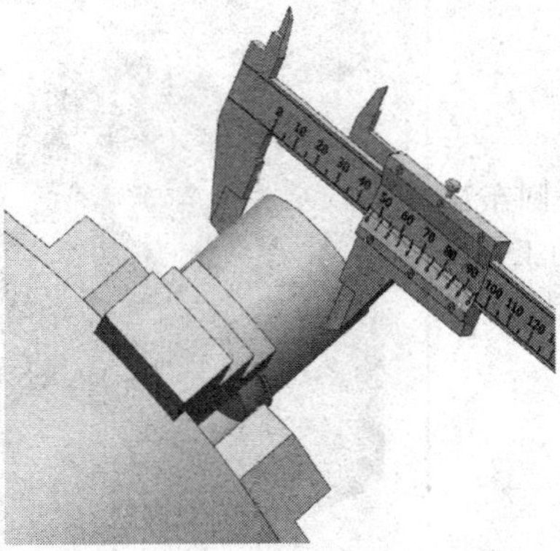 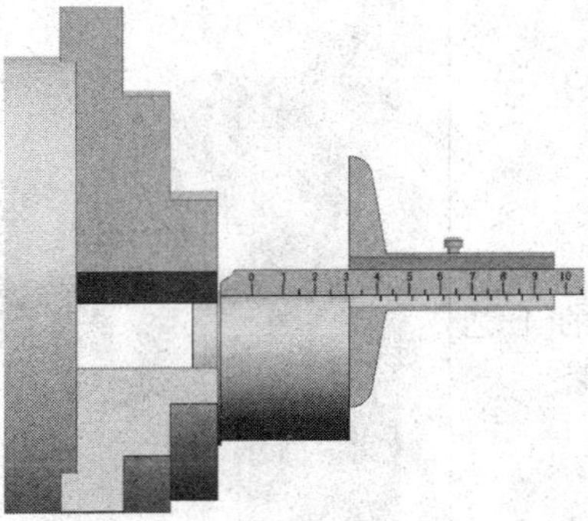	粗车后余量满足精车要求
7	将小滑板沿顺时针方向旋转约 2°51′45″		旋转角度等于或略大于圆锥半角

续表

序号	步骤	图示	要求
8	粗车内圆锥面	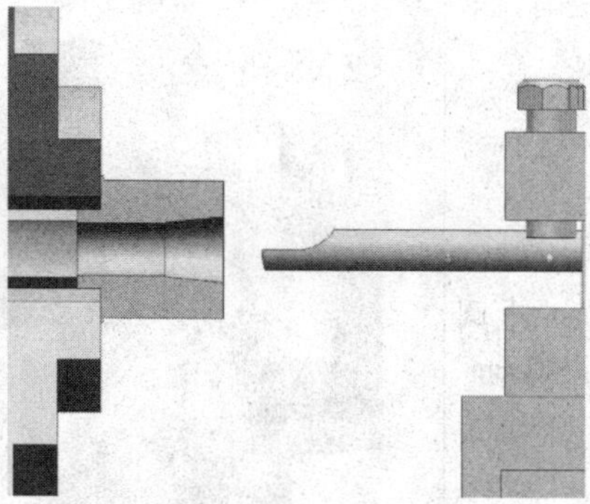 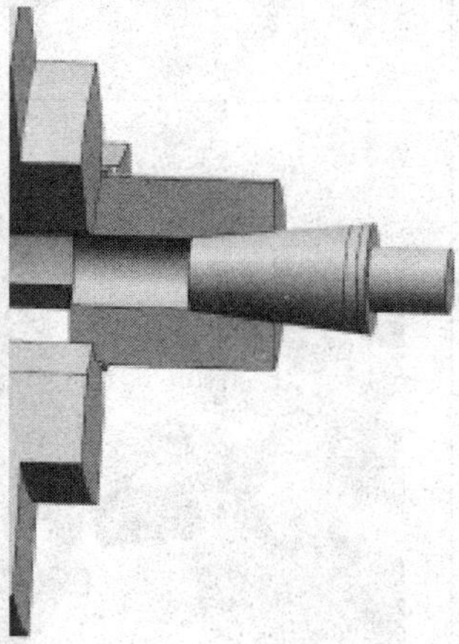	粗车内圆锥后，用圆锥塞规涂色法检测锥度是否符合精度要求
9	精车内圆锥面并控制圆锥长度	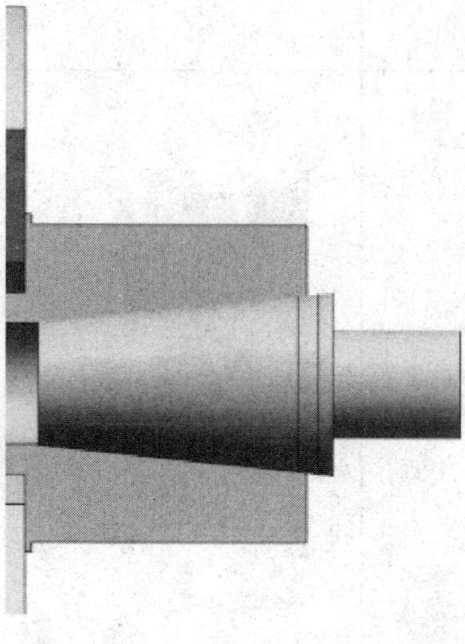	尺寸精度和表面粗糙度符合图样要求

续表

序号	步骤	图示	要求
10	精车 $\phi 46_{-0.03}^{0}$ mm 外圆至要求，长度大于 40 mm	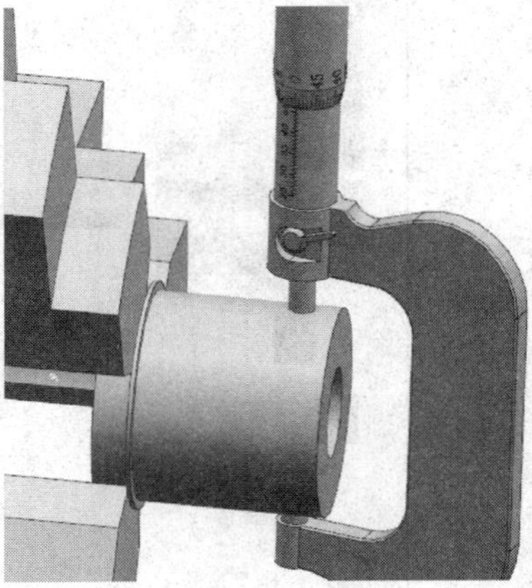	尺寸精度和表面粗糙度符合图样要求
11	内孔、外圆倒角 $C1$ mm	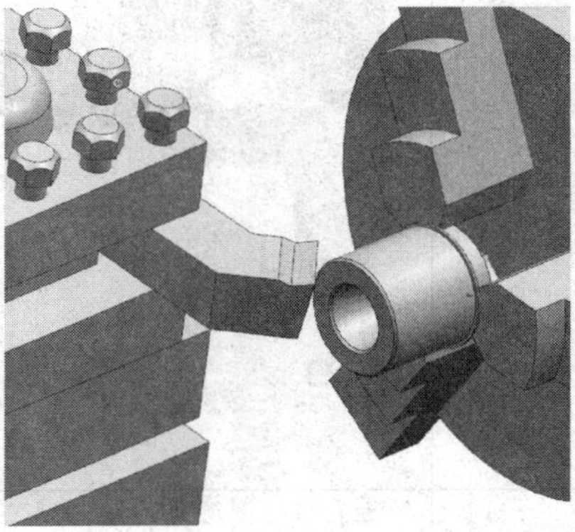	倒角符合图样要求
12	将工件掉头，$\phi 46_{-0.03}^{0}$ mm 外圆处垫铜皮找正并夹紧	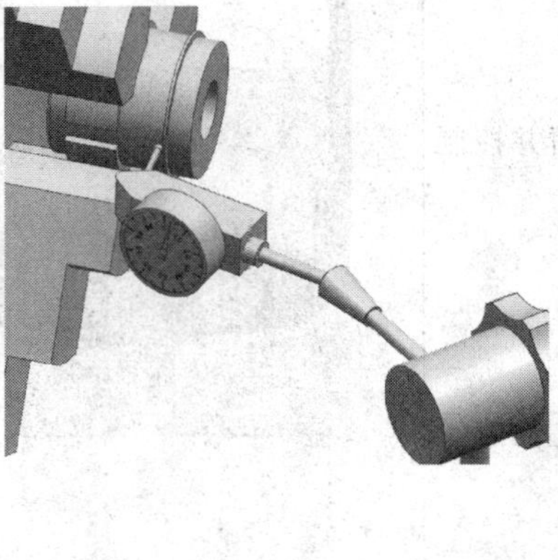	伸出长度满足要求，台阶处端面与主轴轴线垂直

续表

序号	步骤	图示	要求
13	切断工艺台阶后车端面，控制长度 40 mm		工件表面粗糙度及长度尺寸符合图样要求
14	内孔、外圆倒角 C1 mm		倒角符合图样要求
15	检测并卸下工件		对所加工内容进行检测，合格后卸下工件

3. 加工中的注意事项

（1）车刀必须对准工件回转中心，以防产生双曲线误差。

（2）粗车时不宜进刀过深，应先初步找正锥度（检查圆锥塞规与工件配合是否有间隙）。

（3）用圆锥塞规涂色检测时，必须保证锥孔内清洁，圆锥塞规转动量在半圈之内。

（4）取出圆锥塞规时要注意安全，不能敲击，以防工件产生位移。

（5）锥孔尺寸可以根据圆锥塞规的界线来控制。

（6）精加工时可以加注切削液，以获得较小的表面粗糙度值。

四、内锥面车削课后作业

锥体配合零件图如图 4-2-3 所示。

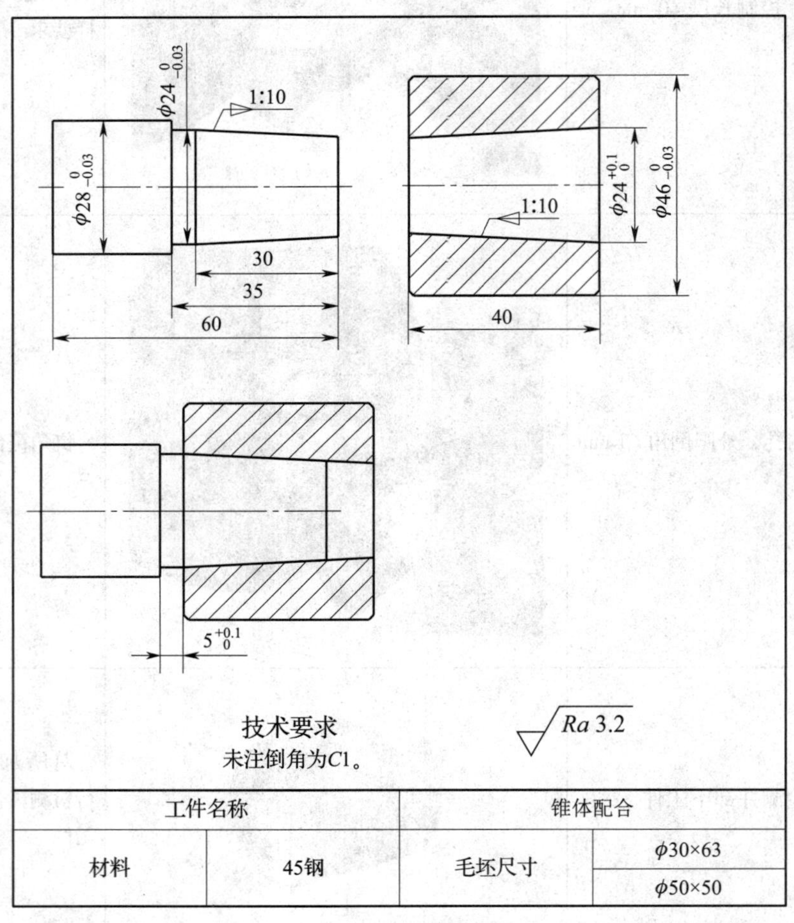

工件名称		锥体配合	
材料	45钢	毛坯尺寸	$\phi30\times63$
			$\phi50\times50$

图 4-2-3　锥体配合

学习要求：

根据零件图加工要求合理进行工艺分析，并写出工件加工步骤。

模块五
普通螺纹的车削

课题一 普通外螺纹的车削

学习目标

1. 掌握普通螺纹的基本要素和定义。
2. 掌握普通螺纹基本尺寸的计算方法。
3. 掌握加工普通螺纹时铭牌的识读和手柄位置的调整方法。
4. 掌握加工外螺纹时对外圆的工艺要求。
5. 掌握普通外螺纹的加工方法。
6. 掌握普通外螺纹的测量方法。
7. 掌握普通外螺纹加工时的注意事项。

普通螺纹具有螺距小、螺纹长度短、自锁性好的特点，常用于机械零部件的连接及紧固，在各种机器中应用非常广泛。螺纹的加工方法有很多种，在专业生产中多采用滚压螺纹、轧螺纹和搓螺纹等一系列的先进加工工艺，而在一般的机械加工中，通常采用车螺纹和套螺纹的加工方法。

一、普通外螺纹加工用工艺装备

1. 普通外螺纹加工常用刀具

普通外螺纹加工一般使用 90°外圆车刀、45°车刀、车槽刀、外螺纹车刀、圆板牙等刀具。

2. 普通外螺纹加工常用量具

普通外螺纹加工一般使用钢直尺、游标卡尺、深度游标卡尺、外径千分尺、螺纹千分尺、螺纹环规等量具。

3. 普通外螺纹加工常用工具

普通外螺纹加工一般使用卡盘扳手、刀架扳手、加力杆、油枪、毛刷、旋具、防护眼镜、铜锤、钩子、划线盘、板牙架等工具。

二、相关知识

1. 普通螺纹的基本要素

螺纹牙型是指在通过螺纹轴线剖面上的螺纹轮廓形状。下面以普通螺纹的牙型为例介绍螺纹的基本要素，如图 5-1-1 所示。

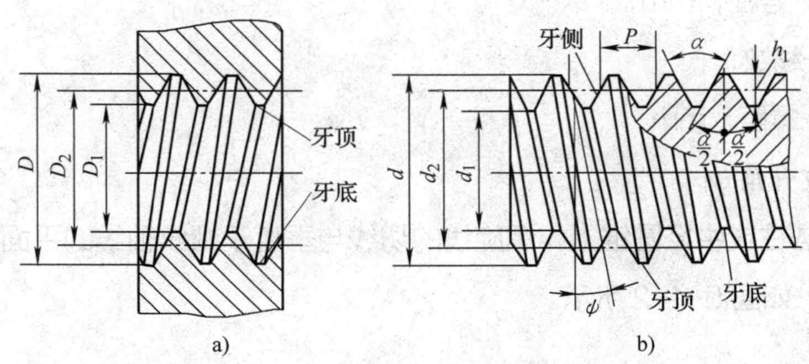

图 5-1-1　普通螺纹的基本要素

a）内螺纹　b）外螺纹

（1）牙型角 α

牙型角是指在螺纹牙型上相邻两牙侧间的夹角。

（2）牙型高度 h_1

牙型高度是指在螺纹牙型上牙顶到牙底在垂直于螺纹轴线方向上的距离。

（3）螺纹大径（d、D）

螺纹大径是指与外螺纹牙顶或内螺纹牙底相切的假想圆柱或圆锥的直径。外螺纹和内螺纹的大径分别用 d 和 D 表示。

（4）螺纹小径（d_1、D_1）

螺纹小径是指与外螺纹牙底或内螺纹牙顶相切的假想圆柱或圆锥的直径。外螺纹和内螺纹的小径分别用 d_1 和 D_1 表示。

（5）螺纹中径（d_2、D_2）

螺纹中径是指一个假想圆柱或圆锥的直径，该圆柱或圆锥的素线通过牙型上沟槽和凸起宽度相等的地方。同规格的外螺纹中径 d_2 和内螺纹中径 D_2 的公称尺寸相等。

（6）**螺纹公称直径**

螺纹公称直径是代表螺纹尺寸的直径，一般是指螺纹大径。

（7）**螺距 P**

螺距是指相邻两牙在中径线上对应两点间的轴向距离。

（8）**导程 P_h**

导程是指同一条螺旋线上相邻两牙在中径线上对应两点间的轴向距离。导程可按下式计算：

$$P_h=nP$$

式中　P_h——导程，mm；

n——线数；

P——螺距，mm。

（9）**螺纹升角 ψ**

在中径圆柱或中径圆锥上，螺旋线的切线与垂直于螺纹轴线的平面间的夹角称为螺纹升角，如图 5-1-2 所示。

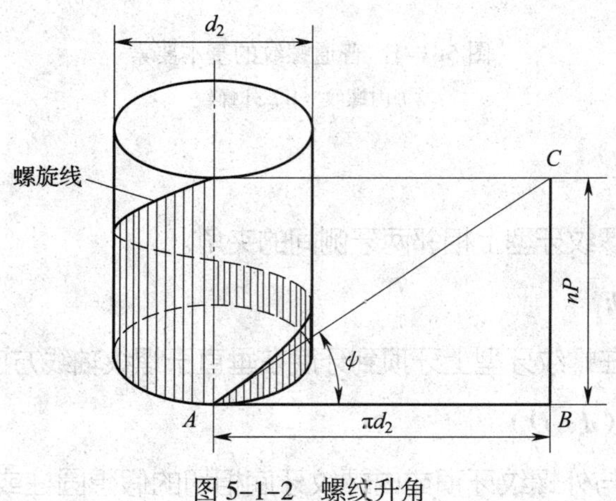

图 5-1-2　螺纹升角

螺纹升角可按下式计算：

$$\tan\psi=\frac{P_h}{\pi d_2}=\frac{nP}{\pi d_2}$$

式中　ψ——螺纹升角，（°）；

P_h——导程，mm；

d_2——中径，mm；

n——线数；

P——螺距，mm。

2. 普通螺纹的标记

普通螺纹的标记见表 5-1-1。

表 5-1-1　普通螺纹的标记

<table>
<tr><th>名称</th><th>分类</th><th>特征代号</th><th>牙型角</th><th>标记</th><th>标记说明</th></tr>
<tr><td rowspan="2">普通螺纹</td><td>粗牙</td><td rowspan="2">M</td><td rowspan="2">60°</td><td>M16—6g—L—LH
示例说明：
M—粗牙普通螺纹
16—公称直径
6g—中径和顶径公差带代号
L—长旋合长度
LH—左旋</td><td rowspan="2">（1）粗牙普通螺纹不标注螺距
（2）右旋不标旋向代号
（3）旋合长度有长旋合长度 L、中等旋合长度 N 和短旋合长度 S，中等旋合长度不标注
（4）在螺纹公差带代号中，前者为中径公差带代号，后者为顶径公差带代号，两者相同时只标一个</td></tr>
<tr><td>细牙</td><td>M16 × 1—6H7H
示例说明：
M—细牙普通螺纹
16—公称直径
1—螺距
6H—中径公差带代号
7H—顶径公差带代号</td></tr>
</table>

3. 普通螺纹的基本尺寸计算

普通螺纹的基本尺寸计算公式见表 5-1-2。

表 5-1-2　普通螺纹的基本尺寸计算公式

<table>
<tr><th>基本参数</th><th>外螺纹</th><th>内螺纹</th><th>计算公式</th></tr>
<tr><td>牙型角</td><td colspan="2">α</td><td>α=60°</td></tr>
<tr><td>螺纹大径（公称直径）</td><td>d</td><td>D</td><td>$d=D$</td></tr>
<tr><td>螺纹中径</td><td>d_2</td><td>D_2</td><td>$d_2=D_2=d-0.649\ 5P$</td></tr>
<tr><td>牙型高度</td><td colspan="2">h_1</td><td>$h_1=0.541\ 3P$</td></tr>
<tr><td>螺纹小径</td><td>d_1</td><td>D_1</td><td>$d_1= D_1= d-1.082\ 5P$</td></tr>
</table>

4. 车普通外螺纹

（1）车削前对工件的主要工艺要求

为保证车削后的螺纹牙顶处有 0.125P 的宽度，车削螺纹前的外圆直径应车削至比螺纹公称直径小 0.13P 左右。

外圆端面处倒角后直径略小于螺纹小径。

对于有退刀槽的螺纹，车削螺纹前应先加工退刀槽，退刀槽的直径应小于螺纹小径，退刀槽宽度为（2 ~ 3）P。

车削脆性材料（如铸铁）时，车削螺纹前的外圆表面粗糙度值要小，以免在车削螺纹时牙顶发生崩裂。

（2）刀具的安装

螺纹车刀刀尖应与车床主轴轴线等高，为防止高速车削时产生振动和“扎刀”现象，外螺纹车刀刀尖可比工件中心高 0.1 ~ 0.2 mm。

螺纹车刀不宜伸出刀架过长，一般伸出长度为刀柄厚度的 1.5 倍。

螺纹车刀刀尖角的对称中心线应与工件轴线垂直，装刀时可用螺纹对刀样板调整。如果车刀装歪，会使车出的螺纹两牙型半角不相等，导致牙型歪斜（俗称倒牙），如图 5-1-3 所示。

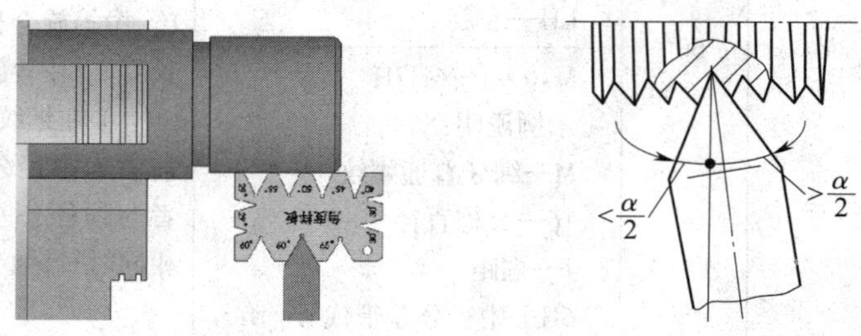

图 5-1-3　螺纹车刀的样板对刀

（3）车床手柄位置的调整

车削螺纹前，应按工件被加工螺纹的螺距，在车床进给箱的铭牌上查找到相应手柄的位置参数，把手柄拨到所需的位置上。

CY6140 型车床进给箱铭牌上普通螺纹螺距（导程）调配表如图 5-1-4 所示。

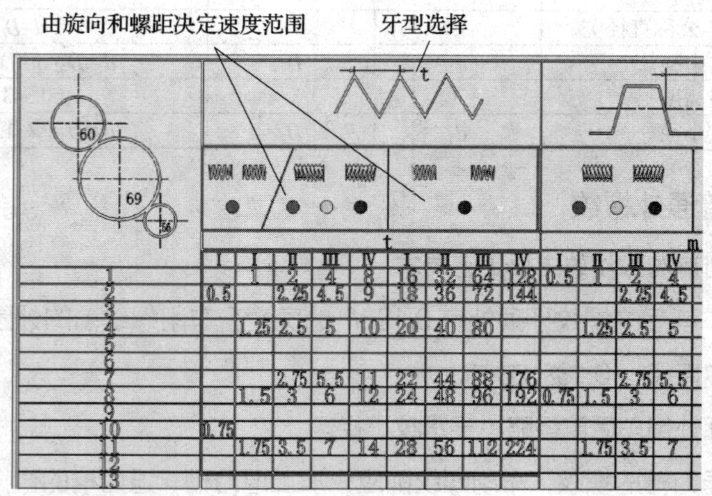

	t									m			
	I	I	II	III	IV	I	II	III	IV	I	II	III	IV
1		1	2	4	8	16	32	64	128	0.5	1	2	4
2	0.5		2.25	4.5	9	18	36	72	144			2.25	4.5
3													
4		1.25	2.5	5	10	20	40	80			1.25	2.5	5
5													
6													
7			2.75	5.5	11	22	44	88	176			2.75	5.5
8		1.5	3	6	12	24	48	96	192	0.75	1.5	3	6
9													
10	0.75												
11		1.75	3.5	7	14	28	56	112	224		1.75	3.5	7
12													
13													

图 5-1-4　CY6140 型车床普通螺纹螺距（导程）调配表

加工 M24 × 2 的螺纹手柄调整位置见表 5-1-3。

表 5-1-3 加工 M24 × 2 的螺纹手柄调整位置

选择右旋正常螺距位置	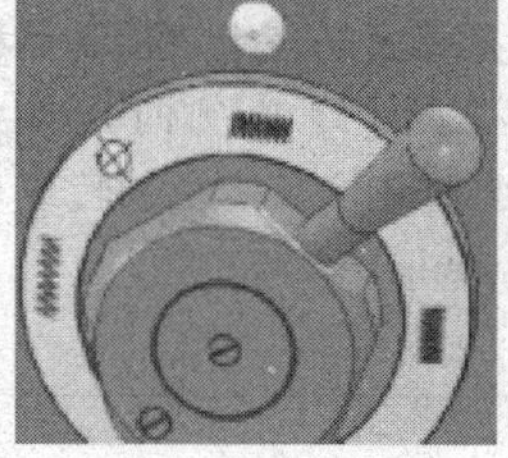
选择手柄位置“t”（米制螺纹）	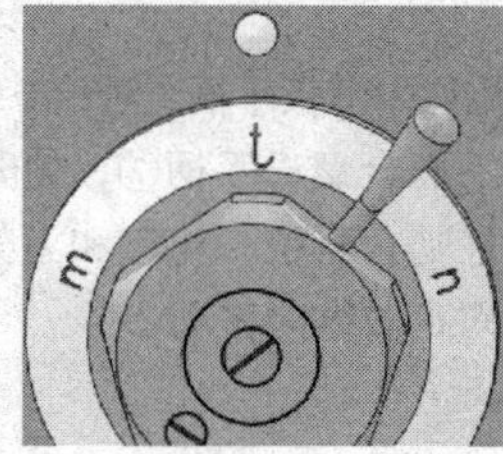
选择手柄位置“1”（与所加工螺距 P=2 mm 相对应）	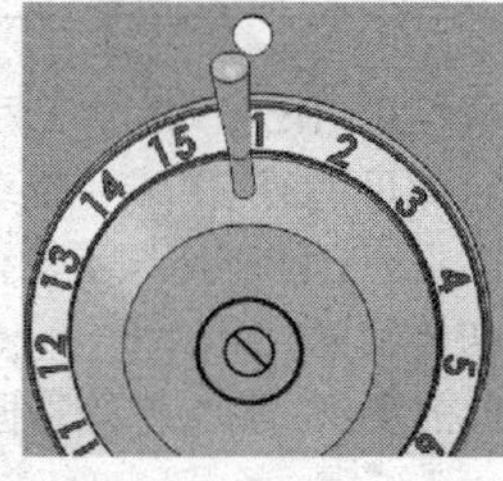
选择手柄位置“Ⅱ”（丝杠旋转并与所加工螺距 P=2 mm 相对应）	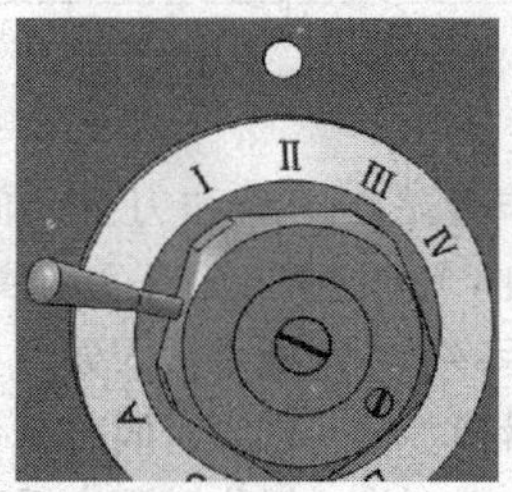

（4）**车床的操作方法**

车螺纹时车床的操作方法见表 5-1-4。

表 5-1-4 车床的操作方法

提开合螺母法	确认丝杠旋转，并在导轨离卡盘一定距离处做一记号，作为车削时纵向移动的终点	

续表

<table>
<tr><td rowspan="3">提开合螺母法</td><td>向上提起操纵杆手柄（图中位置①），操作者站在十字槽手柄和中滑板手柄之间（约 45°方向）（图中位置②）。此时建议车床主轴转速小于等于 170 r/min</td><td></td></tr>
<tr><td>左手握住中滑板手柄①进给 0.5 mm，右手压下开合螺母手柄②，使开合螺母与丝杠啮合到位，床鞍和刀架按照一定的螺距做纵向移动</td><td>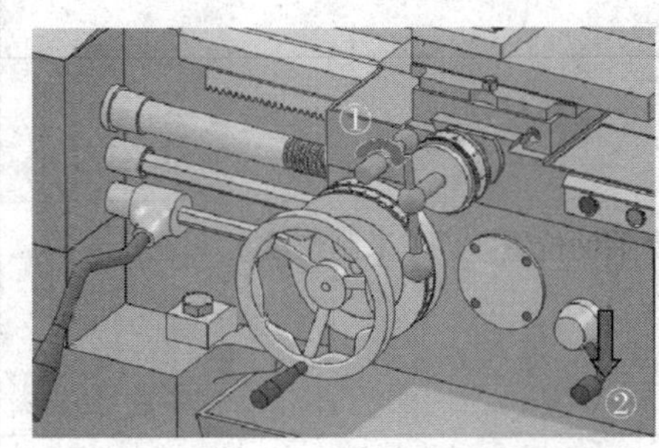</td></tr>
<tr><td>当床鞍移动到记号处时，右手迅速提起开合螺母手柄①，左手操纵中滑板手柄②退刀。手摇床鞍手轮，将床鞍移到初始位置
重复此前步骤，直至熟练掌握</td><td>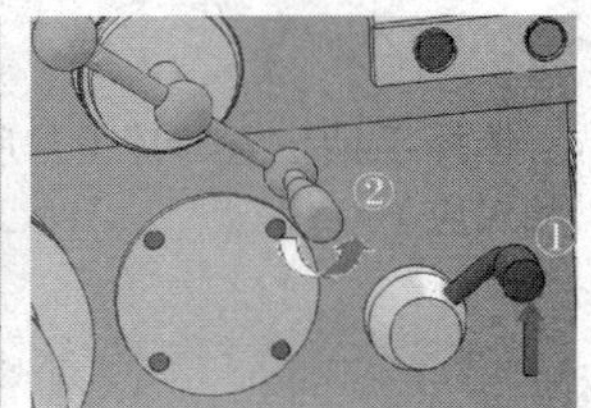</td></tr>
<tr><td rowspan="2">开倒顺车法</td><td>操作者站在卡盘和刀架之间（约 45°方向），右手在合下开合螺母手柄②后移至中滑板手柄③处，右手操纵中滑板手柄③进刀，同时左手提起操纵杆手柄①（操作过程中手不要离开）</td><td>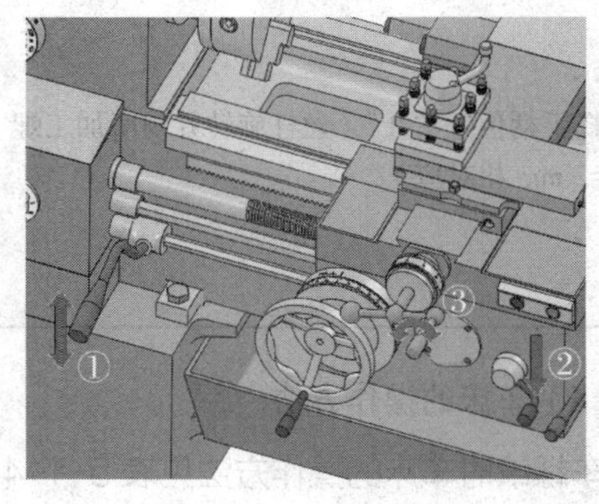</td></tr>
<tr><td>当床鞍移动到记号处时，不提起开合螺母手柄①，右手快速操纵中滑板手柄②退刀，左手同时压下操纵杆手柄③，使主轴反转，床鞍纵向退回。向上提起操纵杆手柄③，将床鞍停到初始位置
重复此前步骤，直至熟练掌握</td><td>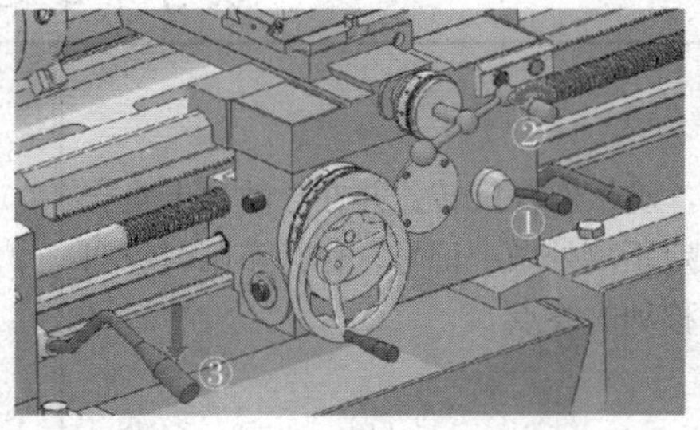</td></tr>
</table>

（5）**加工方法**

用机夹车刀高速车削普通外螺纹时，一般采用直进法车削，即车螺纹时，每次车削只用中滑板进刀，螺纹车刀的左、右切削刃同时参与切削。直进法操作简单，可以获得比较正确的螺纹牙型。当选择切削速度 v_c=50 ~ 100 m/min，车削螺距 P=1.5 ~ 3 mm 的中碳钢螺纹时，只需 3 ~ 5 次切削就可完成，背吃刀量也由大逐渐减小，但最后一次应不小于 0.1 mm。

以高速车削螺距 P=1.5 mm（三次切削完成）和 P=2 mm（四次切削完成）的普通外螺纹为例，背吃刀量的分配情况见表 5-1-5。

表 5-1-5　高速车削普通外螺纹背吃刀量的分配情况　　mm

螺距	P=1.5	P=2
总背吃刀量	$a_p \approx 0.65P=0.975$	$a_p \approx 0.65P=1.3$
第一次切削背吃刀量	$a_{p1}=0.5$	$a_{p1}=0.6$
第二次切削背吃刀量	$a_{p2}=0.375$	$a_{p2}=0.4$
第三次切削背吃刀量	$a_{p3}=0.1$	$a_{p3}=0.2$
第四次切削背吃刀量		$a_{p4}=0.1$

（6）**螺纹的车削过程**

1）正常车削过程。启动车床并移动螺纹车刀，使车刀刀尖与工件外圆轻轻接触，将床鞍向右移动并退出工件端面，记住中滑板刻度盘读数或将中滑板刻度盘调零。车刀横向进给 0.05 mm，使刀尖在工件表面车出一条较浅的螺旋线痕后停车。用钢直尺或游标卡尺检查螺距，确认螺距正确无误后开始车螺纹。经多次车削使背吃刀量等于牙型深度后，停车检查螺纹是否合格。

2）中途对刀过程。在车削螺纹的过程中，螺纹车刀磨损变钝，更换刀片后，为保证安全，需将刀尖重新与所加工的螺旋槽对准，车刀不切入工件，而是启动车床后合上开合螺母，当车刀纵向移到工件外圆处时，迅速将操纵杆放置到中间位置，待车刀自然停稳后，移动小滑板和中滑板，使车刀刀尖对准已车出的螺旋槽，然后使车床点动（即将操纵杆手柄轻提但不提到位，再放回中间位置，俗称“晃车”），观察车刀是否在螺旋槽内，反复调整，直到刀尖对准螺旋槽为止，才能继续车削螺纹。

（7）**车螺纹时的乱牙及预防**

车削螺纹时，螺纹车刀的刀尖不在上一次车削的螺旋槽中央，以致造成螺旋槽被车乱的现象称为乱牙。造成乱牙的原因主要有以下几种：

1）车床丝杠的螺距不能被工件螺纹的螺距整除，采用提开合螺母法车螺纹造成乱牙。这时应采用开倒顺车法车削螺纹。

2）在车削螺纹的过程中，螺纹车刀重新装夹但未对刀，使车刀刀尖与工件螺纹表面的轨迹不重合而造成乱牙。

3）开合螺母压合不彻底，使其与丝杠之间的啮合传动比改变，偏移了原来的车刀轨迹而造成乱牙。因此，每次合上开合螺母都应动作有力，压合到底。

5. 套普通外螺纹

用圆板牙加工工件的外螺纹称为套螺纹。

（1）圆板牙的结构

圆板牙是一种标准的多刃螺纹加工工具，它的结构和形状如图 5-1-5 所示。它像一个圆螺母，周围有排屑孔，其两端的锥角是切削部分，中间有完整牙深的一段是校准部分，所以圆板牙的正、反两面都可以使用。用圆板牙切削螺纹操作简便，生产效率高。

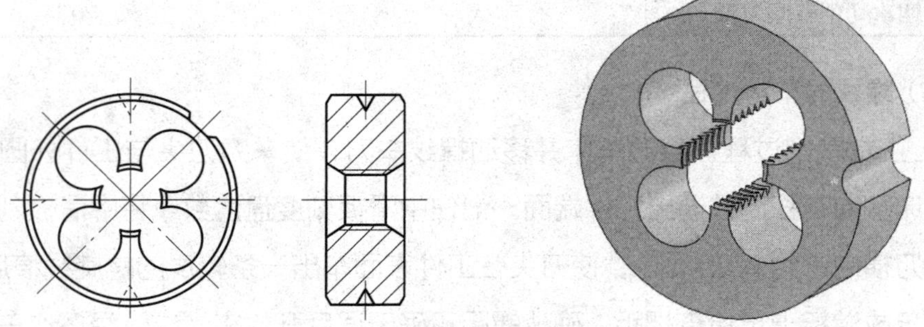

图 5-1-5　圆板牙的结构和形状

（2）套螺纹前的工艺要求

用圆板牙套螺纹，通常适用于加工公称直径小于 16 mm 或螺距小于 2 mm 的外螺纹。

由于套螺纹时工件材料受圆板牙的挤压而产生变形，牙顶将被挤高，因此，套螺纹前工件外圆应车削至比螺纹公称直径小 0.13P 左右。外圆车好后，端面必须倒角，倒角后端面直径应稍小于螺纹小径，以便于圆板牙切入工件。

套螺纹前必须找正尾座，其轴线应与车床主轴轴线重合，圆板牙端面应与主轴轴线垂直。

（3）套螺纹的方法

在车床上主要用套螺纹工具套螺纹，如图 5-1-6 所示，具体方法如下：

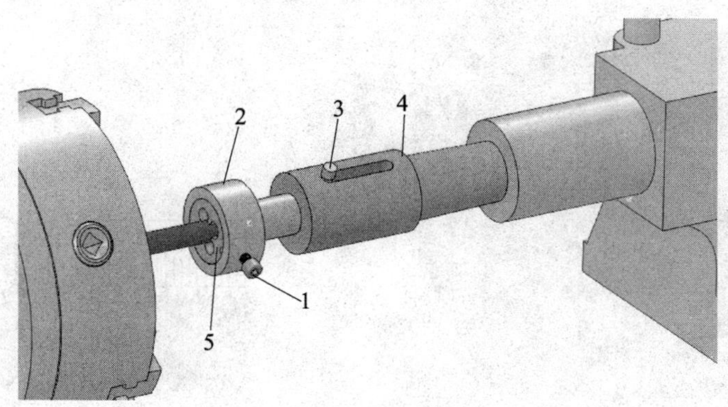

图 5-1-6　在车床上套螺纹

1—螺钉　2—滑动套筒　3—销钉　4—工具体　5—圆板牙

将套螺纹工具的锥柄装入尾座套筒的锥孔内。将圆板牙装入套螺纹工具内，使螺钉对准圆板牙上的锥坑后拧紧。将尾座移到工件前适当位置处锁紧。转动尾座手轮，使圆板牙靠近工件端面，启动车床和切削液泵加注切削液。继续转动尾座手轮，使圆板牙切入工件，随后停止转动尾座手轮，此时圆板牙沿工件轴线自动进给，圆板牙切削工件外螺纹。当圆板牙切削到所需长度位置时，立即停止，然后开反车使主轴反转，退出圆板牙，完成螺纹的加工。

（4）切削速度和切削液的选择

切削钢件时 v_c=3 ~ 4 m/min；切削铸铁件时 v_c=2 ~ 3 m/min；切削黄铜件时 v_c=6 ~ 9 m/min。

切削钢件时，一般切削液选用硫化切削油、机油和乳化液；切削低碳钢或韧性较好的材料时，可选用工业植物油；切削铸铁件时，可以用煤油或不使用切削液。

6. 普通外螺纹的测量

（1）单项测量法

单项测量法是指选择合适的量具来检测螺纹的某一单项参数，一般检测螺纹的大径、螺距和中径。

螺纹大径公差较大，一般可采用游标卡尺进行测量，如图 5-1-7 所示。

螺距常用钢直尺或螺纹样板进行测量，如图 5-1-8 所示。用钢直尺测量时，为了能准确测出螺距，一般应测量几个螺距的总长度，然后取其平均值。用螺纹样板测量时，螺纹样板应沿着通过工件轴线的平面方向嵌入牙槽中，如果与螺纹牙槽完全吻合，说明被测螺距是正确的。

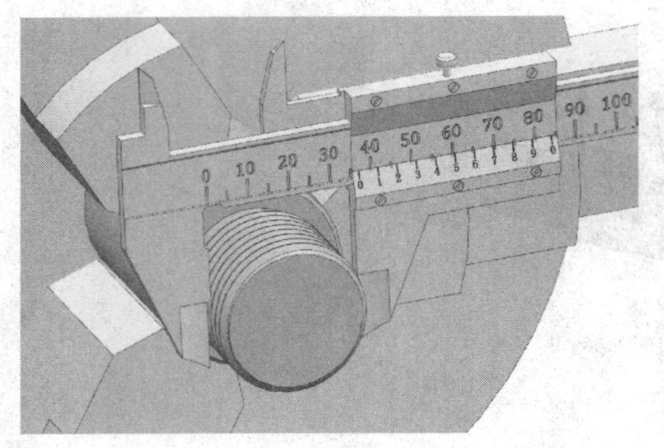

图 5-1-7　螺纹大径的测量

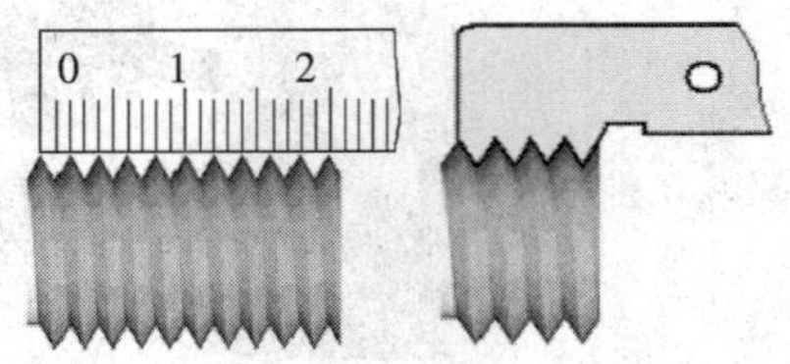

图 5-1-8　螺距的测量

普通外螺纹的中径一般用螺纹千分尺测量，如图 5-1-9 所示。螺纹千分尺的结构和使用方法与一般外径千分尺相似，读数原理相同，只是它有两个可以调整的测量头（上测量头和下测量头）。测量时，两个与螺纹牙型角相同的测量头正好卡在螺纹的牙型面上，测得的千分尺读数值即为螺纹中径的实际尺寸。

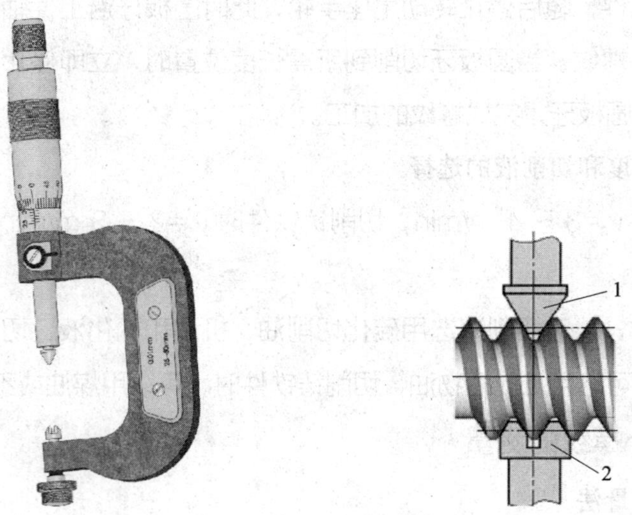

图 5-1-9　螺纹中径的测量
1—上测量头　2—下测量头

（2）综合检测法

综合检测是指采用螺纹量规对螺纹各部分主要尺寸（螺纹大径、中径、螺距）同时进行综合检测的一种方法。综合检测法检测效率高，使用方便，能较好地保证互换性，广泛地应用于对标准螺纹或大批量生产螺纹的检测。

普通外螺纹使用螺纹环规（见图 5-1-10）进行综合检测。检测前，应先检查螺纹的大径、牙型、螺距和表面粗糙度，然后用螺纹环规检测。如果螺纹环规通规（厚度厚，端面有字母 T）能顺利拧入工件螺纹有效长度范围，而止规（厚度薄，端面有字母 Z）不能拧入，则说明螺纹精度符合要求。螺纹环规是精密量具，不允许强行拧入，以免造成严重磨损，降低环规检测精度。对于精度要求不高的螺纹，可以用标准螺母进行检测。以拧入时是否顺利和松紧的程度来确定是否合格。

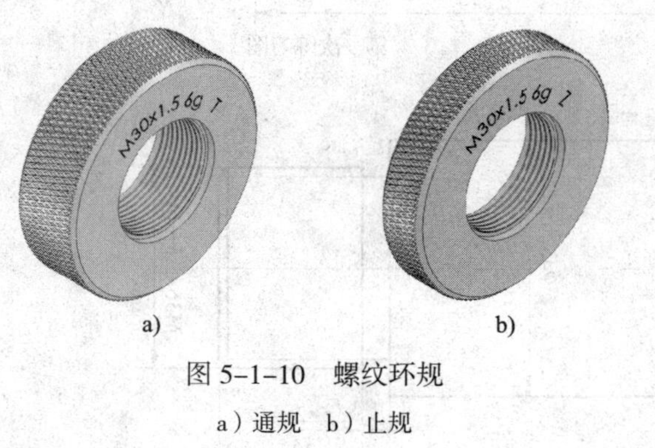

图 5-1-10　螺纹环规

a）通规　b）止规

三、普通外螺纹加工练习

外螺纹轴零件图如图 5-1-11 所示。

1. 工艺分析（以第二次练习为例）

（1）装夹方法

采用三爪自定心卡盘装夹。

（2）刀具选择

选择 90° 外圆车刀、45° 车刀、刀头宽度为 3 mm 的车槽刀、普通外螺纹车刀等。

（3）量具选择

选择 0 ~ 300 mm 钢直尺、0 ~ 150 mm 游标卡尺、0 ~ 200 mm 深度游标卡尺、M36×1.5—6g 螺纹环规等。

（4）工具选择

选择扳手、旋具、油枪、毛刷、钩子、划线盘等。

（5）切削用量选择

车削螺纹时转速取 n=400 ~ 500 r/min。

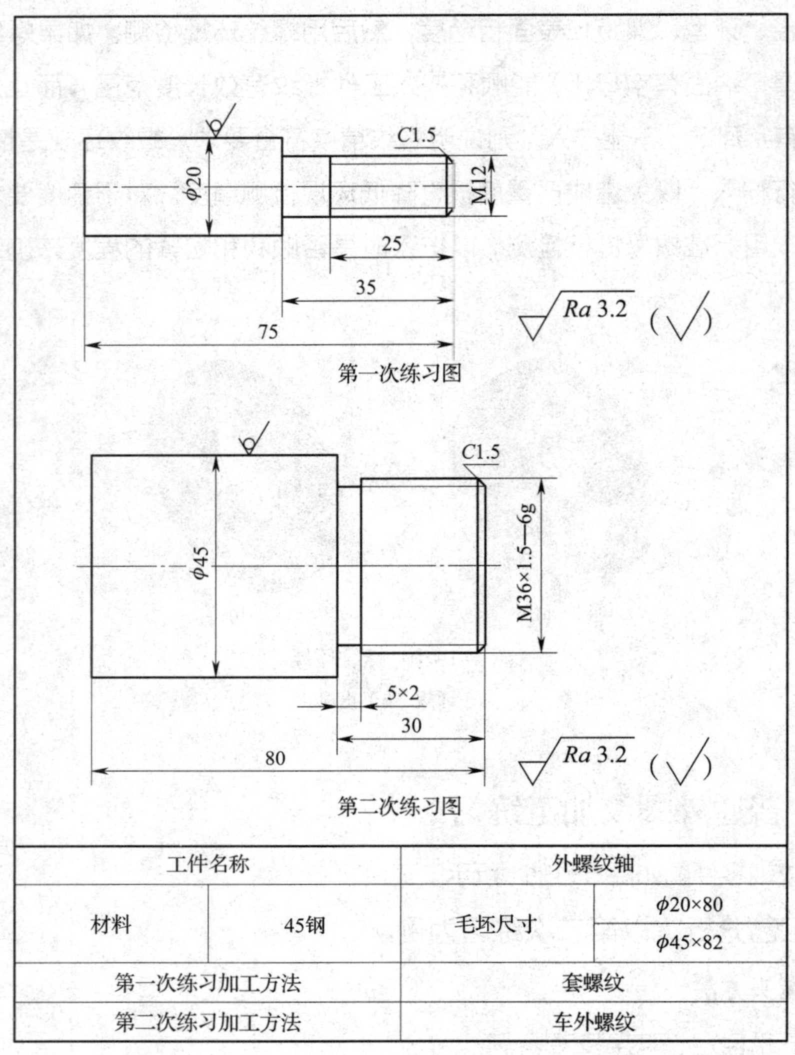

工件名称		外螺纹轴	
材料	45钢	毛坯尺寸	φ20×80
			φ45×82
第一次练习加工方法		套螺纹	
第二次练习加工方法		车外螺纹	

图 5-1-11　外螺纹轴

2. 车削步骤（见表 5-1-6）

表 5-1-6　车削步骤

序号	步骤	图示	要求
1	检查毛坯尺寸		毛坯尺寸应符合要求，满足加工需要

续表

序号	步骤	图示	要求
1		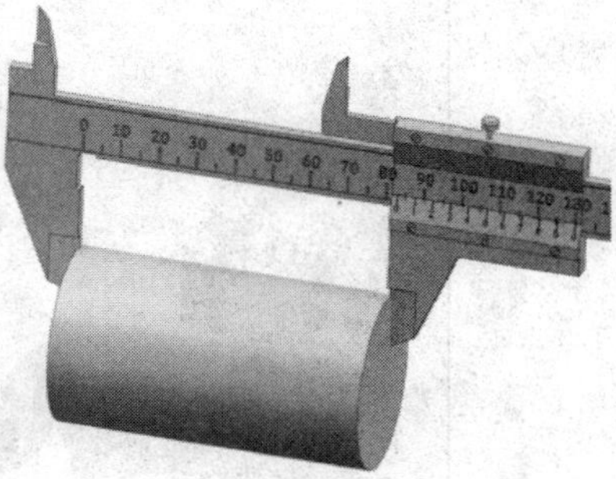	
2	夹持毛坯外圆，伸出长度为40 mm，找正并夹紧	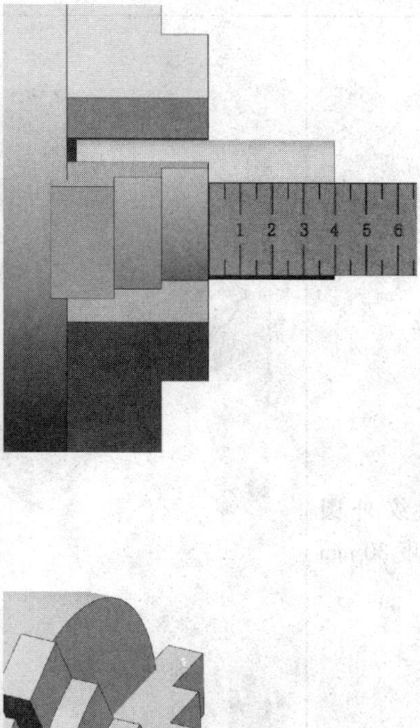 	毛坯的伸出长度及夹持外圆的回转中心误差满足加工要求

续表

序号	步骤	图示	要求
3	车端面	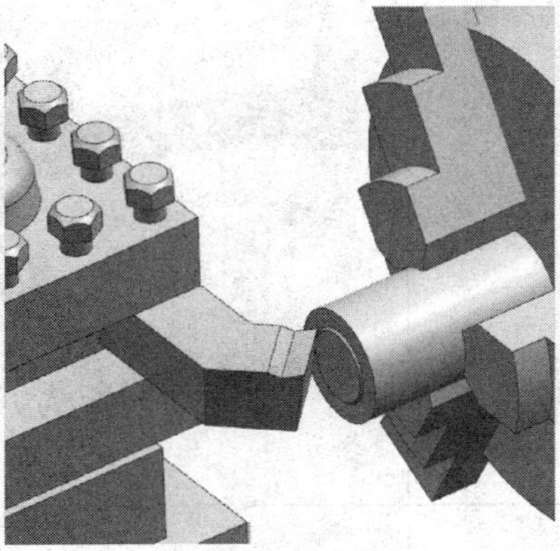	加工表面光整
4	粗、精车螺纹外圆 $\phi36_{-0.2}^{-0.1}$ mm 及长度 30 mm 至要求	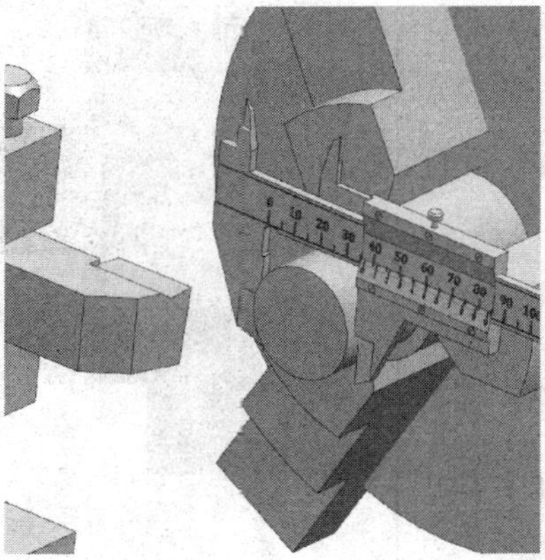 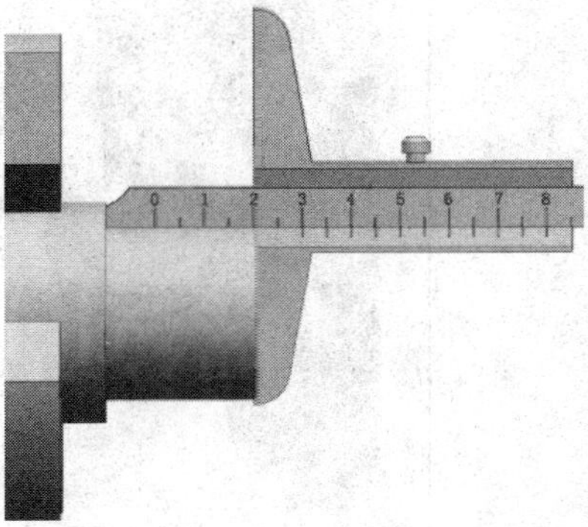	符合外螺纹加工的尺寸要求

续表

序号	步骤	图示	要求
5	车退刀槽 5 mm × 2 mm	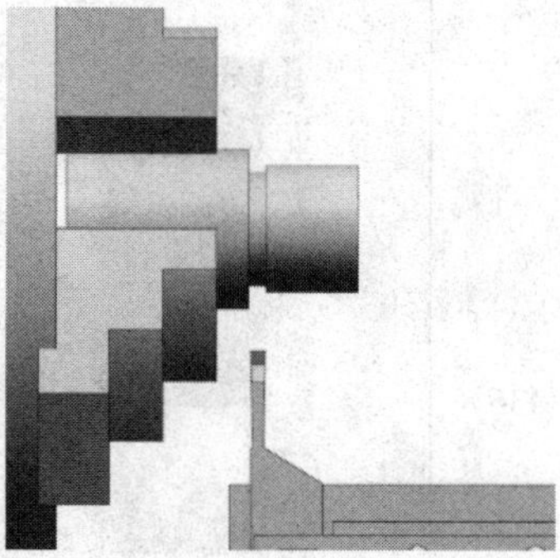	尺寸符合图样要求
6	倒角 *C*1.5 mm	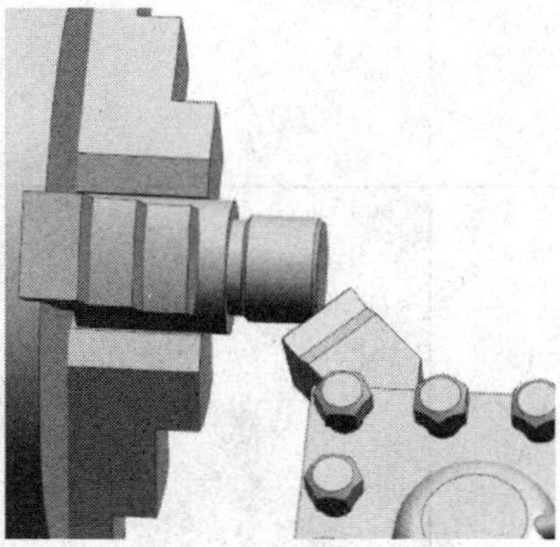	倒角符合图样要求
7	试车螺纹 M36 × 1.5—6g，检查螺距是否正确	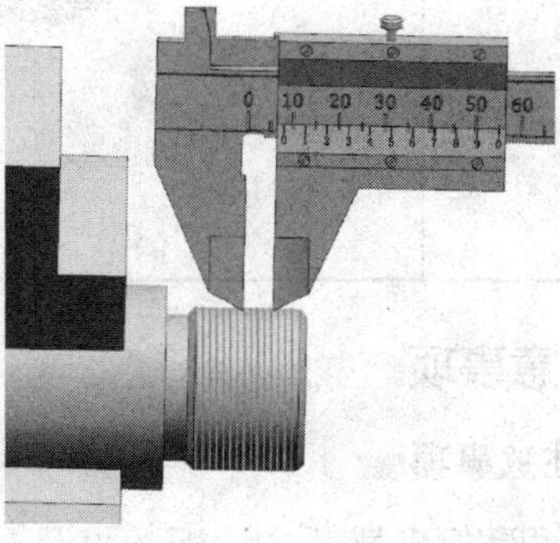	背吃刀量不大于 0.05 mm

续表

序号	步骤	图示	要求
8	粗、精车螺纹 M36×1.5—6g 至要求		用螺纹环规进行检测，通规旋入松紧合适，止规不能旋入
9	检测并卸下工件		对所加工内容进行检测，合格后卸下工件

3. 加工中的注意事项

（1）车螺纹时的注意事项

1）车螺纹前应先调整好床鞍、中滑板、小滑板的松紧程度。

2）调整机床手柄时应严格按照降转速→调手柄→合开合螺母的顺序，而螺纹车削完毕应按照提开合螺母→丝杠转动变光杠转动→换转速的顺序，可避免安全事故的发生。建议此动作顺序训练熟练后方可正式车削。

3）车螺纹时精力要集中，待操作熟练后再逐步提高主轴转速，最终能高速车削普通螺纹。

4）车螺纹时，应始终保持螺纹车刀锋利，中途换刀必须重新对刀。

5）车螺纹时，应注意不可将中滑板手柄多摇进一圈，否则会造成车刀刀尖崩刃或工件损坏。可在床鞍向工件端面移动过程中摇动中滑板手柄，让刀尖位置逐渐接近螺纹大径来避免。

6）车螺纹过程中，不准用手摸或用棉纱去擦螺纹，以免伤手。

7）车脆性材料螺纹时，径向进给量（背吃刀量）不宜过大，否则会使螺纹牙顶爆裂，产生废品。

8）刀尖出现积屑瘤时应及时清除。

9）一旦刀尖“扎入”工件引起崩刃，应停车后清除嵌入工件的硬质合金碎粒，再进行车削。

10）螺纹分粗车、精车时，应留适当的精车余量。

（2）套螺纹时的注意事项

1）选用圆板牙时，应检查圆板牙的牙型是否缺损。

2）装夹圆板牙时不能歪斜。

3）套制塑性材料的螺纹时，应充分加注切削液。

4）套螺纹工具在尾座套筒锥孔中必须装紧，以防套螺纹时因过大的切削力矩引起套螺纹工具锥柄在尾座锥孔内打转，损坏尾座锥孔表面。

四、普通外螺纹车削课后作业

连接轴零件图如图 5-1-12 所示。

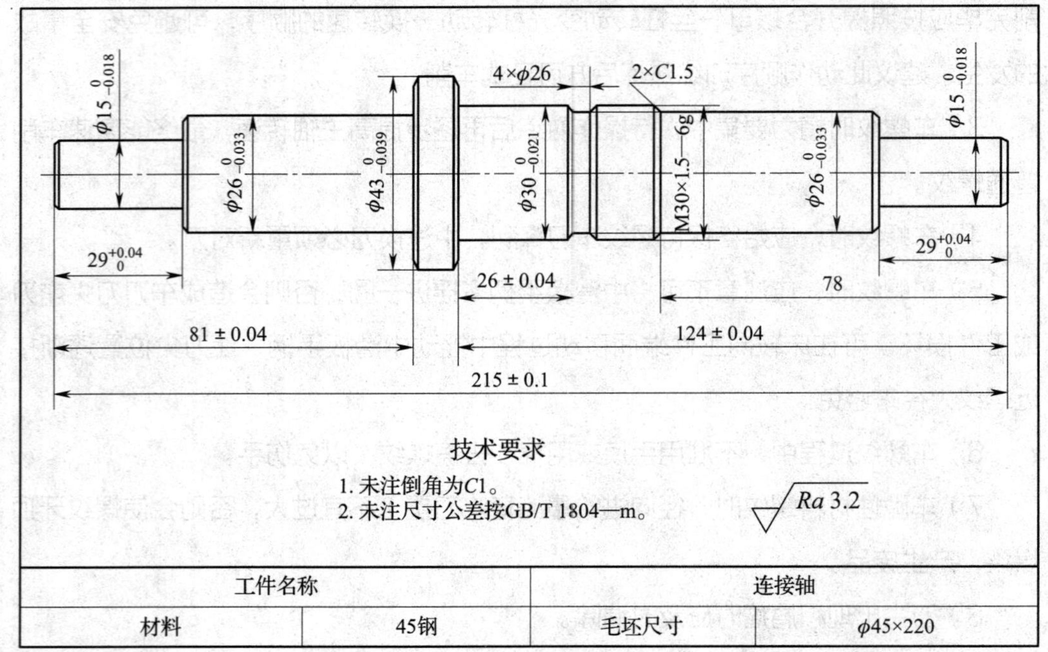

图 5-1-12　连接轴

学习要求：

根据零件图加工要求合理进行工艺分析，并写出工件加工步骤。

课题二
普通内螺纹的车削

学习目标

1. 掌握加工普通内螺纹时对内孔的工艺要求。
2. 掌握普通内螺纹刀具的装夹和使用方法。
3. 掌握普通内螺纹的加工方法。
4. 掌握普通内螺纹加工时的注意事项。

普通内螺纹一般起连接、锁紧的作用，在机械零部件中应用广泛，在车床上通常采用两种加工方法，当孔径大于 20 mm 时，多采用内螺纹车刀进行车削，这种加工方法对操作者有较高的技术要求；当孔径小于 20 mm 时，因孔径的影响使车刀刀柄使用受限，这时一般采用丝锥进行内螺纹的加工，这种加工方法操作简单，便于掌握。

一、 普通内螺纹加工常用工艺装备

1. 普通内螺纹加工常用刀具

普通内螺纹加工一般使用 90°外圆车刀、45°车刀、中心钻、麻花钻、内孔车刀、内螺纹车刀、丝锥等刀具。

2. 普通内螺纹加工常用量具

普通内螺纹加工一般使用钢直尺、游标卡尺、深度游标卡尺、螺纹塞规、百分表等量具。

3. 普通内螺纹加工常用工具

普通内螺纹加工一般使用卡盘扳手、刀架扳手、加力杆、油枪、毛刷、旋具、防护眼镜、铜锤、钩子、内六角扳手、划线盘、内孔车刀刀座、内孔车刀导套、铰杠等工具。

二、相关知识

1. 车削普通内螺纹

（1）车削内螺纹时对孔径工艺要求

车削内螺纹前，一般先钻孔、扩孔或车孔。由于螺纹车刀车削时的挤压作用，内孔直径会缩小，对于塑性金属材料较为明显，因此，车螺纹前的底孔直径应略大于螺纹小径。底孔直径可按下式计算确定：

车削塑性材料时：$D_{孔} \approx D-P$

车削脆性材料时：$D_{孔} \approx D-1.05P$

式中 $D_{孔}$——底孔直径，mm；

D——内螺纹大径，mm；

P——螺距，mm。

（2）刀具的装夹

刀柄的伸出长度应比内螺纹长度大 10 ~ 20 mm。

刀尖应与工件轴线等高。如果刀尖过高，车削时容易引起振动，使螺纹表面产生鱼鳞斑；如果刀尖过低，刀头下部会与工件产生摩擦，车刀切不进去。

内螺纹车刀对刀时，用螺纹对刀样板的侧面紧贴工件端面，刀尖部分进入样板的槽内进行对刀，同时调整并夹紧车刀，如图 5-2-1 所示。

图 5-2-1　内螺纹车刀对刀

装夹好的螺纹车刀应在底孔内手动试走一次，以防正式加工时刀柄与内孔相碰而影响加工。

（3）车削内螺纹的方法

车削内螺纹前，先把工件的端面、螺纹底孔及倒角等车好。车削不通孔螺纹或台阶孔螺纹时，还需车好退刀槽，退刀槽直径应大于内螺纹大径，槽宽为（2 ~ 3）P，如图 5-2-2 所示。

选择合理的切削速度，并根据螺纹的螺距调整进给箱各手柄的位置。

内螺纹车刀装夹好后，启动车床对刀，记住中滑板刻度或将中滑板刻度盘调零。

在车刀刀柄上做记号（见图 5-2-3）或用床鞍手轮刻度盘控制螺纹车刀在孔内车削的长度。

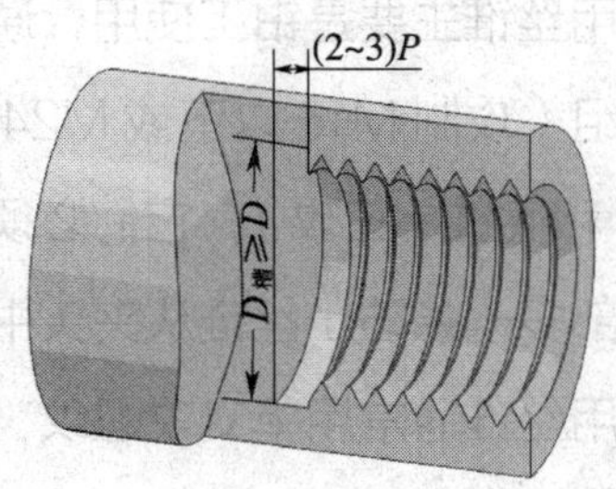

图 5-2-2 退刀槽直径和宽度

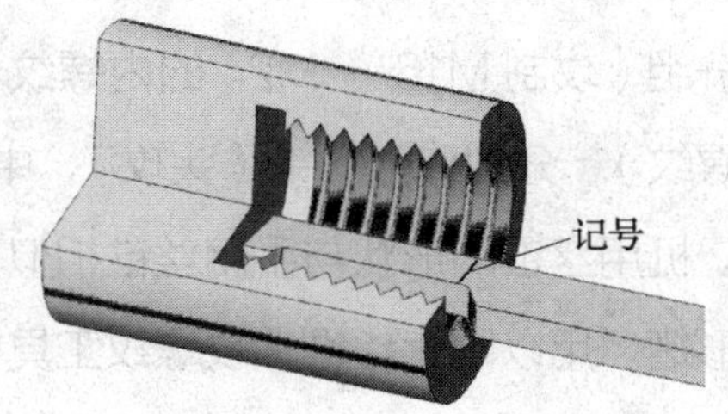

图 5-2-3 在车刀刀柄上做记号

用中滑板进刀，控制每次车削的背吃刀量，进刀方向与车削外螺纹时的进刀方向相反。

压下开合螺母手柄车削内螺纹。当车刀移到记号处或床鞍手轮刻度显示到达螺纹长度位置时，快速退刀，同时提起开合螺母手柄或压下操纵杆手柄使主轴反转，将车刀退到起始位置。

经数次进刀、车削后，使总背吃刀量等于螺纹牙型深度。

螺距 $P \leqslant 2$ mm 的内螺纹一般采用直进法车削；$P>2$ mm 的内螺纹一般先用斜进法粗车，并向背离进给方向一侧借刀，以改善内螺纹车刀的受力状况，使粗车能顺利进行，精车时采用左右微量借刀法车削两侧面，以减小牙型侧面的表面粗糙度值，最后采用直进法车至螺纹大径。

2. 攻内螺纹

（1）丝锥的结构形式

丝锥是一种多刃成形刀具，可以加工车刀无法车削的小直径内螺纹，操作方便，生产效率高。机用丝锥的结构如图 5-2-4 所示。

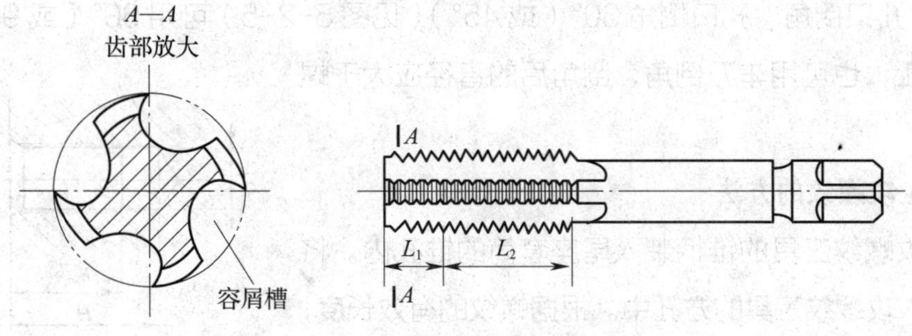

图 5-2-4 机用丝锥的结构

丝锥上开有四条容屑槽，长度为L_1的锥形部分起主要切削作用，长度为L_2的部分对工件牙型起校正、修光、导向作用。

丝锥主要分为手用丝锥和机用丝锥两大类。手用丝锥主要是钳工使用，通常为两支一组（攻制 M16 ~ M24 的内螺纹）或三支一组（攻制 M16 以下或 M24 以上的内螺纹），分别称为初锥（头攻）、中锥（二攻）和底锥（三攻），它们必须依次使用。机用丝锥的形状与手用丝锥相似，只是在尾部多一条防止丝锥从夹头中脱落的环形槽，用以防止丝锥从攻螺纹工具中脱落。机用丝锥通常用单支攻螺纹，一次成形，生产效率较高。

（2）攻螺纹时对底孔的工艺要求

1）攻螺纹前孔径$D_{孔}$的确定。为了减小切削抗力及防止丝锥折断，攻螺纹前的孔径必须比螺纹小径稍大些，普通螺纹攻螺纹前的孔径可根据经验公式计算。

加工钢件和塑性较大的材料时：$D_{孔} \approx D-P$

加工铸件和塑性较小的材料时：$D_{孔} \approx D-1.05P$

式中　$D_{孔}$——攻螺纹前孔径，mm；

D——内螺纹大径，mm；

P——螺距，mm。

2）攻制盲孔螺纹底孔深度的确定。攻制盲孔螺纹时，由于丝锥前端的切削刃不能攻制出完整的牙型，因此钻孔深度要大于规定的螺纹深度。通常钻孔深度可按下式确定：

$$H=h_{有效}+0.7D$$

式中　H——攻螺纹前底孔深度，mm；

$h_{有效}$——螺纹有效长度，mm；

D——内螺纹大径，mm。

3）孔口倒角。孔口倒角 30°（或 45°）（见图 5-2-5）可用 60°（或 90°）锪孔钻加工，也可用车刀倒角，倒角后的直径应大于螺纹大径。

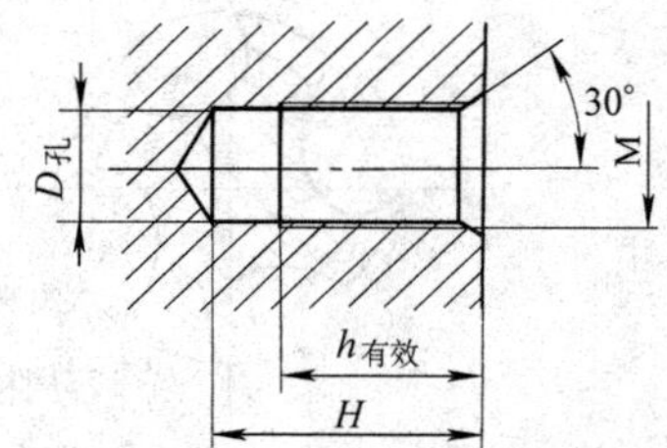

图 5-2-5　攻螺纹前的工艺要求

（3）攻螺纹的方法

将攻螺纹工具的锥柄装入尾座套筒的锥孔内。将丝锥装入攻螺纹工具的方孔中。根据螺纹的有效长度，在丝锥或攻螺纹工具上做记号。移动尾座，使丝锥靠近工件端面处，锁紧尾座。

启动车床（低速），充分浇注切削液，转动尾座手轮使丝锥切削部分进入工件孔内，当丝锥切入几牙后，停止转动尾座手轮，丝锥自动进给攻制内螺纹。当丝锥攻至需要的深度尺寸时，迅速开倒车退出丝锥。

如图 5-2-6 所示为一种简易的攻螺纹工具，由于没有过载保护机构，当切削力过大时丝锥容易折断，适用于攻制通孔及精度较低的内螺纹。

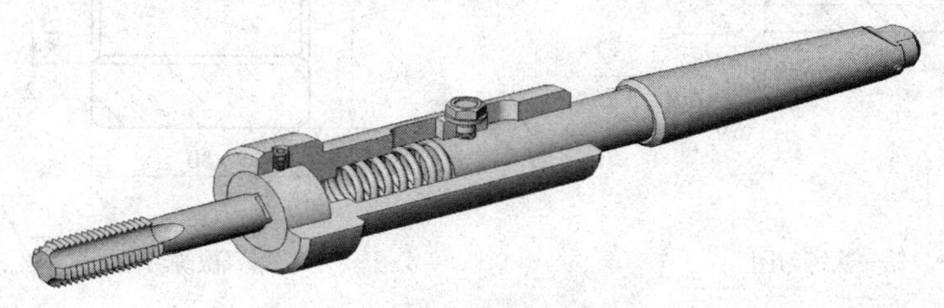

图 5-2-6　简易攻螺纹工具

（4）切削速度和切削液的选择

攻钢件和塑性较大的材料时：v_c=2 ~ 4 m/min。

攻铸件或塑性较小的材料时：v_c=4 ~ 6 m/min。

攻制优质碳素结构钢工件的内螺纹时，一般选用硫化切削油、机油和乳化液；攻制低碳钢或韧性较好的材料（如 40Cr 钢等）的内螺纹时，可选用工业植物油；在铸铁工件上攻内螺纹时，可选用煤油或不使用切削液。

3. 普通内螺纹的检测

内螺纹一般用螺纹塞规（见图 5-2-7）进行综合检测。检测时，根据螺纹精度选用对应的塞规。若螺纹塞规通端（螺纹长的一端，端面有字母 T）能顺利拧入工件，止端（螺纹短的一端，端面有字母 Z）拧不进工件，说明螺纹合格。检测不通孔螺纹时，塞规通端拧进的长度应达到图样要求的长度。

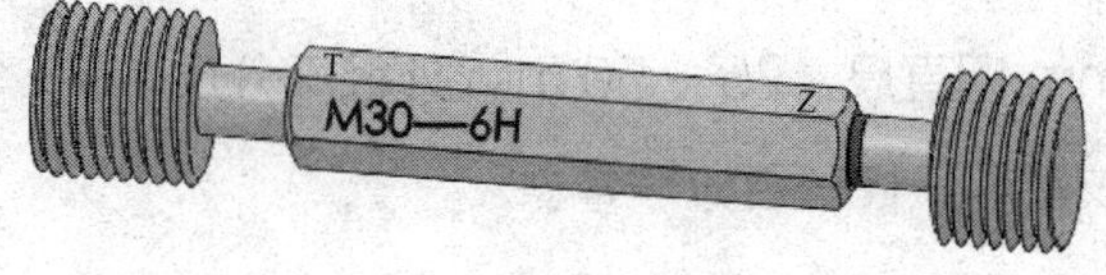

图 5-2-7　螺纹塞规

三、普通内螺纹加工练习

螺纹套零件图如图 5-2-8 所示。

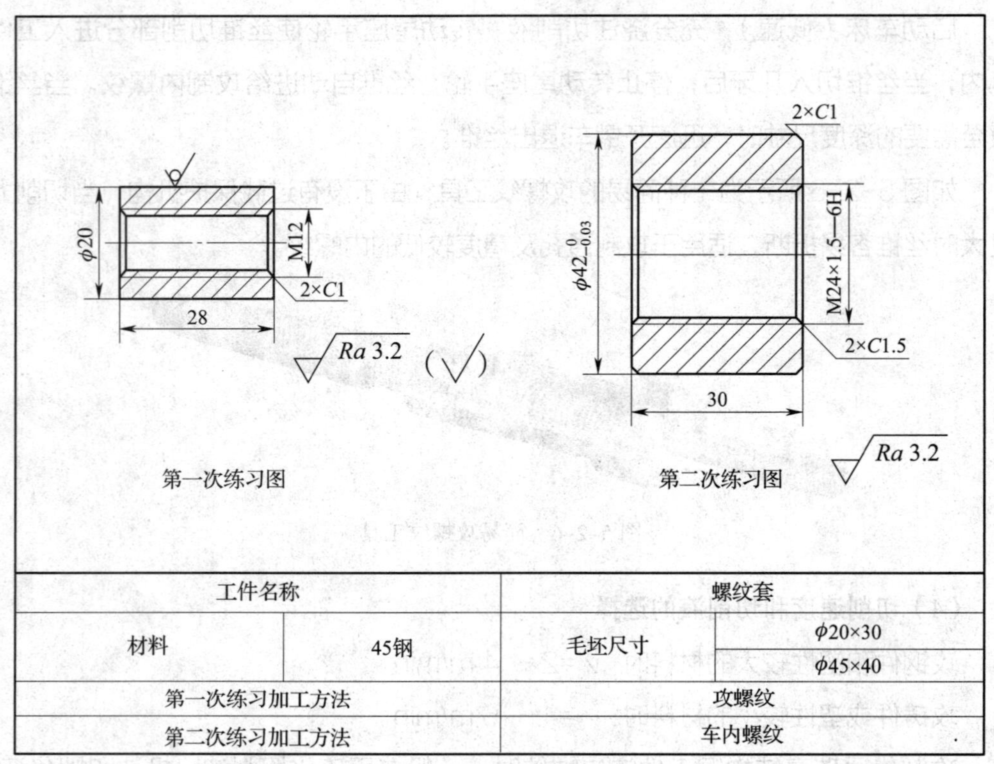

工件名称		螺纹套	
材料	45钢	毛坯尺寸	φ20×30
			φ45×40
第一次练习加工方法		攻螺纹	
第二次练习加工方法		车内螺纹	

图 5-2-8　螺纹套

1. 工艺分析（以第二次练习为例）

（1）装夹方法

采用三爪自定心卡盘装夹。

（2）刀具选择

选择 90° 外圆车刀、45° 车刀、ϕ20 mm 钻头、内孔车刀、普通内螺纹车刀等。

（3）量具选择

选择 0 ~ 300 mm 钢直尺、25 ~ 50 mm 外径千分尺、0 ~ 150 mm 游标卡尺、M24×1.5—6H 螺纹塞规、杠杆百分表等。

（4）工具选择

选择扳手、旋具、油枪、毛刷、钩子、划线盘等。

（5）切削用量选择

转速 n=300 ~ 400 r/min。

2. 车削步骤（见表 5-2-1）

表 5-2-1　车削步骤

序号	步骤	图示	要求
1	检查毛坯尺寸	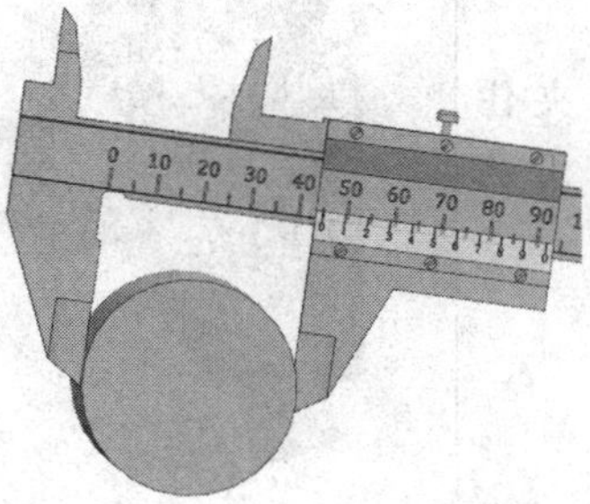 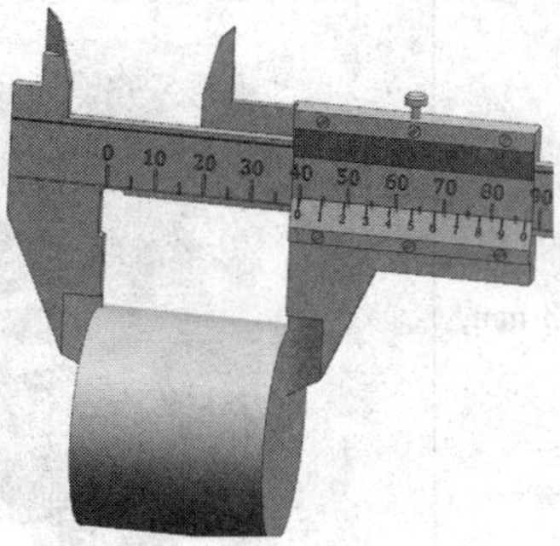	毛坯尺寸应符合要求，满足加工需要
2	夹持毛坯外圆，伸出长度为 15 mm，找正并夹紧	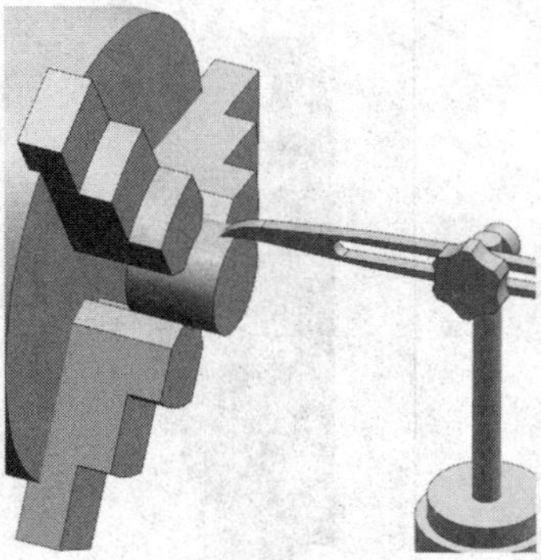	毛坯的伸出长度及夹持外圆的回转中心误差满足加工要求
3	车端面，在外圆车出 ϕ40 mm × 8 mm 的工艺台阶，钻 ϕ20 mm 孔	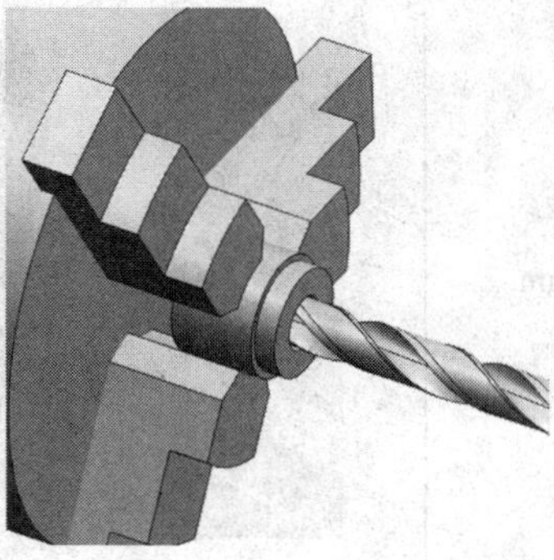	端面平整，内孔余量满足加工要求，工艺台阶尺寸符合装夹要求

续表

序号	步骤	图示	要求
4	将工件掉头，夹住 ϕ40 mm × 8 mm 的工艺台阶，找正并夹紧		装夹牢固，满足加工要求
5	将图样上 $\phi 42_{-0.03}^{\ 0}$ mm 的外圆粗车至 ϕ43 mm，长度大于 30 mm	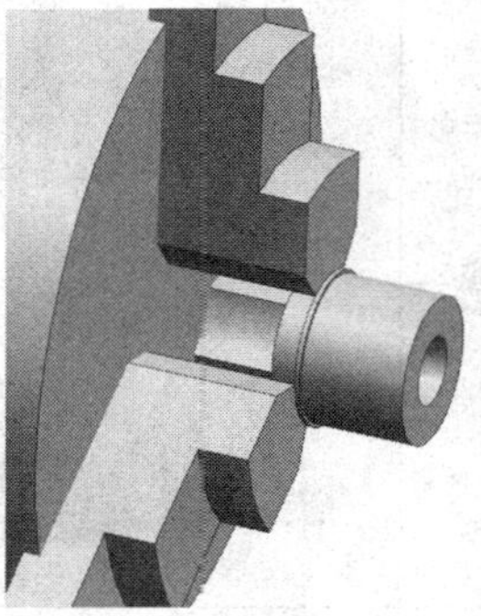	粗车后余量满足精车要求
6	粗、精车内螺纹底孔至 $\phi 22.5_{\ 0}^{+0.15}$ mm		底孔尺寸满足内螺纹加工要求
7	孔口倒角 C1.5 mm	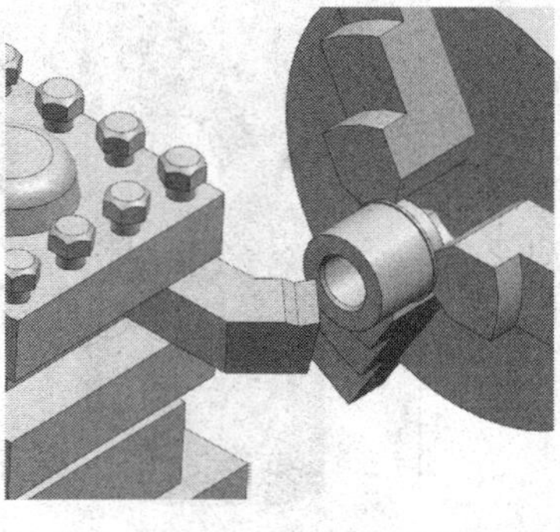	倒角符合图样要求

续表

序号	步骤	图示	要求
8	粗、精车内螺纹 M24 × 1.5—6H 至要求	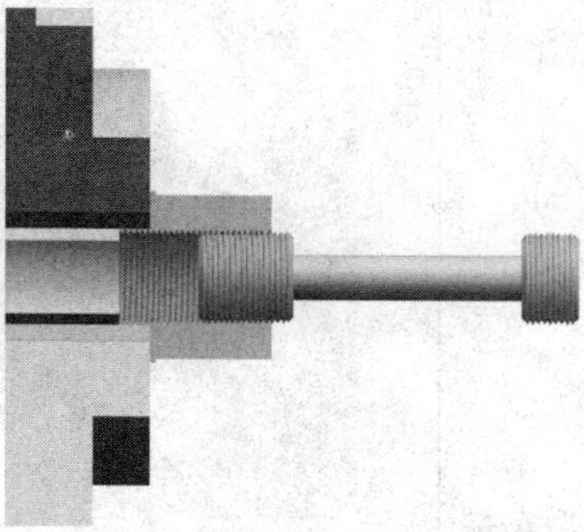	用螺纹塞规进行检测，通端旋入松紧合适，止端不能旋入
9	精车外圆 $\phi42_{-0.03}^{0}$ mm 至要求，长度大于 30 mm	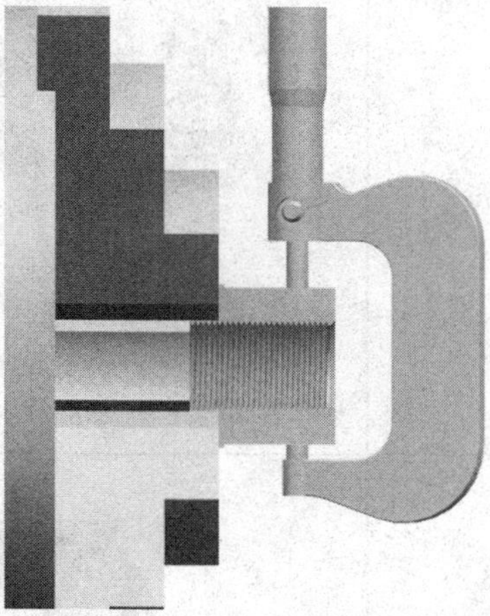	尺寸精度和表面粗糙度符合图样要求
10	倒角 $C1$ mm	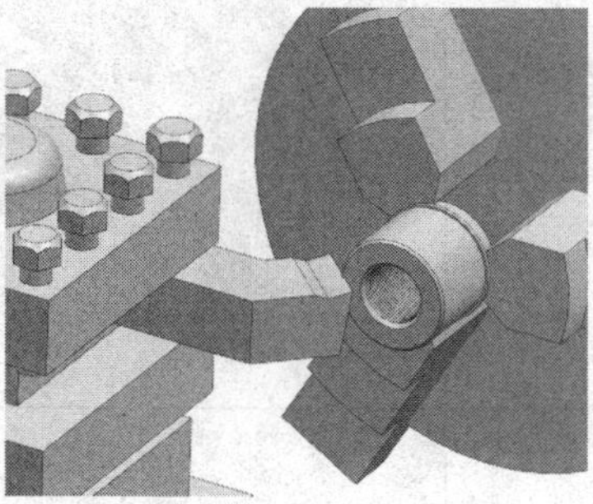	倒角符合图样要求
11	将工件掉头，$\phi42_{-0.03}^{0}$ mm 外圆处垫铜皮找正并夹紧	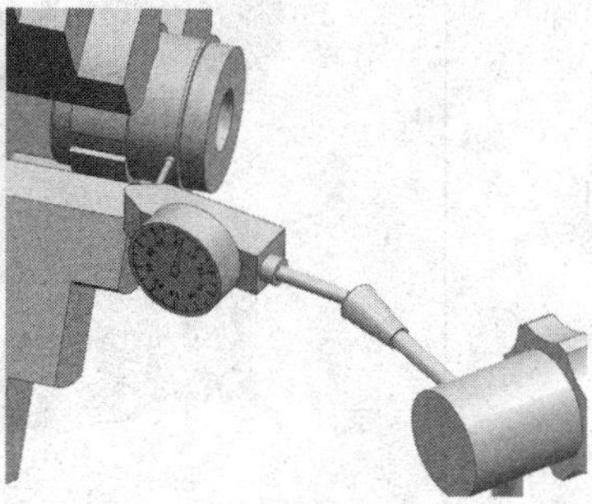	伸出长度满足要求，台阶处端面与主轴轴线垂直

续表

序号	步骤	图示	要求
12	车掉工艺台阶后车端面，控制长度为 30 mm	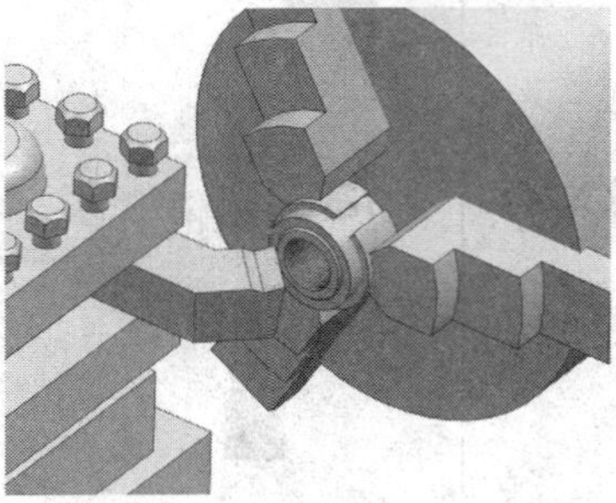 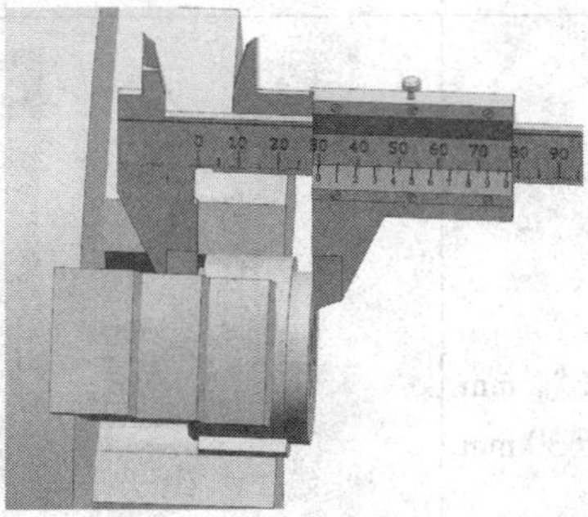	工件表面粗糙度及长度尺寸符合图样要求
13	倒角 $C1$ mm 及 $C1.5$ mm	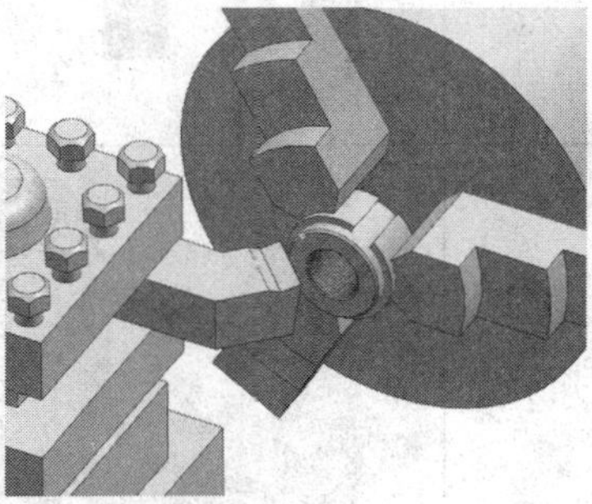	倒角符合图样要求
14	检测并卸下工件	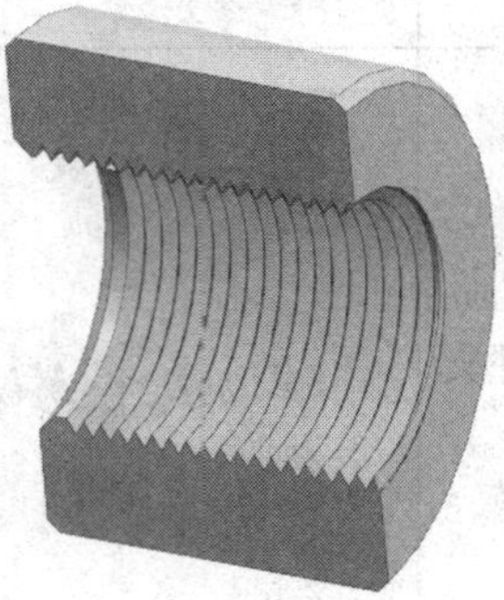	对所加工内容进行检测，合格后卸下工件

3. 加工中的注意事项

（1）车螺纹时的注意事项

1）车内螺纹时，应将小滑板适当调紧些，以防车削过程中小滑板产生位移而造成螺纹乱牙。

2）车内螺纹时，退刀要及时、准确。退刀过早，螺纹未车完；退刀过迟，车刀容易碰撞孔底。

3）车内螺纹时，借刀量不宜过多，以防精车螺纹时没有余量。

4）精车螺纹时必须保持车刀锋利，否则容易产生“让刀”现象，使螺纹产生锥形误差。一旦产生锥形误差，不能盲目增大背吃刀量，而应让螺纹车刀在原背吃刀量上反复进行无进给切削来消除误差。

5）工件在回转中不能用棉纱擦内孔，更不允许用手摸内螺纹表面，以免发生事故。

6）车削过程中若车刀碰撞孔底，应及时重新对刀，以防因车刀移位而造成乱牙。

（2）攻螺纹时的注意事项

1）选用丝锥时，应检查丝锥是否缺齿。

2）装夹丝锥时，应防止丝锥歪斜。

3）攻制内螺纹时，应充分浇注切削液。

4）攻螺纹时，不要一次攻至所需深度，应分多次进刀，即丝锥每攻进一段深度后应及时退出，清理切屑后再继续向里攻。

5）攻不通孔螺纹时，应选用有过载保护机构的攻螺纹工具，并应在丝锥或攻螺纹工具上做深度记号，以防止丝锥攻至孔底造成丝锥折断。

6）严禁开车时用手或棉纱清理螺纹孔内的切屑，以免发生事故。

四、普通内螺纹车削课后作业

锁紧环零件图如图 5-2-9 所示。

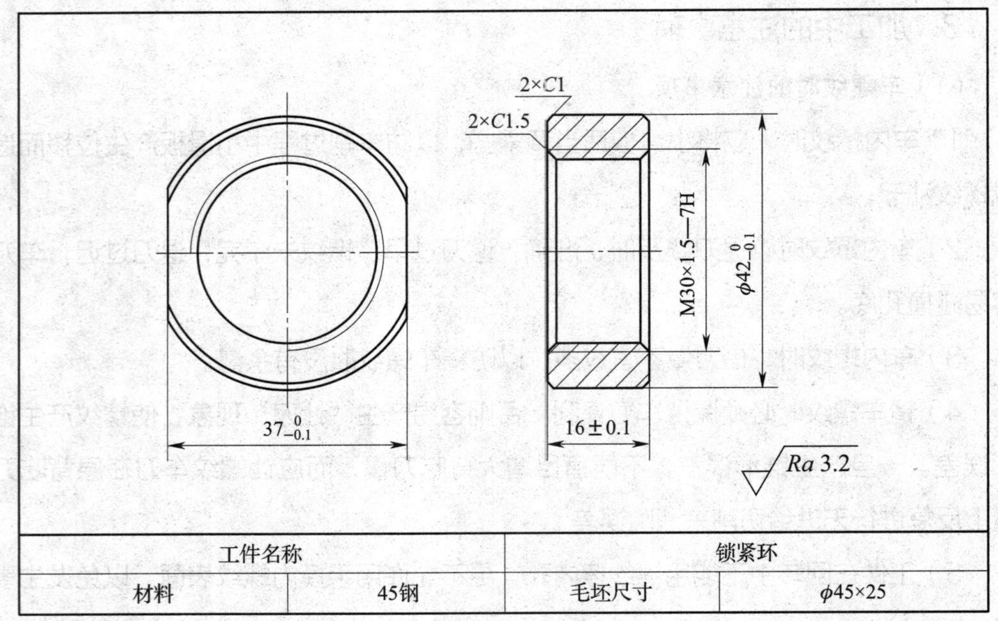

工件名称		锁紧环	
材料	45钢	毛坯尺寸	φ45×25

图 5–2–9　锁紧环

学习要求：

根据零件图加工要求合理进行工艺分析，并写出工件加工步骤。

模块六

机械零件的综合车削

课题一
简单零件的车削

一、零件图工艺分析

高精度螺纹轴零件图如图 6-1-1 所示。

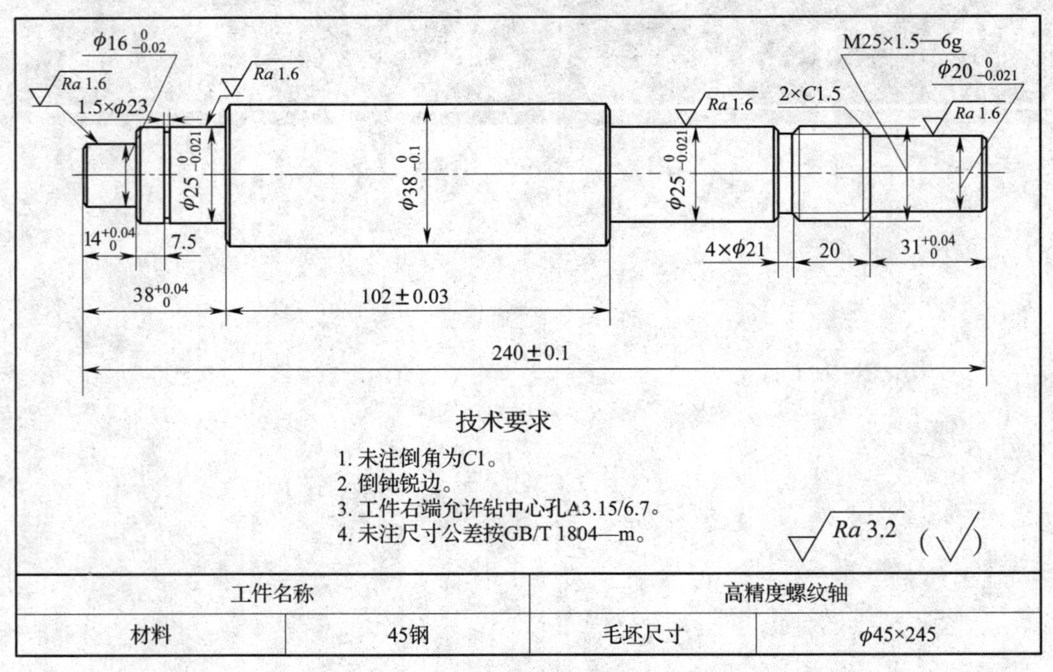

图 6-1-1　高精度螺纹轴

1. 装夹方法

采用一夹一顶装夹方式进行加工。

2. 刀具选择

选择 90°外圆车刀、45°车刀、外螺纹车刀、刀头宽度为 1.5 mm 的车槽刀、刀头宽度为 3 mm 的车槽刀、中心钻等。

3. 量具选择

选择 0 ~ 300 mm 钢直尺、0 ~ 300 mm 游标卡尺、0 ~ 150 mm 游标卡尺、0 ~ 25 mm 外径千分尺、25 ~ 50 mm 外径千分尺、M25×1.5—6g 螺纹环规、百分表等。

4. 工具选择

选择莫氏锥套、回转顶尖、钻夹头、扳手、内六角扳手、旋具、油枪、毛刷等。

5. 切削用量选择

根据工件材料和加工尺寸，粗车时取背吃刀量 a_p=1.5 ~ 2.5 mm，进给量 f=0.3 ~ 0.4 mm/r，转速 n=500 ~ 800 r/min；精车时取背吃刀量 a_p=0.15 ~ 0.3 mm，进给量 f=0.1 ~ 0.15 mm/r，转速 n=1 000 ~ 1 400 r/min。螺纹加工取转速 n=400 ~ 500 r/min。

二、车削步骤

车削步骤见表 6-1-1。

表 6-1-1　车削步骤

序号	步骤	图示	要求
1	检查毛坯尺寸	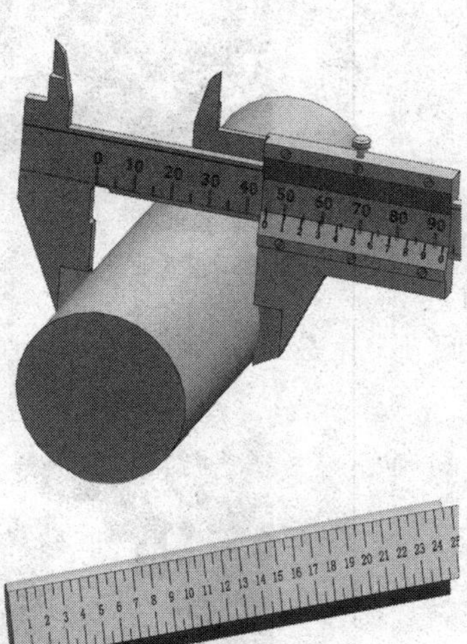	毛坯尺寸应符合要求，满足加工需要

续表

序号	步骤	图示	要求
2	夹持毛坯外圆，伸出长度为 30 mm，找正并夹紧	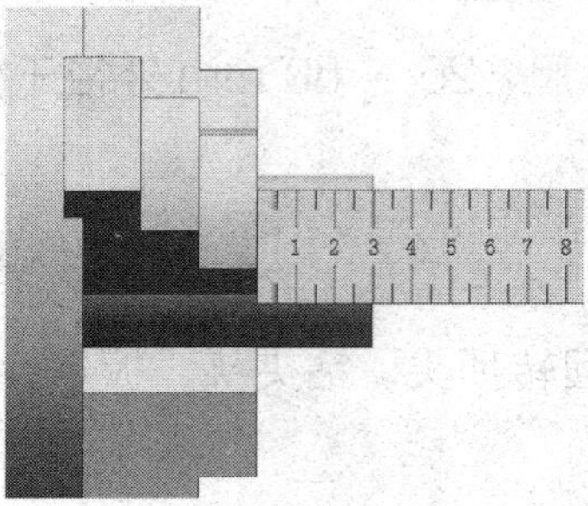 	毛坯的伸出长度及夹持外圆的回转中心误差满足加工要求
3	车端面，车 $\phi40$ mm × 10 mm 的工艺台阶	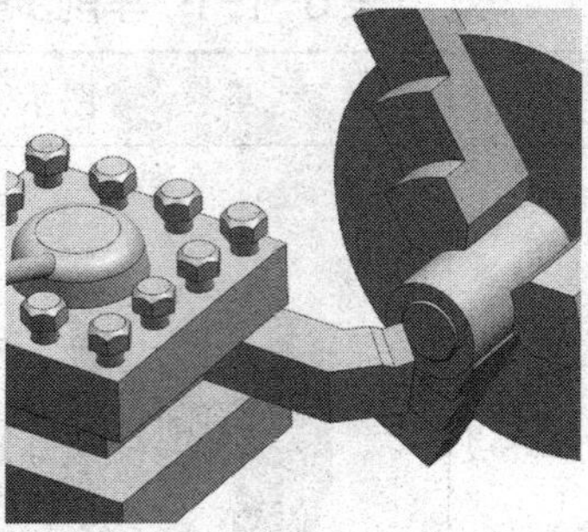 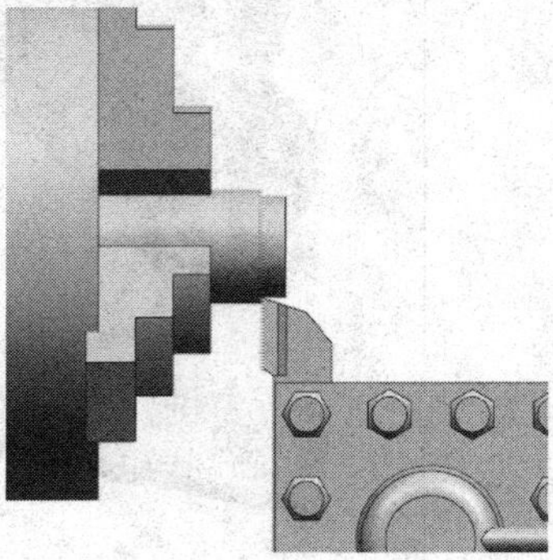	毛坯长度满足加工要求，10 mm 处台阶面与轴线垂直

续表

序号	步骤	图示	要求
4	将工件掉头，夹持毛坯外圆，伸出长度约为 30 mm，找正并夹紧	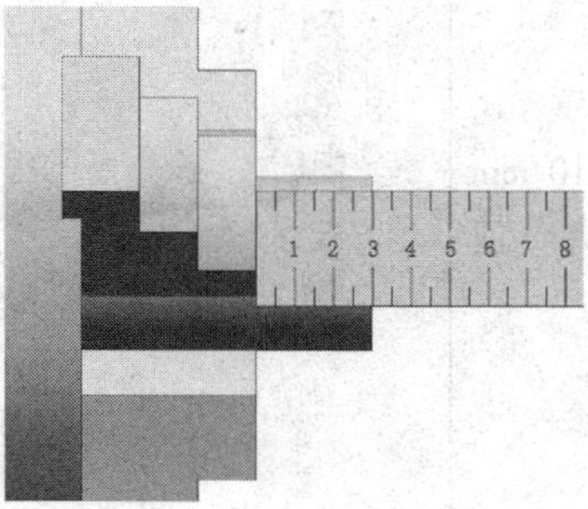 	毛坯的伸出长度及夹持外圆的回转中心误差满足加工要求
5	车端面，钻中心孔	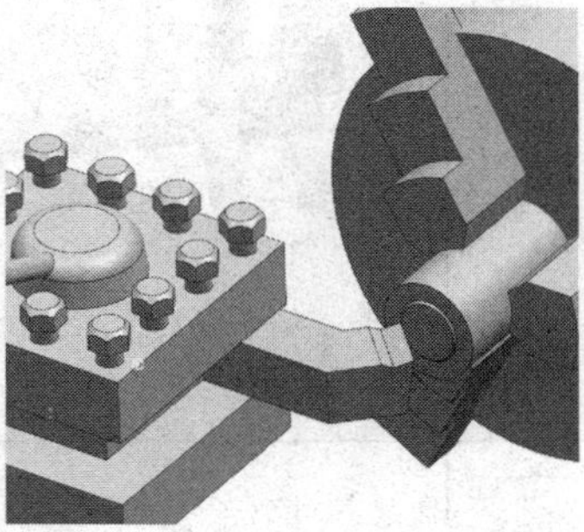 	端面光整，中心孔光整

续表

序号	步骤	图示	要求
6	夹持 ϕ40 mm × 10 mm 的工艺台阶，一夹一顶装夹工件	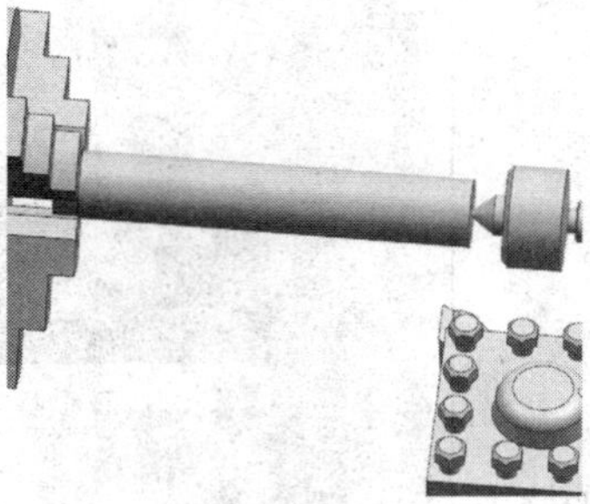	装夹牢固，回转顶尖支顶松紧合适
7	试车外圆，调整尾座	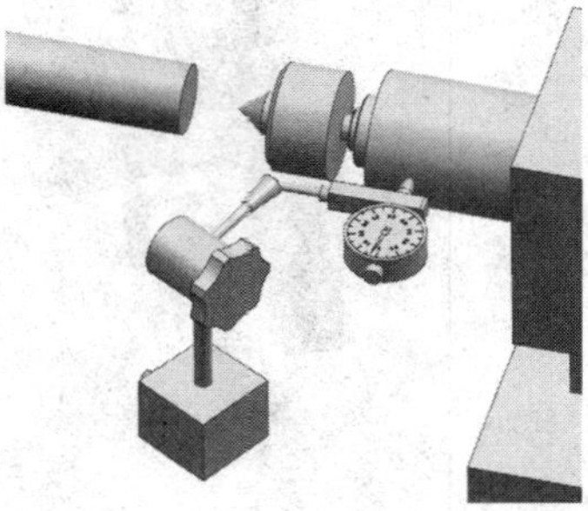 	尾座锥度误差满足尺寸精度要求
8	将图样上 $\phi 38_{-0.1}^{0}$ mm 的外圆粗车至 ϕ39 mm，长度至 205 mm	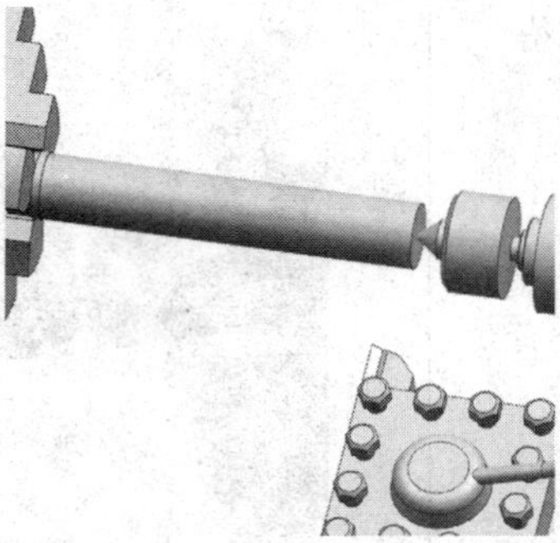	粗车后余量满足精车要求

续表

序号	步骤	图示	要求
9	将图样上 $\phi25_{-0.021}^{0}$ mm 的外圆粗车至 $\phi26$ mm，长度至 99.5 mm	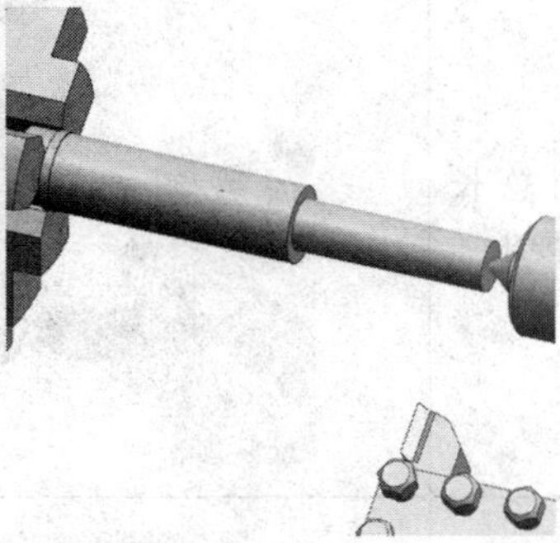	粗车后余量满足精车要求
10	将图样上 $\phi20_{-0.021}^{0}$ mm 的外圆粗车至 $\phi21$ mm，长度至 30.5 mm	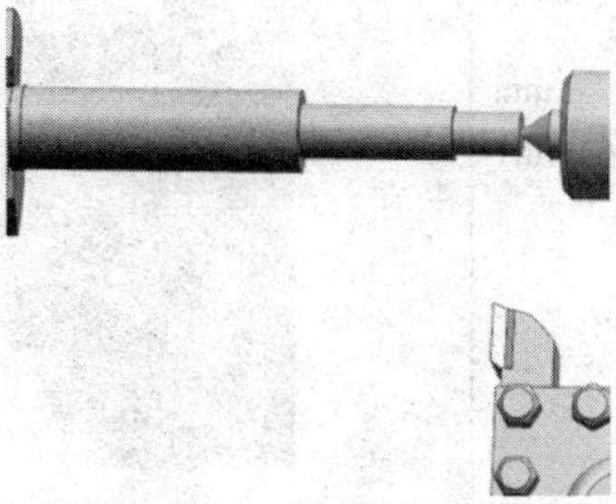	粗车后余量满足精车要求
11	将工件掉头，夹住 $\phi39$ mm 外圆，伸出长度为 45 mm，找正并夹紧	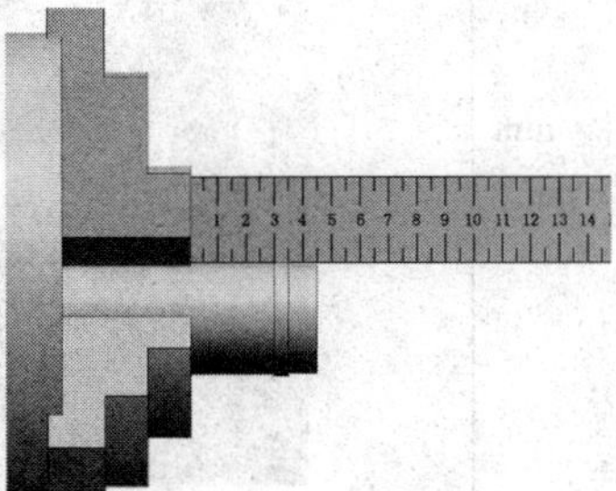 	毛坯的伸出长度及夹持外圆的回转中心误差满足加工要求

续表

序号	步骤	图示	要求
12	车端面，控制总长（240 ± 0.1）mm 至要求	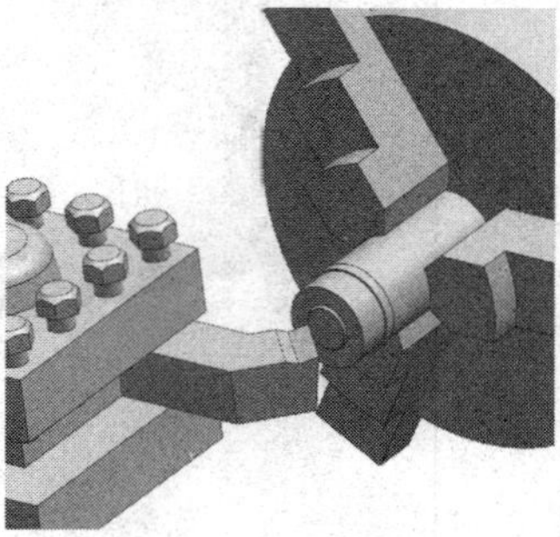	端面平整，符合精度要求
13	将图样上 $\phi25_{-0.021}^{\ 0}$ mm 的外圆粗车至 $\phi26$ mm，长度至 37.5 mm		粗车后余量满足精车要求
14	将图样上 $\phi16_{-0.02}^{\ 0}$ mm 的外圆粗车至 $\phi17$ mm，长度至 13.5 mm		粗车后余量满足精车要求
15	精车 $\phi25_{-0.021}^{\ 0}$ mm 外圆及长度 $38_{\ 0}^{+0.04}$ mm 至要求		尺寸精度和表面粗糙度符合图样要求，台阶相交处要清角

续表

序号	步骤	图示	要求
15		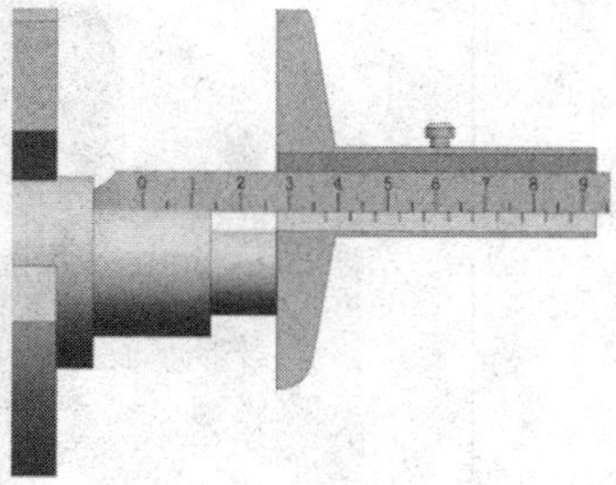	
16	精车 $\phi16_{-0.02}^{0}$ mm 外圆及长度 $14_{0}^{+0.04}$ mm 至要求	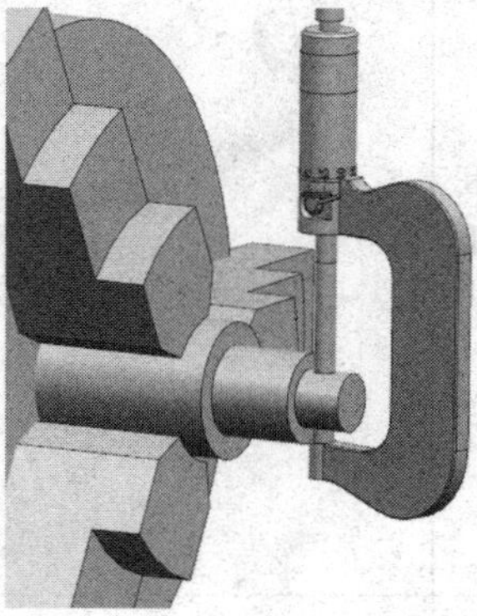 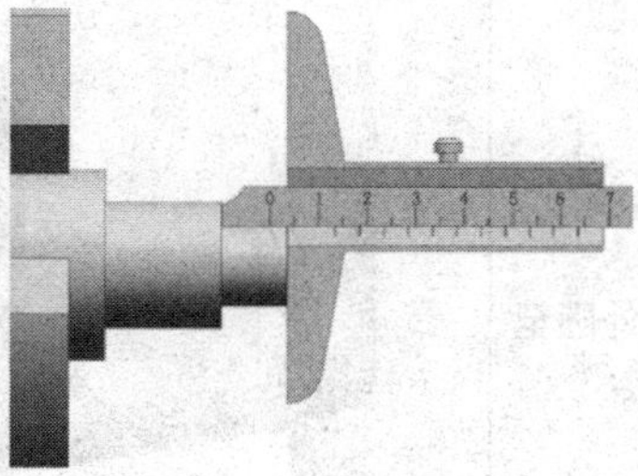	尺寸精度和表面粗糙度符合图样要求，台阶相交处要清角
17	车槽，控制尺寸 1.5 mm × ϕ23 mm 至要求，保证长度 7.5 mm	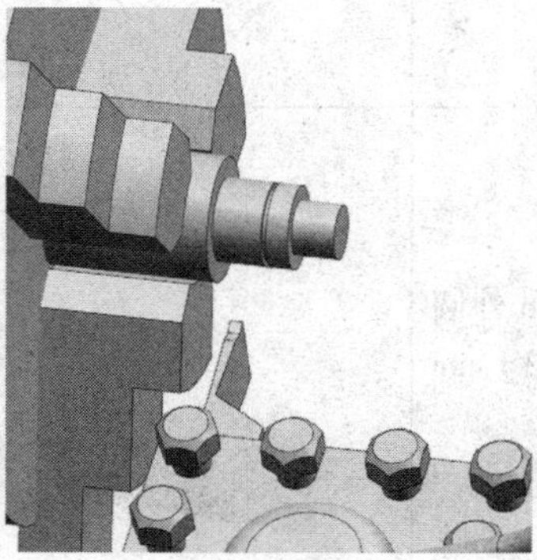	尺寸精度符合图样要求

续表

序号	步骤	图示	要求
18	倒角 $C1$ mm 及倒钝锐边	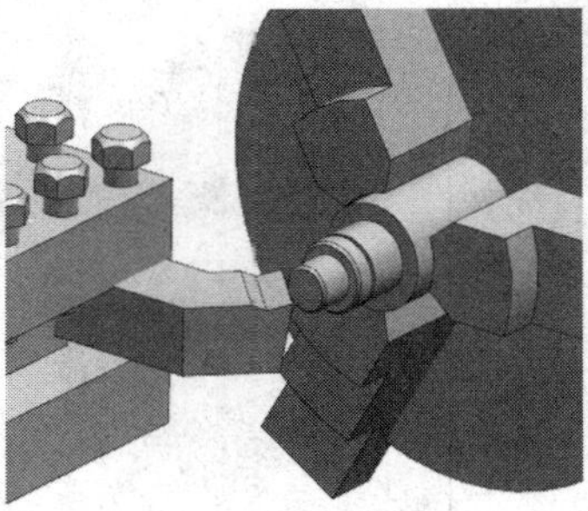	倒角符合图样要求
19	将工件掉头，在 $\phi25_{-0.021}^{0}$ mm 外圆处垫铜皮夹住，一夹一顶装夹工件	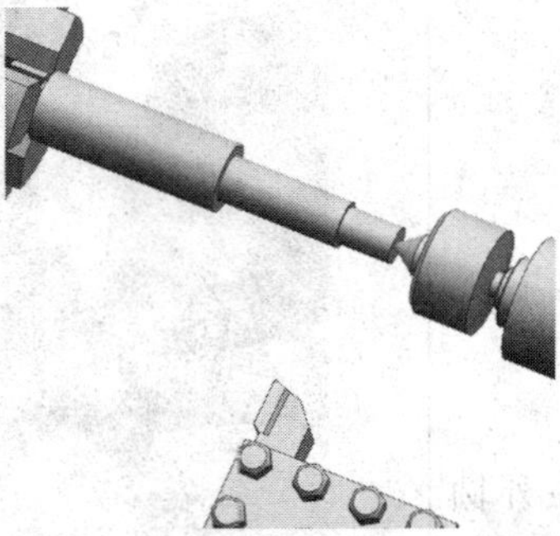	装夹牢固，回转顶尖支顶松紧合适
20	精车 $\phi38_{-0.1}^{0}$ mm 外圆至要求	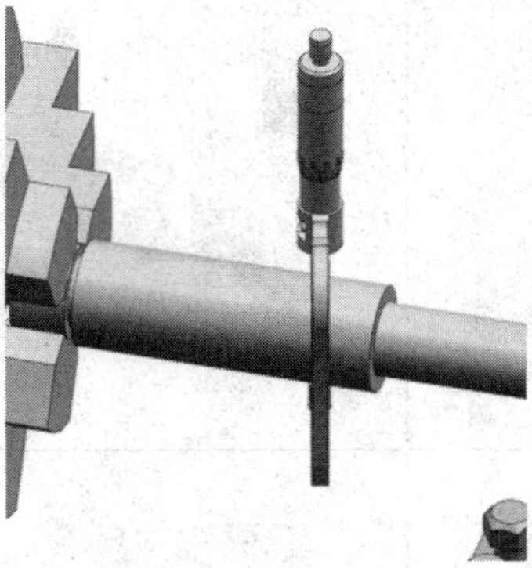	尺寸精度和表面粗糙度符合图样要求，台阶相交处要清角
21	精车 $\phi25_{-0.021}^{0}$ mm 外圆及长度（102 ± 0.03）mm 至要求	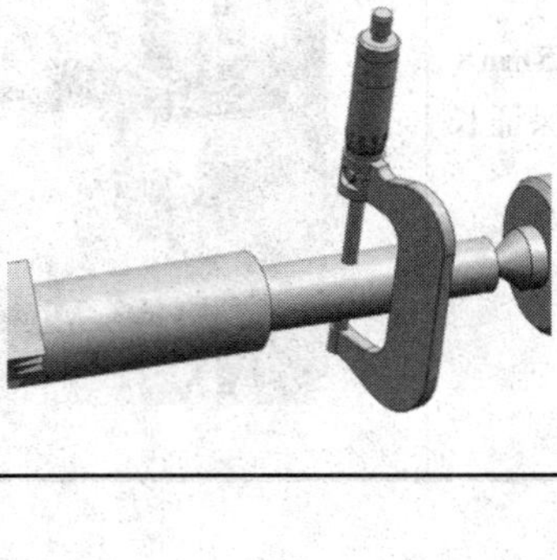	尺寸精度和表面粗糙度符合图样要求，台阶相交处要清角

续表

序号	步骤	图示	要求
21		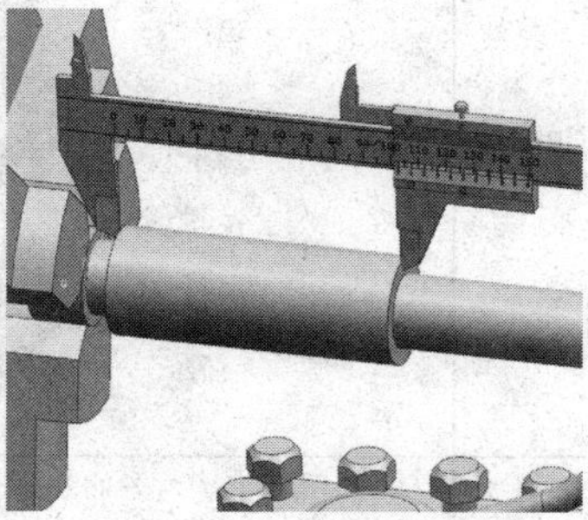	
22	精车 $\phi 20_{-0.021}^{0}$ mm 外圆及长度 $31_{0}^{+0.04}$ mm 至要求	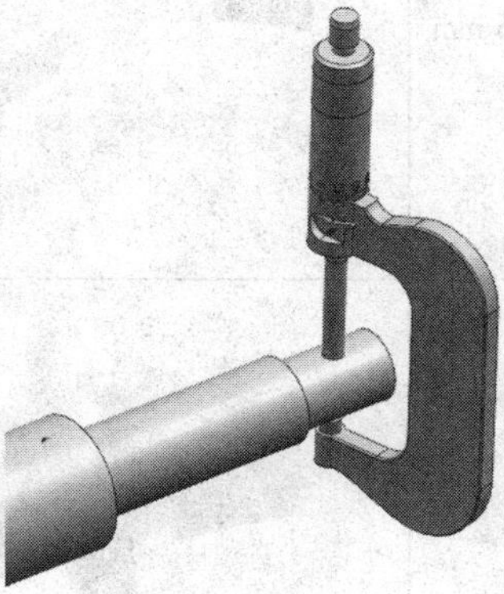 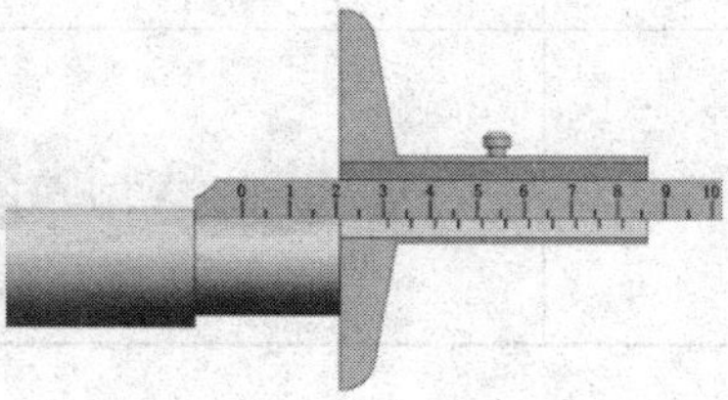	尺寸精度和表面粗糙度符合图样要求，台阶相交处要清角
23	车槽，控制尺寸 4 mm × ϕ21 mm 至要求，保证长度 20 mm	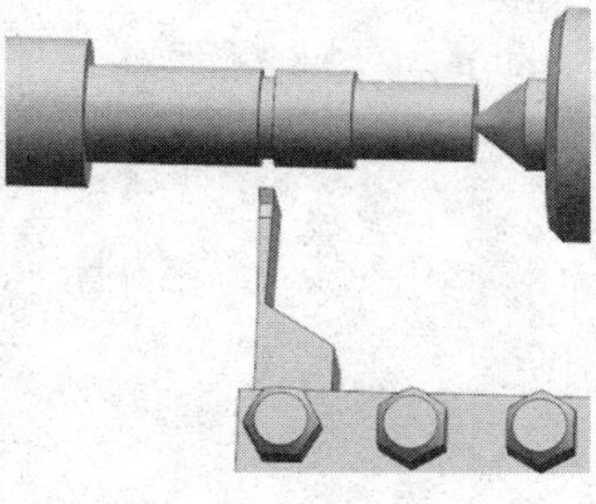	尺寸精度和表面粗糙度符合图样要求，槽底平整且相交处要清角

续表

序号	步骤	图示	要求
24	精车螺纹外圆至 $\phi 25_{-0.2}^{-0.1}$ mm	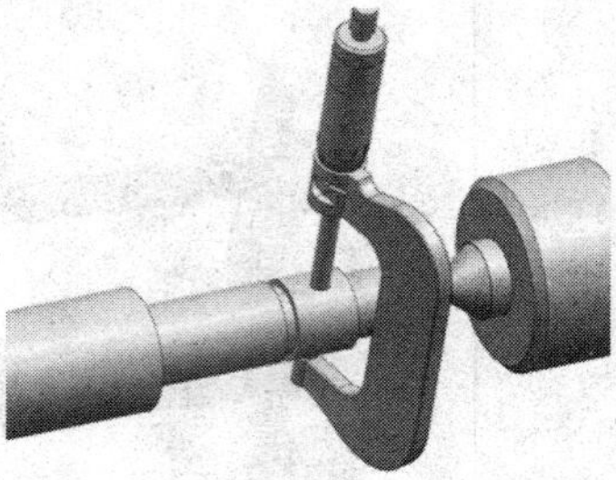	尺寸精度和表面粗糙度符合图样要求
25	倒角 $C1$ mm 及 $C1.5$ mm	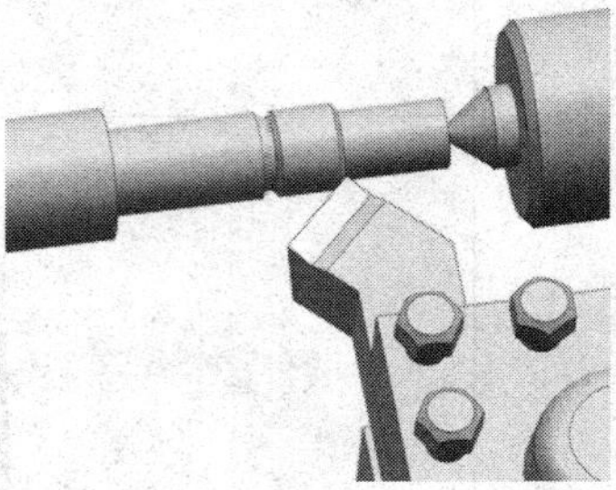	倒角符合图样要求
26	粗、精车螺纹 M25 × 1.5—6g 至要求	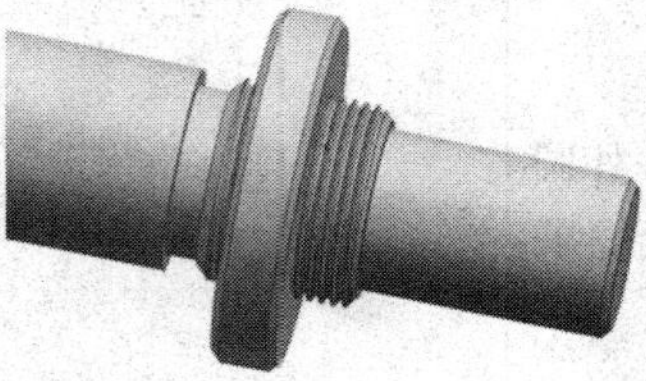	用螺纹环规检测，通规旋入松紧合适，止规不能旋入
27	检测并卸下工件	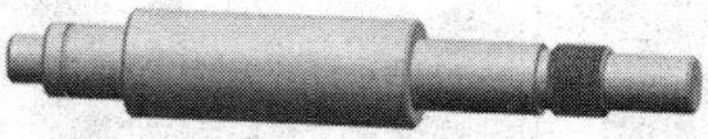	对所加工内容进行检测，合格后卸下工件

课题二
复杂零件的车削

一、零件图工艺分析

螺纹组合件零件图如图 6-2-1 所示。该组合件为三件配的螺纹组合件，从加工内容看，难度不大，都是基本技能的考核。主要需保证的精度有外圆的尺寸精度、表面粗糙度、长度尺寸精度、普通螺纹尺寸精度、件 1 和件 2 配合间隙（3 ± 0.02）mm、件 2 和件 3 配合间隙（2 ± 0.02）mm、三件配合总长（69 ± 0.06）mm。根据加工内容，先加工件 1，再加工件 2，最后加工件 3。

注意：配合总长（69 ± 0.06）mm 在加工完件 1、件 2、件 3 后组合时产生。因此，在加工件 2 总长（44 ± 0.04）mm 和件 3 总长（35 ± 0.04）mm 时，应根据配合间隙（3 ± 0.02）mm 和（2 ± 0.02）mm 的实际数值，合理进行调整。

1. 装夹方法

毛坯为外圆 ϕ50 mm × 165 mm 的 45 钢，根据工件加工要求可以采用三爪自定心卡盘装夹进行加工。

2. 刀具选择

选择 90°外圆车刀、45°车刀、内孔车刀、内螺纹车刀、外螺纹车刀、刀头宽度为 3 mm 的车槽刀、ϕ20 mm 钻头、A 型中心钻等。

3. 量具选择

选择 0 ~ 300 mm 钢直尺、0 ~ 150 mm 游标卡尺、25 ~ 50 mm 外径千分尺、三爪内径千分尺、内测千分尺、塞规、M25 × 1.5—6g 螺纹环规、M25 × 1.5—6H 螺纹塞规、百分表、杠杆百分表等。

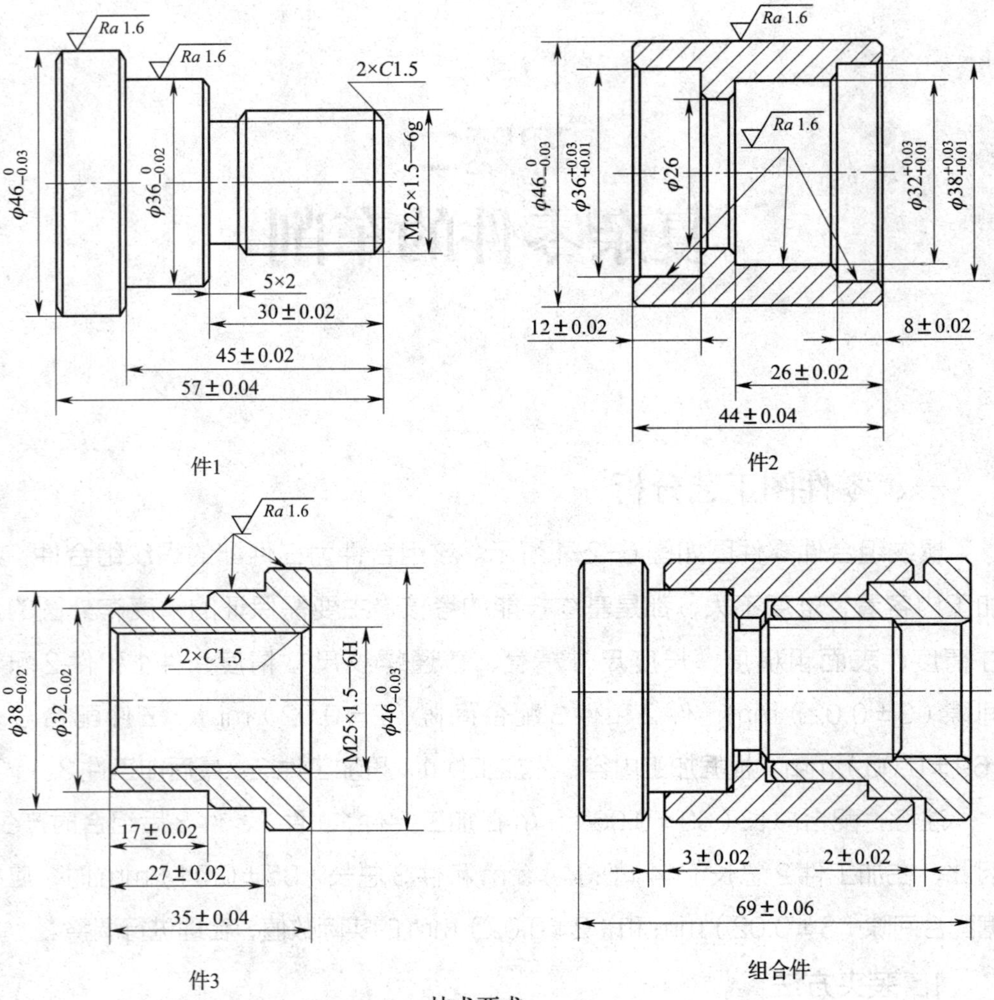

件1　件2　件3　组合件

技术要求

1. 未注倒角为$C1$。
2. 去除飞边、毛刺。
3. 件1右端面允许钻中心孔A3.15/6.7。

$\sqrt{Ra\ 3.2}$ ($\sqrt{}$)

工件名称		螺纹组合件	
材料	45钢	毛坯尺寸	ϕ50×165

图 6–2–1　螺纹组合件

4. 工具选择

选择莫氏锥套、回转顶尖、钻夹头、扳手、内六角扳手、旋具、油枪、毛刷等。

5. 切削用量选择

粗车内、外圆取背吃刀量a_p=1.0 ~ 2.0 mm，进给量f=0.3 ~ 0.4 mm/r，转速n=500 ~ 800 r/min；精车取背吃刀量a_p=0.15 ~ 0.3 mm，进给量f=0.1 ~

0.15 mm/r，转速 n=800 ~ 1 400 r/min。加工螺纹时取转速 n=400 ~ 500 r/min。

二、车削步骤

车削步骤见表 6-2-1。

表 6-2-1　车削步骤

序号	步骤	图示	要求
1	检查毛坯尺寸	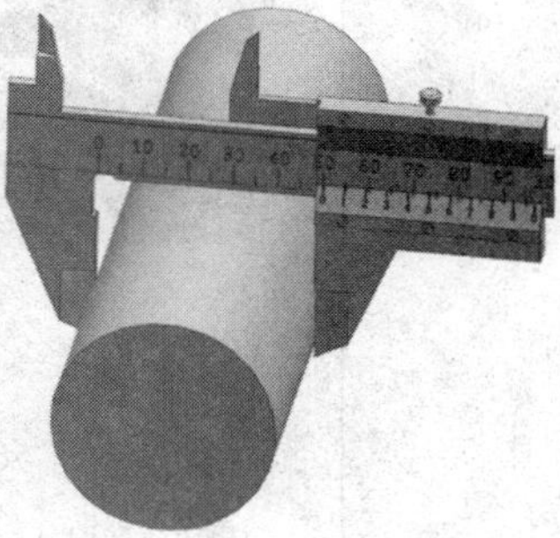 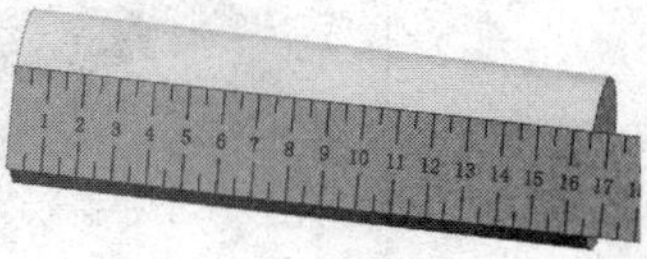	毛坯尺寸应符合要求，满足加工需要
2	加工件 1：夹持毛坯外圆，伸出长度为 70 mm，找正并夹紧	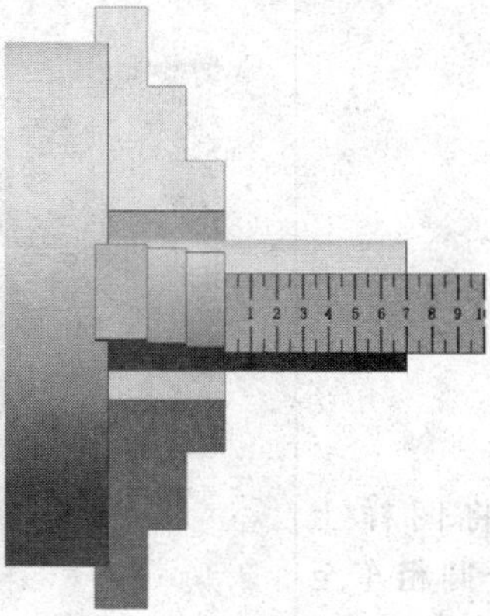 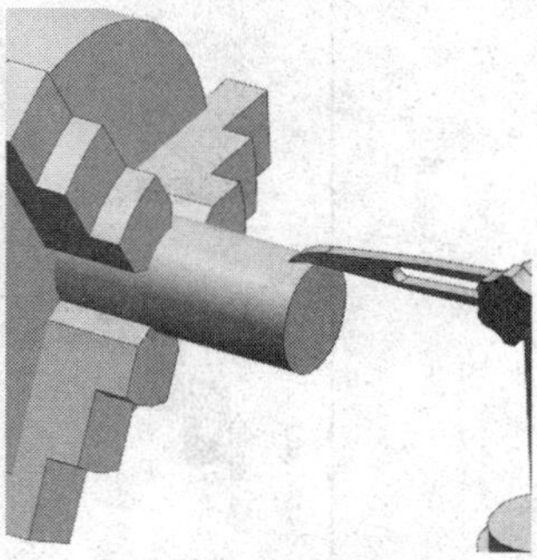	毛坯的伸出长度及夹持外圆的回转中心误差满足件 1 加工要求

续表

序号	步骤	图示	要求
3	车端面，钻中心孔	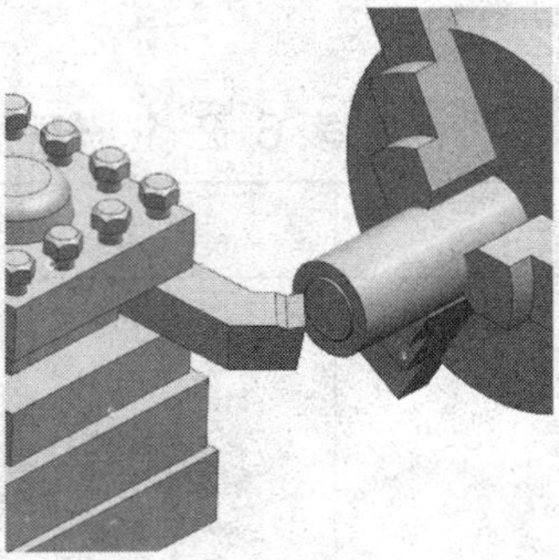 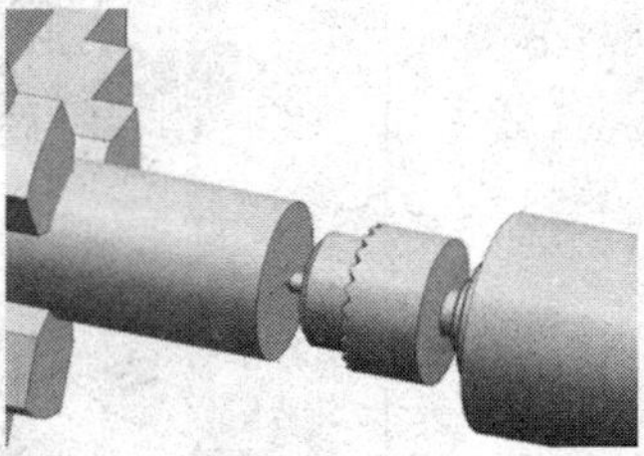	端面光整，中心孔光整
4	一夹一顶，将图样上 $\phi 46_{-0.03}^{0}$ mm 的外圆粗车至 $\phi 47$ mm，长度约为 62 mm	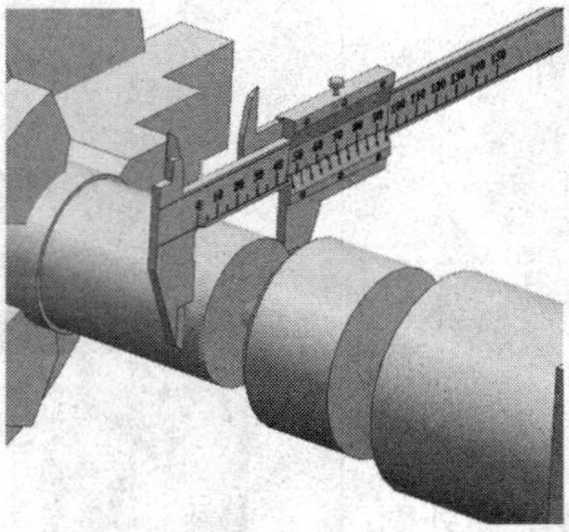 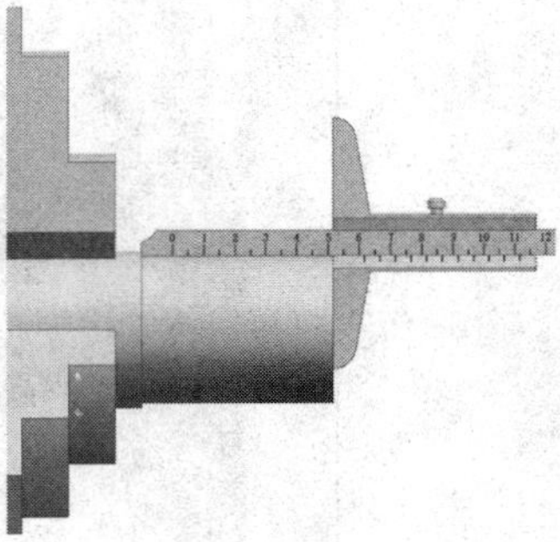	粗车后余量满足精车要求

续表

序号	步骤	图示	要求
5	将图样上 $\phi 36_{-0.02}^{0}$ mm 的外圆粗车至 $\phi 37$ mm，长度至 44.5 mm	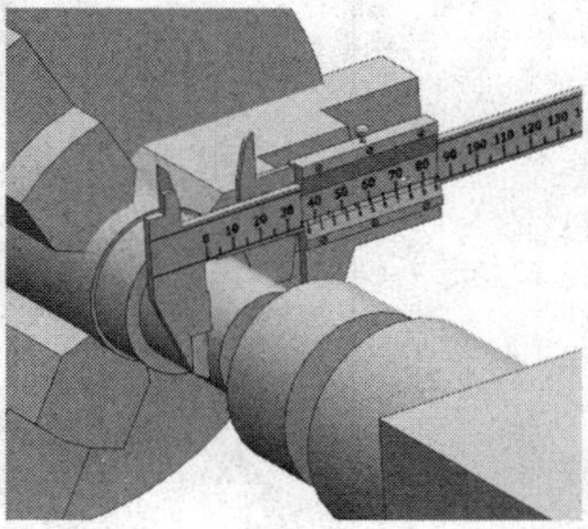 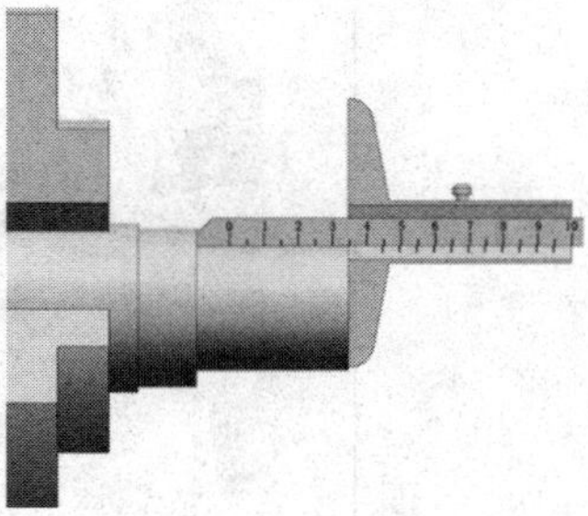	粗车后余量满足精车要求
6	粗车螺纹外圆至 $\phi 26$ mm，长度至 29.5 mm	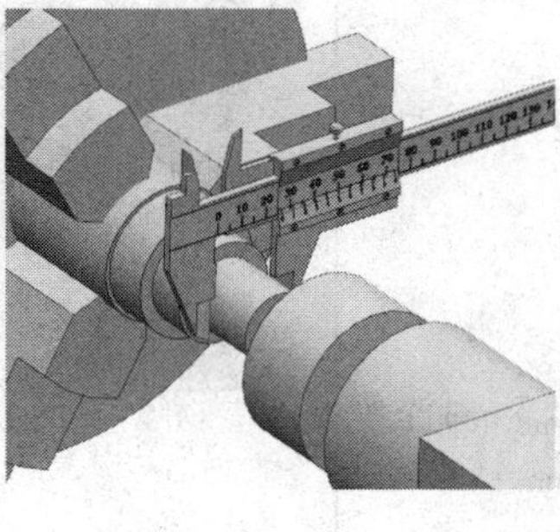 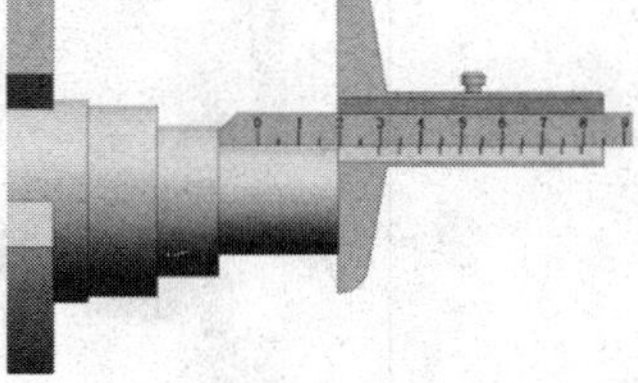	粗车后余量满足精车要求

续表

序号	步骤	图示	要求
7	精车端面，精修中心孔	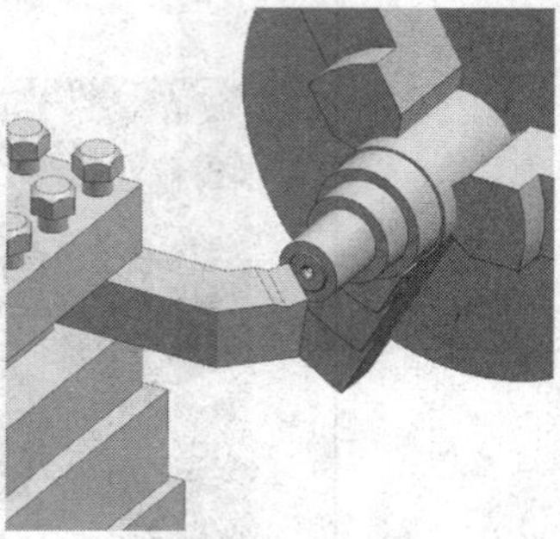 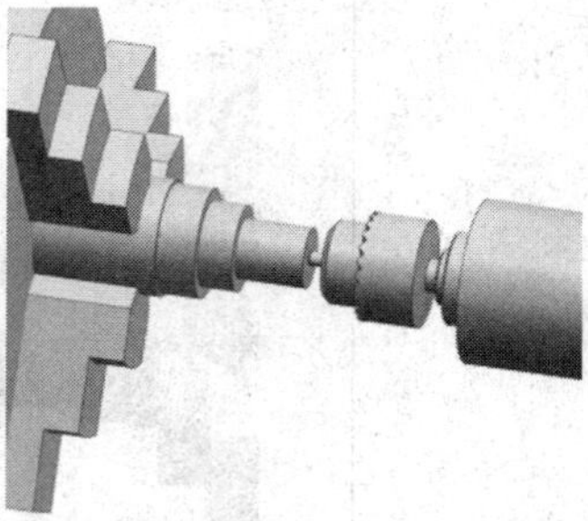	满足精加工基准要求
8	精车外圆 $\phi 46_{-0.03}^{0}$ mm 至要求，长度约为 62 mm	 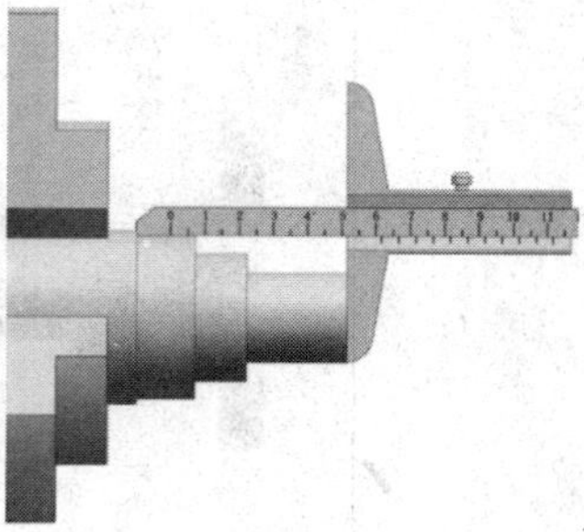	尺寸精度和表面粗糙度符合图样要求

续表

序号	步骤	图示	要求
9	精车外圆 $\phi36_{-0.02}^{0}$ mm 至要求，长度（45 ± 0.02）mm 至要求	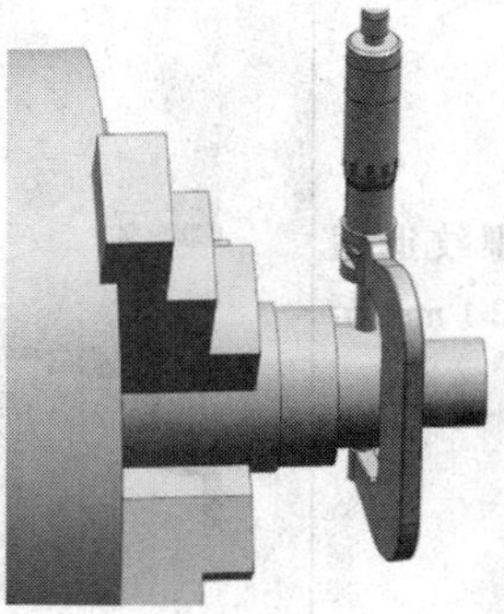 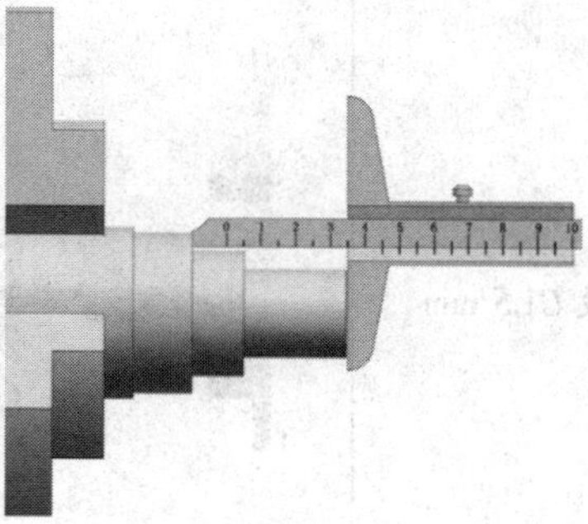	尺寸精度和表面粗糙度符合图样要求，台阶相交处要清角
10	精车螺纹外圆至 $\phi25_{-0.2}^{-0.1}$ mm，长度至 29.5 mm	 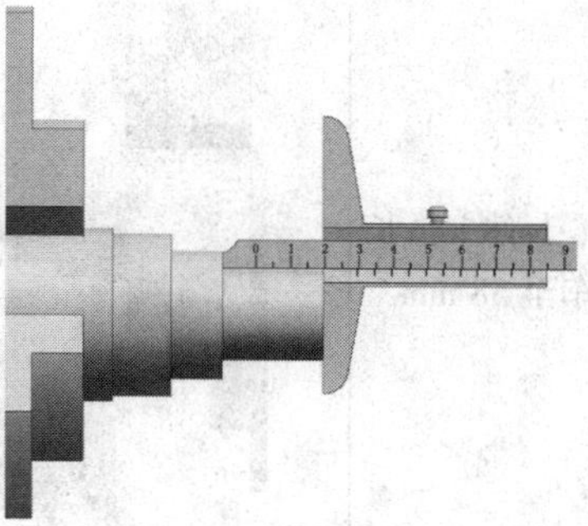	符合螺纹加工前的外圆尺寸要求

续表

序号	步骤	图示	要求
11	车 5 mm × 2 mm 螺纹退刀槽，长度（30 ± 0.02）mm 至要求	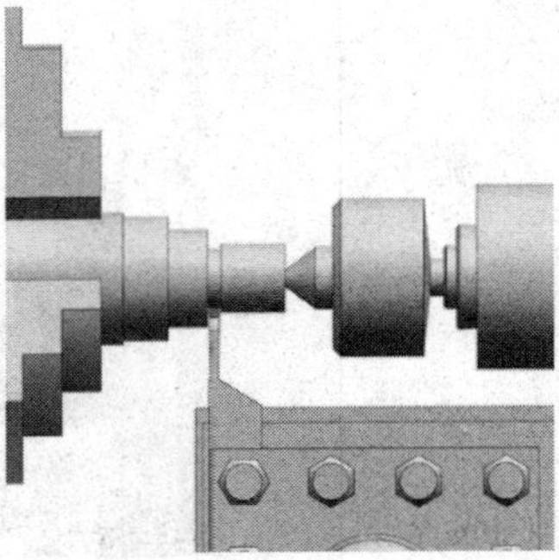	尺寸精度和表面粗糙度符合图样要求，槽底平整且相交处要清角
12	倒角 $C1$ mm 及 $C1.5$ mm	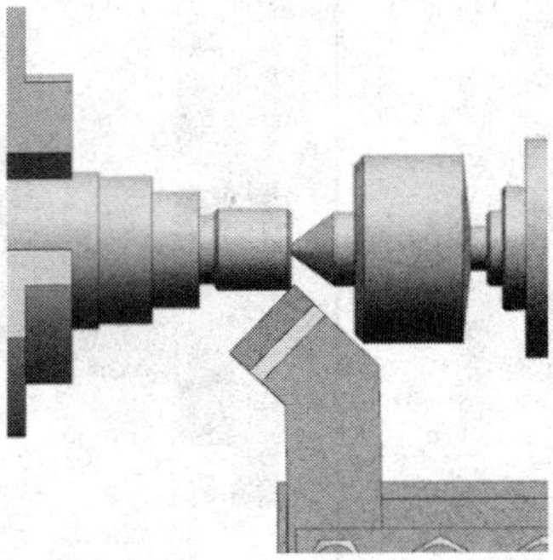	倒角符合图样要求
13	粗、精车螺纹 M25 × 1.5—6g 至要求		退出后顶尖，用螺纹环规进行检测，通规旋入松紧合适，止规不能旋入
14	切断，将图样上件 1 总长（57 ± 0.04）mm 车至 58 mm	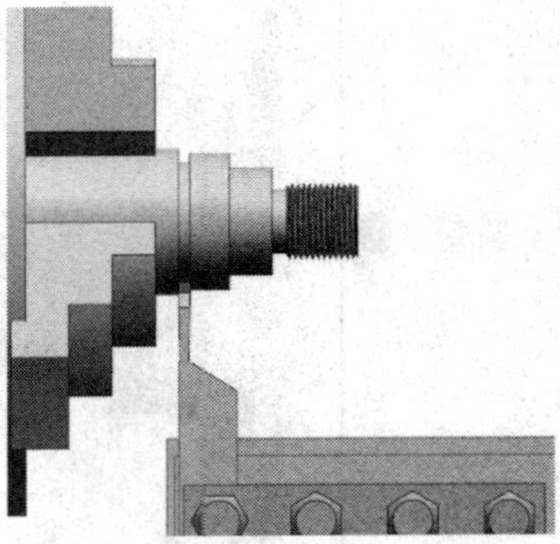	余量满足精车要求

续表

序号	步骤	图示	要求
15	将工件掉头，在 $\phi36_{-0.02}^{0}$ mm 外圆处垫铜皮，找正并夹紧	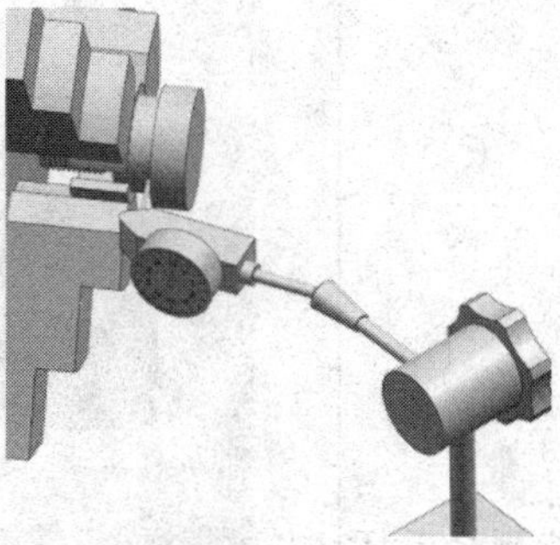	伸出长度满足要求，台阶处端面与主轴轴线垂直
16	车端面，控制件 1 总长（57 ± 0.04）mm 至要求	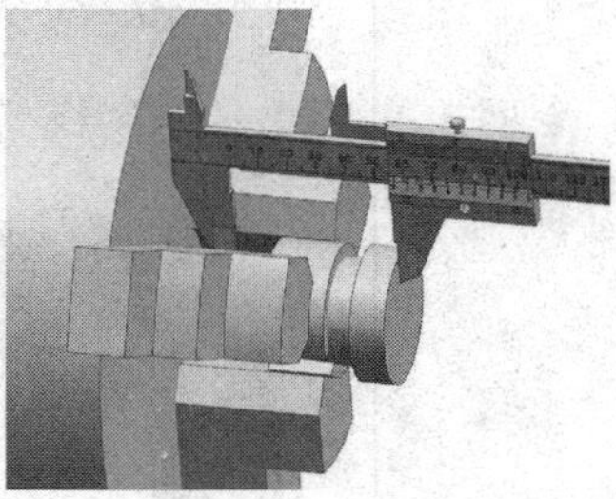	尺寸精度和表面粗糙度符合图样要求
17	倒角 $C1$ mm		倒角符合图样要求
18	检测并卸下工件	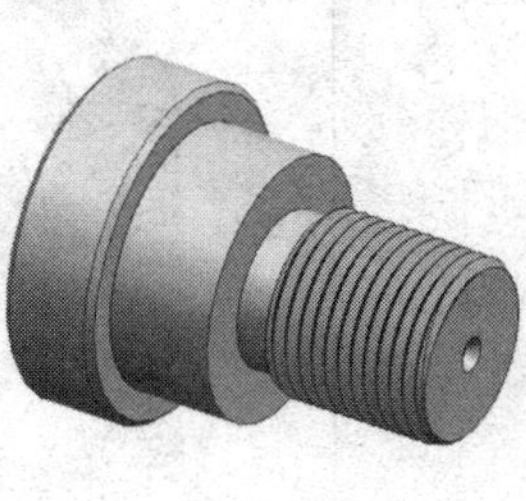	对所加工内容进行检测，合格后卸下工件

续表

序号	步骤	图示	要求
19	加工件 2：夹持剩余毛坯外圆，伸出长度为 55 mm，找正并夹紧	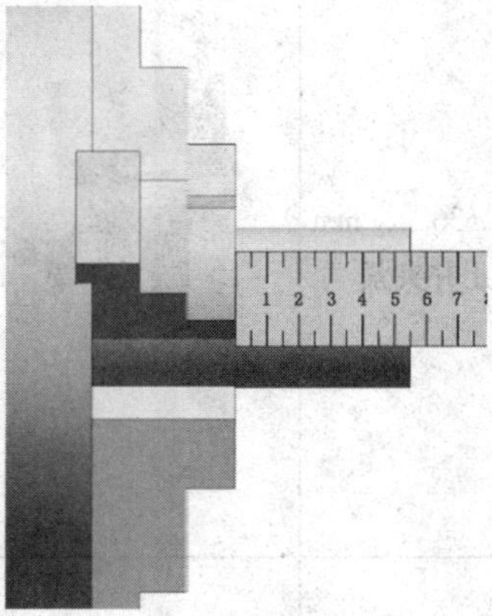 	毛坯的伸出长度及夹持外圆的回转中心误差满足件 2 加工要求
20	车端面，钻 ϕ20 mm 通孔	 	余量满足精车要求

续表

序号	步骤	图示	要求
21	将图样上 $\phi 46_{-0.03}^{0}$ mm 的外圆粗车至 $\phi 47$ mm，长度约为 49 mm	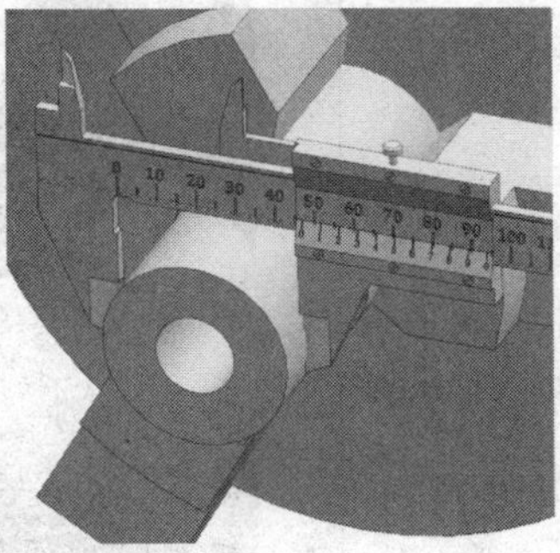 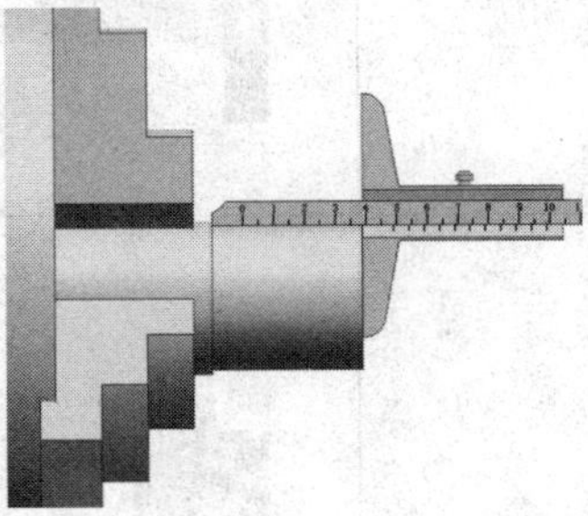	粗车后余量满足精车要求
22	将图样上 $\phi 26$ mm 的内孔粗车至 $\phi 25$ mm，长度约为 45 mm	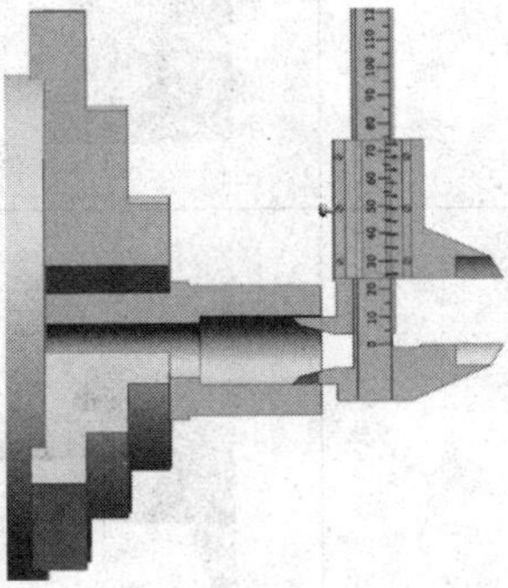 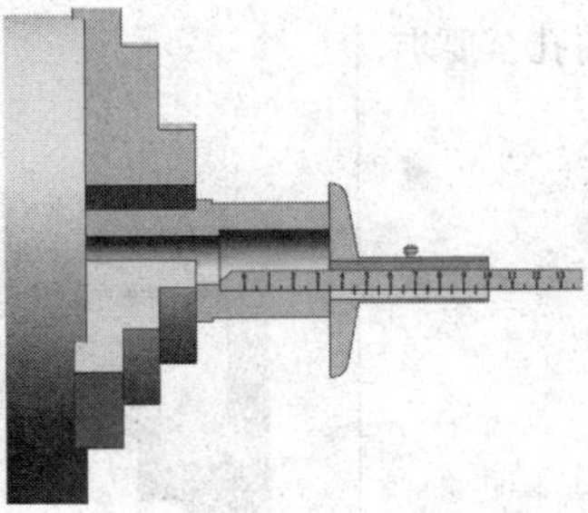	粗车后余量满足精车要求

续表

序号	步骤	图示	要求
23	将图样上 $\phi36^{+0.03}_{+0.01}$ mm 的内孔粗车至 $\phi35$ mm，长度至 11.5 mm	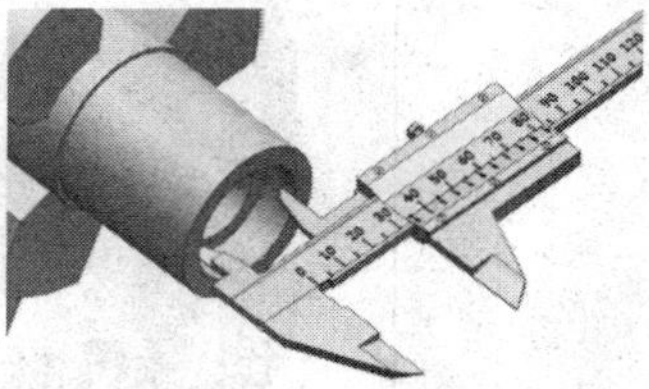 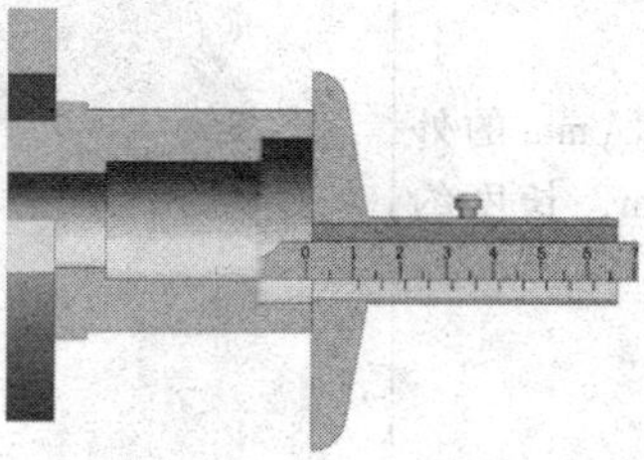	粗车后余量满足精车要求
24	精车端面	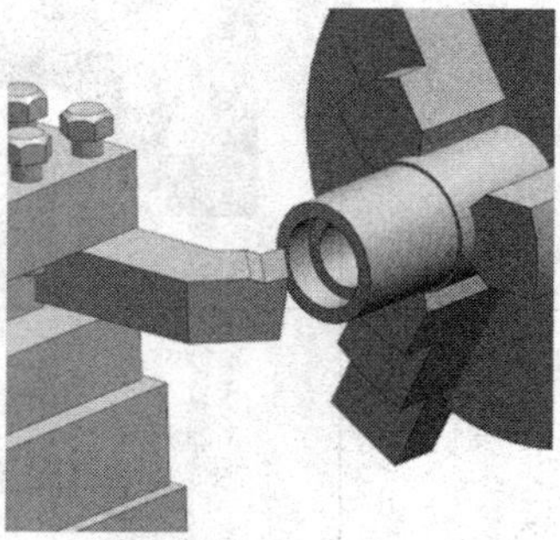	满足精加工长度方向基准要求
25	精车 $\phi26$ mm 内孔至要求，长度为 45 mm	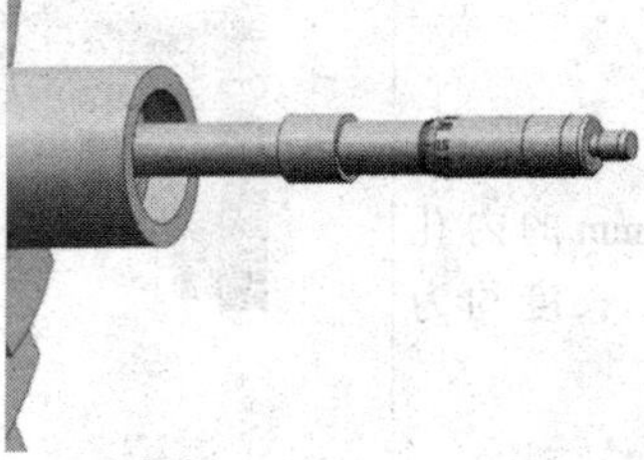 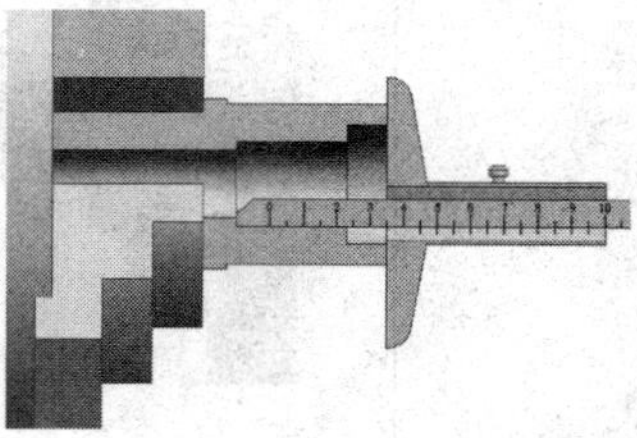	尺寸精度和表面粗糙度符合图样要求

续表

序号	步骤	图示	要求
26	精车 $\phi 36^{+0.03}_{+0.01}$ mm 内孔至要求，长度（12 ± 0.02）mm 至要求	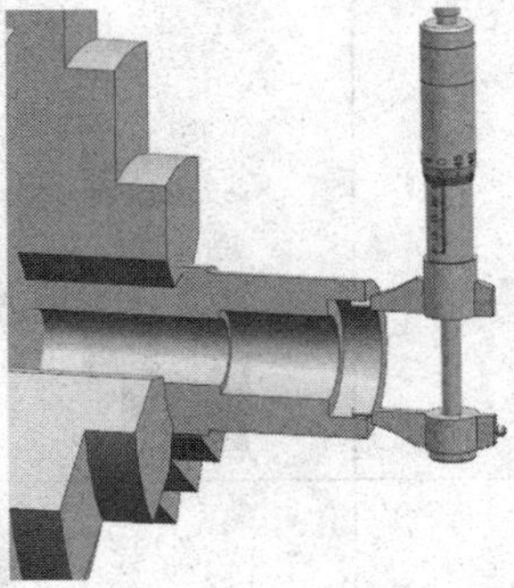 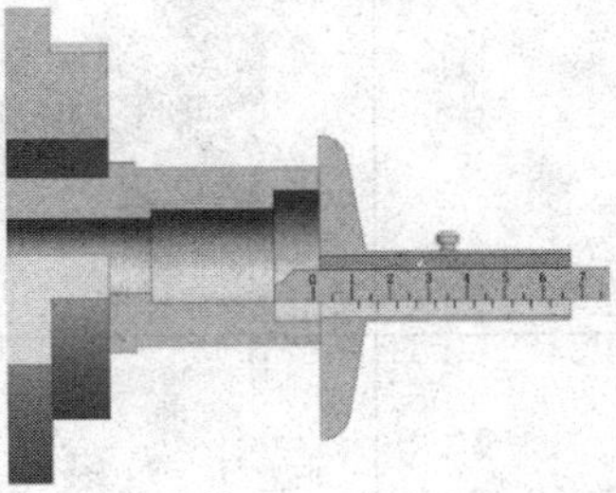	尺寸精度和表面粗糙度符合图样要求，台阶相交处要清角
27	保证与件 1 配合后的间隙为（3 ± 0.02）mm	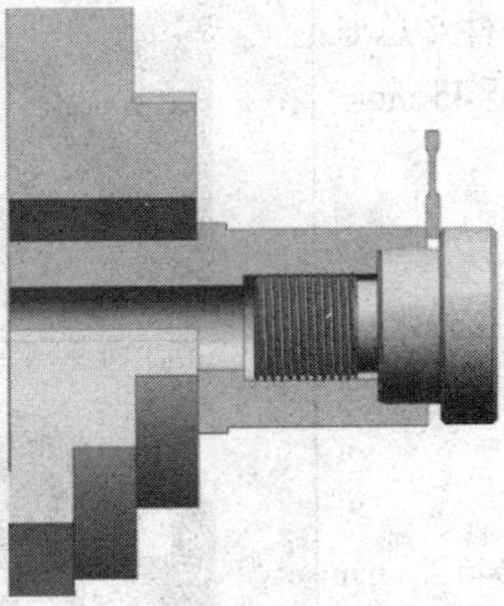	配合间隙符合图样要求
28	精车 $\phi 46^{\ 0}_{-0.03}$ mm 外圆至要求，长度约为 49 mm		尺寸精度和表面粗糙度符合图样要求

续表

序号	步骤	图示	要求
28		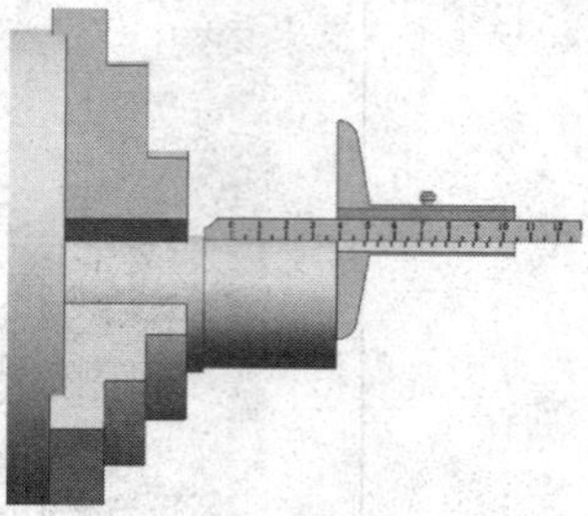	
29	倒角 $C1$ mm	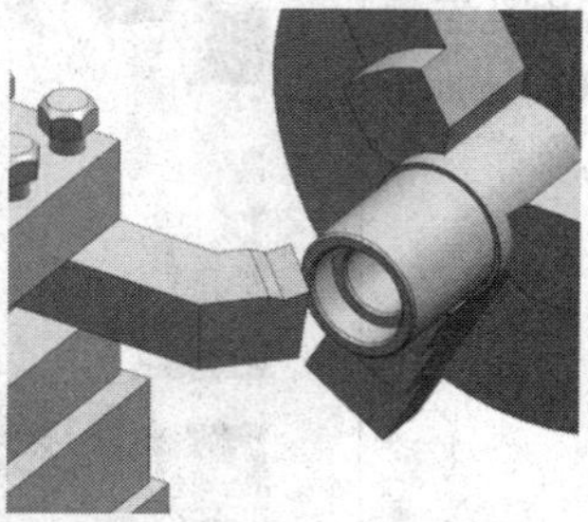	倒角符合图样要求
30	切断，将图样上件2总长（44±0.04）mm 车至 45 mm	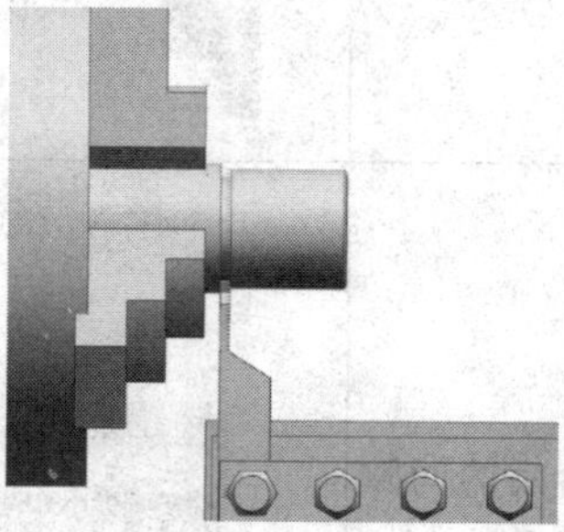	余量满足精车要求
31	将件2掉头，在其 $\phi 46_{-0.03}^{0}$ mm 外圆处垫铜皮，找正并夹紧		伸出长度满足要求，台阶处端面与主轴轴线垂直
32	车端面，控制件2总长（44±0.04）mm 至 44.5 mm	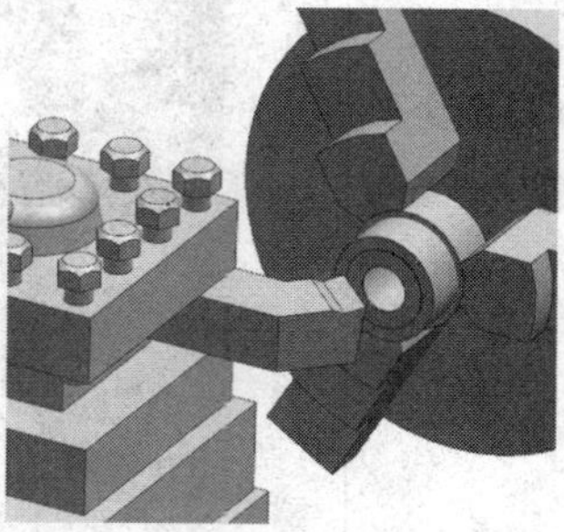	粗车后余量满足精车要求

续表

序号	步骤	图示	要求
33	将图样上 $\phi32^{+0.03}_{+0.01}$ mm 的内孔粗车至 $\phi31$ mm，长度至 26 mm	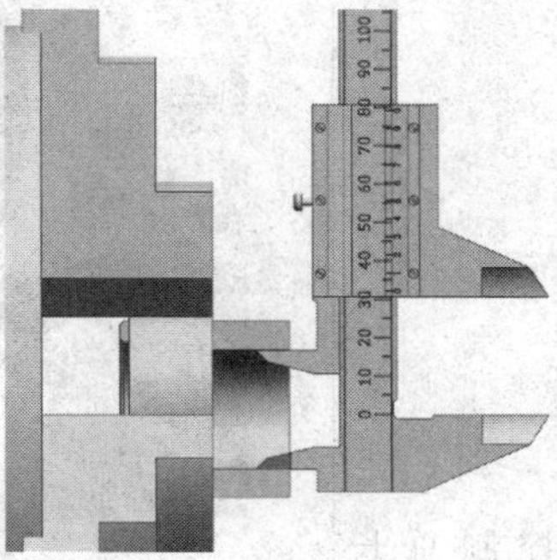 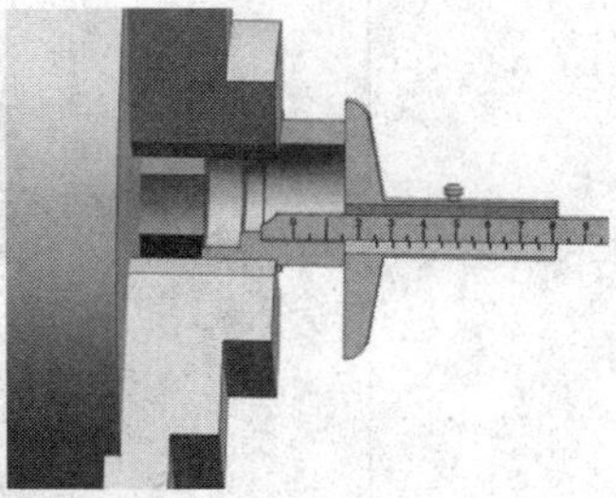	粗车后余量满足精车要求
34	将图样上 $\phi38^{+0.03}_{+0.01}$ mm 的内孔粗车至 $\phi37$ mm，长度至 8 mm	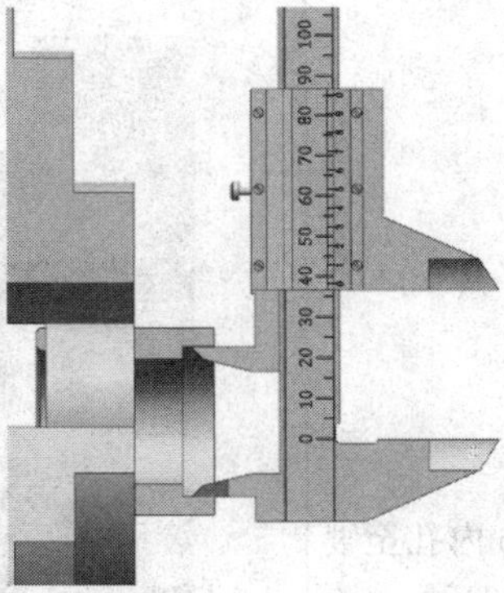 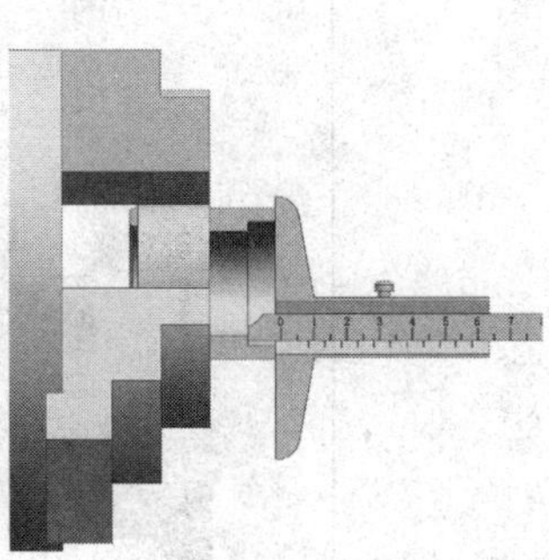	粗车后余量满足精车要求

续表

序号	步骤	图示	要求
35	精车端面，控制总长（44 ± 0.04）mm 至要求	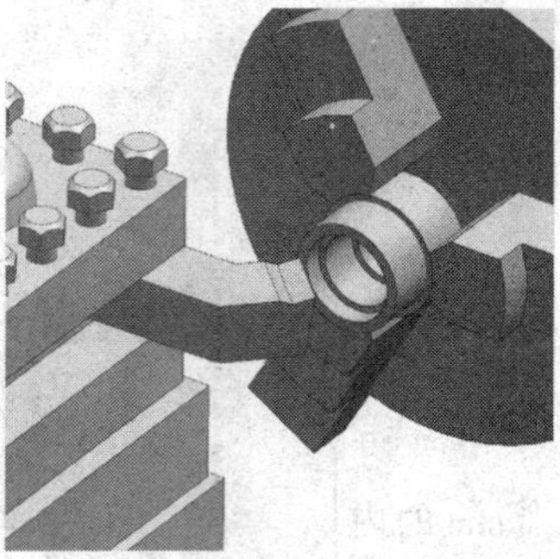 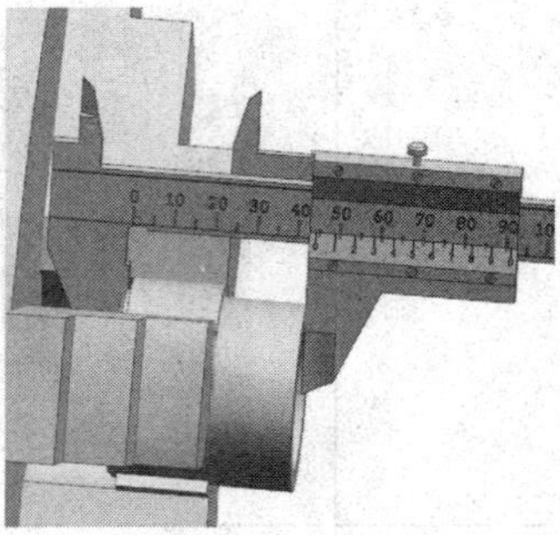	尺寸精度和表面粗糙度符合图样要求
36	精车 $\phi32^{+0.03}_{+0.01}$ mm 内孔至要求，长度（26 ± 0.02）mm 至要求	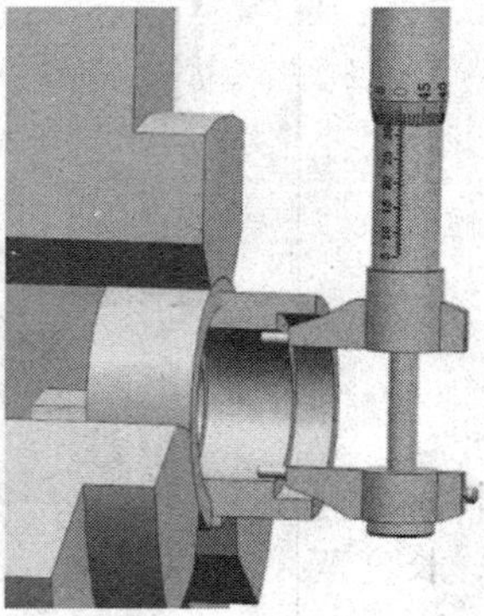 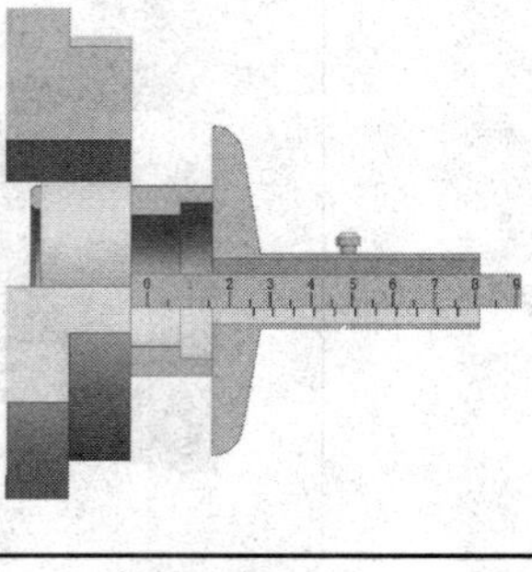	尺寸精度和表面粗糙度符合图样要求，台阶相交处要清角

续表

序号	步骤	图示	要求
37	精车 $\phi38^{+0.03}_{+0.01}$ mm 内孔至要求，长度（8 ± 0.02）mm 至要求	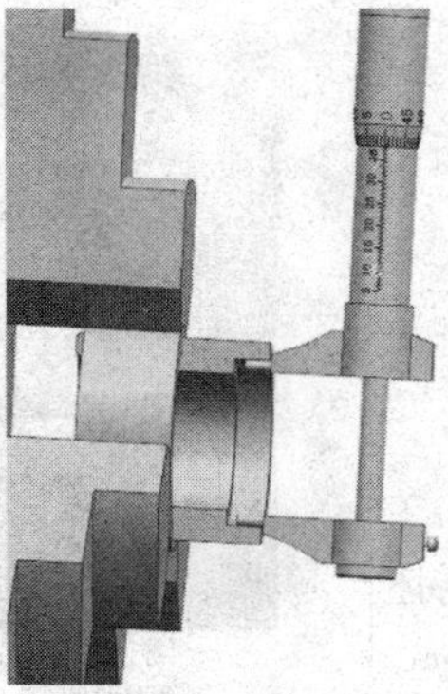 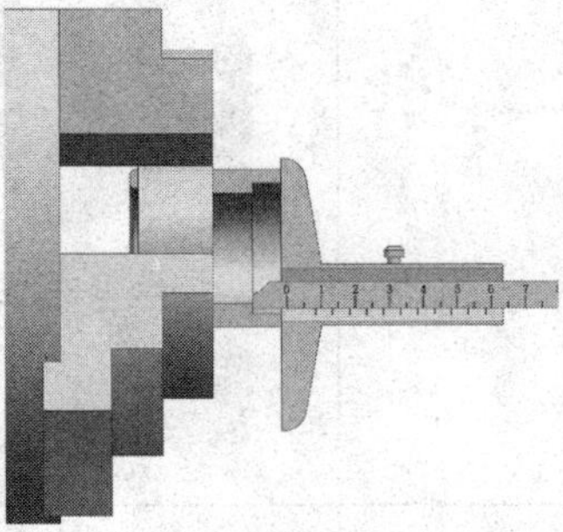	尺寸精度和表面粗糙度符合图样要求，台阶相交处要清角
38	倒角 $C1$ mm	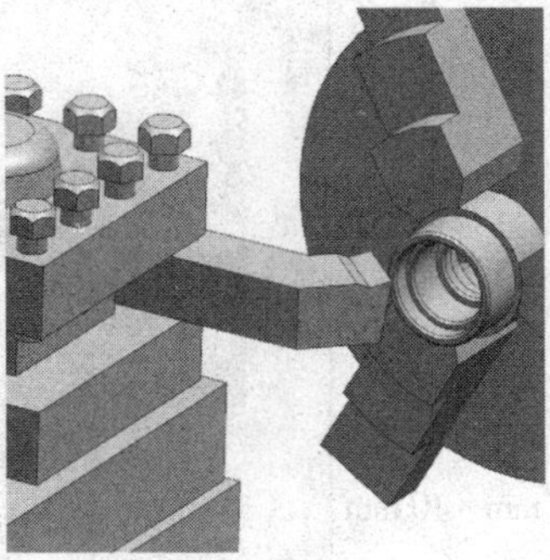	倒角符合图样要求
39	检测并卸下工件		对所加工内容进行检测，合格后卸下工件

续表

序号	步骤	图示	要求
40	加工件3：夹持剩余毛坯外圆，伸出长度为15 mm，找正并夹紧	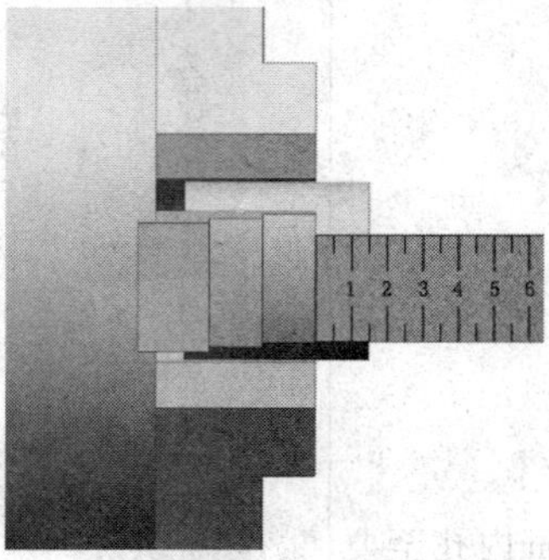 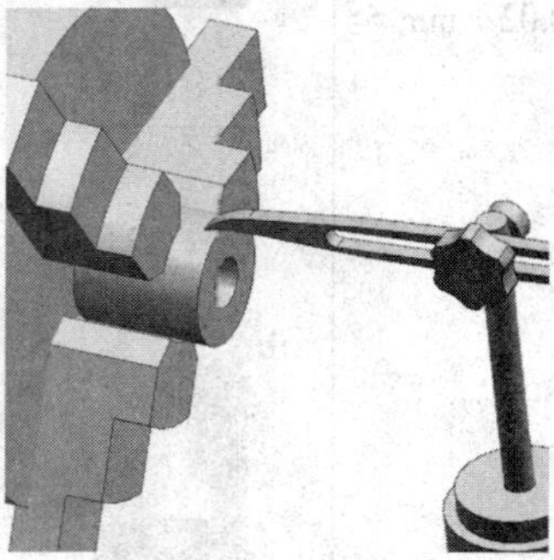	毛坯的伸出长度及夹持外圆的回转中心误差满足件3加工要求
41	车端面，车 ϕ46 mm × 10 mm的工艺台阶	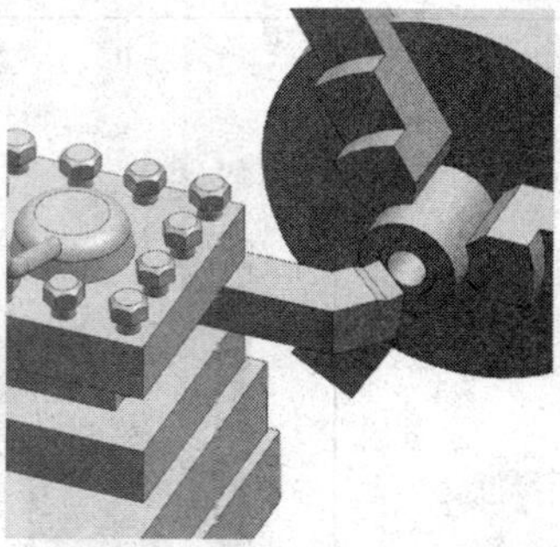 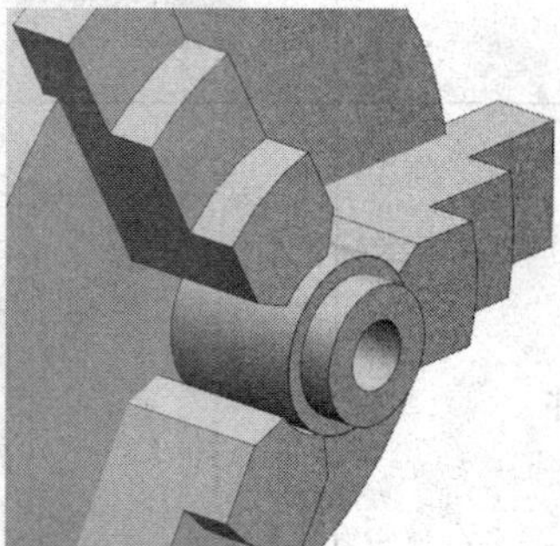	工艺台阶尺寸符合装夹要求

续表

序号	步骤	图示	要求
42	将工件掉头，夹住 ϕ46 mm × 10 mm 的工艺台阶，找正并夹紧	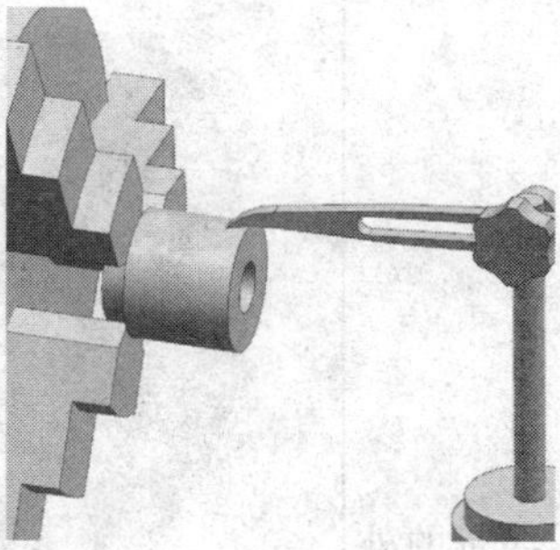	装夹牢固，满足加工要求
43	将图样上 $\phi 46_{-0.03}^{0}$ mm 的外圆粗车至 ϕ47 mm，长度至 36 mm	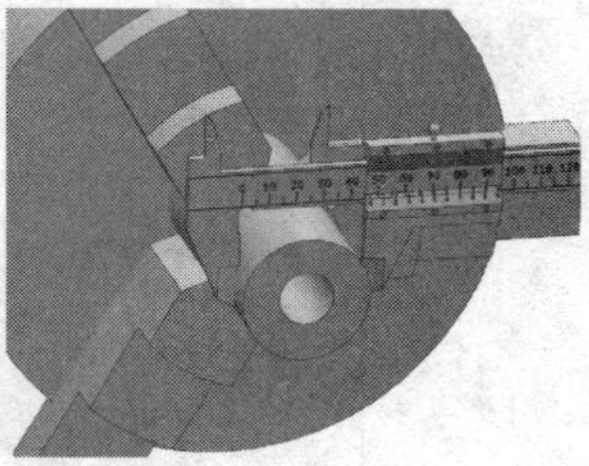 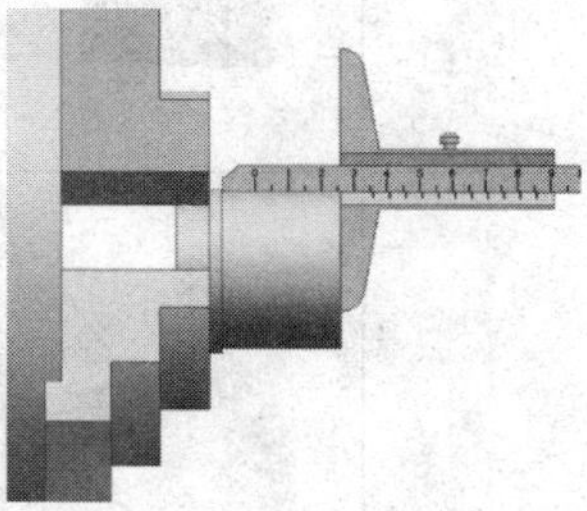	粗车后余量满足精车要求
44	将图样上 $\phi 38_{-0.02}^{0}$ mm 的外圆粗车至 ϕ39 mm，长度至 26.5 mm	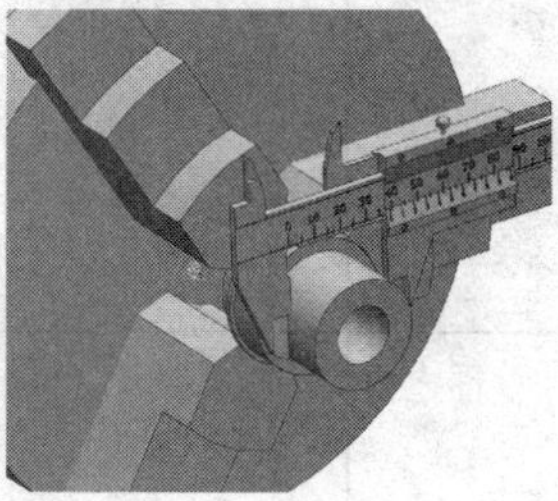 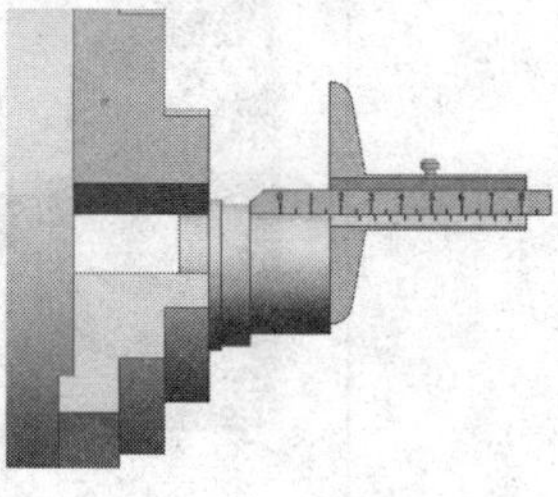	粗车后余量满足精车要求

续表

序号	步骤	图示	要求
45	将图样上 $\phi32_{-0.02}^{0}$ mm 的外圆粗车至 $\phi33$ mm，长度至 16.5 mm	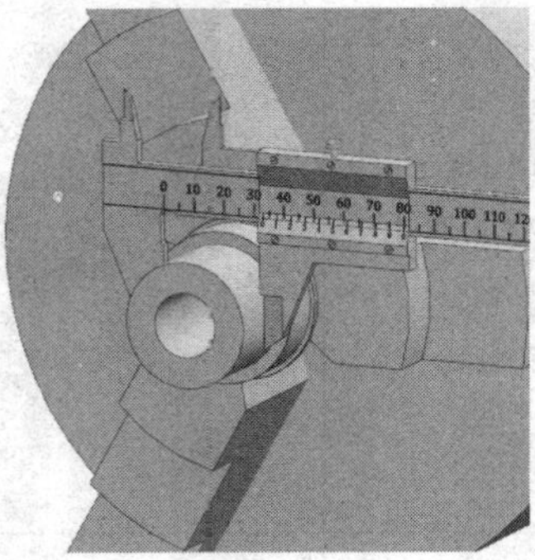 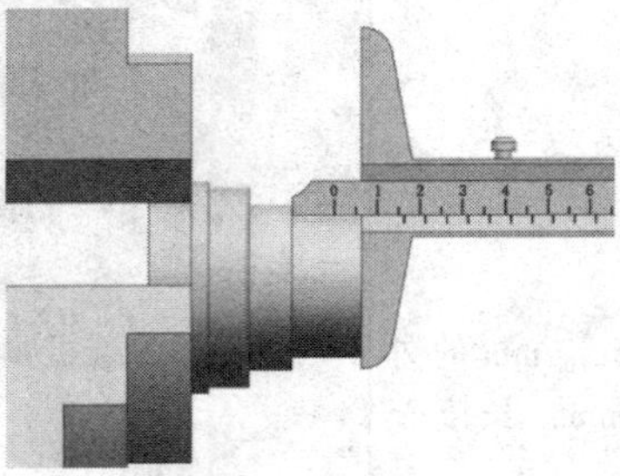	粗车后余量满足精车要求
46	粗、精车内螺纹底孔至 $\phi23.5_{0}^{+0.15}$ mm	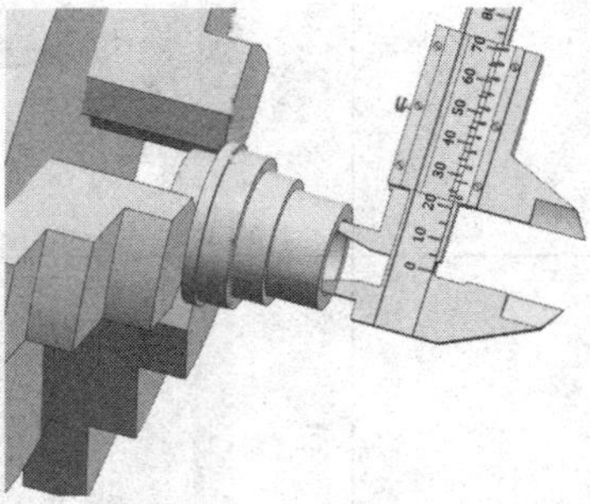	底孔尺寸满足内螺纹加工要求
47	倒角 $C1.5$ mm		倒角符合图样要求

续表

序号	步骤	图示	要求
48	粗、精车内螺纹 M25 × 1.5—6H 至要求	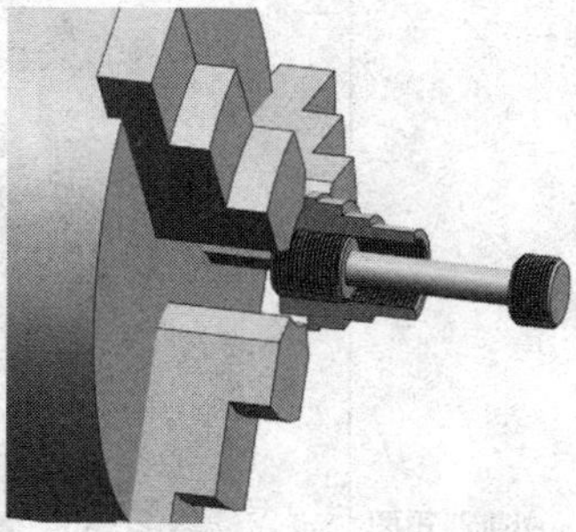	用螺纹塞规进行检测，通端旋入松紧合适，止端不能旋入
49	精车端面		满足精加工长度方向基准要求
50	精车 $\phi46_{-0.03}^{\ 0}$ mm 外圆至要求，长度为 36 mm	 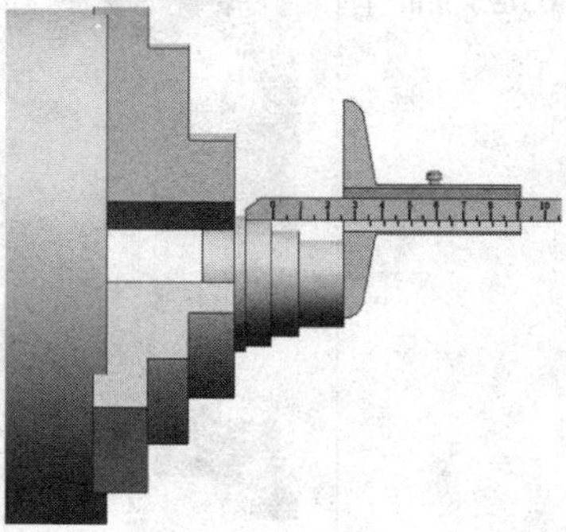	尺寸精度和表面粗糙度符合图样要求

续表

序号	步骤	图示	要求
51	精车 $\phi38_{-0.02}^{0}$ mm 外圆至要求，长度（27 ± 0.02）mm 至要求	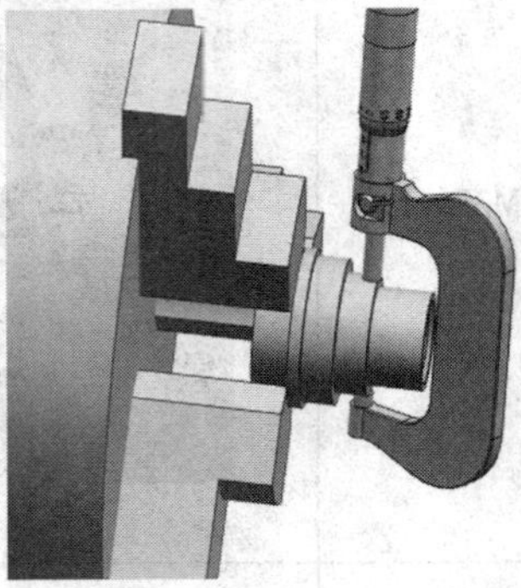 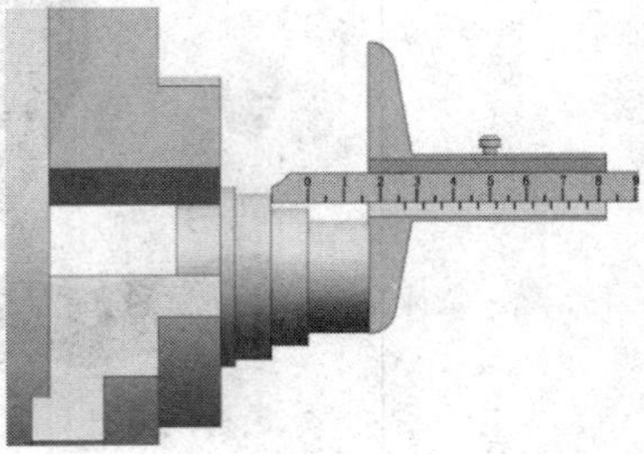	尺寸精度和表面粗糙度符合图样要求，台阶相交处要清角
52	精车 $\phi32_{-0.02}^{0}$ mm 外圆至要求，长度（17 ± 0.02）mm 至要求	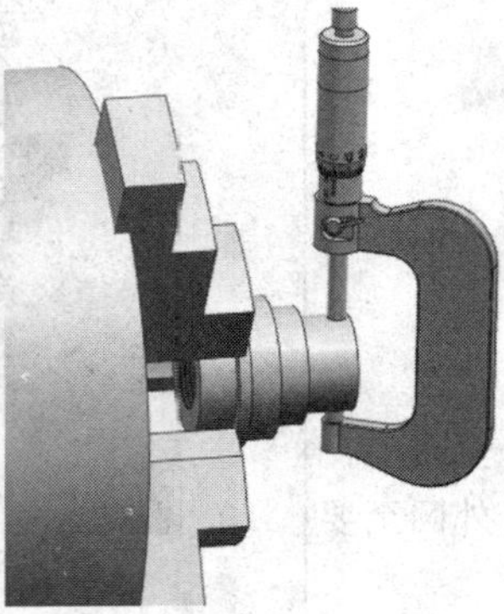 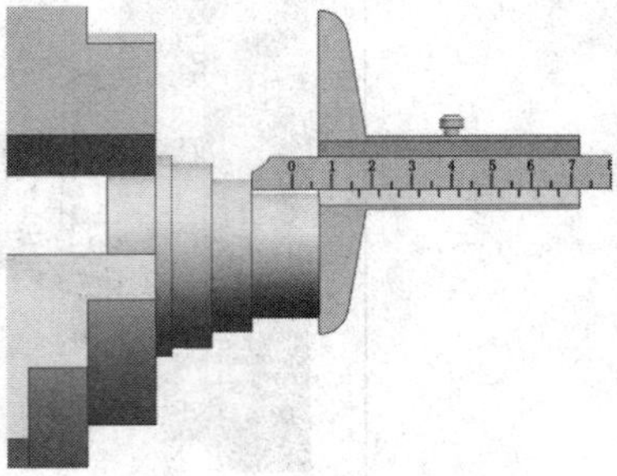	尺寸精度和表面粗糙度符合图样要求，台阶相交处要清角

续表

序号	步骤	图示	要求
53	倒角 $C1$ mm	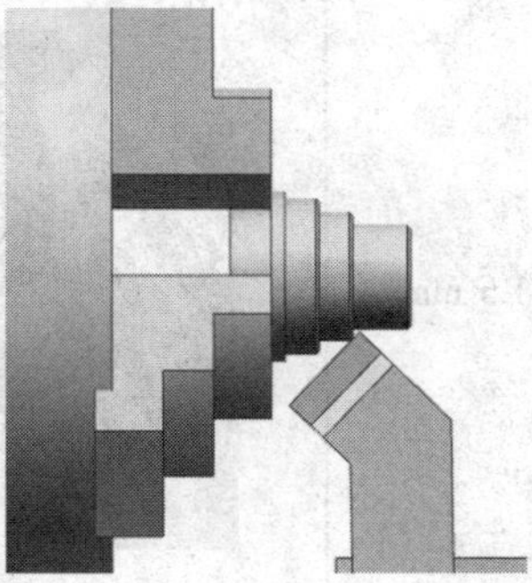	倒角符合图样要求
54	保证与件 2 配合后的间隙为（2 ± 0.02）mm	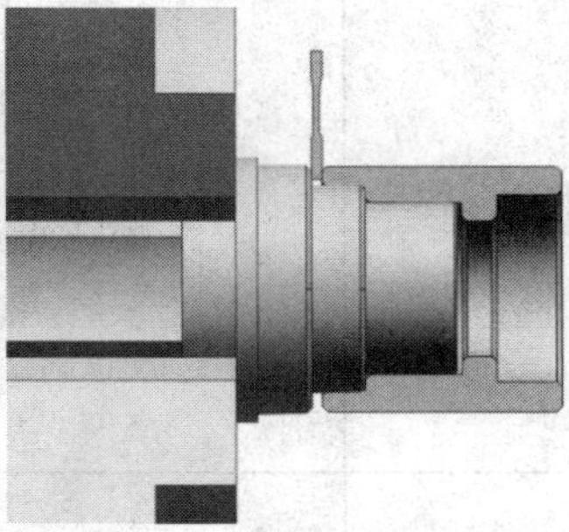	配合间隙符合图样要求
55	将工件掉头，在 $\phi38_{-0.02}^{\ 0}$ mm 外圆处垫铜皮，找正并夹紧	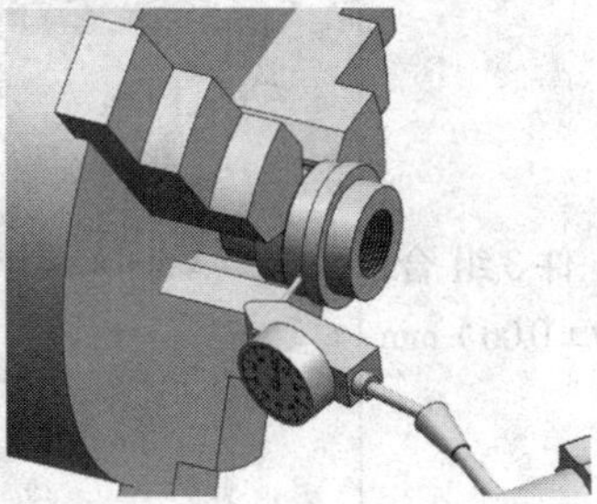	伸出长度满足要求，台阶处端面与主轴轴线垂直
56	车端面，控制总长（35 ± 0.04）mm 至要求	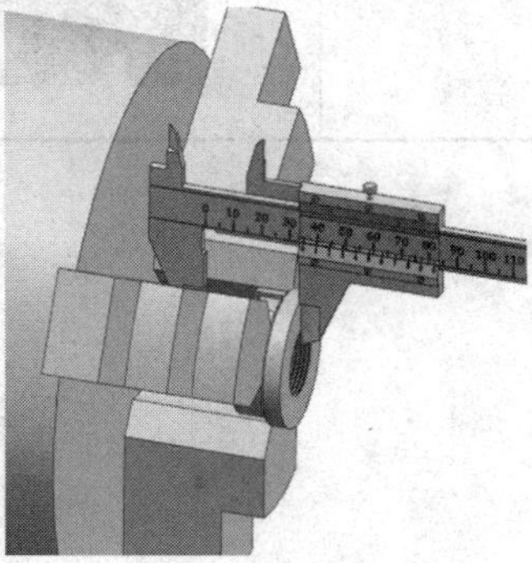	尺寸精度和表面粗糙度符合图样要求

续表

序号	步骤	图示	要求
57	倒角 $C1$ mm 及 $C1.5$ mm	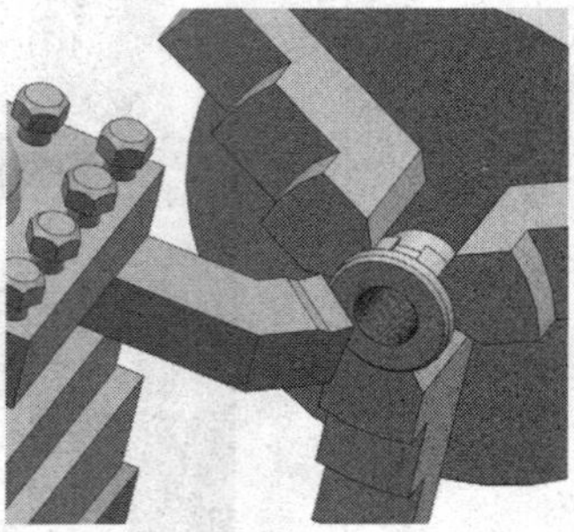	倒角符合图样要求
58	检测并卸下工件	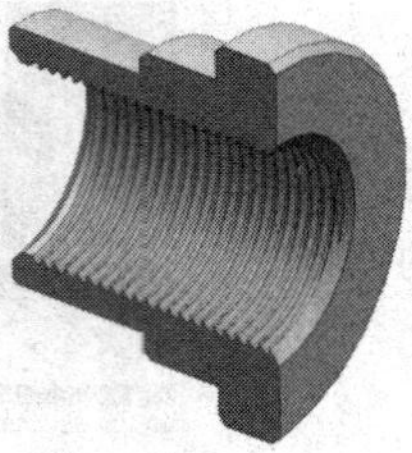	对所加工内容进行检测，合格后卸下工件
59	将件 1、件 2、件 3 组合，检测配合总长（69 ± 0.06）mm	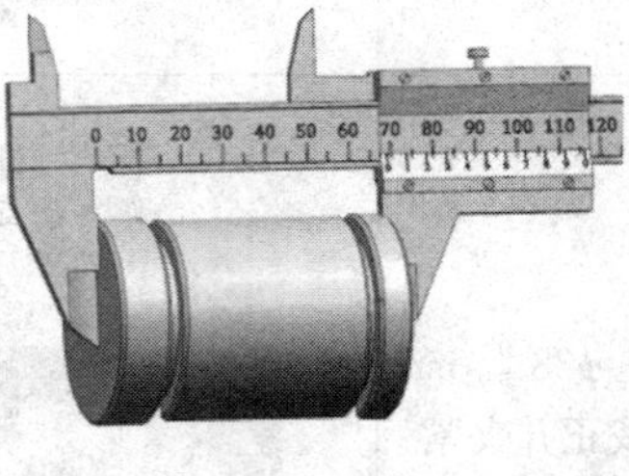 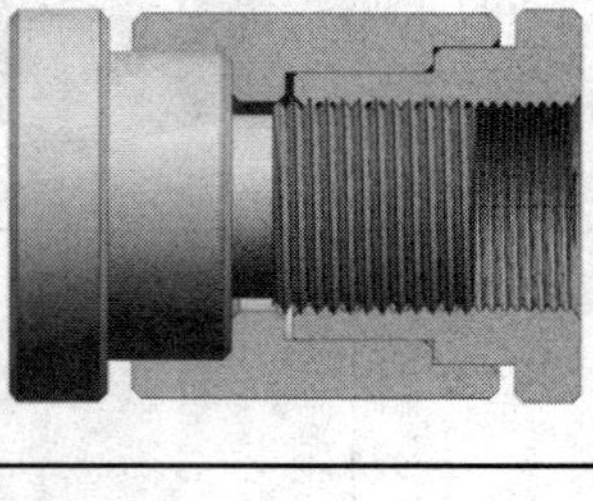	此尺寸精度为配合产生，在加工单件时要注意相关尺寸的控制

模块七
铣削的基本知识

课题一
铣削概述

学习目标

1. 掌握铣削的范围。
2. 掌握安全文明生产的基本内容和要求。

在科学技术迅速发展的今天，新技术、新工艺不断涌现，但金属切削加工在机械制造业中仍占有极其重要的地位。在实际生产中，绝大多数的机械零件需要通过切削加工来达到规定的尺寸精度、形状精度和位置精度，以满足产品的性能和使用要求。在车削、铣削、镗削、刨削、磨削、钳加工、齿轮加工等诸多切削加工方法中，铣削是一种应用极为广泛的切削加工方法，铣工也是机械加工中最基本的职业之一。

一、铣削的基本内容

铣削是以铣刀的旋转运动为主运动，以铣刀或工件的移动为进给运动的一种切削加工方法，如图 7-1-1 所示。铣削的主要特点是通常采用多刃刀具进行加工，因刀齿交替切削，所以刀具冷却效果好，刀具寿命长，生产效率高，加工范围广泛。

在铣床上使用各种不同的铣刀可以加工平面（如平行面、垂直面、斜面等）、台阶、沟槽（如直角沟槽和 V 形槽、T 形槽、燕尾槽等特形槽）、特形面及切断材料等。若配合分度装置的使用，还可以加工需周向等分的花键、齿轮、牙嵌式离合器和螺旋槽等。此外，在铣床上还可以进行钻孔、铰孔和镗孔等工作。铣削的基本内容如图 7-1-2 所示。

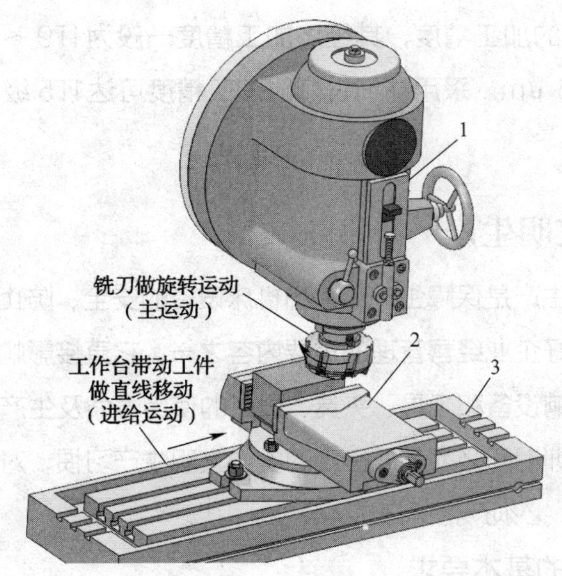

图 7-1-1　铣削的运动

1—立铣头　2—机用虎钳　3—铣床工作台

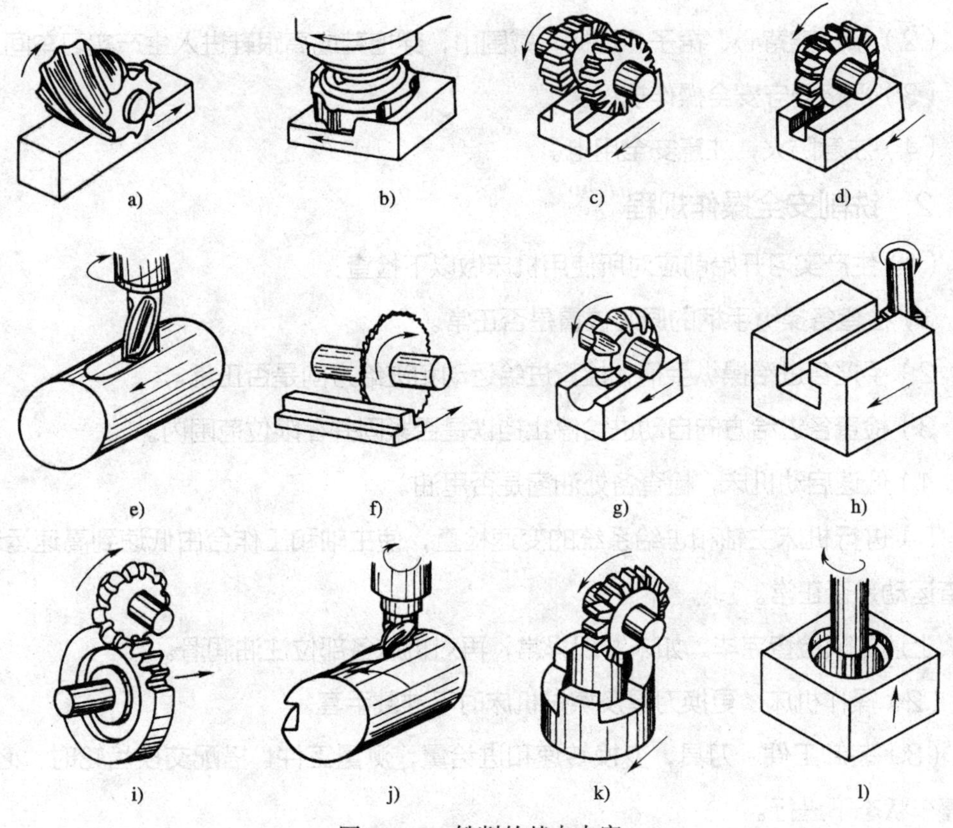

图 7-1-2　铣削的基本内容

a）用圆柱铣刀铣平面　b）用面铣刀铣平面　c）铣台阶　d）铣直角沟槽

e）铣键槽　f）切断　g）铣特形面　h）铣 T 形槽　i）铣齿轮　j）铣螺旋槽　k）铣离合器　l）镗孔

铣削具有较高的加工精度，其经济加工精度一般为 IT9 ~ IT7 级，表面粗糙度为 *Ra*12.5 ~ 1.6 μm。采用精细铣削时加工精度可达 IT5 级，表面粗糙度可达 *Ra*0.2 μm。

二、安全文明生产

坚持安全文明生产是保障生产工人和机床设备的安全、防止工伤和设备事故的根本保证，也是搞好企业经营管理的重要内容之一。它直接影响人身安全、产品质量和经济效益，影响设备和工具、夹具、量具的使用寿命及生产工人技术水平的正常发挥。学生在实训期间必须养成良好的安全文明生产习惯，对于在长期生产活动中得到的实践经验，必须严格遵守。

1. 安全生产的基本要求

（1）工作时工作服应穿戴整齐，扣好袖口的纽扣。女生应戴工作帽，辫子或长发应盘好后塞入工作帽内。

（2）禁止穿背心、裙子、短裤，戴围巾，穿拖鞋或高跟鞋进入生产实习车间。

（3）严格遵守安全操作规程。

（4）注意防火，注意安全用电。

2. 铣削安全操作规程

（1）生产实习开始前应对所使用机床做以下检查：

1）检查各操纵手柄的原始位置是否正常。

2）手摇各进给操纵手柄，检查进给运动和进给方向是否正常。

3）检查各进给方向自动进给停止挡铁是否紧固并在限位范围内。

4）低速启动机床，检查各处油窗是否甩油。

5）进行机床主轴和进给系统的变速检查，使主轴和工作台由低速到高速运动，检查运动是否正常。

上述各项检查完毕，如未发现异常，再对机床各部位注油润滑。

（2）操作机床、更换刀具及擦拭机床时不准戴手套。

（3）装卸工件、刀具，变换转速和进给量，测量工件，搭配交换齿轮时，必须在停车状态下进行。

（4）操作机床时严禁离开岗位，不准做与操作内容无关的事情。

（5）工作台自动进给时，应脱开手动进给离合器，以防止手柄随轴旋转伤人。

（6）不准两个进给方向同时启动自动进给。自动进给时，不准突然变换进给速度。停车时，应先停止进给，再停止机床主轴（刀具）旋转。

（7）高速铣削时必须戴防护眼镜。

（8）不准在铣削过程中用手触摸工件表面。

（9）操作中出现异常现象时应及时停车检查；出现故障、事故应立即切断机床电源，及时申报，请专业人员检修，修复前不得使用。

（10）铣床使用完毕，各手柄应置于空挡位置，各方向进给紧固手柄应松开，工作台应置于各方向进给的中间位置，机床导轨面应适当涂润滑油。

3. 文明生产的要求

（1）爱护刀具、工具、量具，并正确使用，放置稳妥、整齐、合理，有固定的位置，便于操作时取用，用后应放回原处。

（2）爱护机床和车间其他设备、设施。

（3）工具箱内物件应分类摆放。重物放置在下层，轻物放置在上层，精密的物件应放置稳妥，不得随意乱放，以免损坏和丢失。

（4）量具应经常保持清洁，用毕应擦拭干净、涂油并放入盒内。所使用的量具必须定期校验，使用前应确认合格证在使用期限内，以保证其度量准确。

（5）装卸较重的机床附件时必须有他人协助，安装时应先擦净机床工作台面和附件的基准面。

（6）爱护机床工作台面和导轨面，不准在工作台面和导轨面上直接放置毛坯、锤子、扳手等。

（7）毛坯、半成品和成品应分开放置。半成品、成品应堆放整齐，轻拿轻放，以免碰伤已加工表面。

（8）图样、工艺卡片应放置在便于阅读的位置，并注意保持其清洁和完整。

（9）工作场地应保持清洁、整齐，避免堆放杂物，以防止绊倒行人。成品和毛坯应放置在指定区域内，以随时保持安全通道的畅通。

（10）工作结束后应先关闭机床电源，再擦拭机床、工具、量具和其他附件，使各物件归位，并清扫工作场地。

课题二 常用铣床

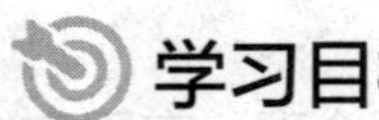

1. 掌握常用铣床的型号。
2. 掌握常用铣床各部位的名称及功用。

铣床是机械制造业广泛采用的重要设备之一。铣床生产效率高，加工范围广泛，是一种应用广泛、类型多的金属切削机床。

一、铣床型号

铣床型号是铣床产品的代号，用以简明地表示铣床的类别、结构特性等。

1. 铣床型号的编制方法

我国现行的机床型号是按国家标准《金属切削机床　型号编制方法》(GB/T 15375—2008)编制的，它由汉语拼音字母和阿拉伯数字组成。例如，X5032 型铣床型号中各代号的含义如下：

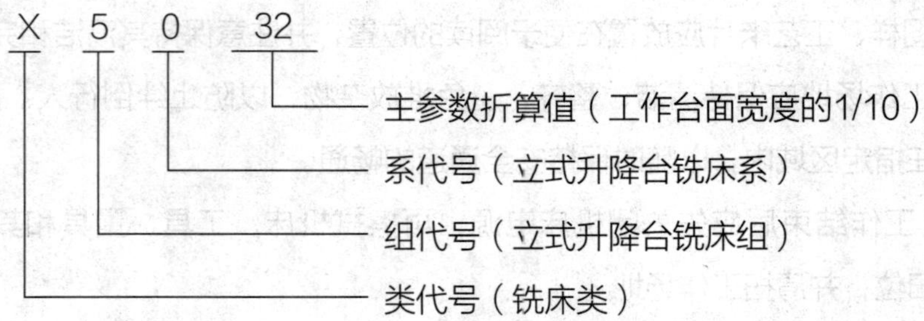

2. 型号举例

X6325——万能摇臂铣床，工作台面宽度为 250 mm。

X5032——立式升降台铣床，工作台面宽度为 320 mm。

X8126——万能工具铣床，工作台面宽度为 260 mm。

二、常用铣床

1. X6325 型万能摇臂铣床

（1）外形

X6325 型万能摇臂铣床如图 7-2-1 所示，其主要部件和功用如下：

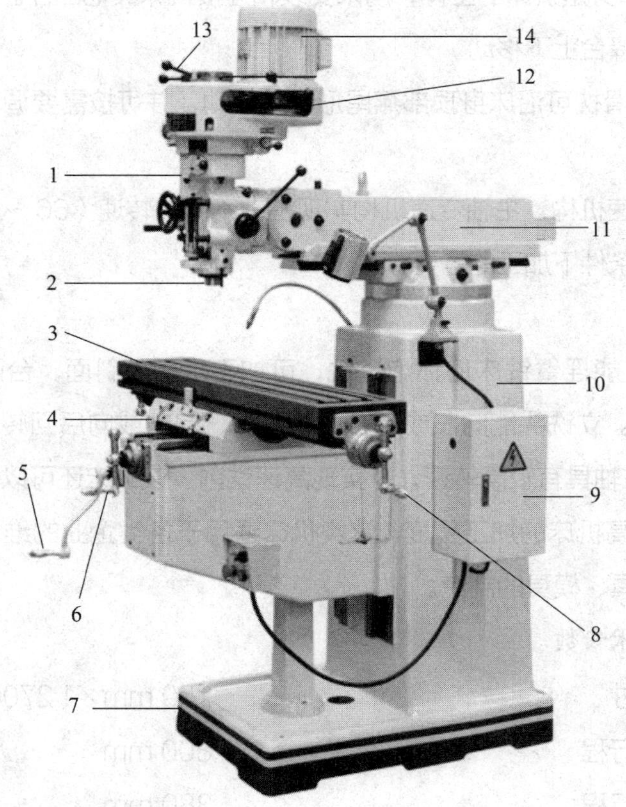

图 7-2-1　X6325 型万能摇臂铣床

1—立铣头　2—主轴　3—工作台　4—横向溜板　5—垂向进给手柄
6—横向进给手柄　7—底座　8—纵向进给手柄　9—电气箱
10—床身　11—滑枕　12—主轴变速机构　13—主轴变速手柄　14—主电动机

1）立铣头。立铣头是铣床的主要部件，它连接主电动机和主轴变速机构，带动主轴旋转，并能通过回转装置将铣刀调整到不同的角度。

2）主轴。主轴用来安装刀柄和刀具，并带动刀具实现主运动。

3）工作台。工作台用来安装需用的铣床夹具和工件，铣削时带动工件实现纵向进给运动。

4）横向溜板。横向溜板在铣削时用来带动工作台实现横向进给运动。

5）垂向进给手柄。手摇垂向进给手柄可以实现垂向进刀及垂向进给运动。

6）横向进给手柄。手摇横向进给手柄可以实现横向进刀及横向进给运动。

7）纵向进给手柄。手摇纵向进给手柄可以实现纵向进刀及纵向进给运动。

8）底座。底座用来支承床身，承受铣床全部质量，盛储切削液。

9）床身。床身是机床的主体，用来安装和连接机床其他部件。床身正面有垂直导轨，可引导升降台上下移动。

10）滑枕。滑枕可沿床身顶部燕尾形导轨移动，并可按需要调节立铣头伸出床身的长度。

11）主轴变速机构。主轴变速机构实现主轴不同的转速（66 ~ 4 540 r/min），以适应不同切削条件下加工的需要。

（2）特点

X6325 型万能摇臂铣床俗称炮塔铣，可加工平面、斜面、台阶、沟槽，能钻孔、铰孔、镗孔。立铣头能向左或向右回转 90°、向前或向后回转 45°，滑枕可水平回转 360°。主轴具有较高转速，能实现高速铣削。该机床还可以装备自动进给器和数显系统，提高机床的加工精度。这类机床适用于各类企业的维修和生产，特别适用于工具、夹具、模具的制造。

（3）主要技术参数

工作台面尺寸	250 mm × 1 270 mm
工作台纵向行程	800 mm
工作台横向行程	380 mm
工作台垂向行程	380 mm
主轴孔	R8（或 NT40）
主轴转速范围	66 ~ 4 540 r/min（16 级）
主轴行程	127 mm
立铣头回转角度（纵向 / 横向）	±90° / ±45°
滑枕行程	500 mm

2. X5032 型立式升降台铣床

（1）外形

X5032 型立式升降台铣床如图 7-2-2 所示。

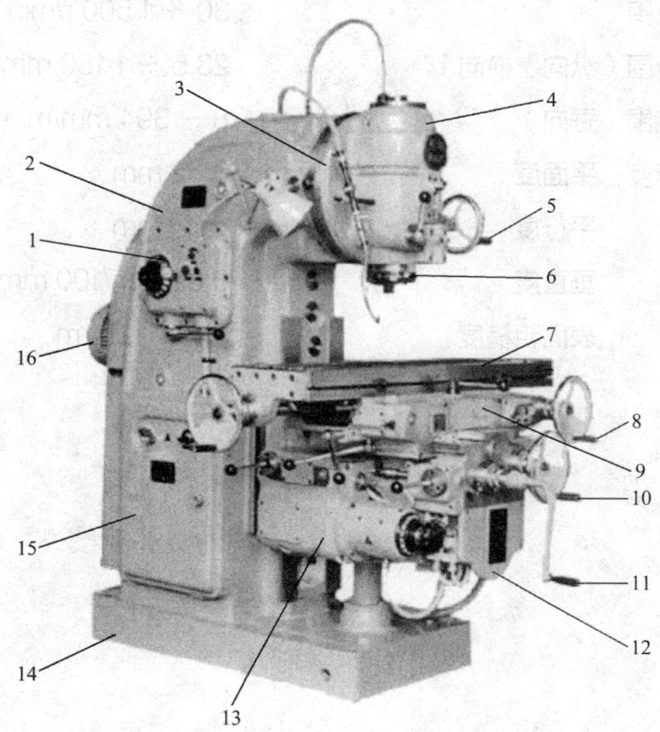

图 7-2-2 X5032 型立式升降台铣床

1—主轴变速机构 2—床身 3—立铣头回转盘 4—立铣头 5—主轴进给手柄
6—主轴套筒 7—工作台 8—纵向进给手柄 9—横向溜板
10—横向进给手柄 11—升降进给手柄 12—升降台
13—进给变速机构 14—底座 15—电气箱
16—主电动机

（2）特点

X5032 型立式升降台铣床功率大，能实现强力铣削；转速较高，变速范围宽；刚度高；操作方便、灵活，通用性强。立铣头可在垂直平面内向左或向右偏转 45°，使铣刀偏转角度。该铣床加工范围广泛，能加工中、小型工件的平面、特形表面、各种沟槽、齿轮和小型箱体上的孔等。

（3）主要技术参数

工作台面尺寸	320 mm×1 250 mm
工作台纵向行程（手动 / 机动）	800 mm/790 mm

工作台横向行程（手动 / 机动）	300 mm/295 mm
工作台垂向行程（手动 / 机动）	400 mm/390 mm
主轴锥孔锥度	7 : 24
主轴转速范围	30 ~ 1 500 r/min（18 级）
进给速度范围（纵向、横向）	23.5 ~ 1 180 mm/min
进给速度范围（垂向）	8 ~ 394 mm/min
机床工作精度：平面度	0.02 mm
平行度	0.03 mm
垂直度	0.02 mm/100 mm
表面粗糙度	$Ra \leqslant 1.6\ \mu m$

课题三 常用工艺装备及用途

学习目标

1. 掌握常用铣刀的用途。
2. 掌握常用量具的用途。
3. 掌握常用工具和夹具的用途。
4. 掌握常用铣刀的安装方法。

一、铣削常用工艺装备及用途

1. 铣削常用铣刀

铣削常用铣刀的外形及用途见表 7-3-1。

表 7-3-1　铣削常用铣刀的外形及用途

名称	外形	用途
面铣刀		面铣刀有整体式、镶嵌式和机械夹固式三种，是铣削平面的主要刀具，常用的是机械夹固式面铣刀，刀片材料一般为硬质合金或在基体材料上涂覆一薄层超硬材料
套式立铣刀		套式立铣刀是一种主要用于铣削平面的刀具。套式立铣刀可利用端面刃和圆周刃同时进行切削，也可以铣削宽而浅的台阶

续表

名称	外形	用途
立铣刀	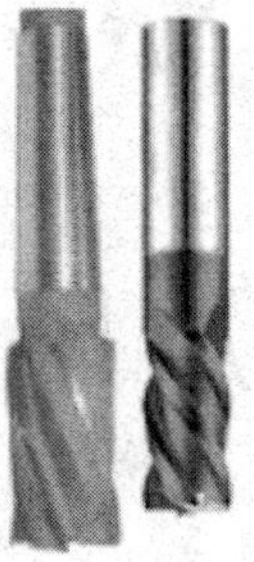	立铣刀的圆柱表面和端面上都有切削刃，可同时进行切削，应用广泛。立铣刀可以用来铣削较小的平面、台阶和直角沟槽
键槽铣刀		键槽铣刀主要用来铣削键槽，它与三刃立铣刀的区别如下：只有两条切削刃，且切削刃通过刀具中心，可以垂直进刀
倒角刀	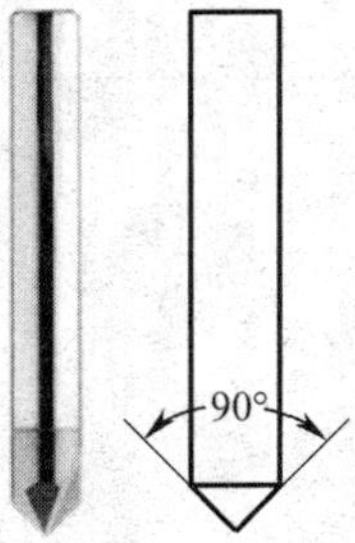 90°	常用的倒角刀前端角度有60°、90°、120°，可以用来加工较小的特殊角度（30°、45°、60°）的斜面（倒角）
麻花钻		麻花钻有直柄和锥柄两种，主要用来钻孔
镗刀盘（配镗刀）		镗刀盘（配镗刀）主要用来镗孔，它具有较高的刚度，并且能够精确控制孔的尺寸，应用较广泛
铰刀		铰刀用来铰孔，分为手动和机动两类
锉刀	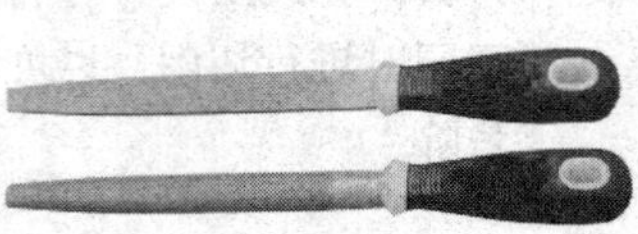	主要用来修锉毛刺

续表

名称	外形	用途
修边器		主要用来去除毛刺及修边
倒角器	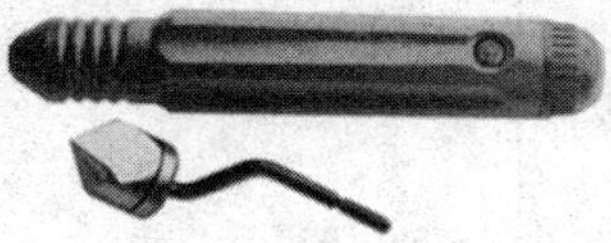	主要用来去除孔口毛刺及倒角

2. 铣削常用量具

铣削常用量具的外形及用途见表 7-3-2。

表 7-3-2　铣削常用量具的外形及用途

名称	外形	用途
钢直尺	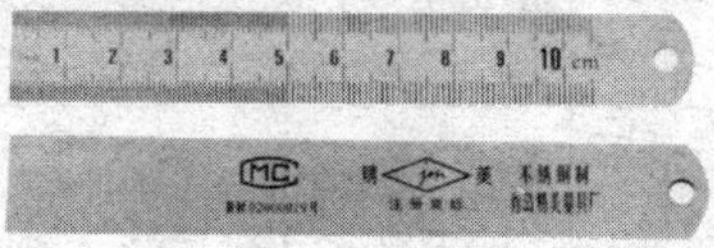	钢直尺是一种用来粗略地测量工件的长、宽、高、深、厚等几何尺寸的量具
游标卡尺	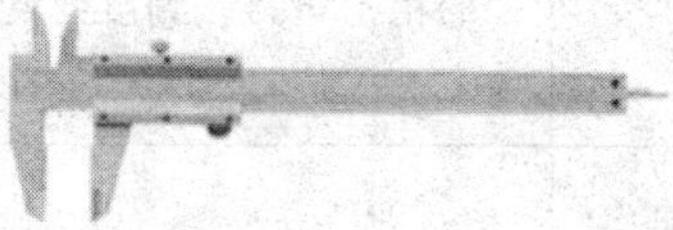	游标卡尺是一种用来测量长度、内外直径、深度的量具，游标卡尺由尺身和附在尺身上能滑动的游标两部分构成，测量精度一般为 0.02 mm
深度游标卡尺	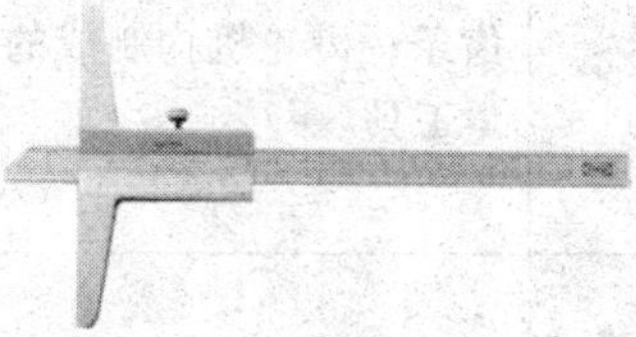	深度游标卡尺是一种主要用来测量深度的量具，由尺身和附在尺身上能滑动的游标两部分构成，精度一般为 0.02 mm
游标万能角度尺	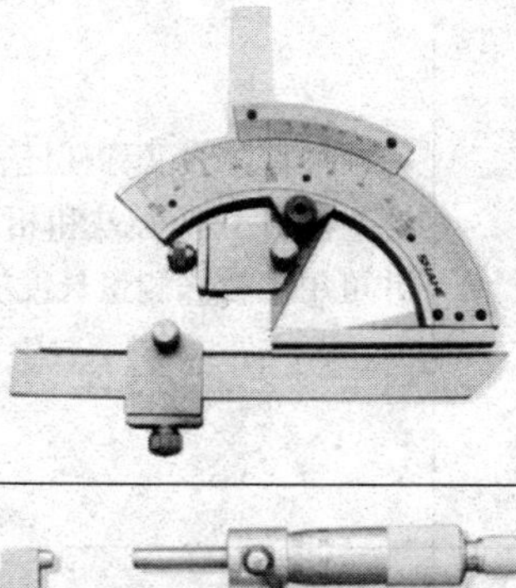	游标万能角度尺又称角度规、游标角度尺和万能量角器，是利用游标读数原理直接测量工件角度或进行划线的一种量具
外径千分尺	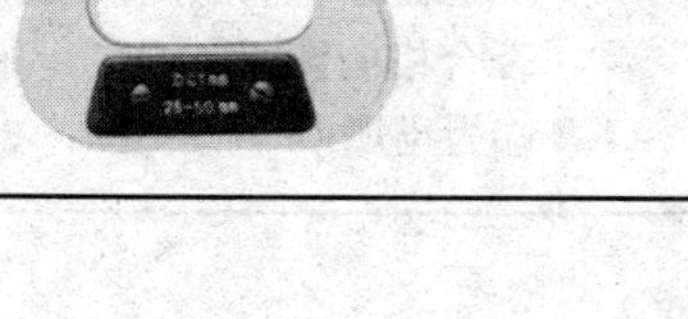	外径千分尺是一种用来测量外径、长度的精密量具，测量精度一般为 0.01 mm

续表

名称	外形	用途
深度千分尺	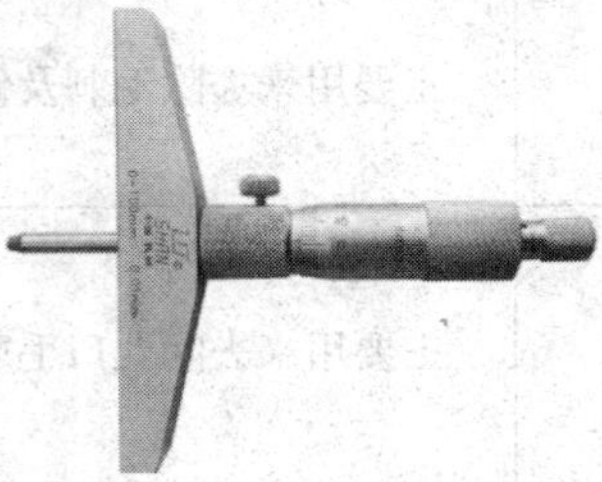	深度千分尺是一种主要用来测量深度的精密量具，测量精度一般为 0.01 mm
内测千分尺	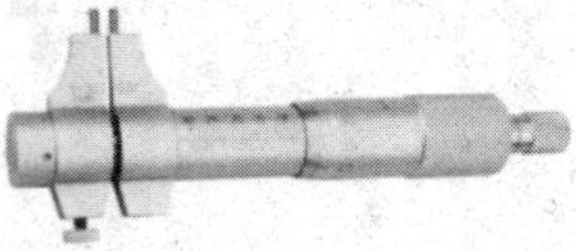	内测千分尺是一种用来测量内径、槽宽的精密量具，测量精度一般为 0.01 mm
壁厚千分尺		壁厚千分尺是一种用来测量管壁厚度的精密量具，测量精度一般为 0.01 mm
三爪内径千分尺		三爪内径千分尺是一种用来测量工件孔径的精密量具，测量精度一般为 0.01 mm
百分表	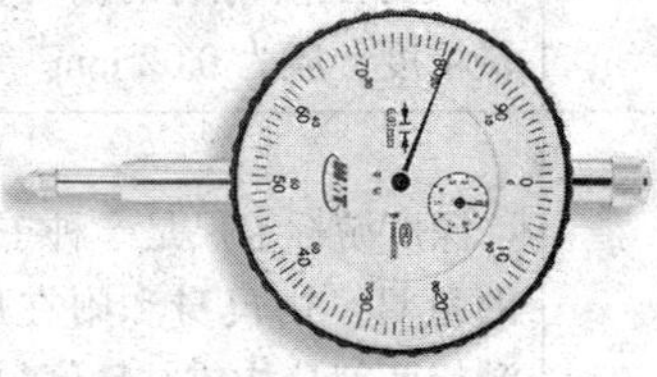	百分表是一种指示式量仪，是利用精密齿条、齿轮机构制成的表式通用长度测量工具
杠杆百分表及表座	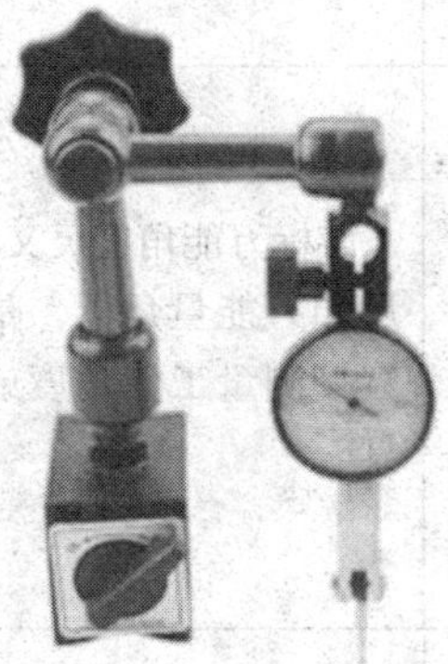	杠杆百分表又称杠杆表或靠表，是用来测量工件几何误差和相互位置的正确性，并可用比较法测量长度的测量工具
塞规		塞规是一种用来检测孔或键槽的尺寸是否合格的测量工具，一端为通规，另一端为止规

续表

名称	外形	用途
刀口形直尺		刀口形直尺是采用光隙法测量直线度和平面度误差的测量工具
塞尺		塞尺又称测微片或厚薄规，是用于检测间隙的测量工具之一，可与刀口形直尺配合使用测量直线度和平面度误差
直角尺		直角尺是用来检测相邻表面垂直度的测量工具
表面粗糙度比较样块	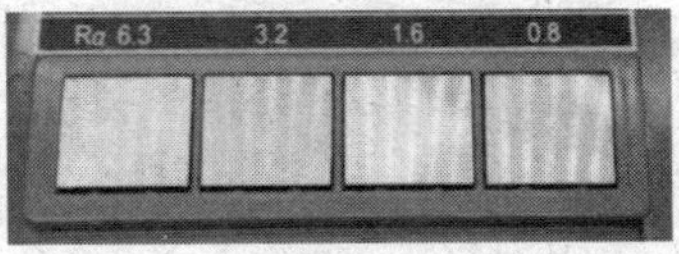	表面粗糙度比较样块是采用比较法来检查工件表面粗糙度的一种量具。通过目测或借助放大镜将样块与被测工件进行比较，判断工件的表面粗糙度值
表面粗糙度仪	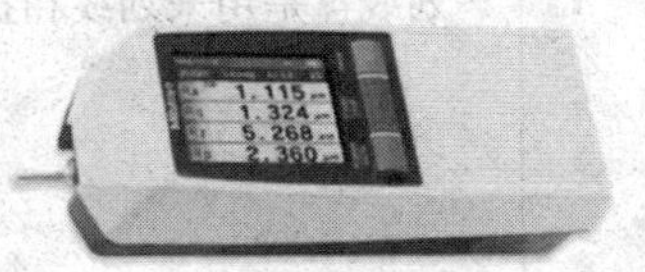	表面粗糙度仪是一种检测被测工件表面粗糙度的精密量仪。它具有测量精度高、测量范围宽、操作简便、便于携带、工作稳定等特点

3. 铣削常用工具和夹具

铣削常用工具和夹具的外形及用途见表 7-3-3。

表 7-3-3　铣削常用工具和夹具的外形及用途

名称	外形	用途
机用虎钳	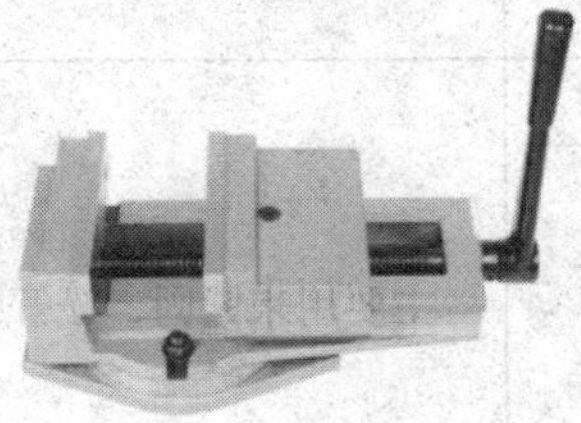	机用虎钳是铣床上使用广泛的夹具，适用于装夹中、小型工件
组合压板		组合压板是铣床较常用的夹具，适用于装夹较大或不便于用机用虎钳装夹的工件

续表

名称	外形	用途
平行垫铁		平行垫铁是铣削时常用的工具，用来垫在工件下面，对工件定位
V形架		V形架不仅用于轴类工件的装夹、检测、找正、划线，还可用于检测工件的垂直度、平行度
寻边器		寻边器又称偏心式对刀棒，是一种专用的对刀工具
划线盘	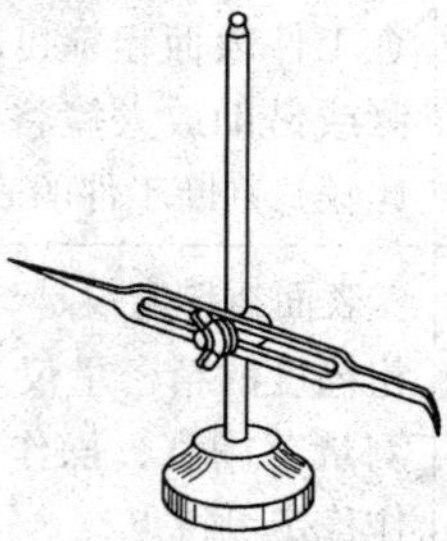	划线盘是用来划线和找正的工具
活扳手		主要用来紧固、松开螺母
内六角扳手		主要用来紧固、松开内六角螺钉
呆扳手	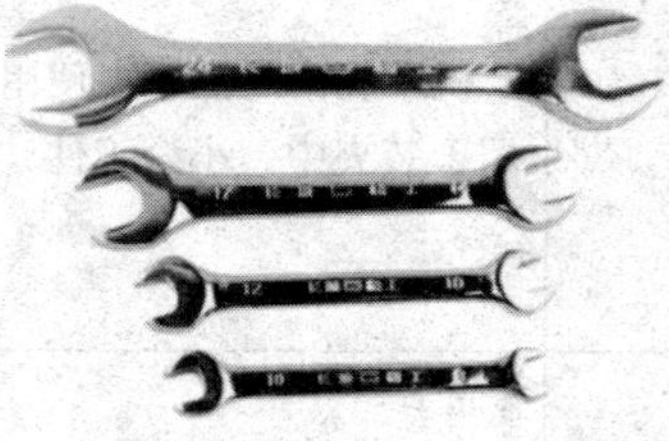	主要用来紧固、松开螺母
铜锤	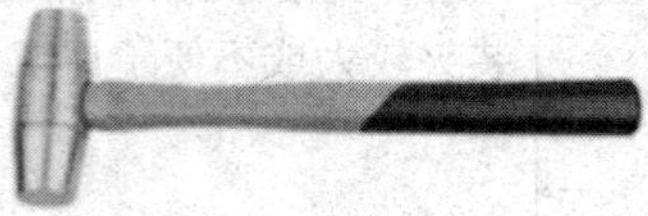	主要用来砸实工件

续表

名称	外形	用途
油枪		主要用来对床身导轨面、弹子油孔等部位进行注油润滑
毛刷		主要用来清除切屑
防护眼镜	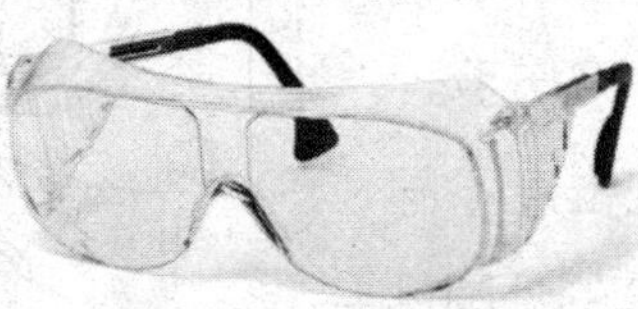	主要用来防止切屑溅入眼内

二、常用铣刀的安装

1. 套式立铣刀和套式面铣刀的安装

套式立铣刀和套式面铣刀有内孔带键槽和端面带键槽两种结构形式，安装时分别采用带纵键和带端键的铣刀杆，其安装方法见表 7-3-4。

表 7-3-4　套式立铣刀和套式面铣刀的安装方法

类型	简图及说明
内孔带键槽式	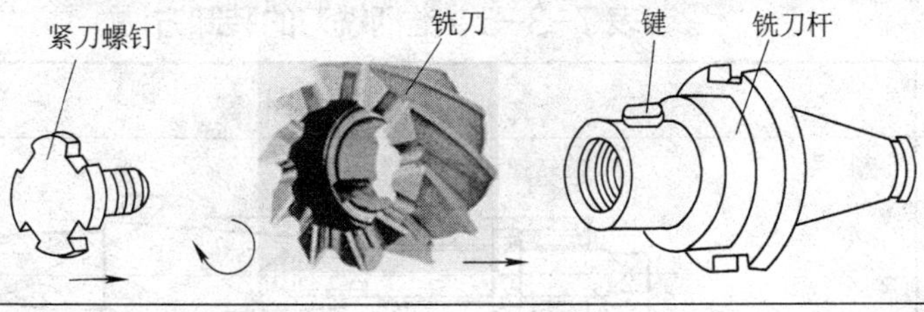 紧刀螺钉　铣刀　键　铣刀杆
端面带槽式	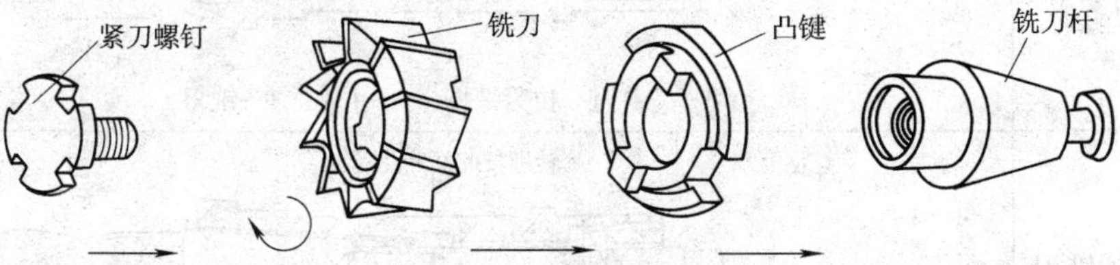 紧刀螺钉　铣刀　凸键　铣刀杆

安装铣刀时，先擦净铣刀内孔、端面和铣刀杆圆柱面。若是内孔带键槽铣刀，将铣刀内孔的键槽对准铣刀杆上的键；若是端面带槽铣刀，则将铣刀端面上的槽对

准铣刀杆凸缘端面上的凸键，装入铣刀。然后旋入紧刀螺钉，用扳手将铣刀紧固。

2. 带柄铣刀的装卸

带柄铣刀有锥柄和直柄两种。直柄铣刀的柄部为圆柱形。锥柄铣刀的柄部一般采用莫氏锥度，有莫氏 1 号、2 号、3 号、4 号、5 号五种。

（1）锥柄铣刀的装卸

当锥柄铣刀柄部的锥度与铣床主轴锥孔的锥度相同时，先将主轴转速降到最低或将主轴锁紧，再将铣刀锥柄直接放入主轴锥孔中，然后旋入拉紧螺杆，用专用的拉杆扳手将铣刀拉紧，如图 7-3-1 所示。此时，只能握住铣刀锥柄外露的端部，以防铣刀伤手。

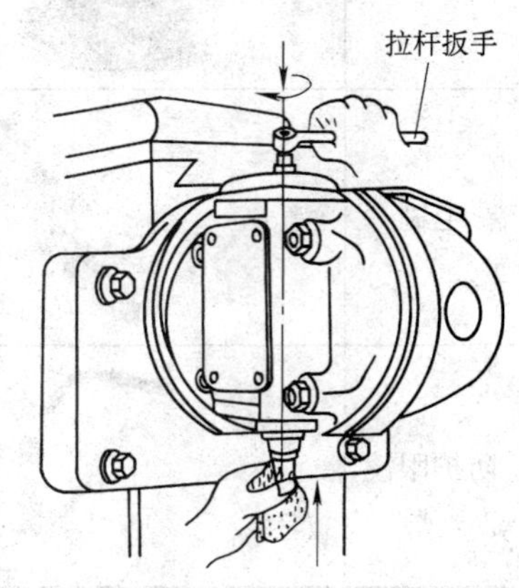

图 7-3-1　安装锥柄铣刀

当铣刀柄部的锥度与铣床主轴锥孔的锥度不同时，需要借助中间锥套安装铣刀。中间锥套的外圆锥度与铣床主轴锥孔的锥度相同，而内孔锥度与铣刀锥柄的锥度一致。安装时，先将主轴转速降到最低或将主轴锁紧，再将铣刀插入中间锥套中，然后将中间锥套连同铣刀一起放入主轴锥孔，旋紧拉紧螺杆，紧固铣刀。安装铣刀时，一定要用棉纱将各部位擦拭干净。拆卸锥柄铣刀时，先将主轴转速降到最低或将主轴锁紧，然后用拉杆扳手将拉紧螺杆松开，继续旋转拉紧螺杆，即可取下铣刀。

锥柄铣刀的装卸方法见表 7-3-5。

表 7-3-5　锥柄铣刀的装卸方法

内容	简图
锥柄铣刀的安装	旋转螺杆此面产生拉力 1 2 3 1—拉紧螺杆　2—主轴　3—铣刀
锥柄铣刀的拆卸	旋转螺杆此面产生推力 1 2 3 1—拉紧螺杆　2—主轴　3—铣刀

（2）直柄铣刀的安装

直柄铣刀一般通过钻夹头或弹簧夹头安装在主轴锥孔内，其方法见表 7-3-6。

表 7-3-6　直柄铣刀的安装方法

内容	简图	说明
用钻夹头安装直柄铣刀		将直柄铣刀插入钻夹头内，用专用扳手将铣刀旋紧
用弹簧夹头安装直柄铣刀	1 2 3 4 2 1 3 4 1—螺母　2—铣刀　3—卡簧　4—锥柄	用弹簧夹头安装直柄铣刀时，应按铣刀直径选择相同尺寸的卡簧。将铣刀柄插入卡簧内，再一起装入弹簧夹头的圆锥孔内，用扳手将螺母旋紧，即可将铣刀紧固

3. 铣刀安装后的检查

铣刀安装后应做以下两个方面的检查：

（1）检查铣刀装夹是否牢固。

（2）检查铣刀刀齿的径向圆跳动和轴向圆跳动误差是否在允许的范围内。

课题四 工件的装夹与找正

学习目标

1. 能正确使用机用虎钳。
2. 能正确使用组合压板。
3. 能根据工件形状、尺寸选择装夹方法。

在铣床上装夹工件时，最常用的两种方法是用机用虎钳和压板装夹工件。对于中、小型工件，一般采用机用虎钳装夹；对大型的工件，则多在铣床工作台上用压板来装夹。

一、用机用虎钳装夹工件

机用虎钳是铣床上常用的机床附件。常用的机用虎钳主要有回转型和固定型两种。回转型机用虎钳（见图 7-4-1）主要由固定钳口、活动钳口、底座等组成，可以在水平方向扳转任意角度，其适应性很强。固定型机用虎钳与回转型机用虎钳的结构基本相同，只是底座没有转盘，钳体不能回转，但刚度高。在铣削六面体时，一般采用固定型机用虎钳。

1. 安装机用虎钳

一般情况下，机用虎钳应处在工作台长度方向中间偏左、宽度方向的中间，以方便操作。钳口方向应根据工件长度来确定，对于长的工件，固定钳口（平面）应与铣床工作台纵向进给方向平行，如图 7-4-2a 所示；对于短的工件，固定钳口应与铣床工作台纵向进给方向垂直，如图 7-4-2b 所示。在粗铣和半精铣时，应使铣削力指向稳定、牢固的固定钳口。加工要求不高的一般工件时，机用虎钳可用定位

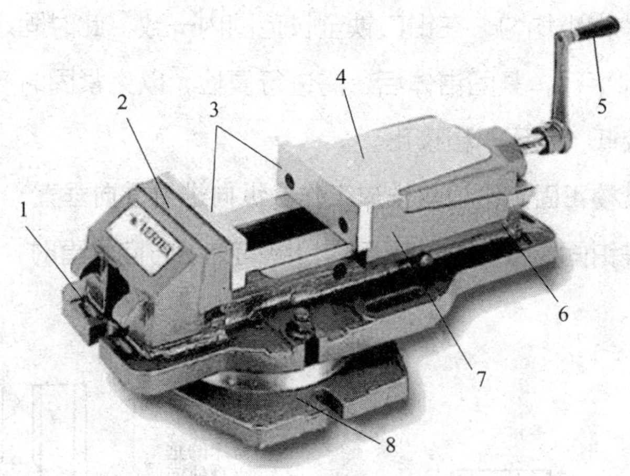

图 7-4-1　回转型机用虎钳

1—钳体　2—固定钳口　3—钳口铁　4—活动钳身　5—丝杆手柄　6—压板　7—活动钳口　8—底座

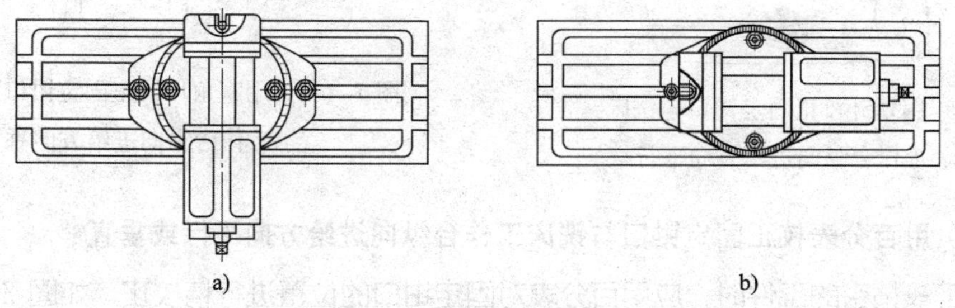

图 7-4-2　机用虎钳的安装位置

a）固定钳口与铣床工作台纵向进给方向平行　b）固定钳口与铣床工作台纵向进给方向垂直

键安装。安装时，将机用虎钳底座上的定位键放入工作台的中央 T 形槽内，双手推动机用虎钳，使两定位键的同一侧面靠在中央 T 形槽的一侧面上，然后紧固底座，再利用钳体上的零刻线与底座上的刻线相配合，转动钳体，使固定钳口与铣床工作台纵向进给方向平行或垂直，也可以按需调整成所要求的某一角度。

2. 校正机用虎钳

加工相对位置精度要求较高的工件，如铣削沟槽等，固定钳口与工作台纵向进给方向要求有较高的平行度或垂直度精度，这时应对固定钳口进行校正。校正固定钳口常用的方法有用划针校正、用直角尺校正和用百分表校正三种。

（1）用划针校正固定钳口与铣床工作台纵向进给方向平行

加工较长的工件时，固定钳口一般应与铣床工作台纵向进给方向平行，安装时可用划针校正，如图 7-4-3 所示。将划针夹持在铣刀刀柄上，使划针针尖靠近固定钳口铁平面，纵向移动工作台，观察并调整机用虎钳的位置，使划针针尖与固定钳

口铁平面间的缝隙大小均匀，在钳口铁全长范围内一致，此时固定钳口就与铣床工作台纵向进给方向平行，紧固钳体后，需进行复检，以免紧固时产生位移。用划针校正的方法精度较低，常用于粗校正。

（2）用直角尺校正固定钳口与铣床工作台纵向进给方向垂直

当要求机用虎钳固定钳口与铣床工作台纵向进给方向垂直时，可用直角尺校正，如图 7-4-4 所示。

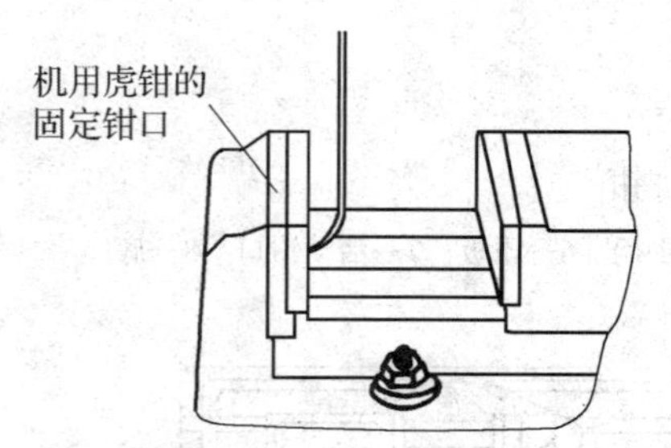

图 7-4-3　用划针校正固定钳口与铣床工作台纵向进给方向平行

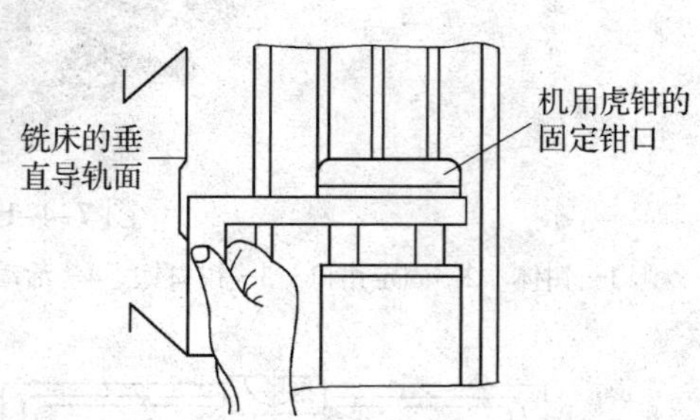

图 7-4-4　用直角尺校正固定钳口与铣床工作台纵向进给方向垂直

（3）用百分表校正固定钳口与铣床工作台纵向进给方向平行或垂直

加工较精密的工件时，应用百分表对固定钳口的位置进行精校正。如图 7-4-5a 所示，校正固定钳口与铣床工作台纵向进给方向平行时，将磁性表座吸在铣床主轴端面上，安装百分表，使表的测量杆与固定钳口铁平面垂直，测头触及固定钳口铁平面，测量杆压缩量为 1 mm 左右，纵向移动工作台，参照百分表读数调整固定钳口铁平面。在钳口全长范围内，使百分表读数的差值符合规定的要求。轻轻用力紧住钳体，待复检合格后，用力紧固钳体。

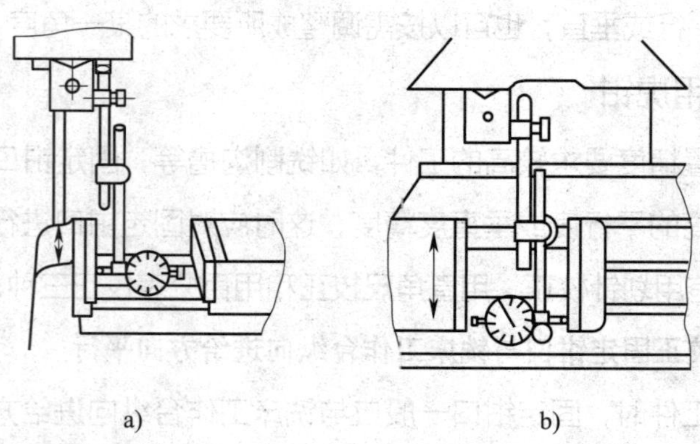

图 7-4-5　用百分表校正固定钳口与铣床工作台纵向进给方向平行或垂直
a）校正固定钳口与铣床工作台纵向进给方向平行　b）校正固定钳口与铣床工作台纵向进给方向垂直

如图 7-4-5b 所示，用百分表校正固定钳口与铣床工作台纵向进给方向垂直时，校正的方法与前面相同，横向移动工作台进行校正即可。

3. 用机用虎钳装夹工件

（1）毛坯在机用虎钳上的装夹

选择毛坯上一个较大而平整的毛坯面作为粗基准面，将其靠在固定钳口铁平面上。为防止损伤钳口，在钳口和工件毛坯面之间应垫铜皮。轻夹工件，用划线盘找正毛坯上平面位置，符合要求后夹紧工件，如图 7-4-6 所示。

（2）已加工工件在机用虎钳上的装夹

以机用虎钳固定钳口作为定位元件时，将工件的基准面靠向固定钳口，在活动钳口与工件之间放置一根圆棒，圆棒要与钳口上平面平行，其位置在钳口夹持工件部分高度的中间偏上。通过圆棒夹紧工件，能保证工件的基准面与固定钳口铁平面很好地贴合，如图 7-4-7 所示。

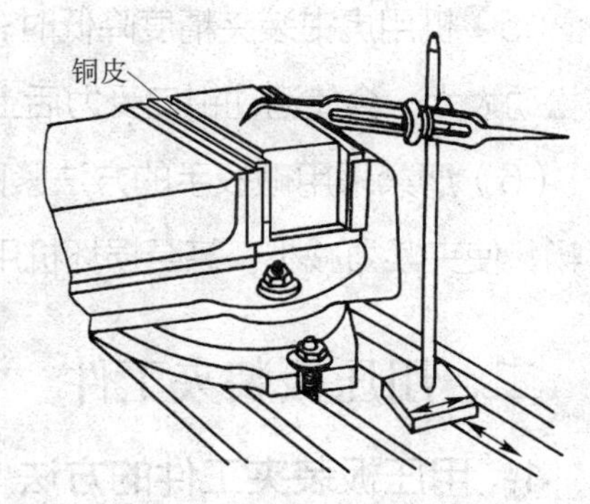

图 7-4-6　在钳口垫铜皮装夹及找正毛坯

以钳体导轨面作为定位元件时，将工件的基准面靠向钳体导轨面，在工件与钳体导轨面之间有时要加垫平行垫铁（视工件大小和高度而定），如图 7-4-8 所示。为了使工件基准面与钳体导轨面平行，工件夹紧后，可用铜锤轻击工件上平面，并用手试移平行垫铁。当平行垫铁不再松动时，表明平行垫铁与工件、平行垫铁与钳体导轨面三者密合较好。敲击工件时，用力要适当，并逐渐减小。若用力过大，会因产生的反作用力而影响三者的密合。

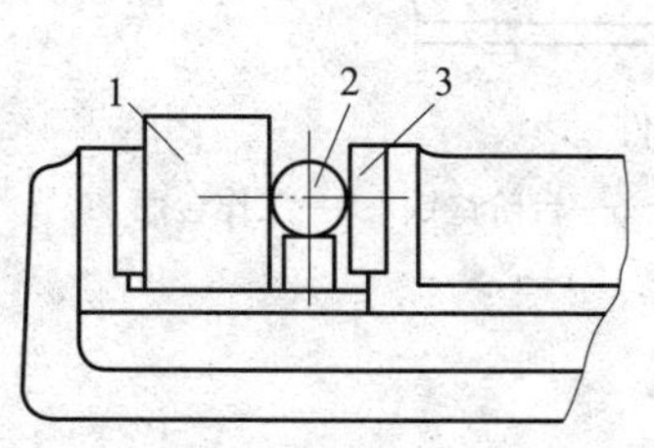

图 7-4-7　用圆棒夹持工件

1—工件　2—圆棒

3—活动钳口

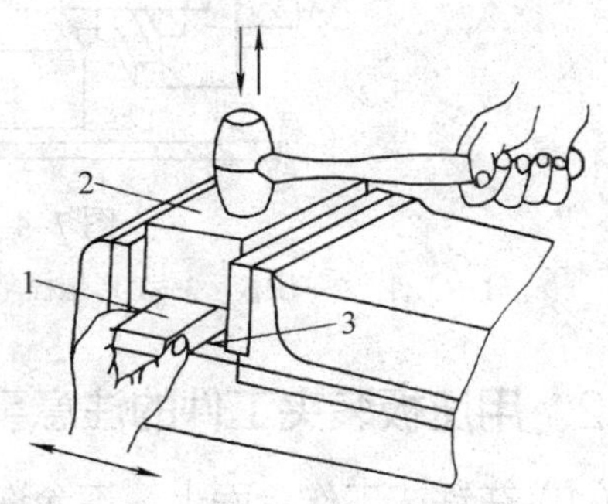

图 7-4-8　用平行垫铁装夹工件

1—平行垫铁　2—工件

3—钳体导轨面

4. 用机用虎钳装夹工件的注意事项

（1）安装工件时应将各接合面擦净。

（2）工件的装夹高度以铣削时铣刀不接触钳口上平面为宜。

（3）工件的装夹位置应尽量使机用虎钳钳口受力均匀。必要时可以加垫块进行平衡。

（4）用平行垫铁装夹工件时，所选平行垫铁的平面度、平行度和垂直度应符合要求，并使其表面具有一定硬度。

（5）机用虎钳装夹精度降低时，应注意活动钳口下面压板的紧固螺钉是否松动。若松动太大，会使活动钳口受力后上翘。此时，应将紧固螺钉适当拧紧。

（6）严禁采用砸扳手的方法紧固工件。这样会使丝杆变形，造成机用虎钳运行不畅，使夹紧力减小，甚至损坏机用虎钳。

二、用压板装夹工件

1. 用压板装夹工件的方法

对于外形尺寸较大或不便用机用虎钳装夹的工件，常用压板将其压紧在铣床工作台面上，如图 7-4-9 所示。使用压板装夹工件时，应选择两块以上压板。压板的一端搭在台阶垫铁上，另一端搭在工件上。垫铁的高度应等于或略高于工件被压紧部位的高度。T 形螺栓略接近于工件一侧，并使压板尽量接近加工位置。在螺母与压板之间必须加垫垫圈。

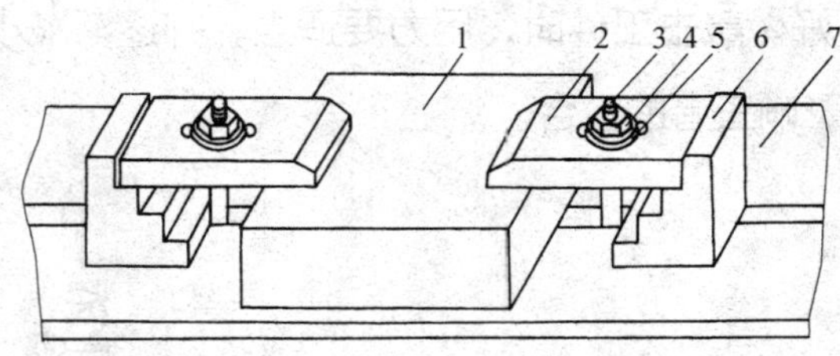

图 7-4-9　用压板装夹工件

1—工件　2—压板　3—T 形螺栓　4—螺母　5—垫圈　6—台阶垫铁　7—工作台面

2. 用压板装夹工件的注意事项

（1）在铣床工作台面上，不允许拖拉表面粗糙的工件；夹紧时，应在毛坯与工作台面间衬垫铜皮，以免损伤工作台面。

（2）用压板在工件已加工表面上夹紧时，应在工件与压板间衬垫铜皮，以免损伤工件已加工表面。

（3）正确选择压板在工件上的夹紧位置，使其尽量靠近加工区域，并处于工件刚度最高的位置。若夹紧部位有悬空现象，应将工件垫实。

（4）螺栓要拧紧，尽量不使用活扳手。

（5）每个压板的夹紧力应大小均匀，并逐步以对角方式压紧，不应单边紧固，防止因压板的夹紧力偏移而使工件倾斜。

课题五
铣削运动、铣削用量和铣削方法

学习目标

1. 掌握铣削主运动和进给运动的概念。
2. 掌握铣削用量四要素的定义。
3. 能合理选择及确定铣削用量。
4. 能合理选择铣削方法。

一、铣削运动

铣削时工件与铣刀的相对运动称为铣削运动，它包括主运动和进给运动。

1. 主运动

主运动是切除工件表面多余材料所需的最基本的运动，是指直接切除工件上待切削层，使之转变为切屑的主要运动。铣削时，铣刀的旋转运动是主运动。

2. 进给运动

进给运动是使工件切削层材料相继投入切削，从而加工出完整表面所需的运动。铣削时，铣刀的移动、工件的移动或回转是进给运动。

二、铣削用量

铣削过程中所选用的切削用量称为铣削用量。铣削用量的要素包括铣削速度 v_c、进给量 f、铣削深度 a_p 和铣削宽度 a_e。

铣削时，合理地选择铣削用量，对保证工件的加工精度与加工表面质量、提高生产效率、延长铣刀的使用寿命、降低生产成本，都有着密切的关系。

1. 铣削速度 v_c

铣削时，铣刀切削刃上选定点相对于工件的主运动的瞬时速度称为铣削速度。铣削速度可以简单地理解为切削刃上选定点在主运动中的线速度，即切削刃上离铣刀轴线距离最大的点在 1 min 内所经过的路程。铣削速度的单位是 m/min。

铣削速度与铣刀直径、铣刀转速有关，其计算公式为：

$$v_c=\frac{\pi dn}{1\,000}$$

式中 v_c——铣削速度，m/min；

d——铣刀直径，mm；

n——铣刀或铣床主轴转速，r/min。

铣削时，根据工件的材料、铣刀切削部分材料、加工阶段的性质等因素确定铣削速度，然后根据所用铣刀的规格（直径），按下式计算并确定铣床主轴的转速：

$$n=\frac{1\,000v_c}{\pi d}$$

例如，在 X5032 型铣床上，用直径为 80 mm 的面铣刀，以 60 m/min 的铣削速度进行铣削。铣床主轴转速应调整到多少？

解：已知 d=80 mm，v_c=60 m/min

由公式得 $n=\frac{1\,000v_c}{\pi d}=\frac{1\,000\times 60\text{ m/min}}{3.14\times 80\text{ mm}}\approx 239\text{ r/min}$

答：根据铣床铭牌，铣床主轴转速实际应调整到 235 r/min。

2. 进给量 f

刀具（铣刀）在进给运动方向上相对于工件的单位位移量称为进给量。铣削中的进给量根据具体情况的需要有以下三种表述和度量的方法：

（1）每转进给量 f

铣刀每回转一周在进给运动方向上相对于工件的位移量称为每转进给量，单位为 mm/r。

（2）每齿进给量 f_z

铣刀每转中每一刀齿在进给运动方向上相对于工件的位移量称为每齿进给量，单位为 mm/ 齿。

（3）进给速度（又称每分钟进给量）v_f

切削刃上选定点相对于工件进给运动的瞬时速度称为进给速度，也就是铣刀每回转 1 min，在进给运动方向上相对于工件的位移量，单位为 mm/min。

三种进给量的关系式为：

$$v_f=fn=f_z zn$$

式中 v_f——进给速度，mm/min；

f——每转进给量，mm/r；

n——铣刀或铣床主轴转速，r/min；

f_z——每齿进给量，mm/ 齿；

z——铣刀齿数。

铣削时，根据加工性质先确定每齿进给量 f_z，然后根据所选用铣刀的齿数 z 和铣刀的转速 n 计算出进给速度 v_f，并以此对铣床进给量进行调整（铣床铭牌上的进给量以进给速度 v_f 表示）。

例如，在 X5032 型铣床上，用一把直径为 80 mm、齿数为 6 的面铣刀进行铣削，铣削速度为 100 m/min，每齿进给量为 0.05 mm/ 齿。铣床主轴转速和进给速度应调整到多少?

解：已知 d=80 mm，z=6，v_c=100 m/min，f_z=0.05 mm/ 齿。

由公式得 $n=\dfrac{1\,000v_c}{\pi d}=\dfrac{1\,000\times100\text{ m/min}}{3.14\times80\text{ mm}}\approx398\text{ r/min}$

根据铣床名牌，铣床主轴转速实际应调整到 375 r/min。

由公式得 $v_f=fn=f_z zn=0.05\text{ mm/ 齿}\times6\text{ 齿}\times375\text{ r/min}\approx113\text{ mm/min}$

根据铣床名牌，进给速度实际应调整到 118 mm/min。

答：调整铣床主轴转速为 375 r/min，进给速度为 118 mm/min。

注意：当计算所得的数值与铣床铭牌上所标数值不一致时，可选取与计算所得数值最接近的铭牌数值。若计算所得数值处在铭牌上两个数值的中间，则应选取较小的铭牌数值。

3. 铣削深度 a_p

铣削深度 a_p 是指在平行于铣刀轴线方向上测得的切削层尺寸，单位为 mm。

4. 铣削宽度 a_e

铣削宽度 a_e 是指在垂直于铣刀轴线和工件进给方向上测得的切削层尺寸，单位为 mm。

铣削时，由于采用的铣削方法和选用的铣刀不同，铣削深度 a_p 和铣削宽度 a_e

的表示也不同。如图 7-5-1 所示为用圆柱铣刀进行周铣与用面铣刀进行端铣时铣削深度和铣削宽度的表示。不难看出，不论是采用周铣还是端铣，铣削宽度 a_e 都表示铣削弧深。因为不论使用哪一种铣刀铣削，其铣削弧深的方向均垂直于铣刀轴线。

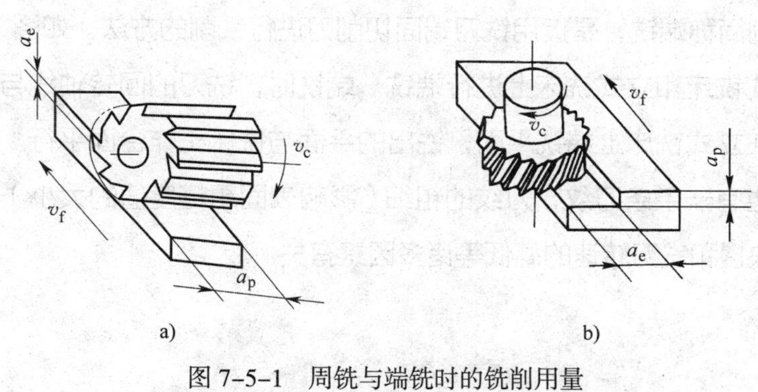

图 7-5-1　周铣与端铣时的铣削用量

a）周铣　b）端铣

三、铣削方法

1. 按铣刀在铣削时切削刃与工件接触的位置不同分类

铣削方法可分为周边铣削、端面铣削以及周边铣削与端面铣削同时进行的周边—端面铣削。

（1）周边铣削

周边铣削简称周铣，是指用铣刀的圆周切削刃进行铣削的方法。如图 7-5-2 所示分别为在卧式铣床和立式铣床上进行周铣。周铣时，铣刀的回转轴线与工件被加工表面相平行。由于铣刀是由若干条切削刃组成的，因此铣出的平面上会有微小的波纹。要使被加工表面获得较小的表面粗糙度值，工件的进给速度应慢一些，而铣刀的旋转速度应适当快一些。

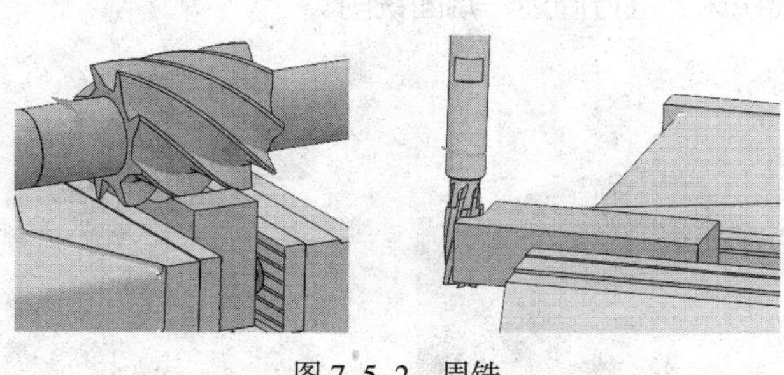

图 7-5-2　周铣

用周铣铣出的平面，其平面度精度的高低主要取决于铣刀的圆柱度。若铣刀在多次使用或刃磨后形状精度达不到要求，则不能使用，故周铣时对刀具要求较高。周铣铣削效率较低。

（2）端面铣削

端面铣削简称端铣，是指用铣刀端面切削刃进行铣削的方法。如图 7-5-3 所示分别为在卧式铣床和立式铣床上进行端铣。端铣时，铣刀的回转轴线与工件被加工表面垂直。在立式铣床上端铣平面，铣出的平面与铣床工作台面平行。用端铣方法铣出的平面也有一条条刀纹，刀纹的粗细（影响表面粗糙度值的大小）同样与工件进给速度的快慢和铣刀转速的高低等诸多因素有关。

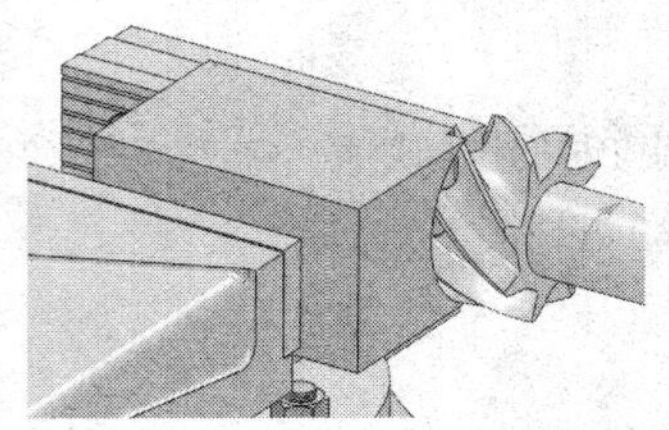 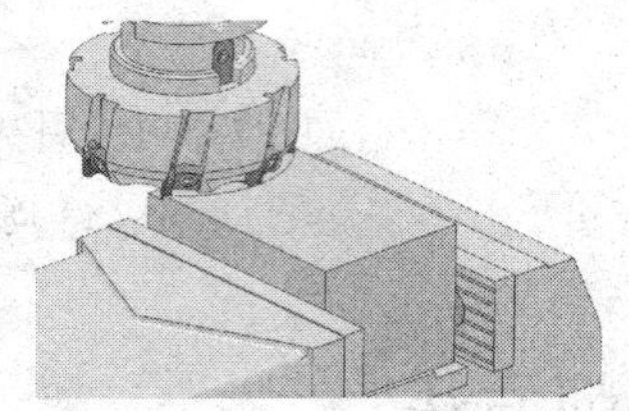

图 7-5-3　端铣

用端铣铣出的平面，其平面度精度的高低主要取决于铣床主轴轴线与进给方向的垂直度。若铣床主轴轴线与进给方向垂直，则铣刀刀尖会在工件表面铣出网状的弧形刀纹；若铣床主轴轴线与进给方向不垂直，则铣刀刀尖会在工件表面铣出单向的弧形刀纹，并将工件表面铣成一个凹面。因此，采用端铣铣削平面时，应找正铣床主轴轴线与进给方向的垂直度。端铣铣削效率较高。

（3）周边—端面铣削

周边—端面铣削是指用铣刀的圆周切削刃和端面切削刃同时进行铣削的方法。铣削时，工件上会同时形成两个或两个以上的已加工表面。如图 7-5-4 所示分别为在卧式铣床和立式铣床上进行周边—端面铣削。

 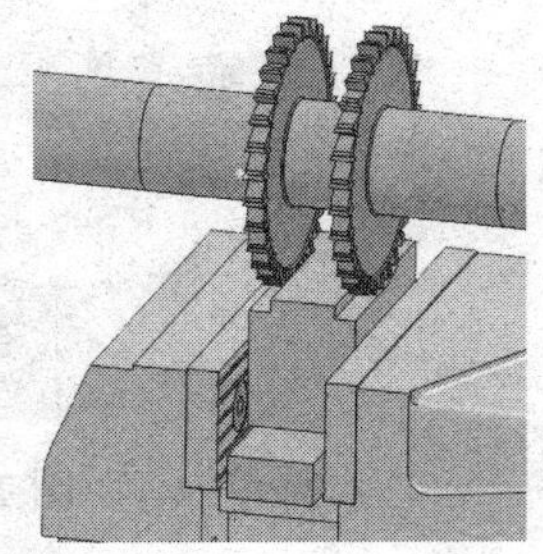

图 7-5-4　周边—端面铣削

在实际铣削过程中铣削的方法以周边—端面铣削居多，往往随着铣削过程中铣刀的类型、切削部位和切削位置的改变而发生变化，如图 7-5-5 所示为在立式铣床上进行加工时各种不同的铣削方法。

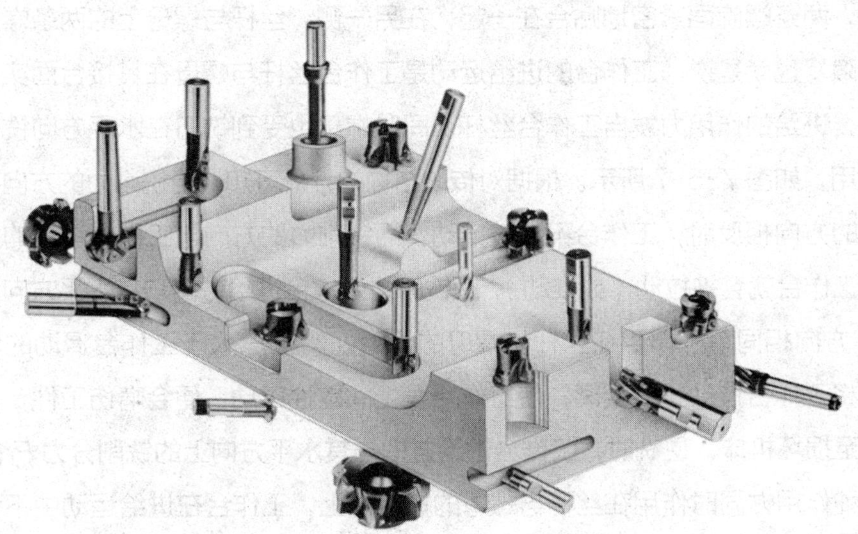

图 7-5-5　在立式铣床上进行加工时各种不同的铣削方法

2. 按铣刀切削部位产生的切削力与进给方向间的关系分类

铣削方法可分为顺铣与逆铣，如图 7-5-6 所示。

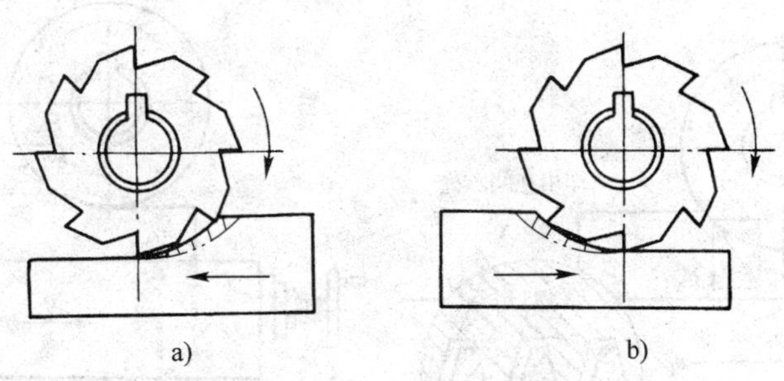

图 7-5-6　顺铣与逆铣

a）顺铣　b）逆铣

顺铣是指铣削时铣刀对工件的铣削力在进给方向的分力与工件进给方向相同的铣削方法。

逆铣是指铣削时铣刀对工件的铣削力在进给方向的分力与工件进给方向相反的铣削方法。

（1）周铣时的顺铣与逆铣

在铣削过程中，由于铣床工作台是通过丝杆螺母副来实现传动的，要使丝杆在螺母中能轻快地旋转，在它们之间一定要有适当的间隙。此时在工作台丝杆螺母副的一侧，两条螺旋面紧密地贴合在一起；在另一侧，丝杆与螺母上的两条螺旋面存在着间隙。也就是说，工作台的进给运动是工作台丝杆与螺母在其接合面实现着运动传递，进给的作用力发自工作台丝杆。同时螺母也受到铣刀在水平方向铣削分力 F_f 的作用，如图 7-5-7 所示。根据对传动结构的分析可知：当铣削力的方向与工作台移动的方向相反时，工作台不会被推动，而铣削力的方向与工作台移动的方向一致时，工作台就会被拉动（或推动）。顺铣时，工作台进给方向与其水平方向的铣削分力 F_f 方向相同，F_f 作用在丝杆与螺母的间隙处。当 F_f 大于工作台滑动的摩擦力时，F_f 将工作台推动一段距离，使工作台发生间歇性窜动，便会啃伤工件，损坏刀具，甚至损坏机床。逆铣时，工作台进给方向与其水平方向上的铣削分力 F_f 方向相反，两种作用力同时作用在丝杆与螺母的接合面上，工作台在进给运动中不会发生窜动现象，即水平方向上的铣削分力 F_f 不会拉动工作台，所以在一般情况下都采用逆铣。

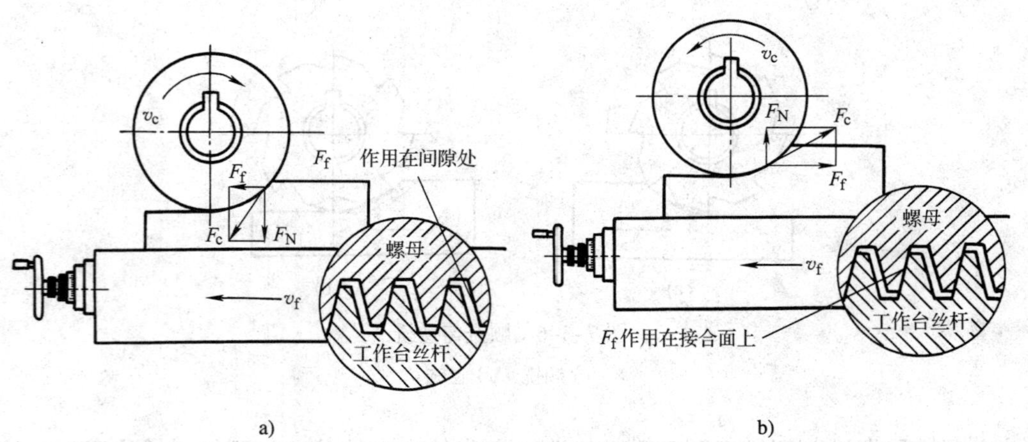

图 7-5-7　周铣时的顺铣与逆铣

a）顺铣　b）逆铣

顺铣与逆铣的特点见表 7-5-1。

表 7-5-1　顺铣与逆铣的特点

铣削方法	优点	缺点
顺铣	顺铣时，铣刀对工件的作用力 F_c 在垂直方向的分力 F_N 始终向下，对工件起压紧作用，因此铣削较平稳。尤其适合夹紧薄板形工件 铣刀切入工件时，切屑厚度由最大逐渐减小到零。刀具切入容易，且铣刀后面与工件已加工表面的摩擦、挤压小，因此切削刃磨损慢，铣削工件表面质量高 消耗在进给运动方向的功率较小	顺铣时，刀具从工件外表面切入，因此，当工件是有硬皮和杂质的毛坯时，刀具容易磨损和损坏 顺铣时，容易拉动工作台，导致铣刀损坏，铣刀杆弯曲，工件及夹具损坏，甚至机床损坏等严重后果
逆铣	在铣刀中心点进入工件端面后，切削刃沿已加工表面切入工件，工件表面有硬皮或杂质时，对铣刀切削刃损坏的影响小 逆铣时不会拉动工作台	逆铣时，铣刀对工件的作用力 F_c 在垂直方向的分力 F_N 始终向上，对工件需要较大的夹紧力 铣刀切入工件时，切屑厚度由零逐渐增加到最大。铣刀后面与工件已加工表面的摩擦、挤压严重，加速铣刀磨损，降低表面质量

（2）端铣时的顺铣与逆铣

端铣时，根据铣刀与工件之间的相对位置不同，分为对称铣削和非对称铣削。端铣也存在顺铣与逆铣现象。

1）对称铣削。铣削宽度 a_e 对称于铣刀轴线的端铣称为对称铣削。在铣削宽度上以铣刀轴线为界，铣刀先切入工件的一边称为切入边，切出工件的一边称为切出边。切入边为逆铣，切出边为顺铣，如图 7-5-8 所示。

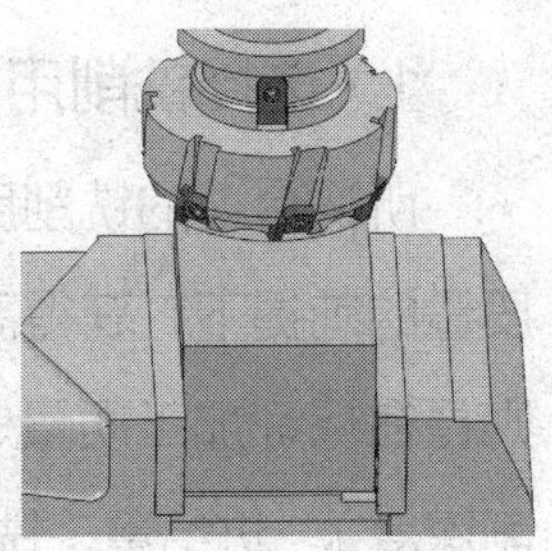

图 7-5-8　对称铣削

对称铣削时，切入边与切出边所占的铣削宽度相等。对称铣削只在铣削宽度接近铣刀直径时采用。

2）非对称铣削。铣削宽度 a_e 不对称于铣刀轴线的端铣方式称为非对称铣削。按切入边和切出边所占铣削宽度比例的不同，非对称铣削又分为非对称顺铣和非对称逆铣两种，如图 7-5-9 所示。

非对称顺铣是顺铣部分（切出边的宽度）所占的比例较大的端铣形式。与周铣的顺铣一样，非对称顺铣也容易拉动工作台，因此加工中很少采用非对称顺铣。只

是在铣削塑性和韧性好、加工硬化严重的材料（如不锈钢、耐热合金等）时采用非对称顺铣，以减少切屑黏附及延长刀具寿命。此时，必须调整好铣床工作台丝杆螺母副的传动间隙。

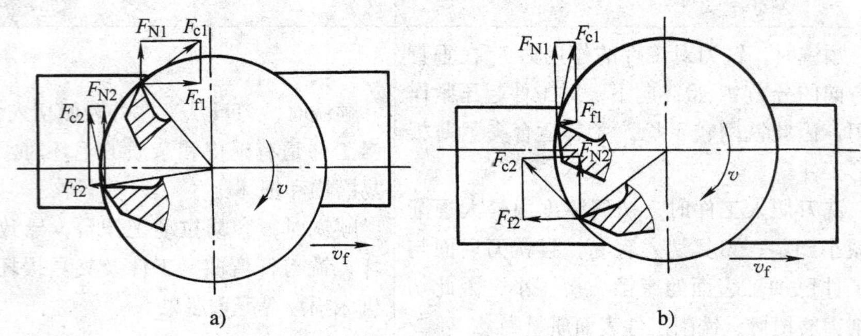

图 7-5-9　非对称铣削

a）非对称顺铣　b）非对称逆铣

非对称逆铣是逆铣部分（切入边的宽度）所占的比例较大的端铣形式。铣刀对工件的作用力在进给方向上两个分力的合力 F_f 作用在工作台丝杆与螺母的接合面上，不会拉动工作台。此时铣刀切削刃切出工件时切屑由薄到厚，因而冲击小，振动较小，切削平稳，因此非对称逆铣得到普遍应用。

四、铣削用量的选择

1. 选择铣削用量的原则

所谓合理的铣削用量，是指充分利用铣刀的切削能力和机床性能，在保证加工质量的前提下，获得高的生产效率和低的加工成本的铣削用量。选择铣削用量的原则是在保证加工质量、降低加工成本和提高生产效率的前提下，使铣削宽度（或铣削深度）、进给量、铣削速度的乘积最大，这时工序的切削工时最少。

粗铣时，在机床动力和工艺系统刚度允许并具有合理的刀具寿命的条件下，按铣削宽度（或铣削深度）、进给量、铣削速度的次序选择及确定铣削用量。在铣削用量中，铣削宽度（或铣削深度）对刀具寿命影响最小，进给量的影响次之，而铣削速度对刀具寿命的影响最大。因此，在确定铣削用量时，应尽可能选择较大的铣削宽度（或铣削深度），然后按工艺装备和技术条件的允许选择较大的每齿进给量，最后根据刀具寿命选择允许的铣削速度。

精铣时，为了保证加工精度和表面粗糙度的要求，工件切削层宽度应尽量一次铣出；切削层深度一般在 0.5 mm 左右；再根据表面粗糙度要求选择合适的每齿进给量；最后根据刀具寿命确定铣削速度。

2. 切削层深度的选择

端铣时的铣削深度 a_p、周铣时的铣削宽度 a_e 就是被切金属层的深度（切削层深度）。当铣床功率足够，工艺系统的刚度和强度允许，且加工精度要求不高及加工余量不大时，可一次进给铣去全部余量。当加工精度要求较高或加工表面的表面粗糙度 $Ra \leqslant 6.3\ \mu m$ 时，应分粗铣和精铣。粗铣时，除留下精铣余量外，应尽可能一次进给切除全部粗加工余量。

端铣时，铣削深度 a_p 的推荐数值见表 7-5-2。当工件材料的硬度和强度较高时，取表中较小值。当加工余量较大时，可增加进给次数。

表 7-5-2　端铣时铣削深度 a_p 的推荐值　mm

工件材料	高速钢铣刀		硬质合金铣刀	
	粗铣	精铣	粗铣	精铣
铸铁	5 ~ 7	0.5 ~ 1	10 ~ 18	1 ~ 2
软钢	<5	0.5 ~ 1	<12	1 ~ 2
中硬钢	<4	0.5 ~ 1	<7	1 ~ 2
硬钢	<3	0.5 ~ 1	<4	1 ~ 2

在粗铣时，周铣的铣削宽度 a_e 可比端铣的铣削深度 a_p 大，因此，在铣床功率足够，工艺系统的刚度和强度允许的条件下，尽量在一次进给中把粗铣余量全部切除。精铣时，a_e 值可参照端铣时的 a_p 值。

3. 进给量的选择

粗铣时，限制进给量提高的主要因素是铣削力。进给量主要根据铣床进给机构的强度、铣刀杆尺寸、刀齿强度以及工艺系统（如机床、夹具等）的刚度来确定。在上述条件允许的情况下，进给量应尽量取得大些。

精铣时，限制进给量提高的主要因素是加工表面的表面粗糙度，进给量越大，表面粗糙度值也越大。为了减小工艺系统的弹性变形，减小已加工表面残留面积的高度，一般采用较小的进给量。

4. 铣削速度的选择

在铣削深度 a_p、铣削宽度 a_e、进给量 f 确定后，最后选择铣削速度 v_c。铣削速

度 v_c 是在保证加工质量和刀具寿命的前提下确定的。

铣削时，影响铣削速度的主要因素包括：铣刀材料的性质和刀具寿命、工件材料的性质、铣削条件及切削液的使用情况等。

粗铣时，由于金属切除量大，产生热量多，切削温度高，为了保证合理的刀具寿命，铣削速度要比精铣时低一些。在铣削不锈钢等韧性好、强度高的材料，以及其他一些硬度高、高温下强度高的材料时，铣削速度更应低一些。此外，粗铣时铣削力大，必须考虑铣床功率是否足够，必要时应适当降低铣削速度，以减小功率。

精铣时，由于金属切除量小，因此，在一般情形下可采用比粗铣时高一些的铣削速度。但铣削速度的提高将加快铣刀的磨损速度，从而影响加工精度。因此，精铣时限制铣削速度的主要因素是加工精度和刀具寿命。在精铣面积大的工件（即一次铣削宽而长的加工面）时，往往采用铣削速度比粗铣时还要低的低速铣削，以使切削刃和刀尖的磨损量极少，从而获得高的加工精度。

模块八
平面和连接面的铣削

课题一
六面体的铣削

学习目标

1. 正确使用六面体（平面）铣削常用工艺装备。
2. 掌握平面（基准面）、垂直面、平行面的铣削方法。
3. 掌握六面体的铣削方法。
4. 掌握六面体的检测方法。

长方体零件由六个平面组成，故又称六面体。六面体各平面之间有垂直、平行的位置关系。相邻的表面要垂直，相对的表面要平行。加工时，应先找出六面体的基准面进行加工，并用该表面作为加工其他表面的基准面。铣削六面体包含铣削平面（基准面）、垂直面、平行面。

一、六面体（平面）铣削常用工艺装备

1. 六面体（平面）铣削常用刀具

六面体（平面）铣削一般使用面铣刀、套式立铣刀、立铣刀、锉刀、修边器等刀具。

2. 六面体（平面）铣削常用量具

六面体（平面）铣削一般使用钢直尺、游标卡尺、深度游标卡尺、外径千分尺、百分表、刀口形直尺、塞尺、直角尺、表面粗糙度比较样块（或表面粗糙度仪）等量具。

3. 六面体（平面）铣削常用工具和夹具

六面体（平面）铣削一般使用机用虎钳（或组合压板）、平行垫铁、活扳手、呆扳手、内六角扳手、划线盘、铜锤、油枪、毛刷、防护眼镜等工具和夹具。

二、相关知识

1. 铣削平面

铣削平面是铣工最常见的工作，既可以在卧式铣床上铣削，也可以在立式铣床上铣削。平面质量的好坏主要从它的平整程度和粗糙程度两个方面来衡量，分别用平面度和表面粗糙度来考核。

2. 用机用虎钳装夹工件铣削垂直面和平行面

工件上有许多不在同一平面上的表面，它们互相直接或间接地交接，这样的表面称为连接面。连接面之间有垂直、平行和倾斜的位置关系。当工件表面与其基准面相互垂直时，称为垂直面；当工件表面与其基准面相互平行时，称为平行面。垂直面和平行面的铣削除了像平面铣削那样需要保证其平面度和表面粗糙度的要求外，还需要保证其相对于基准面的位置精度（如垂直度、平行度等），以及与基准面间尺寸精度的要求。

（1）铣削垂直面

如图 8-1-1 所示，用机用虎钳装夹工件铣削垂直面时，将工件基准面靠向固定钳口面装夹，使其基准面与进给方向平行或垂直。在立式铣床上可采用面铣刀端铣工件上平面，用立铣刀周铣工件端面。

当垂直度精度要求较高时，则必须检测并找正固定钳口与工作台面的垂直度是否符合要求。检测时，为使垂直度误差明显，将一块表面光滑、平整的平行垫铁紧贴在固定钳口面上，并在活动钳口处横向夹一根圆棒，将平行垫铁夹牢。使百分表的测头在平行垫铁 200 mm 的范围内垂直移动，观察百分表读数的变动量是否符合要求（见图 8-1-2），否则，就要修整固定钳口面或在平面磨床上修磨固定钳口铁平面。

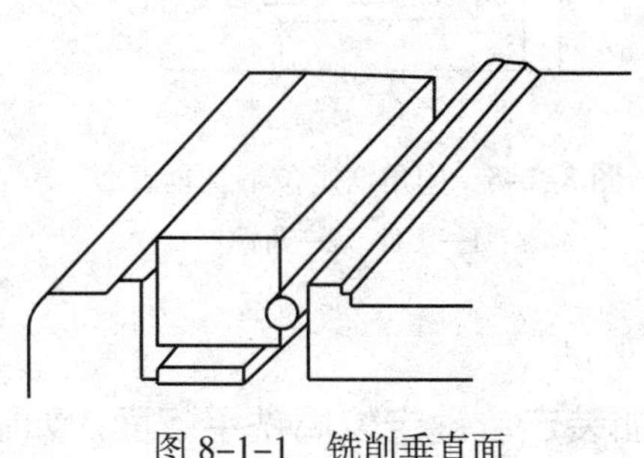

图 8-1-1　铣削垂直面

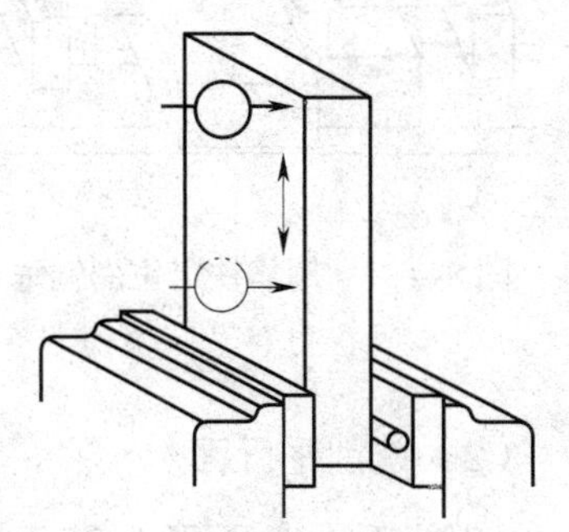

图 8-1-2　检测机用虎钳固定钳口与工作台面的垂直度

（2）铣削平行面

如图 8-1-3 所示，用机用虎钳装夹工件铣削平行面时，主要是使其基准面与工作台面平行。与铣削垂直面一样，在立式铣床上可采用面铣刀端铣其上平面，用立铣刀周铣其端面（与另一端面平行）。

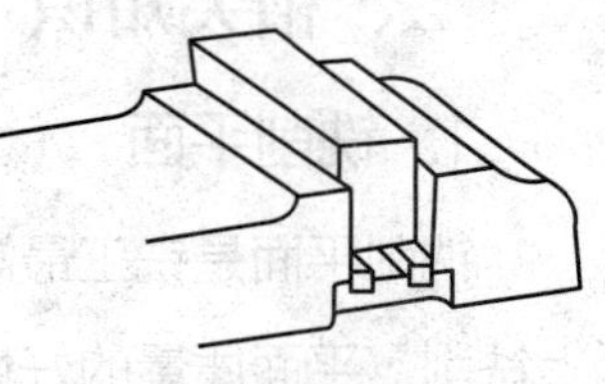
图 8-1-3 铣削平行面

当平行度精度要求较高时，应先检测钳体导轨面与工作台面的平行度是否符合要求。检测时，将一块表面光滑、平整的平行垫铁擦净后放在钳体导轨面上，使百分表的测头沿平行垫铁上平面移动，观察百分表读数的变动量是否符合要求。如有必要，可在平面磨床上修磨钳体导轨面。

3. 在工作台上装夹工件铣削垂直面和平行面

对于大、中型或无法在机用虎钳上装夹的工件，可以在工作台上直接装夹进行铣削，即采用压板或角铁装夹工件。还可用工作台中央 T 形槽加装定位键或使用直角尺的外侧面为基准等方法，将工件找正后进行加工。

（1）铣削垂直面

当工件不以工作台面作为定位基准时，若工件的基准面窄长，则可以采用靠铁进行定位，用立铣刀周铣垂直面，如图 8-1-4 所示。若工件的基准面宽大，则可以采用角铁进行定位，用面铣刀端铣垂直面，如图 8-1-5 所示。使用靠铁或角铁作为定位元件时，要对其进行找正。

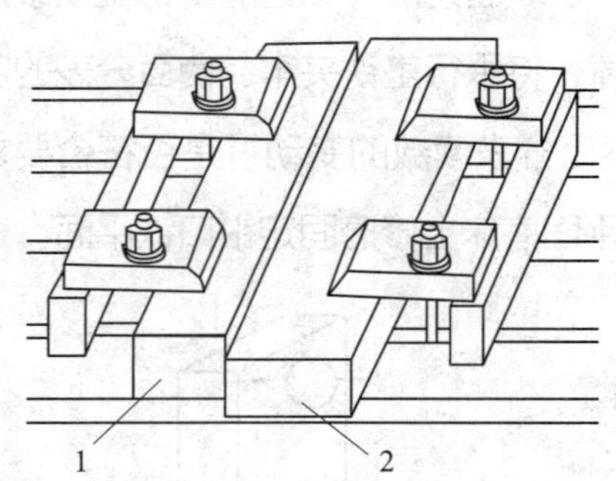

图 8-1-4 用靠铁定位周铣垂直面

1—工件 2—靠铁

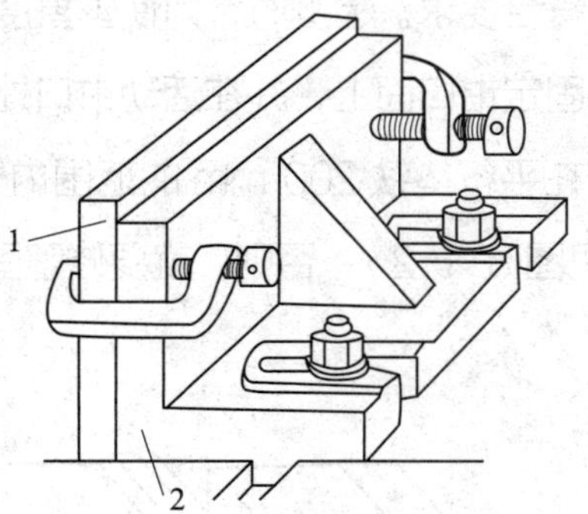

图 8-1-5 用角铁定位端铣垂直面

1—工件 2—角铁

（2）铣削平行面

如图 8-1-6 所示为在工作台中央 T 形槽内加装定位键定位周铣平行面。如图 8-1-7 所示为在立式铣床上用面铣刀端铣平行面。

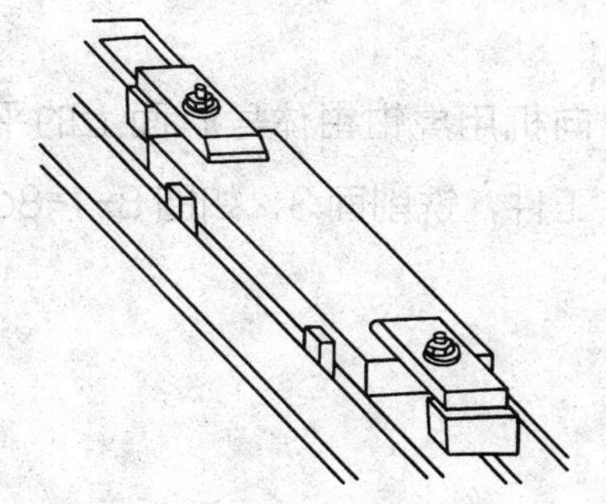

图 8-1-6　在工作台中央 T 形槽内加装定位键定位周铣平行面

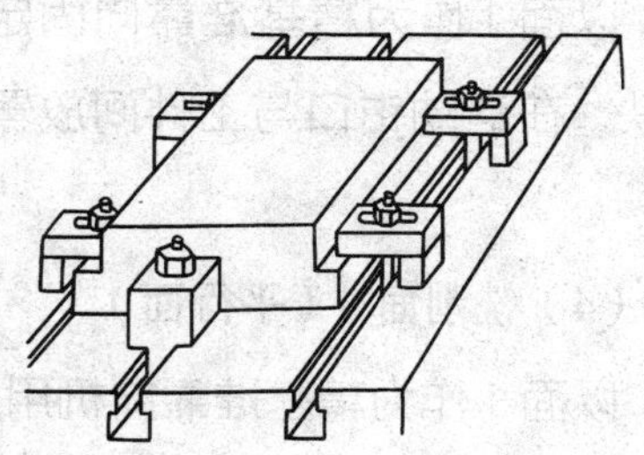

图 8-1-7　在立式铣床上用面铣刀端铣平行面

4. 六面体的铣削方法

用机用虎钳装夹工件铣削六面体的铣削顺序如下：

（1）铣削面 1（基准面）

选择工件上较大的平面（或图样中的基准面）作为首先加工的表面。在两钳口与工件间垫铜皮装夹工件，铣削面 1，如图 8-1-8a 所示。

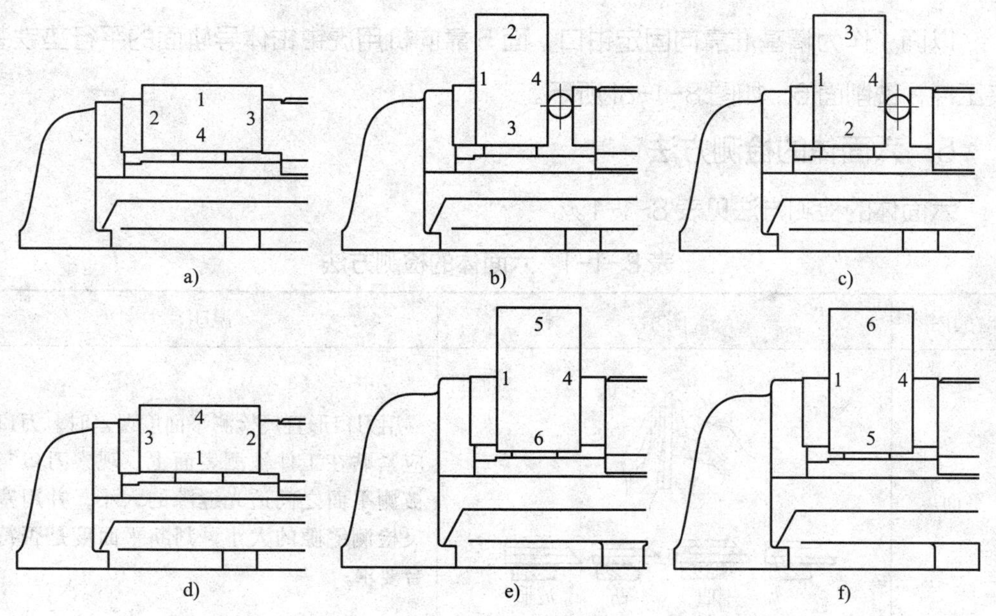

图 8-1-8　六面体的铣削顺序

a）铣削面 1　b）铣削面 2　c）铣削面 3　d）铣削面 4　e）铣削面 5　f）铣削面 6

（2）铣削面 2（垂直面）

以面 1 作为精基准靠向固定钳口，在活动钳口与工件间放置一根圆棒装夹工件，铣削面 2，如图 8-1-8b 所示。

（3）铣削面 3（平行面）

以面 1 作为精基准靠向固定钳口，面 2 靠向机用虎钳钳体导轨面上的平行垫铁，在活动钳口与工件间放置一根圆棒装夹工件，铣削面 3，如图 8-1-8c 所示。

（4）铣削面 4（平行面）

以面 1 作为精基准靠向机用虎钳钳体导轨面上的平行垫铁，面 3 靠向固定钳口装夹工件，铣削面 4，如图 8-1-8d 所示。

（5）铣削面 5（垂直面）

以面 1 作为精基准靠向固定钳口，用直角尺找正工件面 2 与机用虎钳钳体导轨面垂直（见图 8-1-9），装夹工件，铣削面 5，如图 8-1-8e 所示。

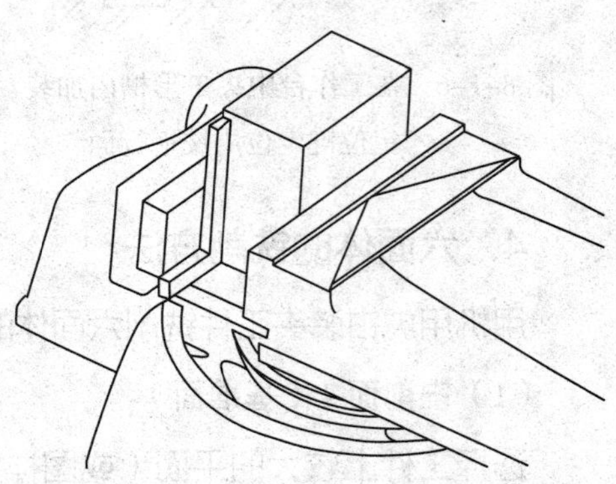

图 8-1-9　用直角尺找正工件铣削端面

（6）铣削面 6（平行面）

以面 1 作为精基准靠向固定钳口，面 5 靠向机用虎钳钳体导轨面的平行垫铁装夹工件，铣削面 6，如图 8-1-8f 所示。

5. 六面体的检测方法

六面体的检测方法见表 8-1-1。

表 8-1-1　六面体的检测方法

检测内容	图示	说明
平面度	平　凹　凸　波形	用刀口形直尺检测平面度误差时，刀口应紧贴在工件被测表面上，观察刀口与被测平面之间透光缝隙的大小，并用塞尺检测缝隙的大小，判断平面度是否符合要求
表面粗糙度	1.115　1.324　5.268　2.360	根据表面粗糙度仪显示的读数确定表面粗糙度值，判断是否符合要求

续表

检测内容	图示	说明
垂直度	垂直　不垂直　不垂直	用直角尺检测时，将短边基面紧贴在工件被测表面的基准面上，长边测量面靠向被测表面，观察长边测量面与工件被测表面之间缝隙的大小，并使用塞尺检测缝隙的大小，判断垂直度是否符合要求
平行度	工件	用百分表检测工件平行度误差时，将百分表安装在检测平台或磁性表座上，调整好高度，使百分表测头与工件表面接触，再压下 1 mm 左右，然后移动工件，百分表读数的差值即是平行度误差
尺寸		用游标卡尺或外径千分尺检测工件尺寸，也可检测平行度误差，将检测结果与图样尺寸进行对比，判断是否符合要求

三、铣削六面体练习

方铁零件图如图 8-1-10 所示。

1. 工艺分析

识读零件图，分析如下：该六面体零件总体尺寸为（95 ± 0.07）mm、（95 ± 0.07）mm、（48 ± 0.05）mm，垂直度公差为 0.05 mm 和 0.06 mm，平行度公差为 0.06 mm 和 0.08 mm，尺寸精度和几何精度要求一般；表面粗糙度为 *Ra*3.2 μm，表面质量要求一般。

（1）夹具选择

该零件尺寸较小，故选择机用虎钳装夹。

（2）刀具选择

在立式铣床上采用端铣的方法铣削，选择 ϕ125 mm 左右的硬质合金面铣刀。

（3）量具选择

可选用游标卡尺或外径千分尺测量尺寸；用直角尺和塞尺检测垂直度误差；用外径千分尺检测平行度误差；用表面粗糙度比较样块或表面粗糙度仪检测表面粗糙度。

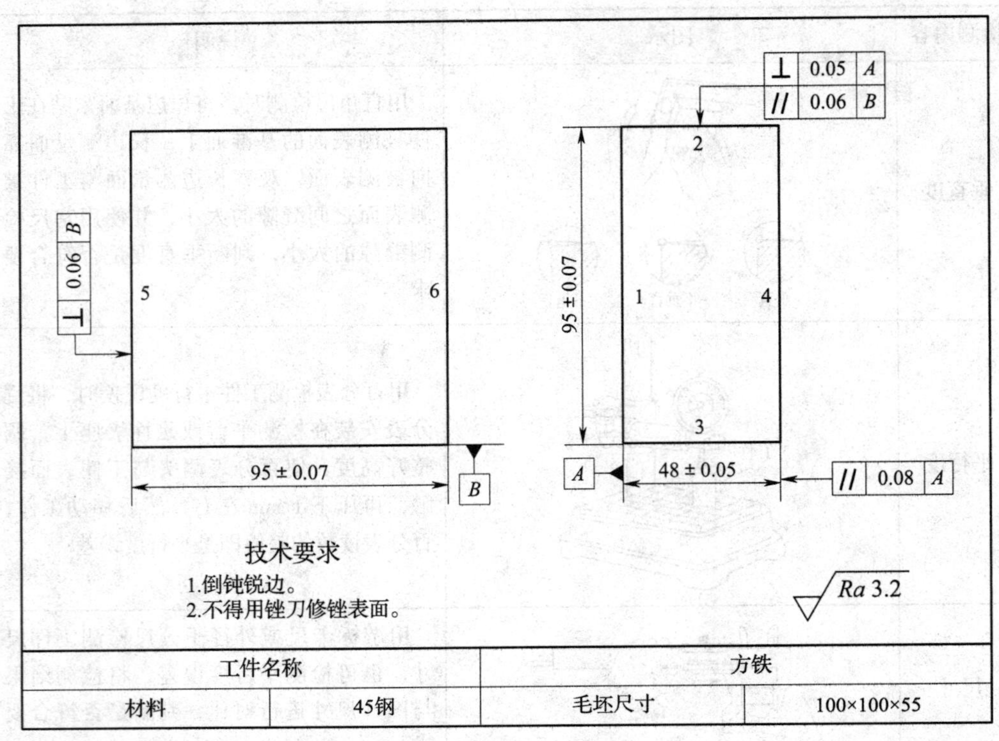

图 8–1–10　方铁

（4）铣削用量选择

选择的铣削用量如下：a_p=0.5 ~ 3 mm，f_z=0.1 ~ 0.3 mm/齿，v_c=60 ~ 120 m/min。粗铣时依次选择较大的 a_p、f_z，较小的 v_c；精铣时则相反。

2. 铣削步骤（见表 8–1–2）

表 8–1–2　铣削步骤

序号	步骤	图示	要求
1	识读零件图，检查毛坯尺寸，确定各表面的加工余量		读懂图样，确定加工余量

续表

序号	步骤	图示	要求
2	检查及润滑机床，安装及找正机用虎钳，选择并安装面铣刀	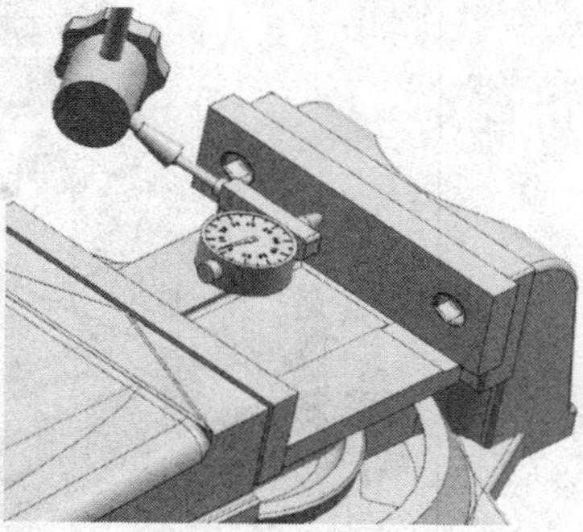 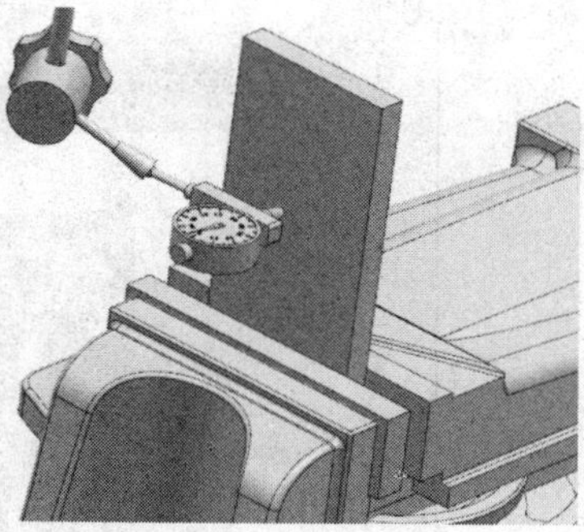	找正机用虎钳固定钳口与工作台纵向进给方向平行，利用标准平板找正固定钳口与工作台面垂直，刀具安装牢固
3	铣削面 1（基准面 *A*）	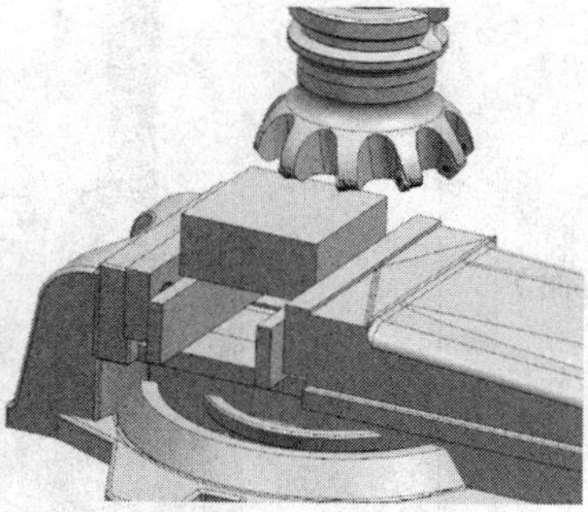	选择合适的平行垫铁和合适的铣削用量，装夹工件进行铣削。保证面 1 的表面粗糙度符合图样要求

续表

序号	步骤	图示	要求
4	铣削面 2（垂直面）	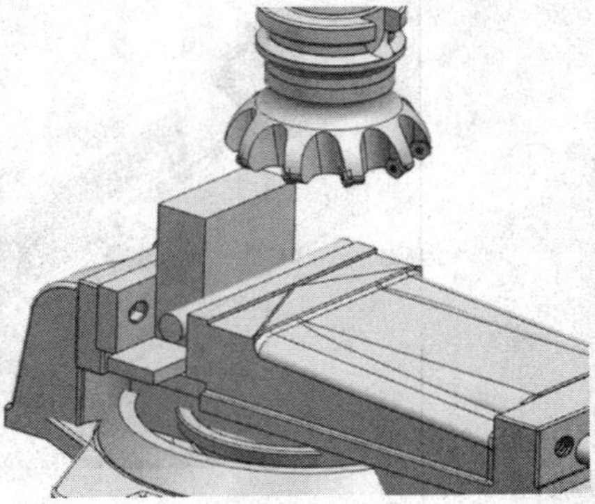 	铣削、检测，保证垂直度符合图样要求
5	铣削面 3（平行面）	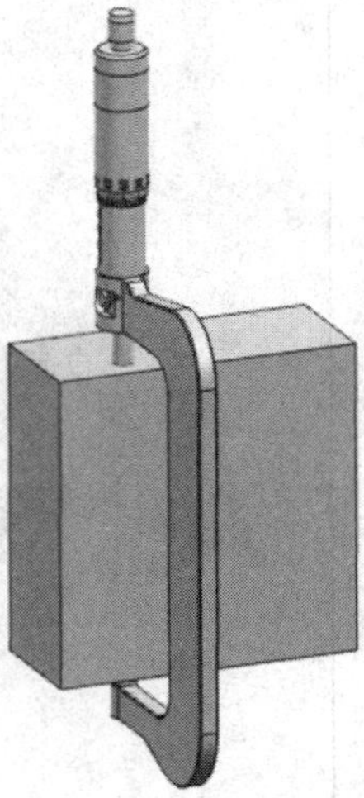	铣削、检测，先保证平行度符合图样要求，再加工到图样尺寸

续表

序号	步骤	图示	要求
6	铣削面 4（平行面）	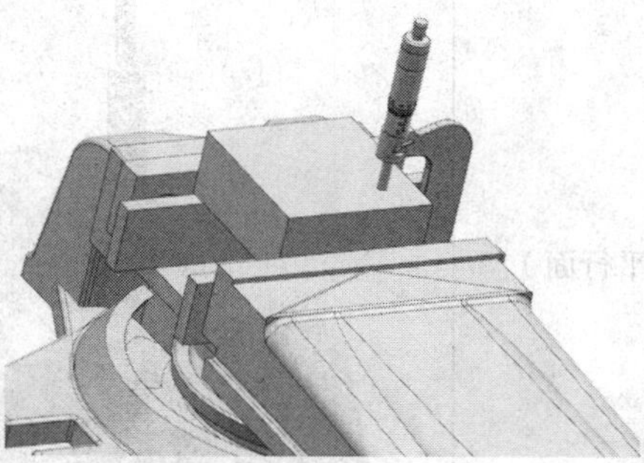 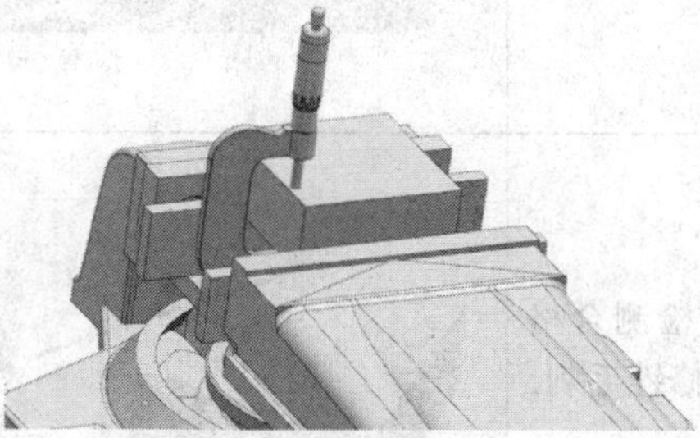	铣削、检测，先保证平行度符合图样要求，再加工到图样尺寸
7	铣削面 5（垂直面）	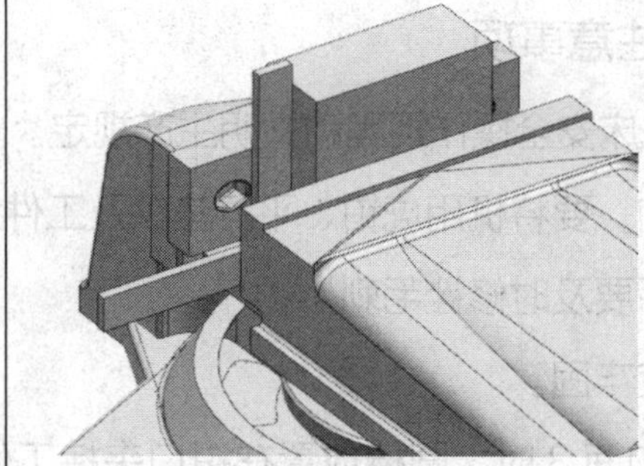 	铣削、检测，保证垂直度符合图样要求

续表

序号	步骤	图示	要求
8	铣削面 6（平行面）		铣削、检测，先保证平行度符合图样要求，再加工到图样尺寸
9	铣削完毕，检测合格后卸下工件，修锉毛刺，倒钝锐边		对所加工内容进行检测，修锉毛刺时不要划伤工件表面

3. 加工中的注意事项

（1）严格执行铣床安全操作规程和文明生产规定。

（2）装夹工件前，要将机用虎钳、平行垫铁及工件上的杂物清理干净。

（3）工件卸下后要及时修锉毛刺。

（4）工件要装夹牢固。

（5）铣削面 2 和面 3 时，圆棒放置在钳口夹持工件部分高度的中间偏上位置，且不能歪斜。

四、铣削六面体课后作业

垫块零件图如图 8-1-11 所示。

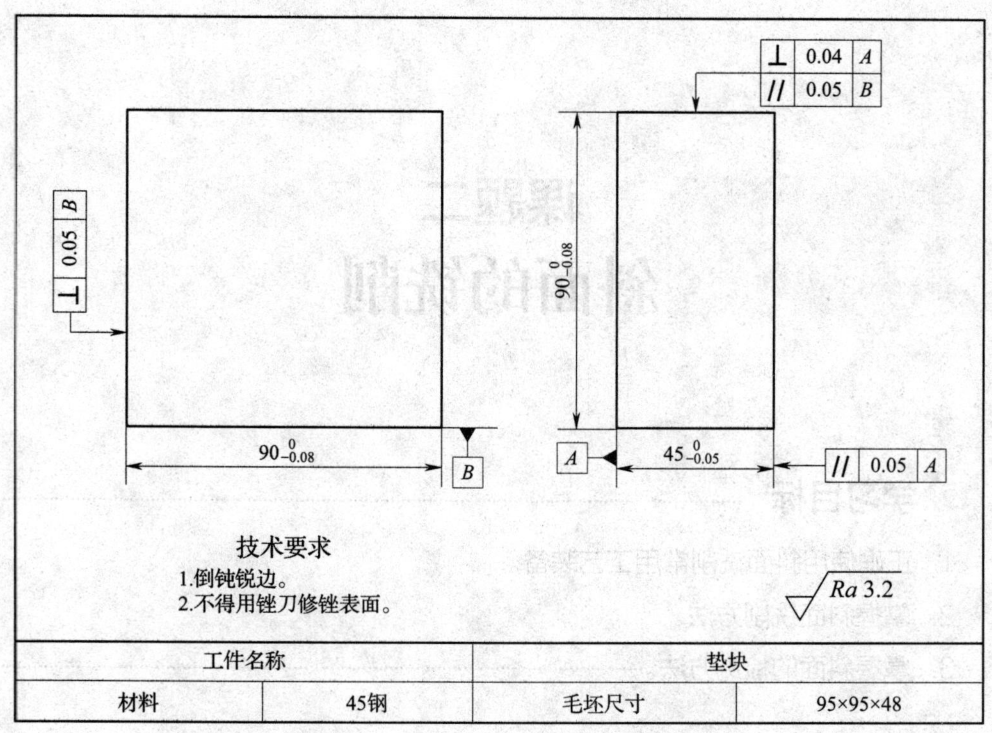

工件名称		垫块	
材料	45钢	毛坯尺寸	95×95×48

图 8-1-11　垫块

要求：根据零件图加工要求合理进行工艺分析，并写出工件加工步骤。

课题二
斜面的铣削

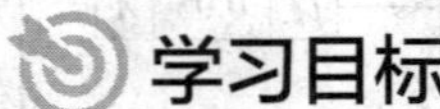

学习目标

1. 正确使用斜面铣削常用工艺装备。
2. 掌握斜面铣削方法。
3. 掌握斜面的检测方法。

一、斜面铣削常用工艺装备

1. 斜面铣削常用刀具

斜面铣削一般使用面铣刀、立铣刀、倒角刀、锉刀、修边器等刀具。

2. 斜面铣削常用量具

斜面铣削一般使用钢直尺、游标卡尺、游标万能角度尺、百分表、表面粗糙度比较样块（或表面粗糙度仪）等量具。

3. 斜面铣削常用工具和夹具

斜面铣削一般使用机用虎钳（或组合压板）、平行垫铁（或倾斜垫铁）、活扳手、呆扳手、内六角扳手、划线盘、划针、铜锤、油枪、毛刷、防护眼镜等工具和夹具。

二、相关知识

1. 斜面的铣削方法

斜面是指与其基准面成任意倾斜角度的平面。如图 8-2-1 所示铣削斜面时，必须使工件的待加工表面与其基准面以及铣刀之间满足两个条件：一是工件的斜面平行于铣削时工作台的进给方向。二是工件的斜面与铣刀的切削位置相吻合，即采用周铣时，斜面与铣刀旋转表面相切；采用端铣时，斜面与铣床主轴轴线垂直。

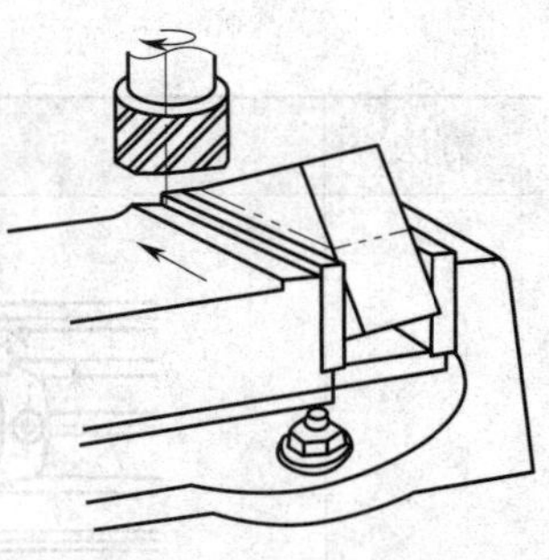

图 8–2–1　铣削斜面

常用的铣削斜面的方法有倾斜工件法铣削斜面、倾斜铣刀法铣削斜面和用倒角刀铣削斜面等。

（1）倾斜工件法铣削斜面

倾斜工件法铣削斜面是指将工件倾斜所需的角度安装进行斜面的铣削，适用于单件生产。常用的铣削方法有按划线装夹工件铣削斜面、用倾斜垫铁或靠铁定位装夹工件铣削斜面和偏转机用虎钳钳体装夹工件铣削斜面等，具体方法见表 8-2-1。

表 8-2-1　倾斜工件铣削斜面的方法

方法	简图	说明
按划线装夹工件		生产中经常采用按划线装夹工件铣削斜面的方法。先在工件上划出斜面的加工线，然后在机用虎钳上装夹工件，用划线盘找正工件上的加工线与工作台面平行，再将工件夹紧后即可铣削斜面 此方法操作简单，仅适合加工精度要求不高的单件、小型工件
用倾斜垫铁定位装夹工件	α　α	所用倾斜垫铁的宽度应小于工件宽度，垫铁斜面的斜度应与工件相同。将倾斜垫铁垫在机用虎钳钳体导轨面上，用机用虎钳将工件夹紧 采用倾斜垫铁定位装夹工件可以一次完成对工件的找正和夹紧。在铣削一批工件时，铣刀的高度位置不需要因工件的更换而重新调整，故可以大大提高批量工件的生产效率
用靠铁定位装夹工件	α	对于外形尺寸较大的工件，在工作台上用压板进行装夹。装夹时先在工作台面上安装一块倾斜的靠铁，用百分表找正其倾斜度，使其倾斜度符合规定要求。然后将工件的基准面靠向靠铁的定位表面，再用压板将工件压紧后进行铣削

续表

方法	简图	说明
偏转机用虎钳钳体装夹工件	斜面与横向进给方向平行 斜面与纵向进给方向平行	先将机用虎钳钳体大致扳转一个角度，再用百分表找正固定钳口面的斜度，使其斜度符合规定要求。然后将钳体固定，装夹工件进行斜面的铣削。若工件的斜度较小，外形尺寸较大，则可采用相同的方法将工作台扳转一个角度进行斜面的铣削

(2) 倾斜铣刀法铣削斜面

在主轴可扳转角度的立式铣床上，将安装好的铣刀倾斜一个角度，就可以按要求铣削斜面。常用的方法有用立铣刀和面铣刀铣削斜面，具体方法见表 8-2-2。

表 8-2-2　倾斜铣刀铣削斜面的方法

方法	简图	说明
用立铣刀铣削斜面	α θ A $\alpha=90°-\theta$	工件基准面与工作台面平行时用立铣刀铣削斜面
	α θ A $\alpha=\theta$	工件基准面与工作台面垂直时用立铣刀铣削斜面

续表

方法	简图	说明
用面铣刀铣削斜面	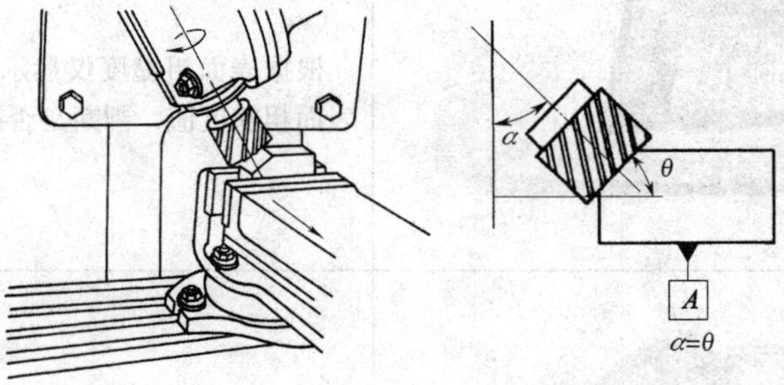 $\alpha=\theta$	工件基准面与工作台面平行时用面铣刀铣削斜面
	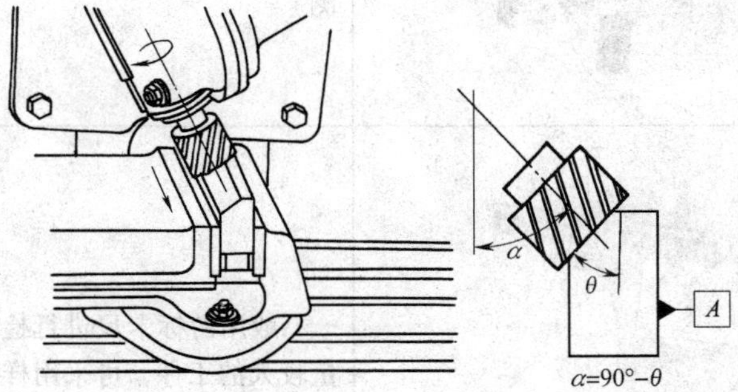 $\alpha=90°-\theta$	工件基准面与工作台面垂直时用面铣刀铣削斜面

（3）用倒角刀铣削斜面

工件上较小的斜面（倒角）还可以用倒角刀进行铣削，如图 8-2-2 所示。

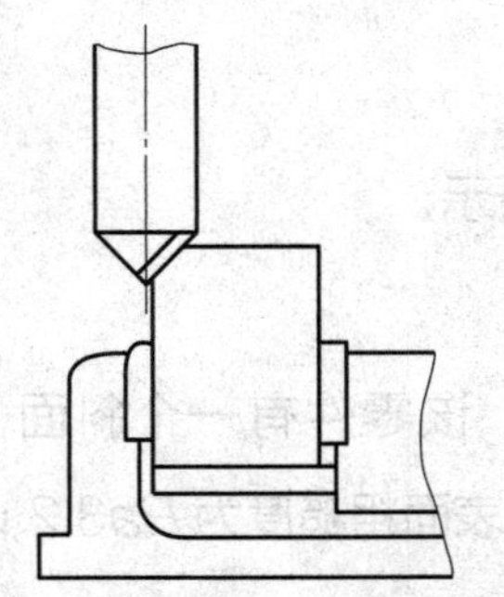

图 8-2-2　用倒角刀铣削斜面

2. 斜面的检测方法

斜面的检测方法见表 8-2-3。

表 8-2-3　斜面的检测方法

检测内容	图示	说明
表面粗糙度		根据表面粗糙度仪显示的读数确定表面粗糙度值，判断是否符合要求
角度或斜度		对于一般精度的斜面，其角度大多采用游标万能角度尺进行检测；当精度要求较高时，可采用正弦规进行检测
尺寸		一般用游标卡尺进行检测，对于批量较大的工件，可采用样板进行综合检测

三、铣削斜面练习

斜铁零件图如图 8-2-3 所示。

1. 工艺分析

识读零件图，分析如下：该零件有一个斜面，角度为 45°，直角边长度为 10 mm × 10 mm，未注公差，表面粗糙度为 *Ra*3.2 μm，表面质量要求一般。

（1）夹具选择

该零件尺寸较小，故选择机用虎钳装夹。

（2）刀具选择

在立式铣床上采用端铣的方法铣削，选择 ϕ80 mm 左右的硬质合金面铣刀。

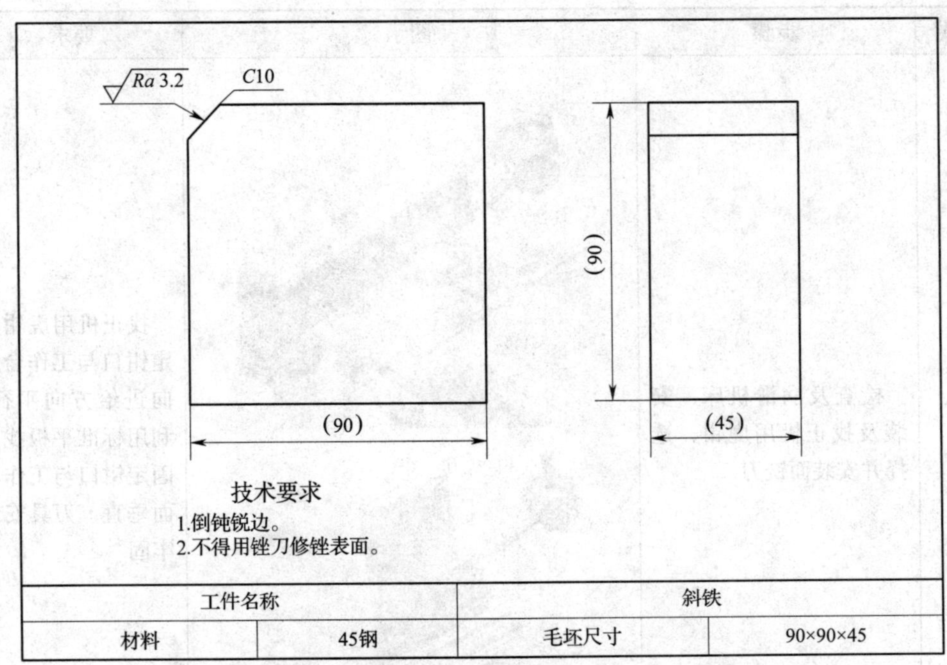

图 8-2-3　斜铁

（3）量具选择

可选用游标卡尺测量长度尺寸；用游标万能角度尺测量角度；用表面粗糙度比较样块或表面粗糙度仪检测表面粗糙度。

（4）铣削用量选择

选择的铣削用量如下：a_p=0.5 ~ 2 mm，f_z=0.1 ~ 0.3 mm/ 齿，v_c=60 ~ 120 m/min。粗铣时依次选择较大的 a_p、f_z，较小的 v_c；精铣时则相反。

2. 铣削步骤（见表 8-2-4）

表 8-2-4　铣削步骤

序号	步骤	图示	要求
1	识读零件图，检查六面体尺寸，按照图样要求划出加工线		读懂图样，按照图样要求在工件上划线

续表

序号	步骤	图示	要求
2	检查及润滑机床，安装及找正机用虎钳，选择并安装面铣刀	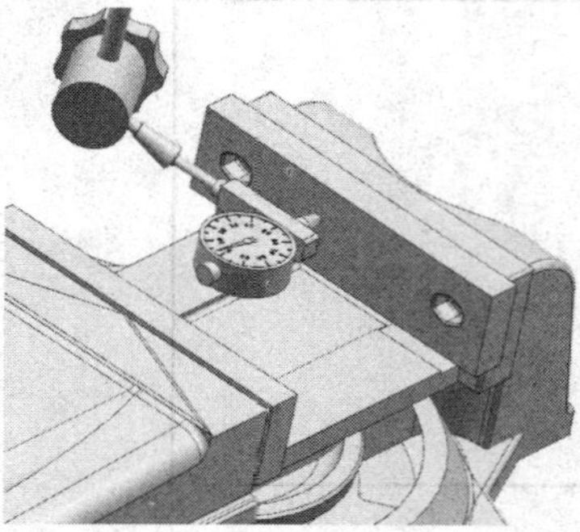 	找正机用虎钳固定钳口与工作台纵向进给方向平行，利用标准平板找正固定钳口与工作台面垂直，刀具安装牢固
3	安装、找正、夹紧工件	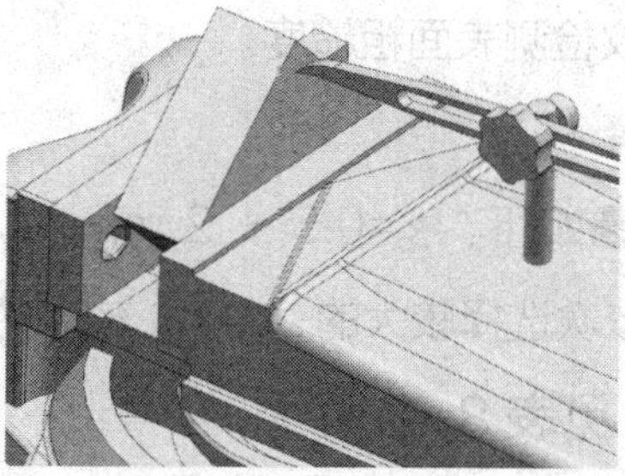	先轻轻夹紧工件，用划线盘找正所划加工线与工作台进给方向平行后夹紧工件
4	粗铣斜面		选择合适的铣削用量，多次进刀铣削，观察铣削平面的大小及距加工线的距离，留出足够的调整余量

续表

序号	步骤	图示	要求
5	精铣斜面		待铣到斜面较大、便于测量时，用游标万能角度尺检测角度是否符合图样要求，若不符合，须进行调整、铣削、测量，直至角度符合图样要求后，将斜面加工到图样尺寸
6	铣削完毕，检测合格后卸下工件，修锉毛刺，倒钝锐边		对所加工内容进行检测，修锉毛刺时不要划伤工件表面

3. 加工中的注意事项

（1）严格执行铣床安全操作规程和文明生产规定。

（2）划线及找正尽量准确。

（3）留出足够的余量，待角度符合要求后再加工到图样尺寸。

（4）调整工件安装角度时，不要将工件完全松开。

（5）调整及敲打工件时不要损伤已加工表面。

四、铣削斜面课后作业

斜垫块零件图如图 8-2-4 所示。

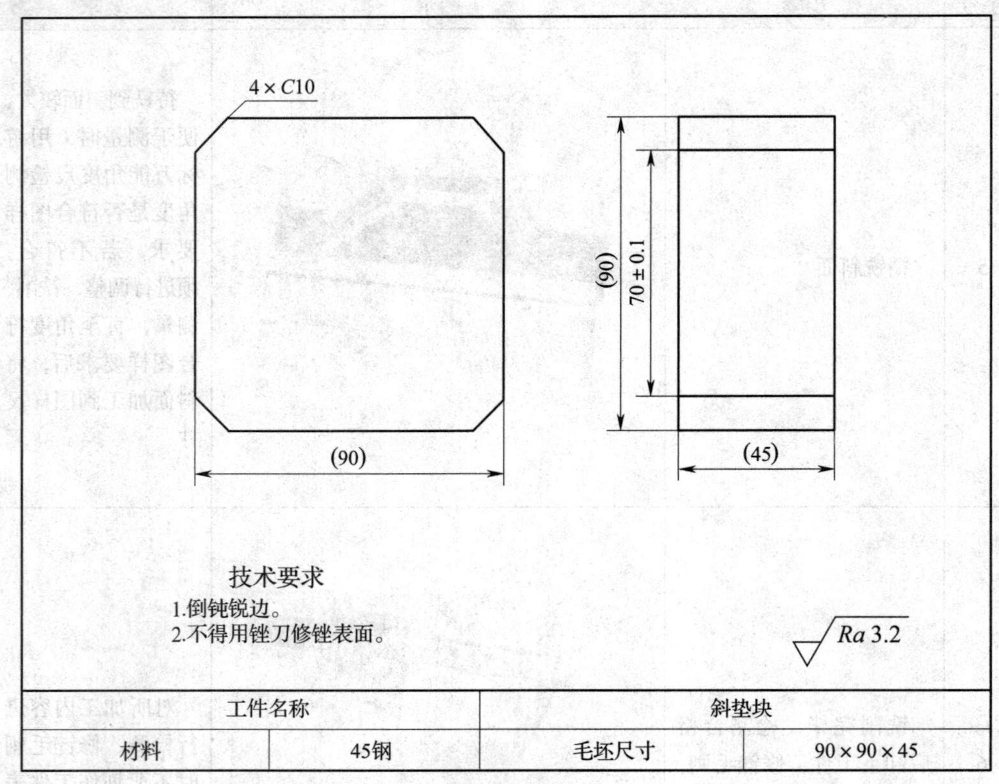

工件名称		斜垫块	
材料	45钢	毛坯尺寸	90 × 90 × 45

图 8–2–4　斜垫块

要求：根据零件图加工要求合理进行工艺分析，并写出工件加工步骤。

模块九
台阶和直角沟槽的铣削

课题一 台阶的铣削

学习目标

1. 正确使用台阶铣削常用工艺装备。
2. 掌握台阶的铣削方法。
3. 掌握台阶的检测方法。

一、台阶铣削常用工艺装备

1. 台阶铣削常用刀具

台阶铣削一般使用立铣刀、套式立铣刀、面铣刀、锉刀、修边器等刀具。

2. 台阶铣削常用量具

台阶铣削一般使用游标卡尺、深度游标卡尺、外径千分尺、深度千分尺、百分表、杠杆百分表、表面粗糙度比较样块（或表面粗糙度仪）等量具。

3. 台阶铣削常用工具和夹具

台阶铣削一般使用机用虎钳（或组合压板）、平行垫铁、活扳手、呆扳手、内六角扳手、铜锤、油枪、毛刷、防护眼镜等工具和夹具。

二、相关知识

台阶主要由平面组成，如图 9-1-1 所示。这些平面除了具有较高的平面度精度和较小的表面粗糙度值以外，还具有较高的尺寸精度和位置精度。

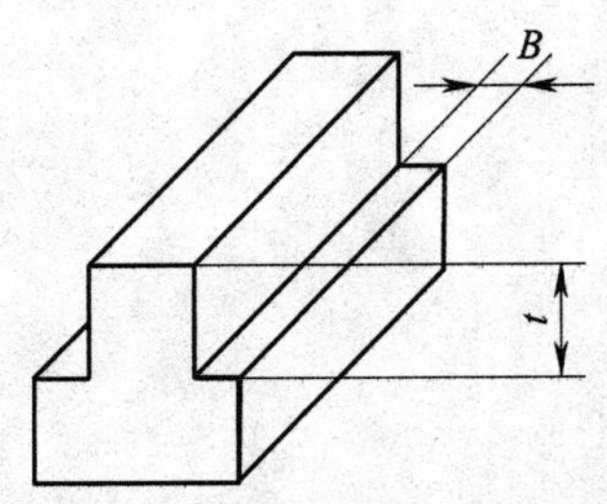

图 9-1-1　台阶式键

1. 铣刀的选择

对于深度较深的台阶或多级台阶，可用立铣刀在立式铣床上加工。对于宽度较宽、深度较浅的台阶，可采用带有三角形或四边形硬质合金可转位刀片的直角面铣刀或套式立铣刀铣削。

2. 工件的装夹与找正

中、小型工件一般采用机用虎钳装夹，尺寸较大的工件可用压板装夹，形状复杂的工件或大批量生产时可用专用夹具装夹。夹具必须找正，使用机用虎钳装夹工件时，应找正固定钳口与纵向进给方向平行（或垂直）。如果固定钳口与纵向进给方向不平行（或不垂直），铣出的台阶侧面与工件侧面就不平行（或不垂直）。

3. 对刀方法

工件装夹与找正后，手摇铣床各操纵手柄，使回转中铣刀的圆周切削刃轻擦工件台阶处侧面的贴纸（见图 9-1-2a）；垂直降落工作台（见图 9-1-2b）；使工作台横向移动一个台阶宽度的距离，并紧固横向进给机构，使工作台上升，让铣刀的端面切削刃轻擦工件上表面的贴纸（见图 9-1-2c）；手摇工作台纵向进给手柄，退出工件，使工作台上升一个台阶深度，摇动纵向进给手柄，使工件接近铣刀，手动或机动进给铣出台阶，如图 9-1-2d 所示。

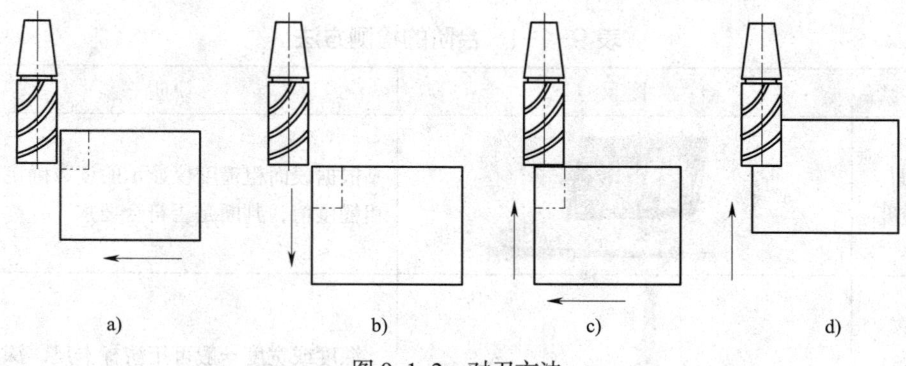

图 9-1-2　对刀方法

a）擦侧面　b）垂直降落工作台　c）擦上面　d）垂直进刀

4. 铣削方法

（1）用立铣刀铣削台阶

如图 9-1-3 所示，铣削时，立铣刀的圆周切削刃起主要切削作用，端面切削刃起修光作用。由于立铣刀刚度和强度较低，铣削时选用的铣削用量要小，否则容易产生“让刀”现象，甚至造成铣刀折断。为此，一般分数次粗铣出台阶深度，最后将台阶的宽度和深度精铣至要求。

在条件允许的情况下，应选用直径较大的立铣刀，以提高铣削效率。

（2）用面铣刀（套式立铣刀）铣削台阶

如图 9–1–4 所示，面铣刀（套式立铣刀）刀杆刚度高，铣削时切屑厚度变化小，切削平稳，加工表面质量高，生产效率高。铣削台阶所用面铣刀（套式立铣刀）的直径 D 应大于台阶的宽度 B，一般可使 $D=(1.4\sim1.6)B$。

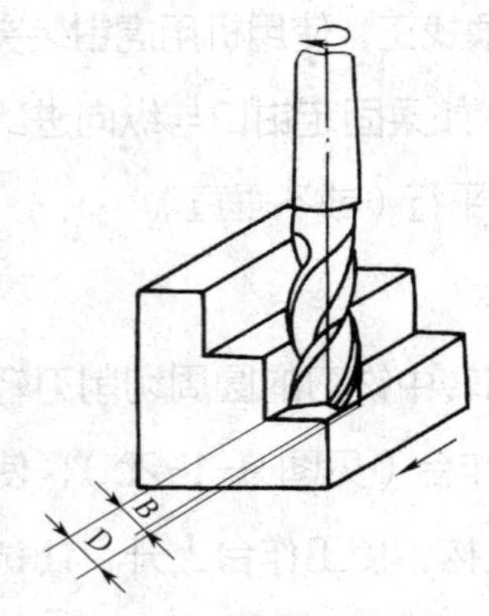

图 9–1–3　用立铣刀铣削台阶

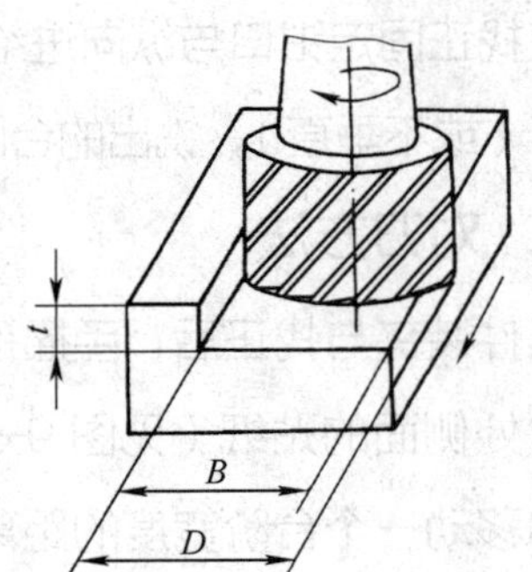

图 9–1–4　用面铣刀铣削台阶

5. 台阶的检测方法

台阶的检测方法见表 9–1–1。

表 9–1–1　台阶的检测方法

检测内容	图示	说明
表面粗糙度		根据表面粗糙度仪显示的读数确定表面粗糙度值，判断是否符合要求
深度或宽度		深度或宽度一般可用游标卡尺、深度游标卡尺或外径千分尺、深度千分尺进行检测
对称度		对于要求较高的双台阶，采用百分表检测对称度误差

三、铣削台阶练习

台阶键零件图如图 9-1-5 所示。

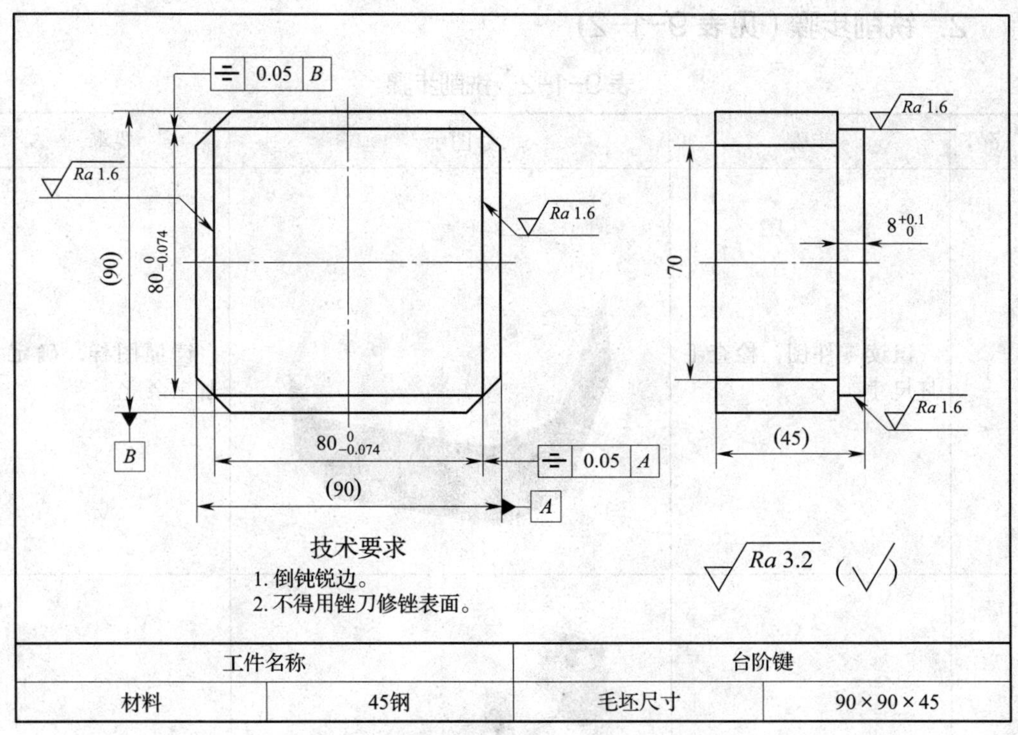

工件名称		台阶键	
材料	45钢	毛坯尺寸	90 × 90 × 45

图 9-1-5　台阶键

1. 工艺分析

识读零件图，分析如下：该零件有四个台阶，宽度为 $80_{-0.074}^{\ 0}$ mm（5 mm），深度为 $8_{\ 0}^{+0.1}$ mm，对称度公差为 0.05 mm，加工精度要求较高。台阶侧面表面粗糙度为 *Ra*1.6 μm，表面质量要求较高；台阶底面表面粗糙度为 *Ra*3.2 μm，表面质量要求一般。

（1）夹具选择

该零件尺寸较小，故选择机用虎钳装夹。

（2）刀具选择

在立式铣床上铣削，选择 ϕ12 mm 高速钢立铣刀。

（3）量具选择

可选用外径千分尺测量宽度；用深度游标卡尺或深度千分尺测量深度；用百分表或杠杆百分表检测对称度误差；用表面粗糙度仪或表面粗糙度比较样块检测表面粗糙度。

（4）铣削用量选择

选择的铣削用量如下：a_p=0.3 ~ 2 mm，f_z=0.03 ~ 0.15 mm/齿，v_c=10 ~ 30 m/min。粗铣时依次选择较大的a_p、f_z，较小的v_c；精铣时则相反。

2. 铣削步骤（见表 9-1-2）

表 9-1-2　铣削步骤

序号	步骤	图示	要求
1	识读零件图，检查毛坯尺寸	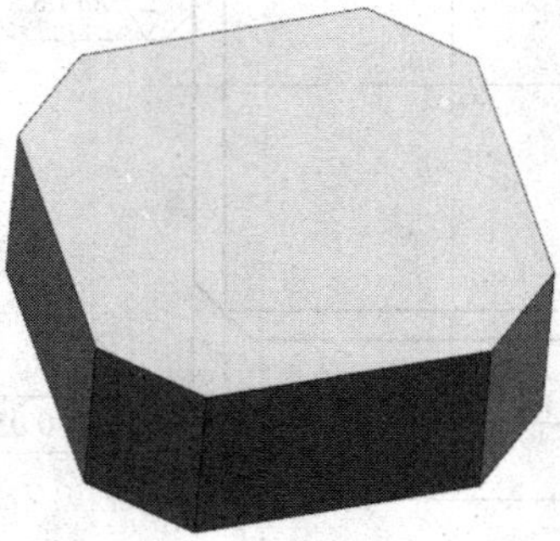	读懂图样，确定加工余量
2	检查及润滑机床，安装及找正机用虎钳，选择并安装立铣刀	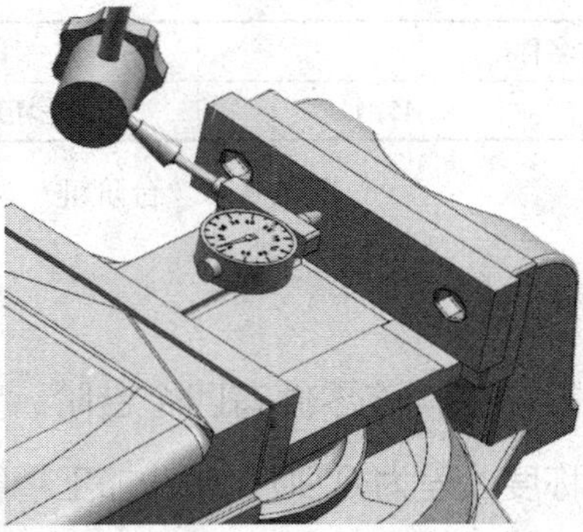 	找正机用虎钳固定钳口与工作台纵向进给方向平行，利用标准平板找正固定钳口与工作台面垂直，刀具安装牢固

续表

序号	步骤	图示	要求
3	选择合适的平行垫铁安装工件	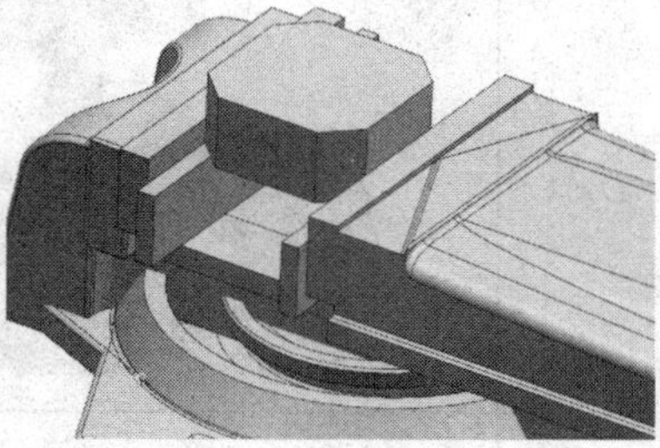 	夹紧，砸实
4	侧面对刀，垂直退出工件后，横向进刀 4 ~ 4.5 mm	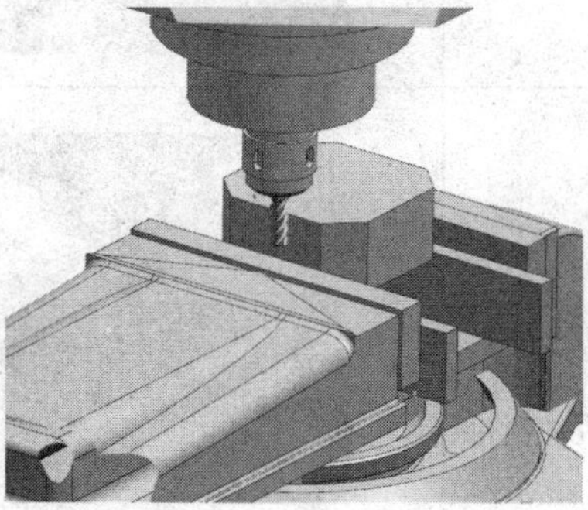	对刀时，在工件表面贴纸，以防止铣伤工件表面
5	顶面对刀，粗铣台阶	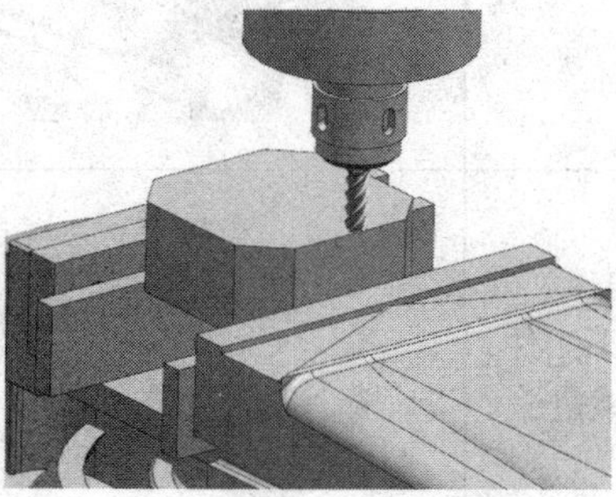	对刀准确，铣削深度不宜过大（可分两次粗铣），留 0.5 mm 左右精铣余量

续表

序号	步骤	图示	要求
5		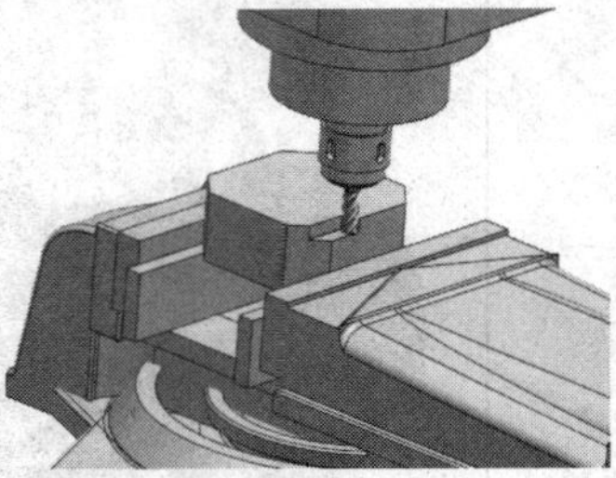	
6	精铣台阶	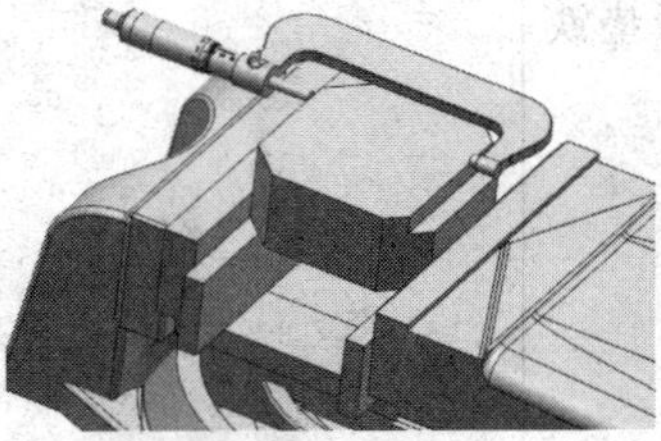	用外径千分尺测量尺寸（90 mm-5 mm=85 mm），计算并记录测量结果，控制对称度
7	重复步骤 4 ~ 6，铣削对面台阶		根据步骤 6 实际测量结果，计算并控制好尺寸和对称度
8	重复步骤 4 ~ 7，铣削其余两台阶	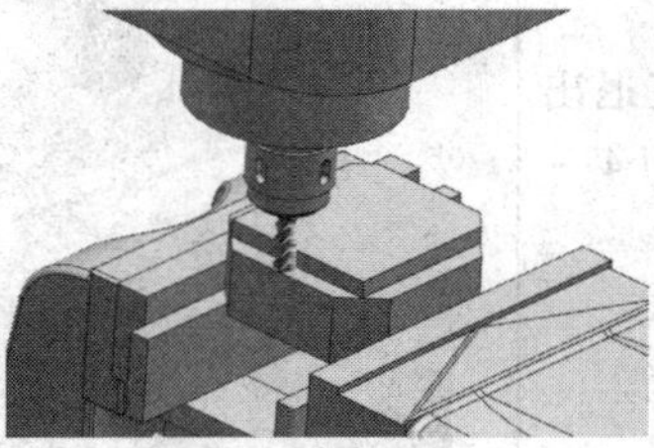 	控制好尺寸和对称度
9	检测合格后卸下工件，修锉毛刺，倒钝锐边	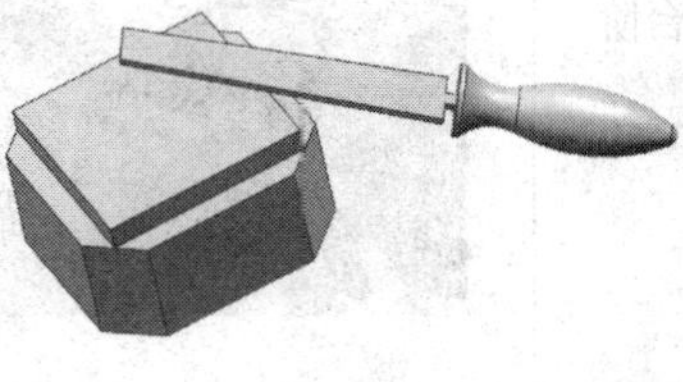	对所加工内容进行检测，修锉毛刺时不要划伤工件表面

3. 加工中的注意事项

（1）严格执行铣床安全操作规程和文明生产规定。

（2）粗铣削时采用逆铣，需注意铣削时进给方向。

（3）测量准确，控制好尺寸和对称度。

（4）砸实工件时不要损伤已加工表面。

（5）充分浇注切削液。

四、铣削台阶课后作业

定位块零件图如图 9-1-6 所示。

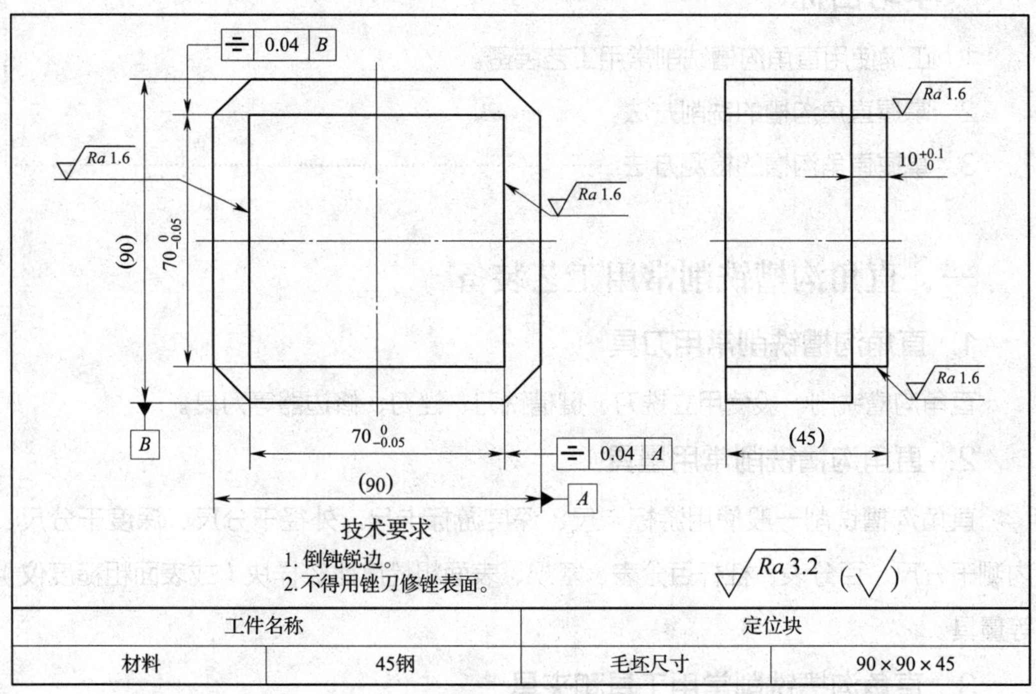

工件名称		定位块	
材料	45钢	毛坯尺寸	90 × 90 × 45

图 9-1-6　定位块

要求：根据零件图加工要求合理进行工艺分析，并写出工件加工步骤。

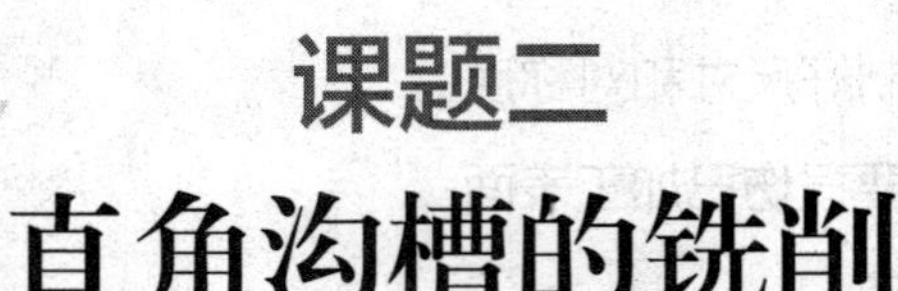

课题二 直角沟槽的铣削

学习目标

1. 正确使用直角沟槽铣削常用工艺装备。
2. 掌握直角沟槽的铣削方法。
3. 掌握直角沟槽的检测方法。

一、直角沟槽铣削常用工艺装备

1. 直角沟槽铣削常用刀具

直角沟槽铣削一般使用立铣刀、键槽铣刀、锉刀、修边器等刀具。

2. 直角沟槽铣削常用量具

直角沟槽铣削一般使用游标卡尺、深度游标卡尺、外径千分尺、深度千分尺、内测千分尺、百分表、杠杆百分表、塞规、表面粗糙度比较样块（或表面粗糙度仪）等量具。

3. 直角沟槽铣削常用工具和夹具

直角沟槽铣削一般使用机用虎钳（或组合压板）、平行垫铁、寻边器、活扳手、呆扳手、内六角扳手、铜锤、油枪、毛刷、防护眼镜等工具和夹具。

二、相关知识

直角沟槽主要由平面组成，这些平面除了具有较高的平面度精度和较小的表面粗糙度值以外，还具有较高的尺寸精度和位置精度。直角沟槽有通槽、半通槽（又称半封闭槽）和封闭槽三种形式，如图 9-2-1 所示。

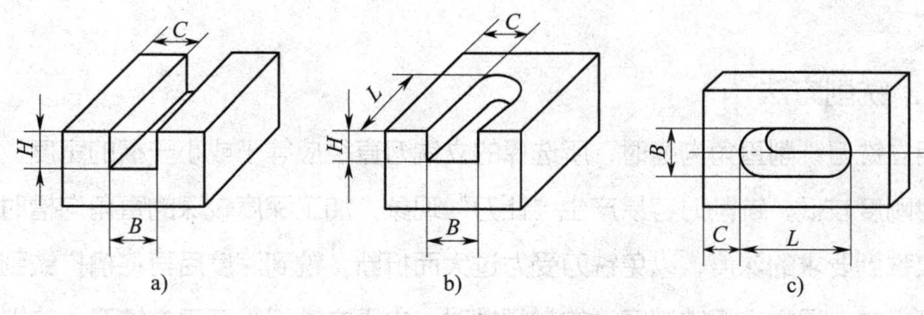

图 9-2-1　直角沟槽的种类

a）通槽　b）半通槽　c）封闭槽

1. 铣刀的选择

直角沟槽通常采用立铣刀或键槽铣刀进行铣削，铣刀直径要小于等于槽宽。

2. 工件的装夹与找正

工件的装夹和找正方法与铣削台阶相同。

3. 对刀方法

铣削直角沟槽常采用的对刀方法包括划线对刀法、侧面对刀法和用寻边器对刀法三种。

（1）划线对刀法

在工件的加工部位划出直角沟槽的尺寸位置线，装夹及找正工件后，调整切削位置，使铣刀对准工件上所划沟槽的宽度线。

（2）侧面对刀法

对于直角沟槽平行于侧面的工件，在装夹及找正后，调整机床，使回转中的铣刀切削刃轻擦工件侧面的贴纸，将工作台垂直降落，再使其横向移动一个距离（等于铣刀半径、槽侧面到槽中心的距离与纸厚的和）。

（3）用寻边器对刀法

寻边器（见图 9-2-2）又称偏心式对刀棒，是一种专用的对刀工具。寻边器上有一个内置弹簧的浮动杆，其端部是一个定尺寸精密的圆柱测量头，直径有 5 mm、10 mm、13 mm 三种规格。对刀时，先将寻边器夹持在铣床的主轴上，将其端部推至一侧使其偏心，将主轴转速调整到 600 ~ 800 r/min。启动铣床，使主轴旋转，调整工作台，使寻边器靠向工件要对刀的侧面。移动工作台，使工件慢慢地接触正在旋转的寻边器端部。当寻边器偏心部分合拢后再突然偏向一侧时，工作台立即停

止移动，再使工作台横向移动一个距离（寻边器半径与工件侧面到槽对称中心距离的和）。

4. 铣削方法

用立铣刀铣削直角沟槽时，所选择的立铣刀直径应等于或小于槽的宽度。由于立铣刀刚度较低，铣削时容易产生“让刀”现象，加工深度较深的直角沟槽时，应分几次铣到要求的深度，以免铣刀受力过大而折断，铣到深度后再将槽扩铣到要求的宽度尺寸。用立铣刀铣削穿通的封闭槽时，由于立铣刀（三刃立铣刀）的端面切削刃没有通过刀具的中心（与刀具轴线不相交），不能垂直进给铣削工件，因此，铣削前应在封闭槽的一端预钻一个直径略小于立铣刀直径的落刀孔，并由此孔落刀进行铣削，如图 9-2-3 所示。

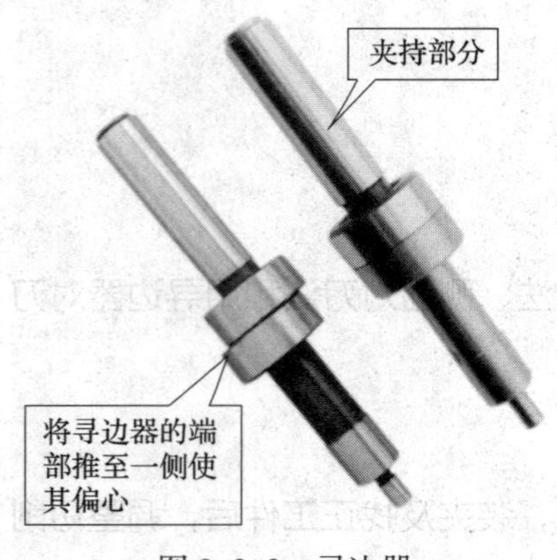

图 9-2-2　寻边器

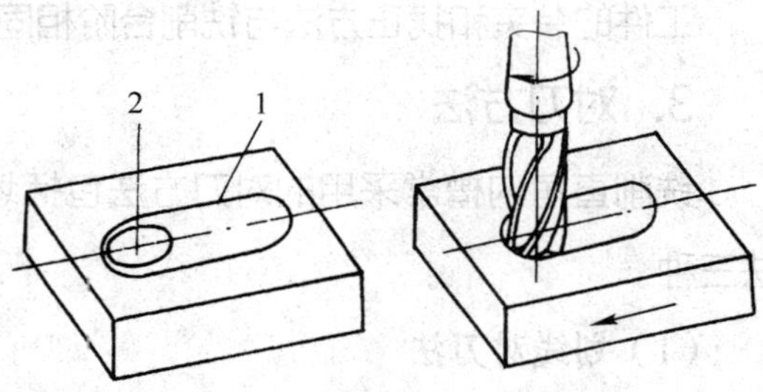

图 9-2-3　用立铣刀铣削穿通的封闭槽

1—封闭槽加工线　2—落刀孔

键槽铣刀的端面切削刃能在垂直进给时切削工件，因此，用键槽铣刀铣削穿通的封闭槽时可不必预钻落刀孔。

5. 直角沟槽的检测方法

直角沟槽的检测方法见表 9-2-1。

表 9-2-1　直角沟槽的检测方法

检测内容	图示	说明
表面粗糙度	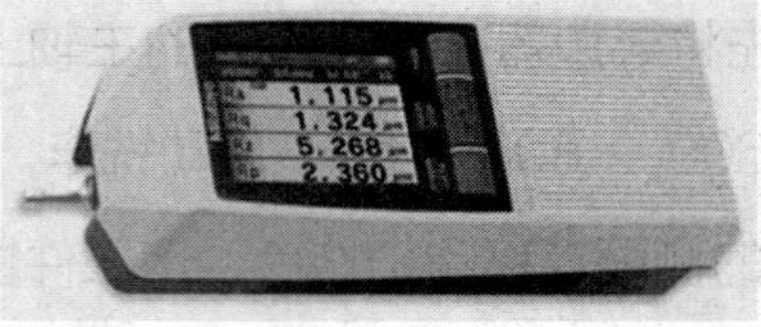	根据表面粗糙度仪显示的读数确定表面粗糙度值，判断是否符合要求

续表

检测内容	图示	说明
长度、深度		长度、深度一般可用游标卡尺、深度游标卡尺进行检测
宽度		宽度一般要求较高，可采用内测千分尺或塞规进行检测
对称度	A B	对于有对称度要求的直角沟槽，常采用百分表检测对称度误差。检测时，分别以工件侧面 *A* 和 *B* 为基准面靠在平板上，然后使百分表的测头触及工件的槽侧面，平移工件进行检测，两次检测所得百分表读数的差值即对称度（或平行度）误差

三、铣削直角沟槽练习

十字槽定位块零件图如图 9-2-4 所示。

1. 工艺分析

识读零件图，分析如下：该零件有两个直角沟槽，一个通槽，一个封闭槽。通槽宽度为 $12^{+0.043}_{0}$ mm，封闭槽宽度为 $16^{+0.07}_{0}$ mm，长度为 $66^{+0.2}_{0}$ mm，两直角沟槽深度为 $6^{+0.1}_{0}$ mm，对称度误差为 0.05 mm，加工精度要求较高。槽侧面表面粗糙度为 *Ra*1.6 μm，表面质量要求较高；槽底面表面粗糙度为 *Ra*3.2 μm，表面质量要求一般。

（1）夹具选择

该零件尺寸较小，故选择机用虎钳装夹。

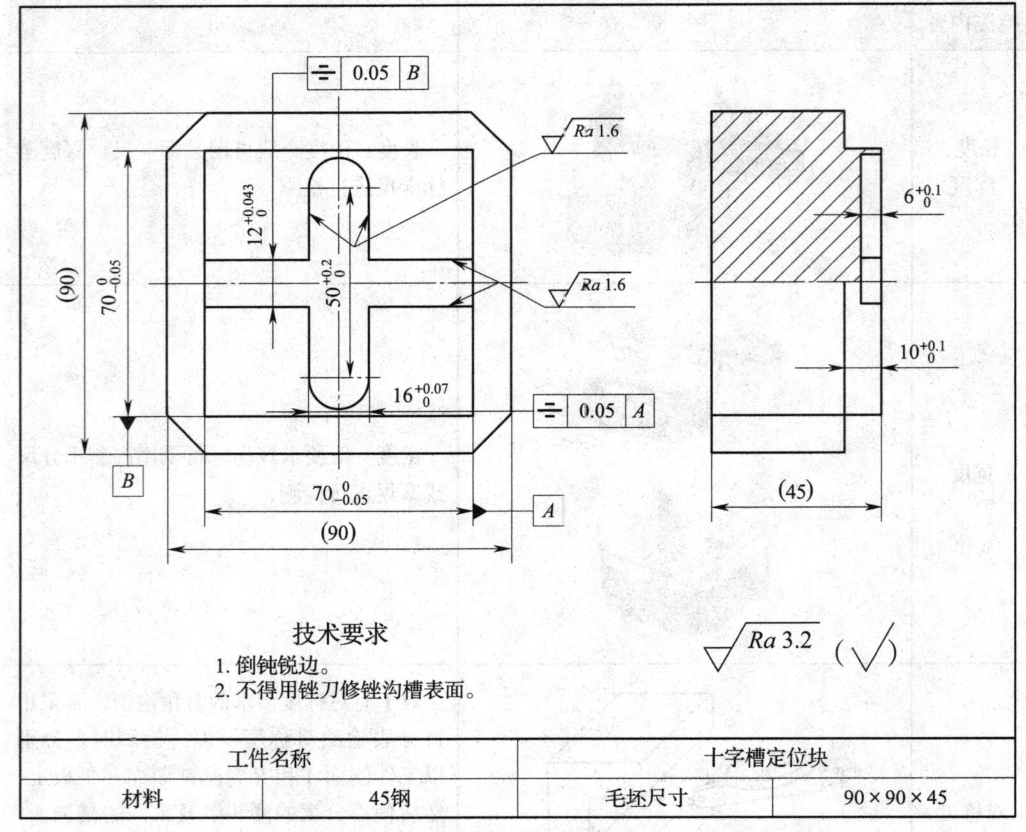

工件名称		十字槽定位块	
材料	45钢	毛坯尺寸	90×90×45

图 9-2-4　十字槽定位块

（2）刀具选择

在立式铣床上铣削，选择 ϕ10 mm 高速钢立铣刀（或键槽铣刀）；也可以选择 ϕ10 mm、ϕ12 mm 两种立铣刀（或键槽铣刀）。

（3）量具选择

可选用内测千分尺或塞规测量槽宽；用深度游标卡尺测量深度；用游标卡尺测量长度；用百分表或杠杆百分表检测对称度误差；用表面粗糙度比较样块或表面粗糙度仪检测表面粗糙度。

（4）铣削用量选择

选择的铣削用量如下：a_p=0.3 ~ 2 mm，f_z=0.03 ~ 0.15 mm/齿，v_c=10 ~ 30 m/min。粗铣时依次选择较大的 a_p、f_z，较小的 v_c；精铣时则相反。

2. 铣削步骤（见表 9-2-2）

表 9-2-2 铣削步骤

序号	步骤	图示	要求
1	识读零件图，检查毛坯尺寸，计算对刀后工作台需移动的距离		读懂图样，根据刀具直径与图样要求计算出工作台需移动的距离
2	检查及润滑机床，安装及找正机用虎钳，选择并安装立铣刀	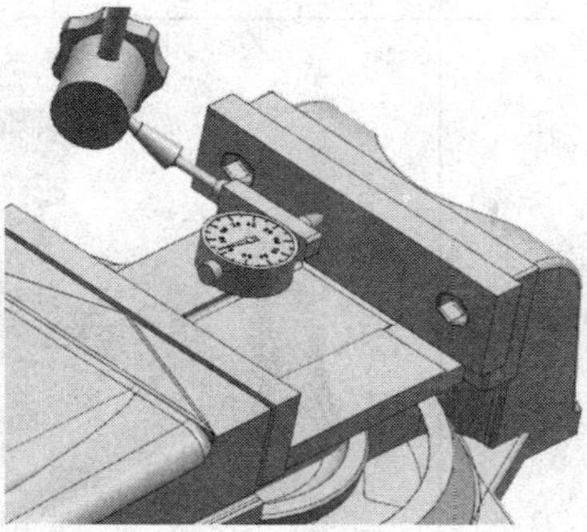 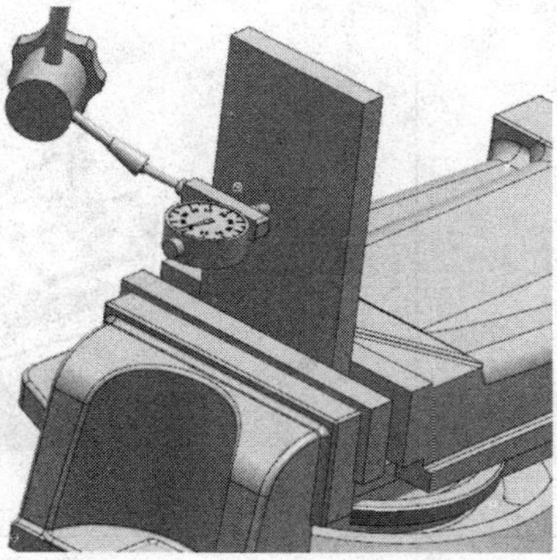	找正机用虎钳固定钳口与工作台纵向进给方向平行，利用标准平板找正固定钳口与工作台面垂直，刀具安装牢固
3	选择合适的平行垫铁安装工件		夹紧，砸实

续表

序号	步骤	图示	要求
4	对刀	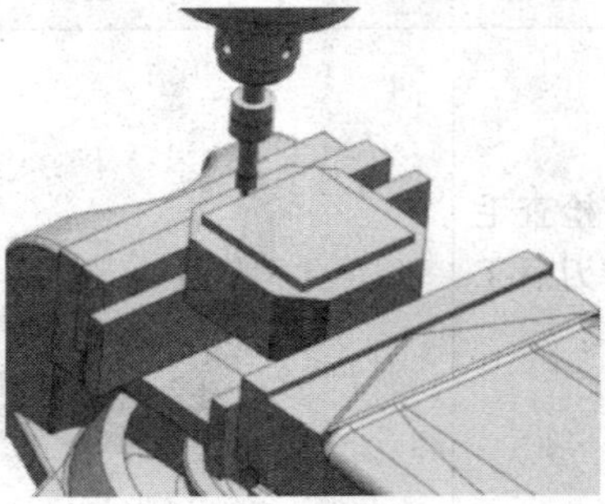	侧面对刀或用寻边器对刀，使刀具对准槽中心
5	粗铣 $12^{+0.043}_{0}$ mm 通槽	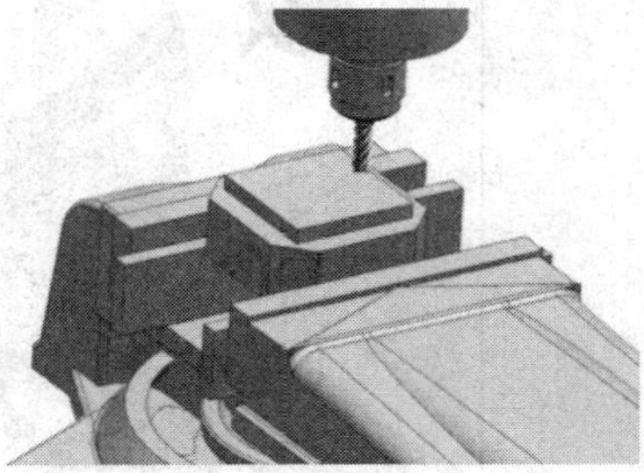	顶面对刀，垂直进刀，粗铣槽深，留 0.3 mm 精铣余量
6	精铣深度到尺寸	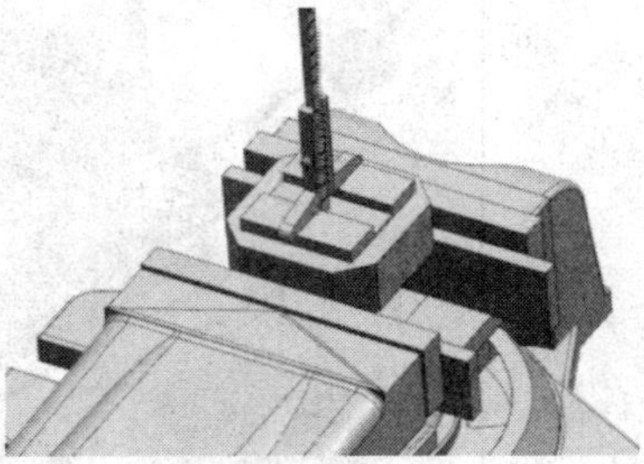	测量及进刀要准确
7	扩铣槽的一侧	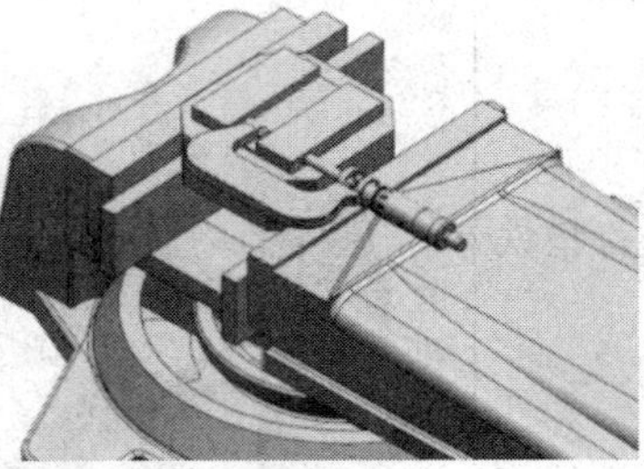	量准尺寸，计算并控制对称度

续表

序号	步骤	图示	要求
8	扩铣槽的另一侧		控制好槽宽和对称度
9	用相同的方法铣削 $16^{+0.07}_{0}$ mm 封闭槽		铣削时，注意控制键槽长度尺寸，可换 $\phi12$ mm 立铣刀铣削
10	检测合格后卸下工件，修锉毛刺，倒钝锐边		对所加工内容进行检测，修锉毛刺时不要划伤工件表面

3. 加工中的注意事项

（1）严格执行铣床安全操作规程和文明生产规定。

（2）铣刀直径较小，为减小“让刀”的影响，铣削深度不宜过大。

（3）测量准确，控制好槽宽和对称度。

（4）砸实工件时不要损伤已加工表面。

（5）充分浇注切削液。

四、铣削直角沟槽课后作业

止动块零件图如图 9-2-5 所示。

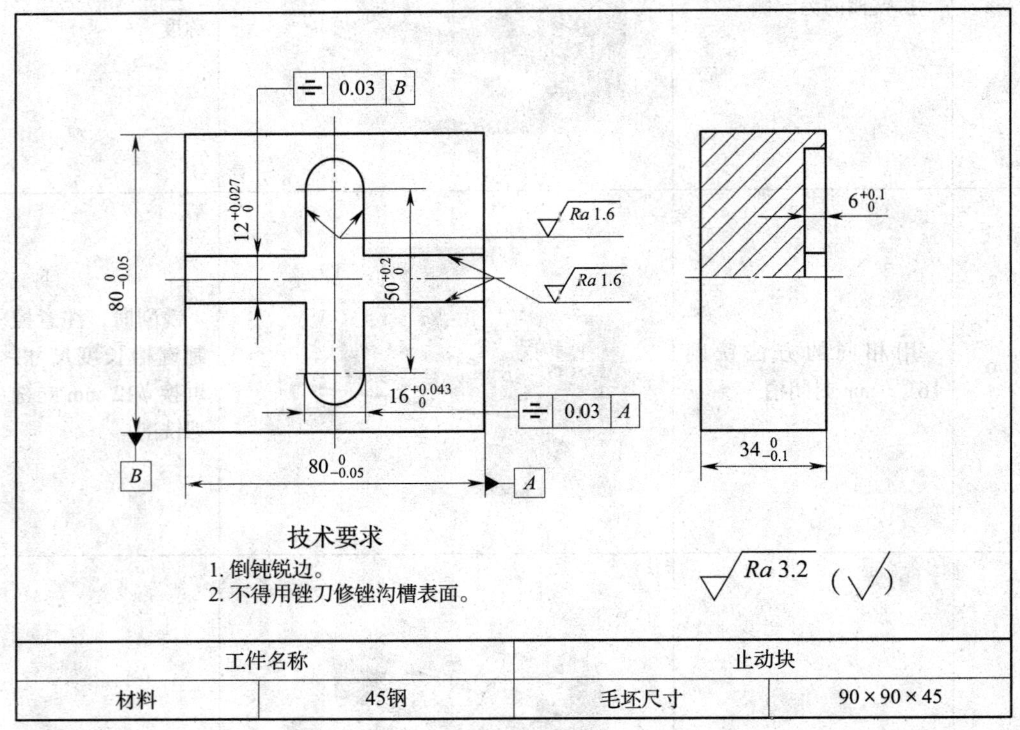

图 9-2-5　止动块

要求：根据零件图加工要求合理进行工艺分析，并写出工件加工步骤。

课题三
轴上键槽的铣削

学习目标

1. 正确使用轴上键槽铣削常用工艺装备。
2. 掌握轴上键槽的铣削方法。
3. 掌握轴上键槽的检测方法。

一、轴上键槽铣削常用工艺装备

1. 轴上键槽铣削常用刀具

轴上键槽铣削一般使用键槽铣刀、立铣刀、锉刀、修边器等刀具。

2. 轴上键槽铣削常用量具

轴上键槽铣削一般使用游标卡尺、深度游标卡尺、外径千分尺、内测千分尺、百分表、杠杆百分表、塞规、表面粗糙度比较样块（或表面粗糙度仪）。

3. 轴上键槽铣削常用工具和夹具

轴上键槽铣削一般使用机用虎钳（或组合压板）、平行垫铁、V 形架、寻边器、活扳手、呆扳手、内六角扳手、铜锤、油枪、毛刷、防护眼镜等工具和夹具。

二、相关知识

在轴上安装平键的直角沟槽称为键槽，其两侧面的表面粗糙度值较小，都有极高的宽度尺寸精度和对称度要求。键槽有通槽、半通槽和封闭槽三种形式，如图 9-3-1 所示。

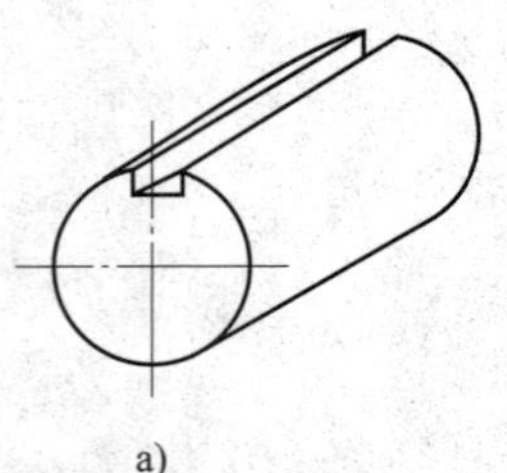

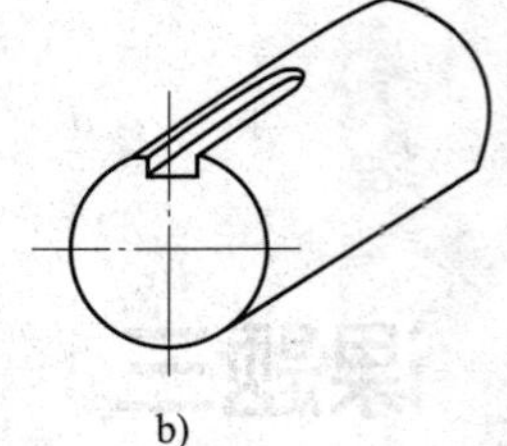

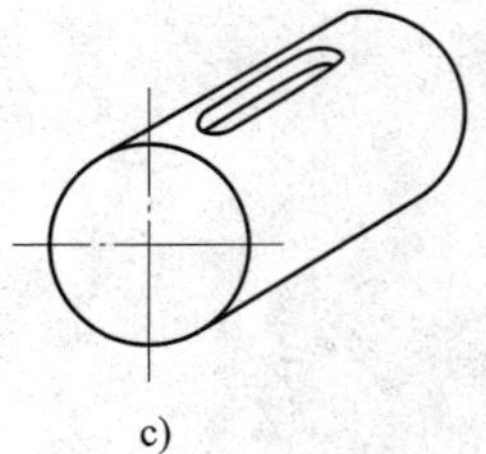

图 9-3-1　轴上键槽的种类

a）通槽　b）半通槽　c）封闭槽

1. 铣刀的选择

轴上键槽一般采用键槽铣刀进行铣削，有时也采用立铣刀铣削。铣刀直径要小于等于槽宽。

2. 工件的装夹与找正

装夹轴类工件时，不但要保证工件在加工中稳定、可靠，还要保证工件的轴线位置不变，保证键槽的中心平面通过工件的轴线。工件常用的装夹方法有用机用虎钳装夹、用 V 形架装夹、用压板装夹等。

（1）用机用虎钳装夹

用机用虎钳装夹工件简便、稳固，但当工件直径有变化时，工件的轴线位置在左右（水平位置）和上下方向都会发生变动，如图 9-3-2 所示。若采用定距切削，会影响键槽的深度和对称度。因此，这种装夹方式一般适用于单件生产。

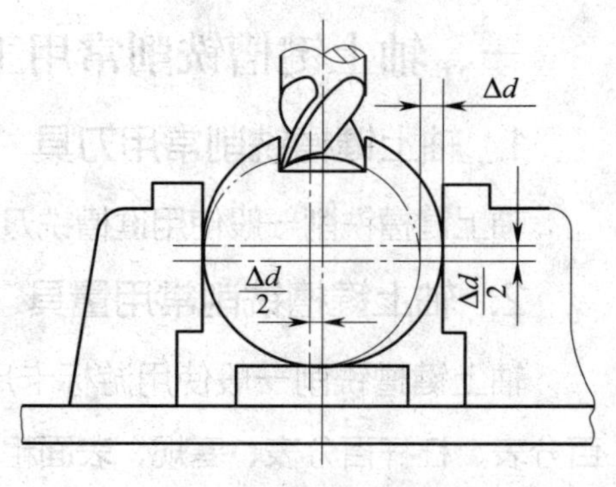

图 9-3-2　用机用虎钳装夹工件铣削键槽

（2）用 V 形架装夹

把圆柱形工件放置在 V 形架内并用压板压紧的装夹方法是铣削键槽的常用装夹方法之一。其特点是工件的轴线位置只在 V 形槽的对称平面内随工件直径变化而上下变动，如图 9-3-3 所示。因此，当铣刀的轴线与 V 形槽的对称平面重合时，能保证一批工件上键槽的对称度。虽然一批工件的直径因加工误差而有变化，会对键槽的深度有影响，但变化量一般不会超过精度要求不高的槽深尺寸公差。

（3）用压板装夹

对于直径在 20 ~ 60 mm 范围内的长轴工件，可将其直接放在工作台的中央 T

形槽上，用压板压紧后铣削键槽。此时，中央 T 形槽槽口的倒角斜面起 V 形架的定位作用。

3. 对刀方法

为保证轴上键槽对称于工件轴线，必须调整好铣刀的铣削位置，使铣刀的轴线通过工件轴线（即铣刀对中心）。常用的对中心方法包括按切痕调整对中心、擦侧面调整对中心、用杠杆百分表调整对中心和用寻边器调整对中心四种。

（1）按切痕调整对中心

按切痕调整对中心精度不高，但使用简便，是最常用的一种方法。对刀时，先让旋转的铣刀接近工件的上表面，通过横向进给，铣刀在工件表面铣出一个矩形的小平面。调整工作台，将旋转的铣刀调整到小平面的中间位置，如图 9-3-4 所示。

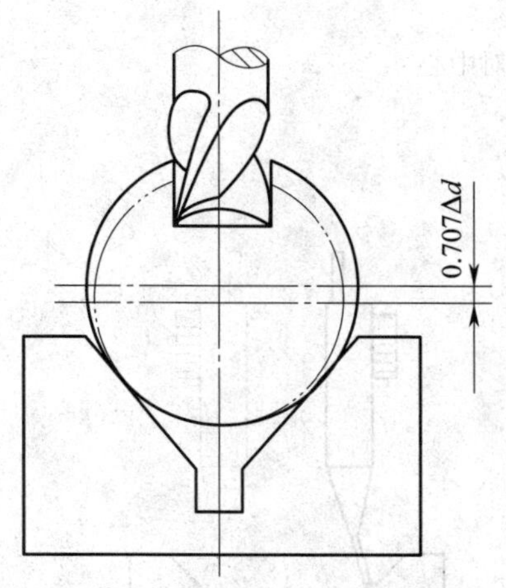

图 9-3-3　用 V 形架装夹铣削键槽

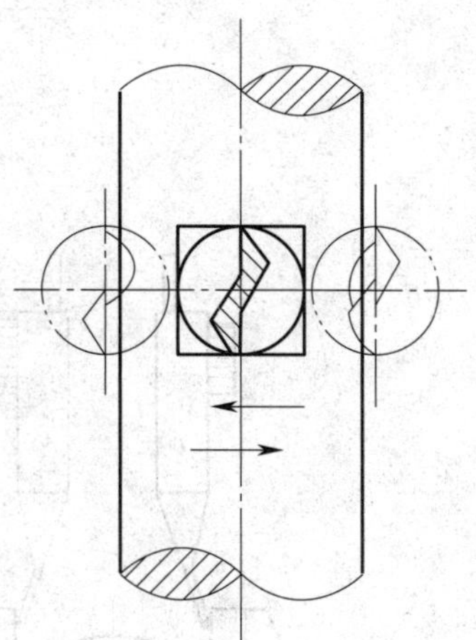

图 9-3-4　按切痕调整对中心

（2）擦侧面调整对中心

擦侧面调整对中心精度较高。调整时，先在工件侧面贴一张薄纸，启动机床，使回转的铣刀逐渐靠向工件，当铣刀的切削刃擦到薄纸后，降下工作台，退出工件，再将工作台横向移动一个距离 A（铣刀半径、工件半径与纸厚的和），实现对中心，如图 9-3-5 所示。

（3）用杠杆百分表调整对中心

用杠杆百分表调整对中心精度高，可对装夹工件用的机用虎钳、V 形架进行对中心调整，如图 9-3-6 所示。调整时，将杠杆百分表固定在立铣头主轴上，用手转动主轴，观察百分表在紧靠工件两侧的钳口两侧、V 形架两侧的读数，通过横向移动工作台使百分表在两侧的读数相同。

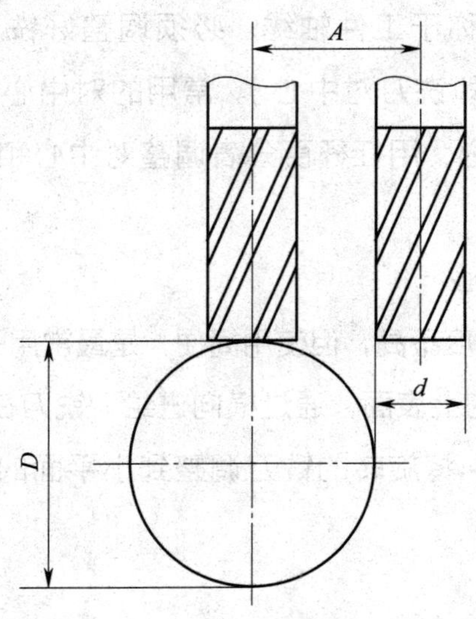

图 9-3-5　擦侧面调整对中心

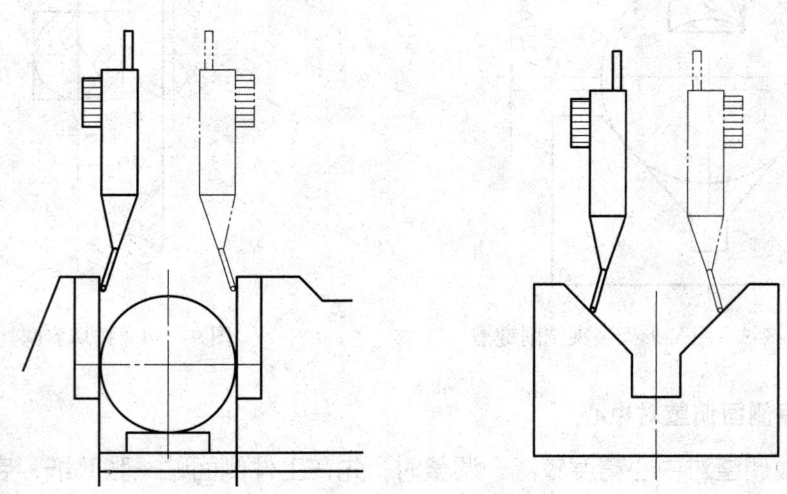
图 9-3-6　用杠杆百分表调整对中心

（4）用寻边器调整对中心

用寻边器调整对中心精度高，其对刀方法与擦侧面调整对中心基本相同。区别如下：对刀时，不用在工件侧面贴薄纸；寻边后，移动的距离等于寻边器半径与工件半径之和。

4. 轴上键槽的铣削方法

铣削轴上键槽时经常采用的铣削方法有分层铣削法和扩刀铣削法两种。

（1）分层铣削法

如图 9-3-7 所示为用符合键槽宽度尺寸的键槽铣刀分层铣削键槽。铣削时，每次的铣削深度 a_p 为 0.1 ~ 1 mm，手动进给由键槽的一端铣向另一端，然后以较快的速度手动将工件退至原位，再吃深，重复铣削。铣削半通槽、封闭槽时应注意键槽长度方向每端留余量 0.2 ~ 0.5 mm。

（2）扩刀铣削法

先用直径比槽宽尺寸小的键槽铣刀分层往复粗铣至接近槽深，槽深留余量 0.1 ~ 0.3 mm，槽长每端各留 0.2 ~ 0.5 mm 余量，再用符合键槽宽度尺寸的键槽铣刀精铣，如图 9-3-8 所示。

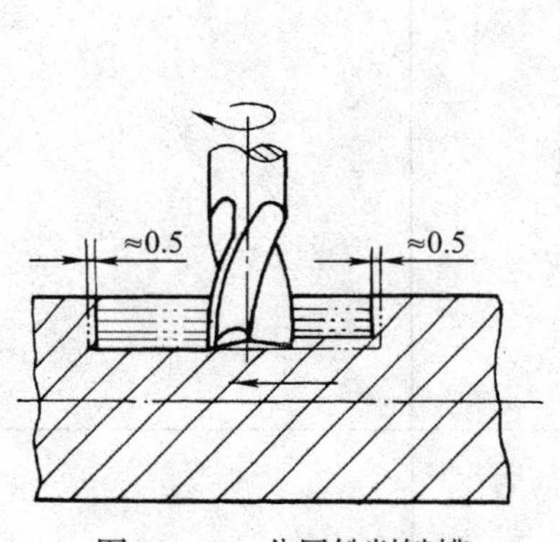

图 9-3-7 分层铣削键槽

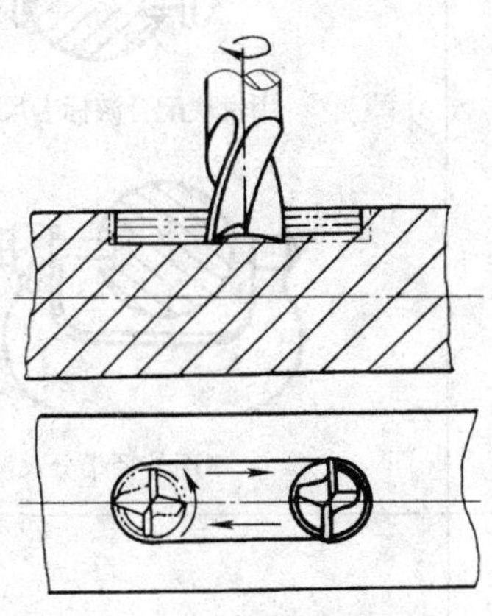
图 9-3-8 扩刀铣削键槽

5. 轴上键槽的检测方法

轴上键槽的检测方法见表 9-3-1。

表 9-3-1 轴上键槽的检测方法

检测内容	图示	说明
表面粗糙度		根据表面粗糙度仪显示的读数确定表面粗糙度值，判断是否符合要求

续表

检测内容	图示	说明
长度、深度	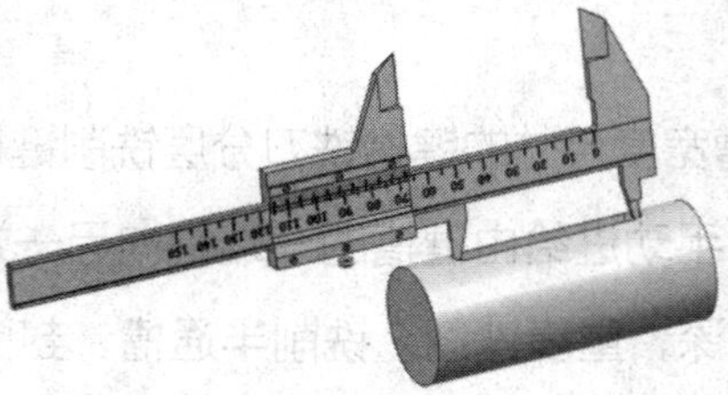 用游标卡尺测量槽长 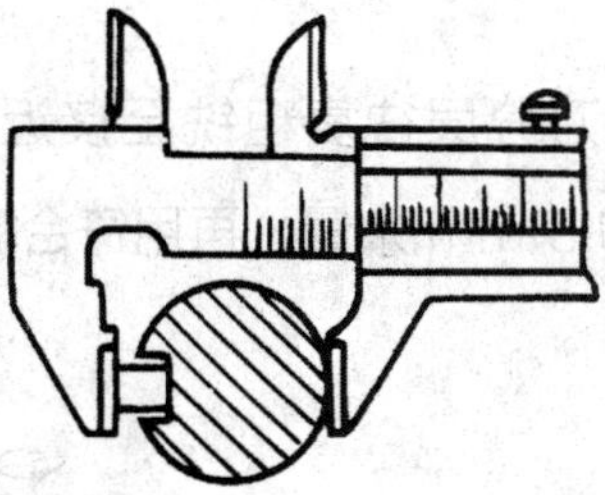 用量块配合游标卡尺间接测量槽深 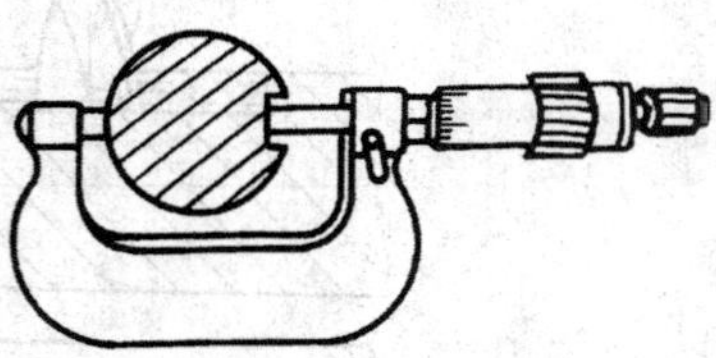 用外径千分尺测量槽深	长度一般可用游标卡尺检测，深度可用游标卡尺或外径千分尺检测
宽度	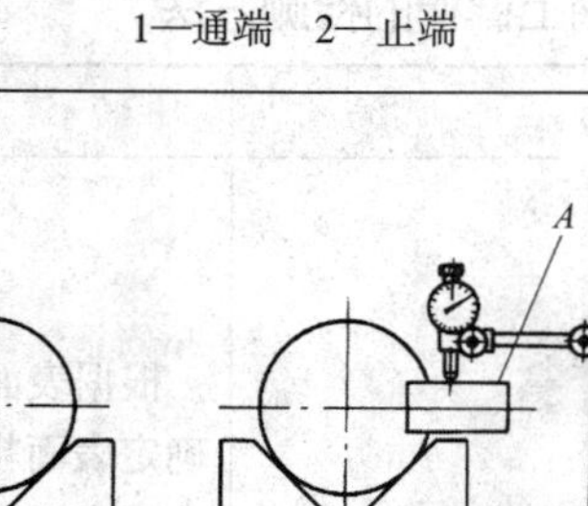 2 1 1—通端　2—止端	键槽宽度要求一般较高，可采用内测千分尺或塞规检测
对称度	B　A	将一块厚度与键槽宽度尺寸相同的塞块塞入键槽内，用百分表找正塞块的 A 面与平板或工作台面平行并读数，然后将工件转动 180°，用百分表找正塞块的 B 面与平板或工作台面平行并读数，两次读数的差值即为键槽的对称度误差

三、铣削轴上键槽练习

短轴零件图如图 9-3-9 所示。

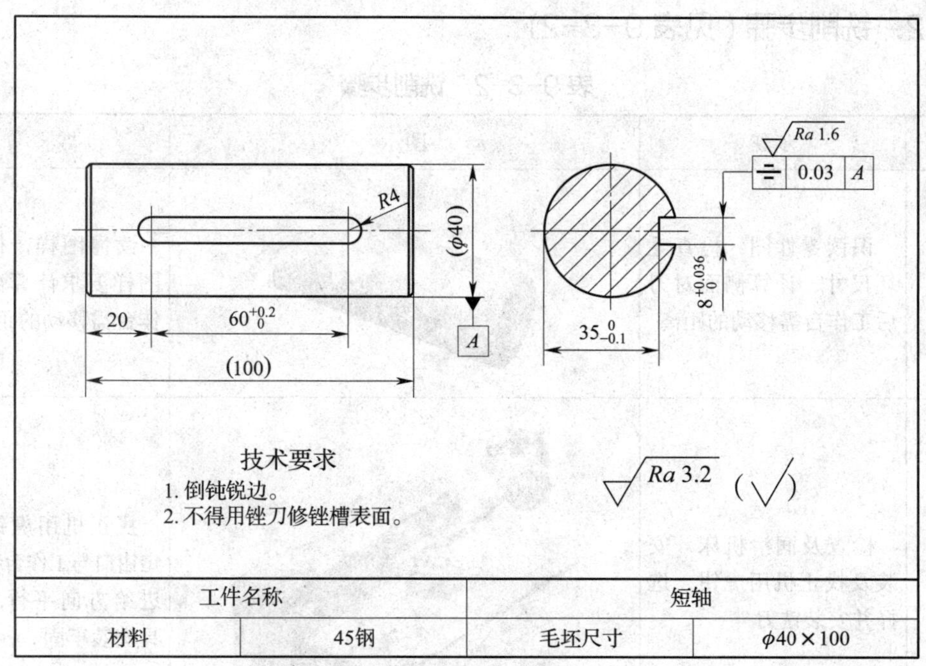

图 9-3-9　短轴

1. 工艺分析

识读零件图，分析如下：该零件有一个封闭键槽，宽度为 $8^{+0.036}_{0}$ mm，深度为 $35^{0}_{-0.1}$ mm，长度为 $68^{+0.2}_{0}$ mm，对称度公差为 0.03 mm，加工精度要求较高。键槽两侧面表面粗糙度为 *Ra*1.6 μm，表面质量要求较高；键槽底面表面粗糙度为 *Ra*3.2 μm，表面质量要求一般。

（1）夹具选择

该零件尺寸较小，故选择机用虎钳装夹。

（2）刀具选择

在立式铣床上铣削，选择 ϕ6 mm 和 ϕ8 mm 高速钢键槽铣刀或立铣刀。

（3）量具选择

可选用内测千分尺、塞规测量宽度；用游标卡尺测量深度和长度；用百分表或杠杆百分表检测对称度误差；用表面粗糙度比较样块或表面粗糙度仪检测表面粗糙度。

（4）铣削用量选择

选择的铣削用量如下：a_p=0.1 ~ 1 mm，f_z=0.03 ~ 0.15 mm/齿，v_c=10 ~ 30 m/min。粗铣时依次选择较大的a_p、f_z，较小的v_c；精铣时则相反。

2. 铣削步骤（见表 9-3-2）

表 9-3-2　铣削步骤

序号	步骤	图示	要求
1	识读零件图，检查毛坯尺寸，计算侧面对刀后工作台需移动的距离	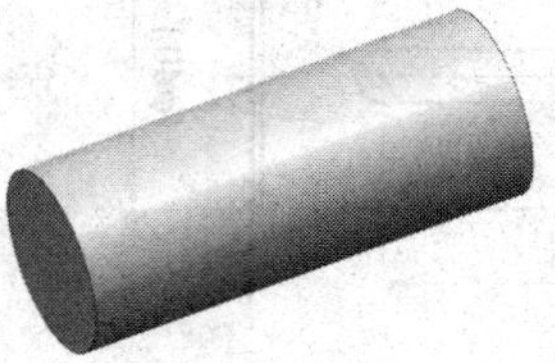	读懂图样，根据图样要求计算出工作台需移动的距离
2	检查及润滑机床，安装及找正机用虎钳，选择并安装铣刀	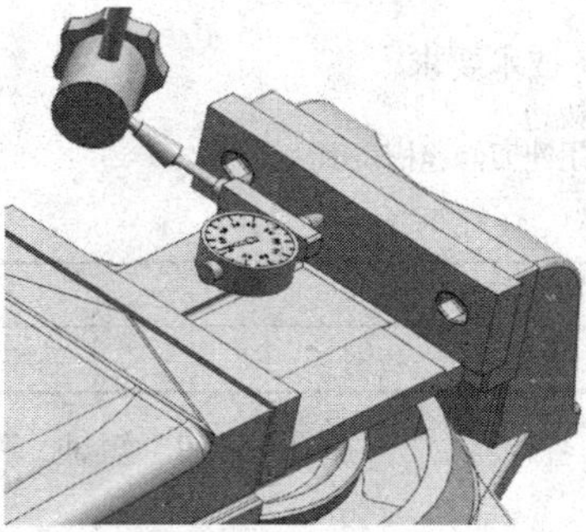	找正机用虎钳固定钳口与工作台纵向进给方向平行，刀具安装牢固
3	选择合适的平行垫铁安装工件		夹紧，砸实
4	对中心	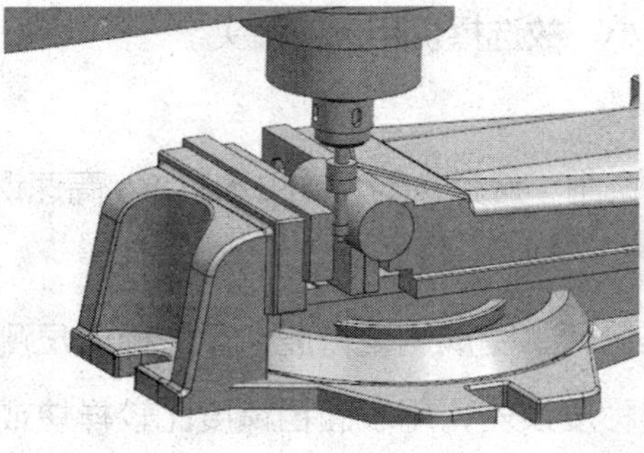	用寻边器对刀，精确移距

续表

序号	步骤	图示	要求
5	粗铣		用 ϕ6 mm 铣刀粗铣，选择合适的铣削用量，每次铣削深度为 0.1 ~ 1 mm，槽深留 0.1 ~ 0.3 mm 余量，长度两端各留 0.2 ~ 0.5 mm 余量，可采用手动进给
6	精铣		用 ϕ6 mm 或 ϕ8 mm 铣刀精铣。用 ϕ8 mm 铣刀精铣时要进行试铣
7	检测合格后卸下工件，修锉毛刺，倒钝锐边		对所加工内容进行检测，修锉毛刺时不要划伤工件表面

3. 加工中的注意事项

（1）严格执行铣床安全操作规程和文明生产规定。

（2）换 ϕ8 mm 铣刀精铣时要进行试铣，确定铣出的槽宽符合要求后才能使用。

（3）铣刀直径较小，为减小“让刀”的影响，铣削深度不宜过大。

（4）准确对中心，控制好对称度。

（5）砸实工件时不要损伤已加工表面。

（6）合理选择及充分浇注切削液。

四、铣削轴上键槽课后作业

转轴零件图如图 9-3-10 所示。

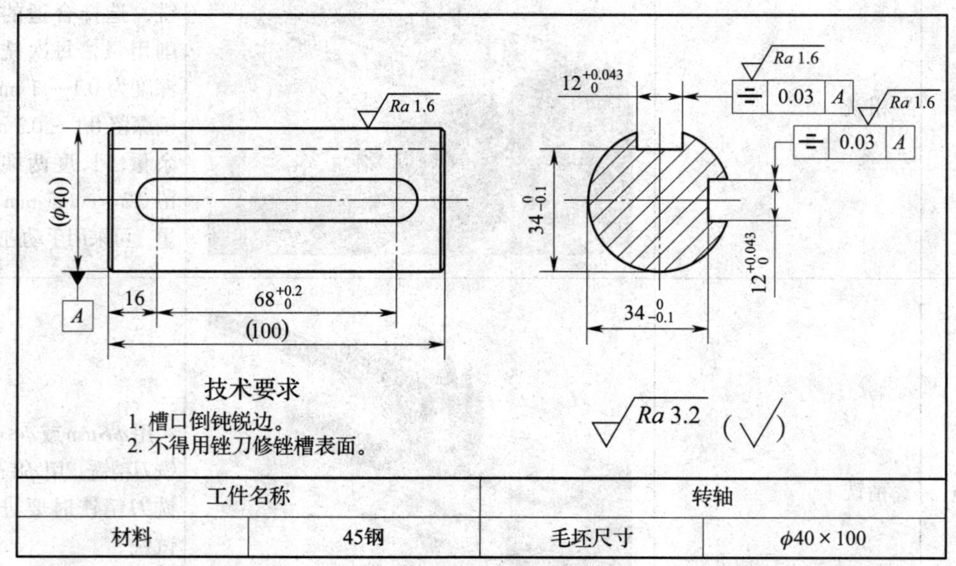

工件名称		转轴	
材料	45钢	毛坯尺寸	φ40 × 100

图 9-3-10 转轴

要求：根据零件图加工要求合理进行工艺分析，并写出工件加工步骤。

模块十
孔类零件的铣削

课题 在铣床上镗孔

学习目标

1. 正确使用镗孔加工常用工艺装备。
2. 掌握镗孔加工方法。
3. 掌握孔的检测方法。

一、镗孔加工常用工艺装备

1. 镗孔加工常用刀具

镗孔加工一般使用麻花钻、镗刀盘（配镗刀）、锉刀、修边器等刀具。

2. 镗孔加工常用量具

镗孔加工一般使用游标卡尺、深度游标卡尺、壁厚千分尺、三爪内径千分尺、内测千分尺、百分表、杠杆百分表、表面粗糙度比较样块（或表面粗糙度仪）等量具。

3. 镗孔加工常用工具和夹具

镗孔加工一般使用机用虎钳（或组合压板）、平行垫铁、寻边器、活扳手、呆扳手、内六角扳手、铜锤、油枪、毛刷、防护眼镜等工具和夹具。

二、相关知识

镗削是镗刀旋转做主运动，工件或镗刀做进给运动的切削加工方法。用镗削的方法扩大工件的孔称为镗孔。镗孔除在镗床上进行外，由于铣床也是以刀具的旋转运动为主运动，且进给运动的情况类似，因此镗孔也可在铣床上进行。在铣床上，主要镗削中、小型工件上不太大的孔和相互位置不太复杂的孔系。

在铣床上镗孔，孔径尺寸经济精度可达 IT9 ~ IT7 级，表面粗糙度为 *Ra*3.2 ~ 0.8 μm，孔距精度可控制在 0.05 mm 左右。

1. 刀具及附件的选择

（1）镗刀

镗孔所用的刀具称为镗刀，见表 10-1。按照镗刀刀头的固定形式不同，镗刀分为整体式镗刀、机械固定式镗刀和浮动式镗刀；按照切削刃形式不同，镗刀分为单刃镗刀和双刃镗刀。在铣床上镗孔大多使用单刃镗刀。

表 10-1 镗刀

内容	简图及说明
整体式镗刀	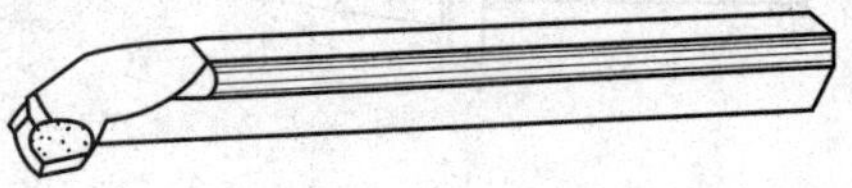 整体式镗刀的切削部分与镗刀杆是一体的，安装在镗刀盘中即可进行镗削，一般用于小孔径工件的镗削。常见的有焊接式镗刀和高速钢整体式镗刀
机械固定式镗刀	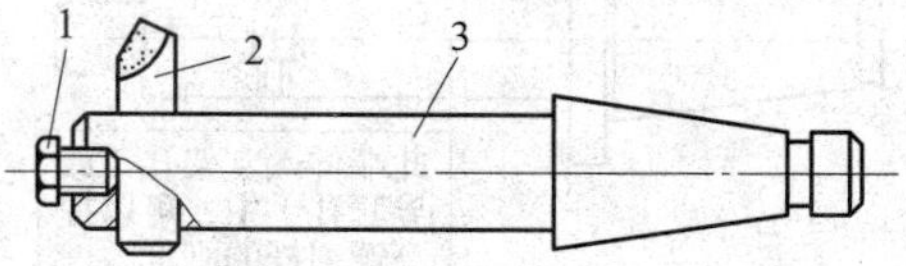 1—紧刀螺钉 2—镗刀头 3—镗刀杆 机械固定式镗刀是将镗刀头机械固定在镗刀杆上并进行镗孔的。镗刀头有焊接式的高速钢刀头，还有直接采用不重磨车刀的
浮动式镗刀	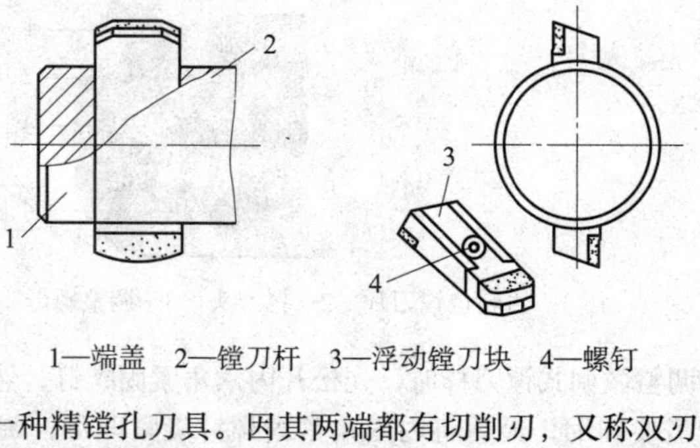 1—端盖 2—镗刀杆 3—浮动镗刀块 4—螺钉 浮动式镗刀是一种精镗孔刀具。因其两端都有切削刃，又称双刃镗刀。它的安装特点是镗刀不固定，而是浮动地放在镗刀杆的方孔中进行镗削的。浮动式镗刀大都在专用磨床上刃磨。孔的加工尺寸主要由浮动式镗刀块的长度尺寸决定

（2）镗刀杆

镗刀杆是安装在机床主轴孔中，用以夹持镗刀头的杆状工具，见表 10-2。按照能否准确控制镗孔尺寸，镗刀杆分为简易式镗刀杆和可调式镗刀杆。

表 10-2　镗刀杆

<table>
<tr><th colspan="2">类型</th><th colspan="2">简图及说明</th></tr>
<tr><td rowspan="3">简易式镗刀杆</td><td>镗通孔用的镗刀杆</td><td></td><td rowspan="3">简易式镗刀杆结构简单，制造容易。其缺点是用敲刀法控制工件孔径，调整过程较费时</td></tr>
<tr><td>镗盲孔用的镗刀杆</td><td></td></tr>
<tr><td>镗深孔用的镗刀杆</td><td>此端伸入支架孔（或导套孔）中，可以提高镗刀杆的刚度</td></tr>
<tr><td>可调式镗刀杆</td><td>微调式镗刀杆</td><td colspan="2">1
2
3
4
1—可转位镗刀片　2—镗刀头　3—调整螺母　4—内六角紧固螺钉
调整微调式镗刀杆时，先松开内六角紧固螺钉，然后转动调整螺母，使镗刀头按需要伸缩，最后将内六角紧固螺钉旋紧即可。调整螺母上的刻度为 40 等份，镗刀头螺纹的螺距为 0.5 mm，则调整螺母每转过一小格时，镗刀头的伸缩量为 0.012 5 mm。由于镗刀头与镗刀杆的轴线倾斜 53°8′，因此，刀尖在半径方向的实际调整距离为 0.012 5 mm × sin53°8′ ≈ 0.01 mm，实现了准确调整的目的。应该注意的是，调整镗刀头时，内六角紧固螺钉的紧固力应大小适宜，尽量减小因紧固力大小的不同而发生的移距偏差</td></tr>
</table>

续表

类型		简图及说明
可调式镗刀杆	差动式镗刀杆	1—镗刀头　2—紧固螺钉　3—圆柱塞　4—丝杆 差动式镗刀杆是利用两段螺距不同、旋向相同的丝杆形成螺旋差动，实现微调的。丝杆的上部螺距是 1.25 mm（M8 × 1.25），下部螺距是 1 mm（M6 × 1）。当丝杆转动一周时，丝杆向前移动一个螺距（1.25 mm），同时使镗刀头相对丝杆后退一个螺距（1 mm），所以镗刀头的实际伸缩量为 0.25 mm。在圆柱塞端面上的刻度为 25 等份，则丝杆每转过一小格，镗刀头的伸缩量为 0.01 mm

（3）镗刀盘

镗刀盘又称镗头或镗刀架。如图 10-1 所示为一种结构简单的镗刀盘，它具有较高的刚度，而且能够精确地控制孔径。镗刀盘的锥柄 1 与铣床主轴的锥孔相配合，转动刻度环 2 时，可精确地移动燕尾块 3，从而微量改变镗刀的位置，达到改变孔径尺寸的目的。燕尾块带有几个装刀孔，用内六角螺钉将各种规格的镗刀杆固定在装刀孔内，就可以方便地镗削各种尺寸规格的孔。

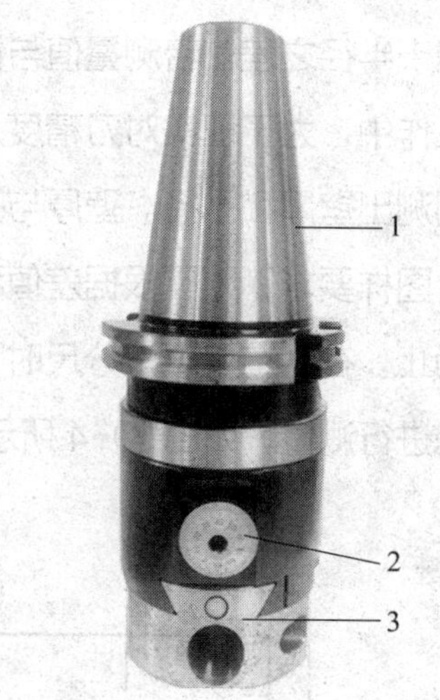

图 10-1　镗刀盘

1—锥柄　2—刻度环　3—燕尾块

2. 工件的装夹与找正

中、小型工件一般采用机用虎钳装夹，尺寸较大的工件可用压板装夹，形状复杂的工件或大批量生产时可用专用夹具装夹。夹具必须找正，使用机用虎钳装夹工件时，应找正固定钳口与纵向进给方向平行（或垂直）。

3. 对刀方法

在铣床上镗孔时，铣床主轴轴线与所镗孔的轴线必须重合。镗孔前常用的对刀方法如下：

（1）按划线对刀

对刀时，在镗刀顶端用油脂粘一枚大头针，并使镗刀杆轴线大致对准孔的中心，然后用手慢慢转动主轴，把针尖拨到靠近孔的轮廓线处，同时移动工作台，使针尖与孔轮廓线间的间隙尽量均匀、相等。用这种方法对刀，准确度较低，对操作者的要求较高，一般用于对孔的位置精度要求不高的场合。

（2）靠镗刀杆法对刀

当镗刀杆圆柱部分的圆柱度误差很小，并与铣床主轴同轴时，可用靠镗刀杆法对刀，如图 10-2 所示。为了控制镗刀杆与基准面之间接触的松紧程度，可在镗刀杆与基准面之间放置一量块，接触的松紧程度以用手能轻轻推动量块，而手松开时量块又不落下为宜。对刀时，先使镗刀杆通过量块与基准面 *A* 接触，再横向移动距离 S_1（等于镗刀杆半径、孔中心到 *A* 面的距离和量块厚度三者之和），然后使镗刀杆通过量块与基准面 *B* 接触，再纵向移动距离 S_2（等于镗刀杆半径、孔中心到 *B* 面的距离和量块厚度三者之和）。此法也可用标准圆棒或心棒代替镗刀杆进行对刀。

（3）用测量法对刀

如图 10-3 所示，用深度游标卡尺或深度千分尺测量镗刀杆（或心轴）圆柱面至基准面 *A* 和 *B* 的距离，应等于图样中孔中心到基准面 *A* 和 *B* 的距离与镗刀杆（或心轴）半径之差。若测量值与计算结果不符，则调整工作台位置直至相符为止。在实际工作中，为了证实对刀精度是否符合要求，常在粗镗后用壁厚千分尺和内径千分尺分别测出壁厚和孔径。壁厚与孔的半径之和应等于孔轴线至基准面之间的尺寸，若不符合图样要求，则需根据差值和方向调整工作台位置，并经半精镗后再检测，直至准确为止。在没有壁厚千分尺时，可使用普通的外径千分尺，在其砧座上用铜管套一颗钢球进行测量，如图 10-4 所示。此时壁厚应等于千分尺读数与钢球直径之差。

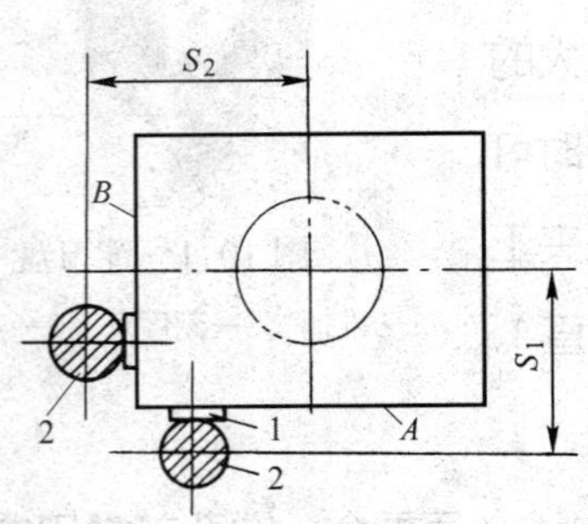

图 10-2　靠镗刀杆法对刀

1—量块　2—镗刀杆

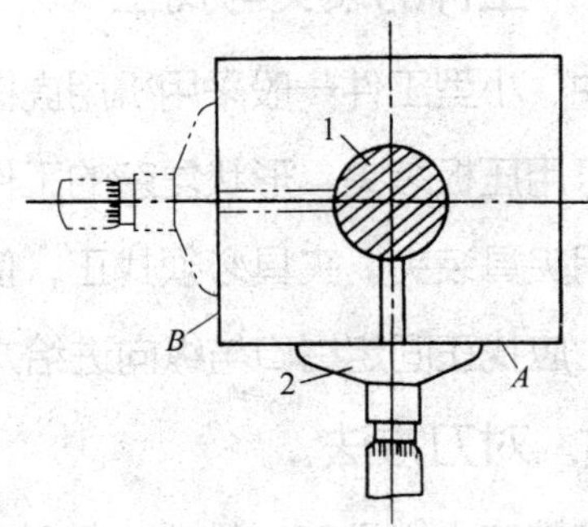

图 10-3　测量法对刀

1—心轴　2—深度千分尺

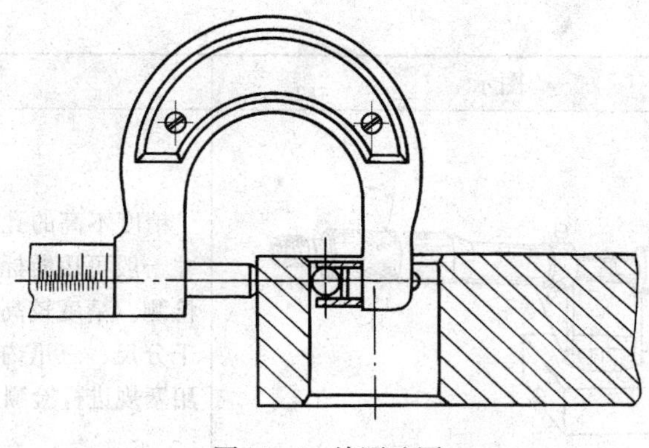

图 10-4　检测壁厚

（4）用寻边器对刀

用寻边器对刀的方法与靠镗刀杆法对刀基本相同，区别是寻边时不用放置量块。

4．镗孔方法

在镗刀与工件的相对位置调整好后，应将铣床的纵向进给机构与横向进给机构锁紧，然后开始镗孔。镗孔分为粗镗和精镗，粗镗时，单边留 0.3 mm 左右的精镗余量，粗镗结束后，换上调整好的精镗用镗刀杆，精镗至规定要求。

精镗结束后，应使镗刀刀尖指向操作者，即与床身相反，然后退刀。这时可利用工作台下降时的外倾，使刀尖不至于在孔壁上划出刀痕，不会影响孔的表面质量。

5．孔的检测方法

孔的检测方法见表 10-3。

表 10-3　孔的检测方法

检测内容	图示	说明
表面粗糙度		根据表面粗糙度仪显示的读数确定表面粗糙度值，判断是否符合要求

续表

检测内容	图示	说明
尺寸精度	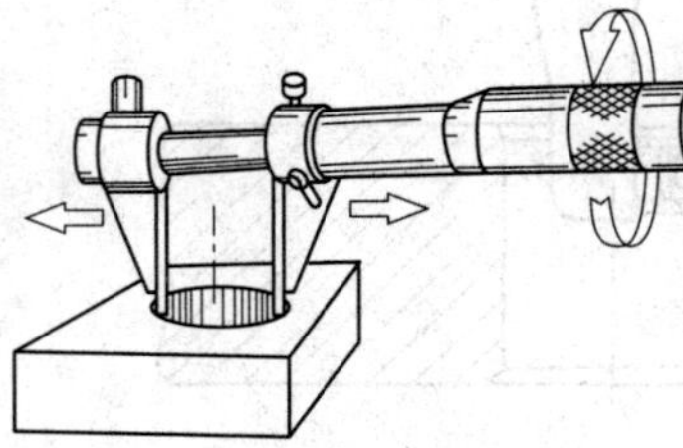	精度不高的孔径尺寸和孔的深度尺寸一般可用游标卡尺或深度游标卡尺检测。精度较高的孔径尺寸可用内测千分尺、三爪内径千分尺检测，也可用塞规进行检测
形状精度	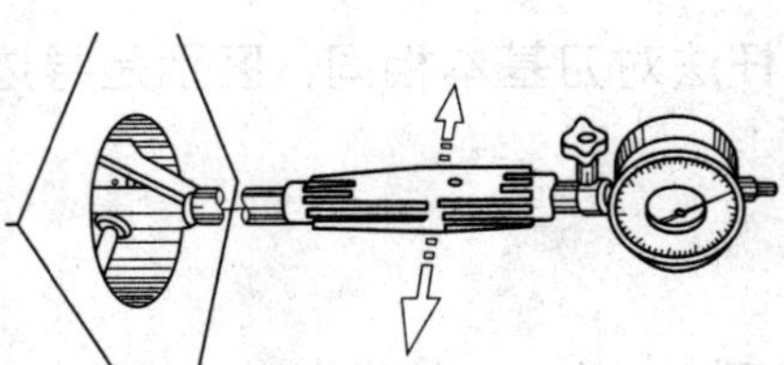	孔的形状误差主要有圆度误差和圆柱度误差。孔的圆度误差的检测最好采用三爪内径千分尺，或精度更高的圆度仪。孔的圆柱度误差一般用检验心轴进行检测
位置精度 同轴度	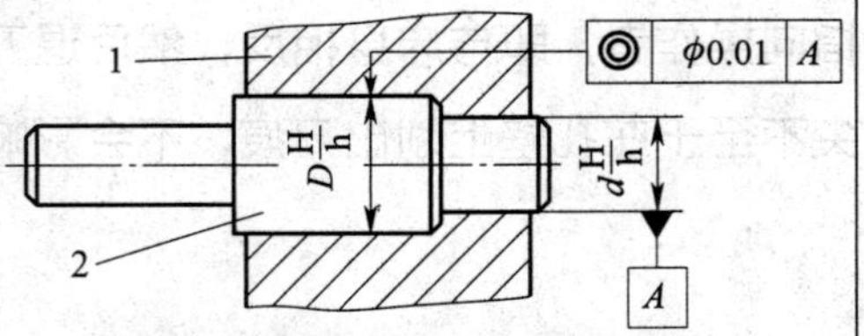 用同轴度量规检测孔的同轴度误差 1—工件 2—同轴度量规	用同轴度量规检测孔的同轴度误差时，只要量规能通过即为合格
方向精度 平行度	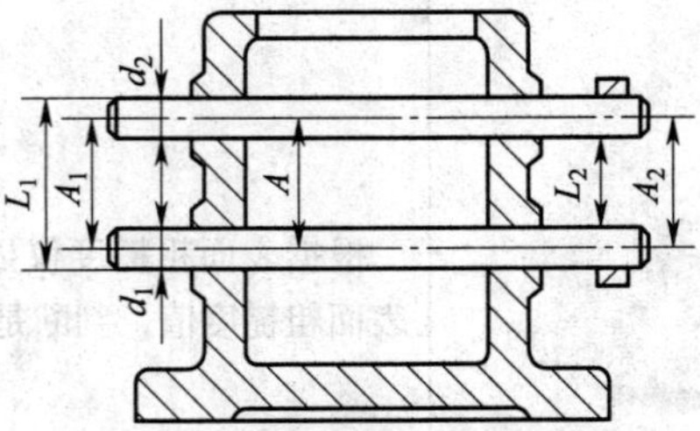 两孔平行度误差和中心距的检测	在两孔内装入配合精度较高的测量棒，分别测出两棒外侧距离 L_1 和另一端的内侧距离 L_2，则两测量棒直径 d_1 和 d_2 与两孔中心距的关系式如下： $A_1=L_1-\frac{1}{2}(d_1+d_2)$ 且 $A_2=L_2+\frac{1}{2}(d_1+d_2)$ 则两端中心距 A_1 和 A_2 的差值即其平行度误差

续表

检测内容		图示	说明
方向精度	垂直度	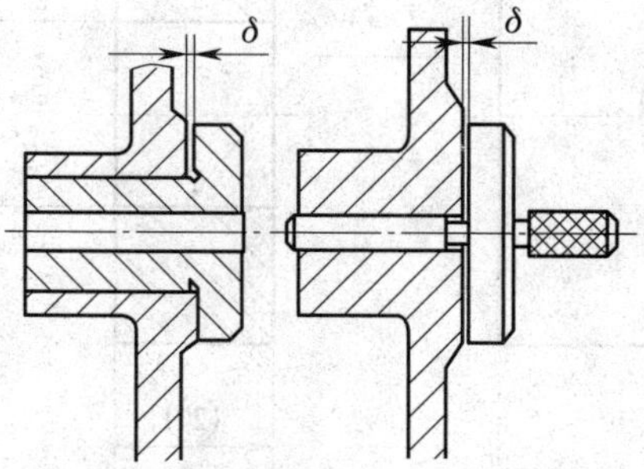 δ δ 孔轴线与基准面间垂直度误差的检测	检测时，将专用检验工具插入孔中，用着色法或塞尺检查工具圆盘与工件基准面的接触情况，其最大间隙 δ 即为检测范围内的垂直度误差

三、镗孔练习

单孔板零件图如图 10-5 所示。

1. 工艺分析

识读零件图，分析如下：该零件有一个通孔，直径为 $32^{+0.039}_{0}$ mm，定位尺寸为（40 ± 0.019）mm，加工精度要求较高；孔表面粗糙度为 Ra1.6 μm，表面质量要求较高。

（1）夹具选择

该零件尺寸较小，故选择机用虎钳装夹。

（2）刀具选择

在立式铣床上镗孔，选择 ϕ25 mm 的钻头、镗刀盘（配镗刀）。

（3）量具选择

可选用内测千分尺、三爪内径千分尺、内径百分表或塞规测量孔径；用壁厚千分尺测量定位尺寸；用表面粗糙度比较样块或表面粗糙度仪检测表面粗糙度。

（4）镗孔切削用量选择

选择的切削用量如下：a_p=0.1 ~ 2 mm，f=0.05 ~ 0.5 mm/r。粗镗时，选择较大的 a_p、f；精镗时则相反。镗孔时的切削速度可比铣削时略高些。

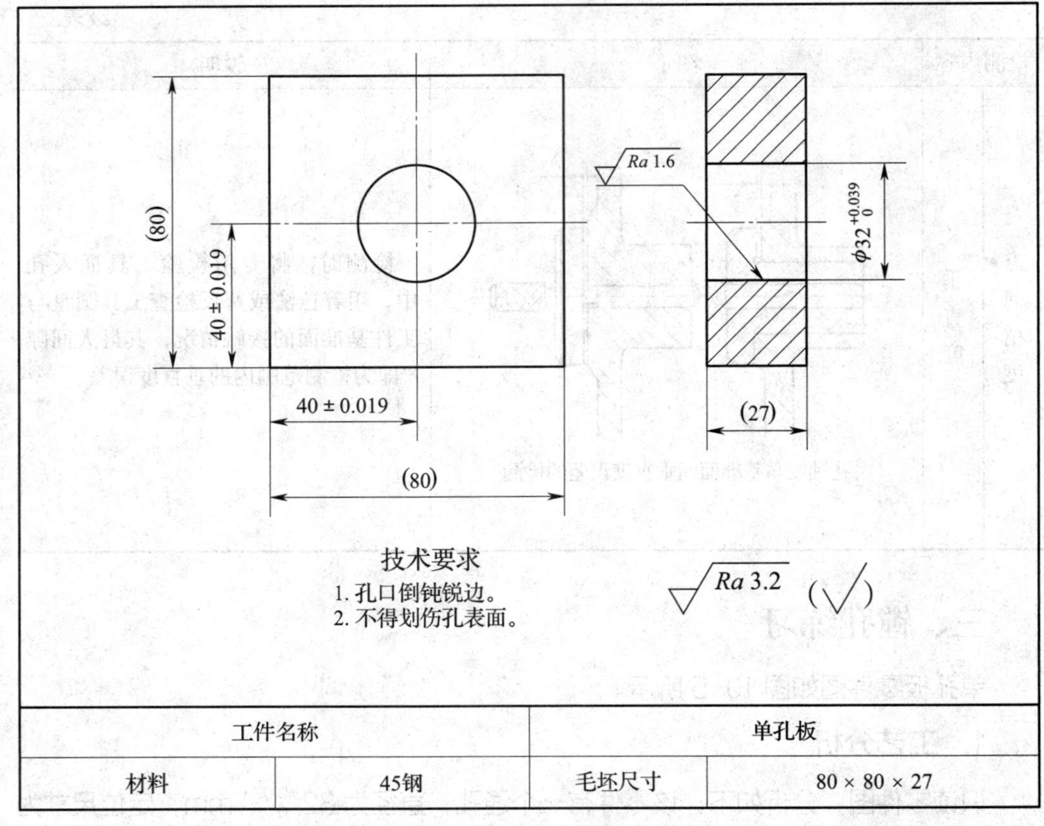

图 10–5 单孔板

2. 镗削步骤（见表 10–4）

表 10–4 镗削步骤

序号	步骤	图示	要求
1	识读零件图，弄清楚孔的技术要求		读懂图样，弄清楚孔的技术要求

续表

序号	步骤	图示	要求
2	检查及润滑机床，安装及找正机用虎钳	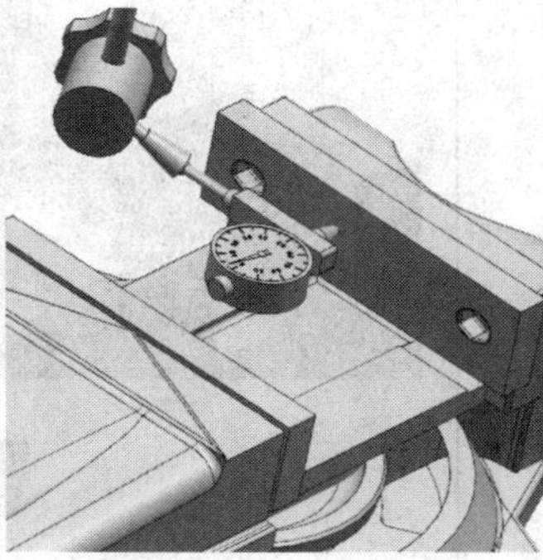 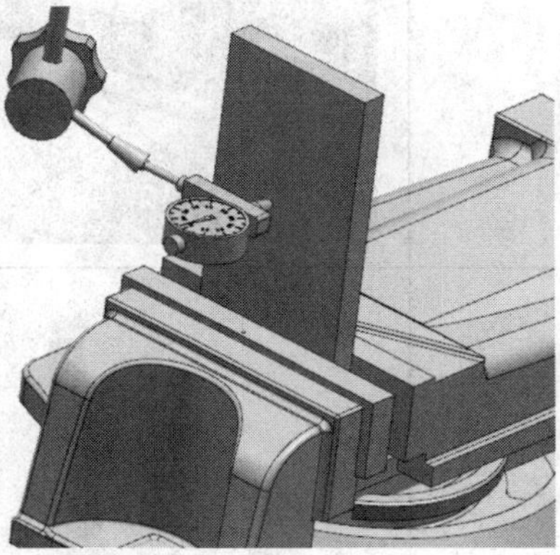	找正机用虎钳固定钳口与工作台纵向进给方向平行，利用标准平板找正固定钳口与工作台面垂直
3	选择合适的平行垫铁安装工件	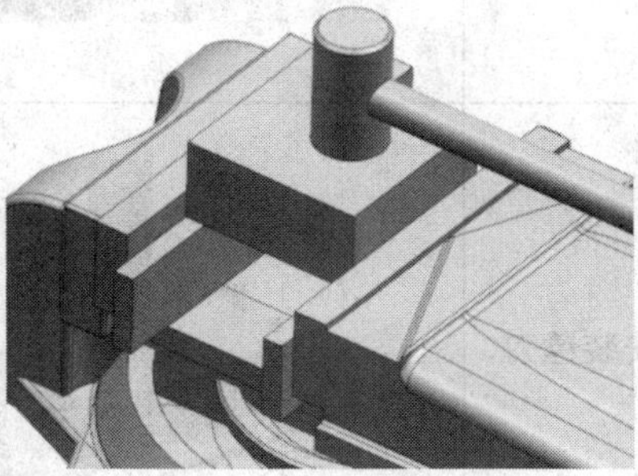	将工件夹紧，砸实。注意垫铁的位置，不要垫在孔的下面

续表

序号	步骤	图示	要求
4	寻边，对中心	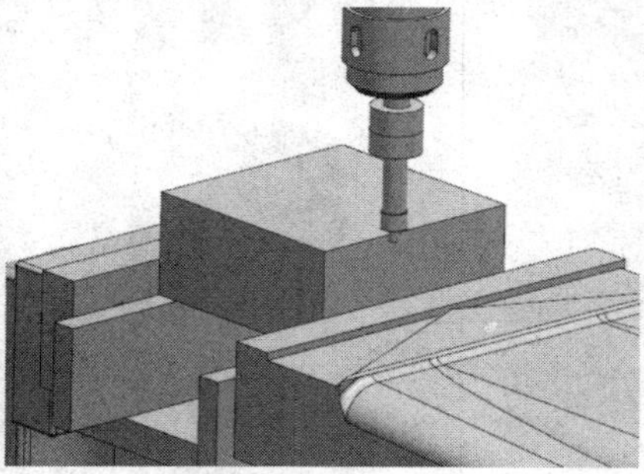 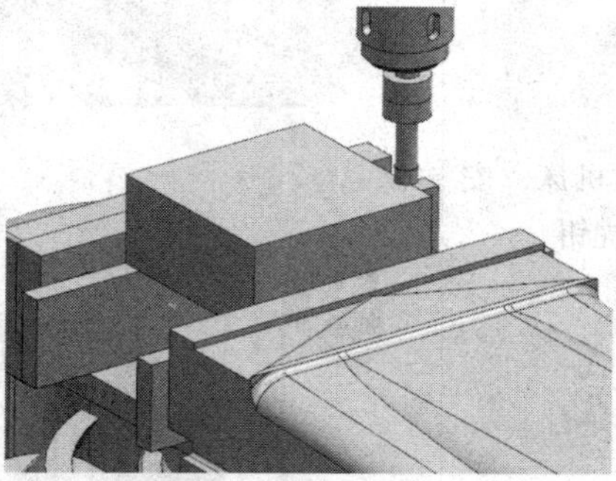	寻边，精确移距，对中心，紧固纵向进给机构和横向进给机构
5	钻底孔	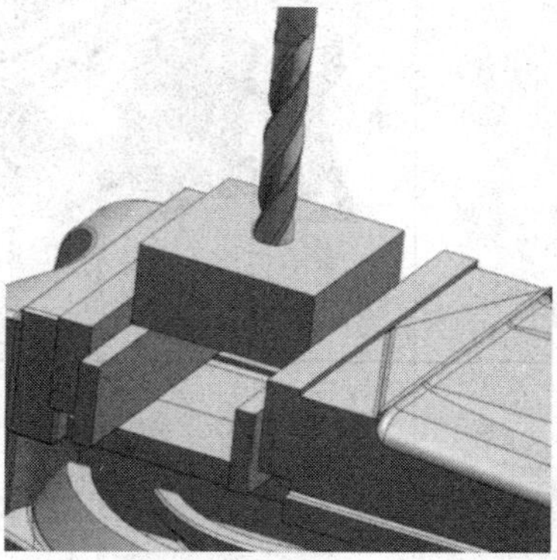	用 ϕ25 mm 的钻头钻出底孔
6	换镗刀盘，安装镗刀，粗镗孔	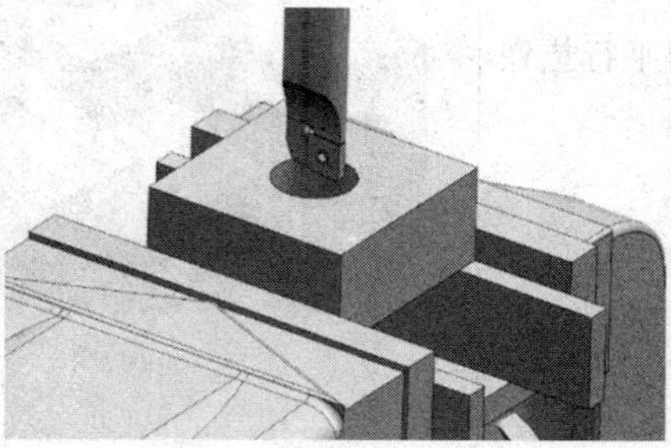	多次进刀镗削，测量孔位置正确后，留 0.3 ~ 0.5 mm 精镗余量

续表

序号	步骤	图示	要求
7	精镗孔		调整切削用量，精镗孔径至要求
8	镗孔完毕，停车，降落工作台并退出工件		注意退刀方向，刀尖要朝向操作者
9	检测合格后卸下工件，修锉毛刺，倒钝锐边		对所加工内容进行检测，修锉毛刺时不要划伤工件表面

3. 加工中的注意事项

（1）严格执行铣床安全操作规程和文明生产规定。

（2）选择合适的定位基准，注意平行垫铁的放置位置，不能妨碍镗孔。

（3）镗刀刚度较低，容易产生“让刀”现象，切削用量选择要合适。

（4）主轴停止转动后再退刀，且刀尖要转到朝向操作者，以免划伤孔壁。

（5）仔细测量，在保证孔位置正确后再精镗到尺寸。

（6）合理选择及充分浇注切削液。

四、镗孔课后作业

轴座零件图如图 10-6 所示。

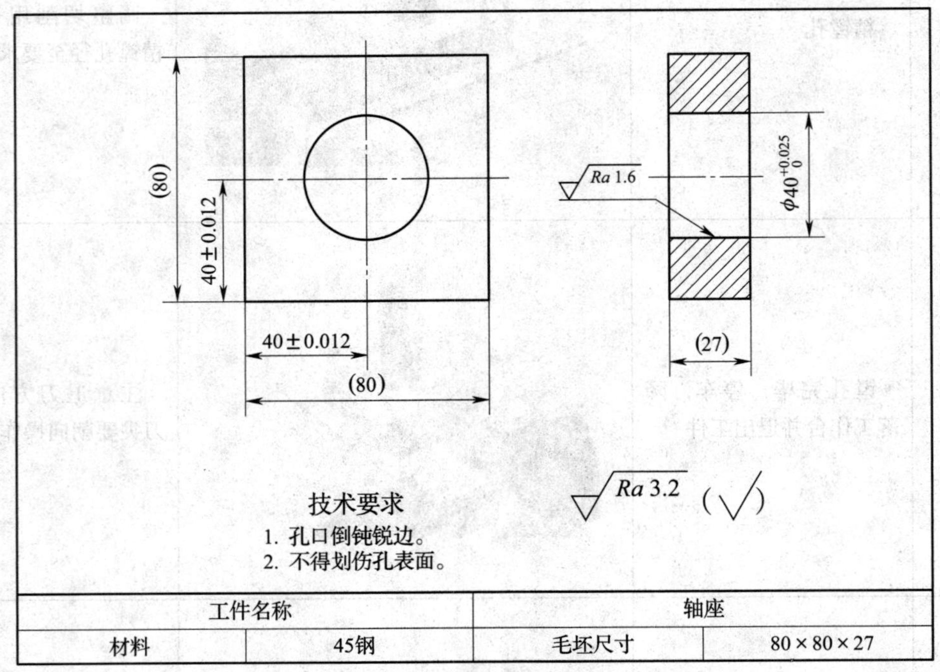

图 10-6　轴座

要求：根据零件图加工要求合理进行工艺分析，并写出工件加工步骤。

模块十一

典型零件的铣削

课题一 简单零件的铣削

学习目标

1. 正确使用简单零件铣削用工艺装备。
2. 掌握简单零件的铣削方法。
3. 掌握简单零件的检测方法。

一、简单零件铣削用工艺装备

1. 简单零件铣削用刀具

简单零件铣削一般使用面铣刀、立铣刀、中心钻、麻花钻、丝锥、锉刀、修边器等刀具。

2. 简单零件铣削用量具

简单零件铣削一般使用钢直尺、游标卡尺、深度游标卡尺、外径千分尺、百分表、表面粗糙度比较样块（或表面粗糙度仪）等量具。

3. 简单零件铣削用工具和夹具

简单零件铣削一般使用机用虎钳（或组合压板）、平行垫铁、寻边器、活扳手、呆扳手、内六角扳手、铜锤、油枪、毛刷、防护眼镜等工具和夹具。

二、铣削轴承位置调整侧板练习

轴承位置调整侧板零件图如图 11-1-1 所示。

1. 工艺分析

识读零件图，分析如下：轴承位置调整侧板材料为 45 钢，由六面体和三个螺纹

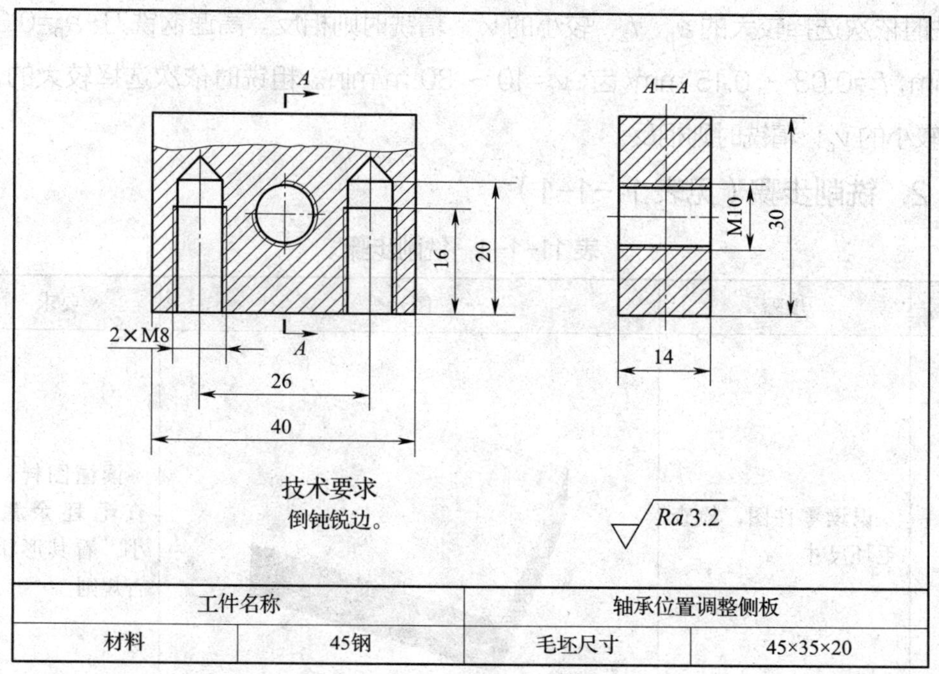

工件名称		轴承位置调整侧板	
材料	45钢	毛坯尺寸	45×35×20

图 11-1-1　轴承位置调整侧板

孔组成。六面体尺寸为 40 mm × 30 mm × 14 mm，未注公差，可按照精密级公差确定各尺寸及公差为（40 ± 0.15）mm、（30 ± 0.1）mm、（14 ± 0.1）mm。两个 M8 螺纹孔的螺纹深度及底孔深度可按照中等级公差确定尺寸及公差为（16 ± 0.2）mm、（20 ± 0.2）mm。内螺纹未注公差，用丝锥攻螺纹即可达到要求。表面粗糙度为 *Ra*3.2 μm，表面质量要求一般。零件毛坯尺寸为 45 mm × 35 mm × 20 mm。

（1）夹具选择

该零件尺寸较小，外形规则，故选择机用虎钳装夹。

（2）刀具选择

因零件尺寸较小，加工余量合适，在立式铣床上加工。选择的刀具包括 ϕ80 mm 面铣刀、ϕ20 mm 立铣刀、A 型中心钻、ϕ6.8 mm 和 ϕ8.5 mm 的钻头、M8 和 M10 的丝锥。

（3）量具选择

零件加工精度一般，用游标卡尺检测线性尺寸；用表面粗糙度比较样块或表面粗糙度仪检测表面粗糙度。

（4）铣削用量选择

硬质合金铣刀：a_p=0.5 ~ 3 mm；f_z=0.1 ~ 0.3 mm/ 齿；v_c=60 ~ 120 m/min。

粗铣时依次选择较大的 a_p、f_z，较小的 v_c；精铣时则相反。高速钢铣刀：a_p=0.3 ~ 2 mm；f_z=0.03 ~ 0.15 mm/ 齿；v_c=10 ~ 30 m/min。粗铣时依次选择较大的 a_p、f_z，较小的 v_c；精铣时则相反。

2. 铣削步骤（见表 11–1–1）

表 11–1–1 铣削步骤

序号	步骤	图示	要求
1	识读零件图，检查毛坯尺寸		读懂图样，检查毛坯余量大小，看其形状是否规则
2	检查及润滑机床，安装及找正机用虎钳		找正机用虎钳固定钳口与工作台纵向进给方向平行，利用标准平板找正固定钳口与工作台面垂直

续表

序号	步骤	图示	要求
3	安装刀具，调整铣削用量	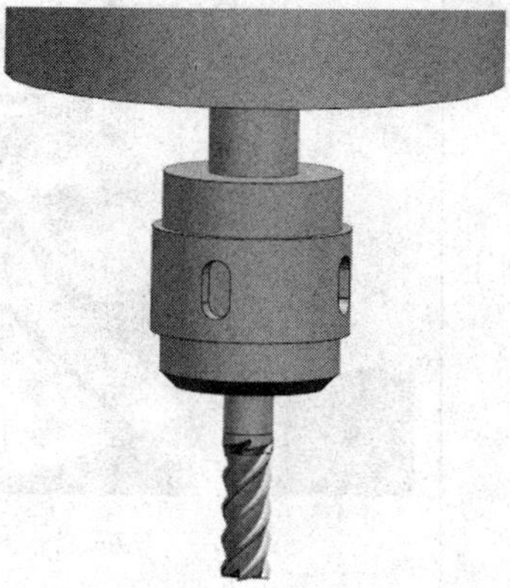	安装ϕ20 mm立铣刀，合理选择及调整铣削用量
4	选择合适的平行垫铁安装工件		夹持35 mm的两表面，砸实工件时注意用力大小，不能砸伤工件
5	铣削止口		在工件的前、后两个表面上铣削深度为4 mm、宽度为3 mm的止口，注意深度要一致

续表

序号	步骤	图示	要求
6	夹持止口，铣削上表面	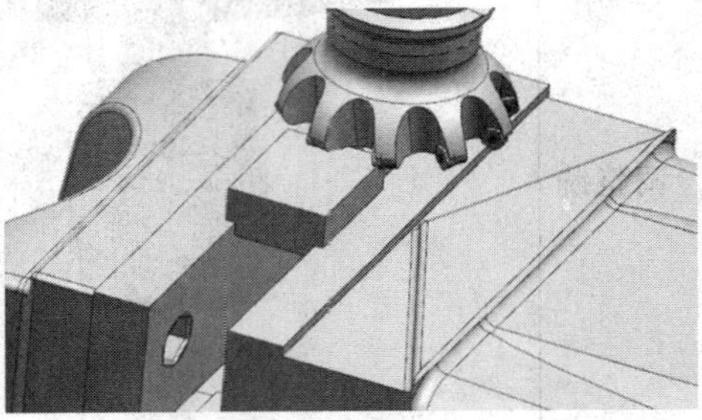	粗铣、精铣上表面，铣削深度为 0.5 mm 左右
7	铣削四周		调整铣削深度大于 14 mm（注意不要铣到钳口），粗铣、精铣四周，同时控制尺寸 40 mm、30 mm 至要求
8	夹持 30 mm 的两表面，通过铣削控制 14 mm 厚度尺寸		选择合适的平行垫铁装夹工件，粗铣、精铣 14 mm 厚度尺寸至要求

续表

序号	步骤	图示	要求
9	对刀，钻底孔	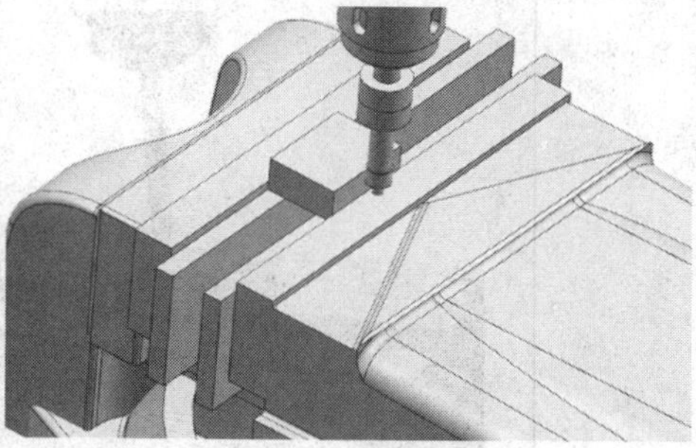 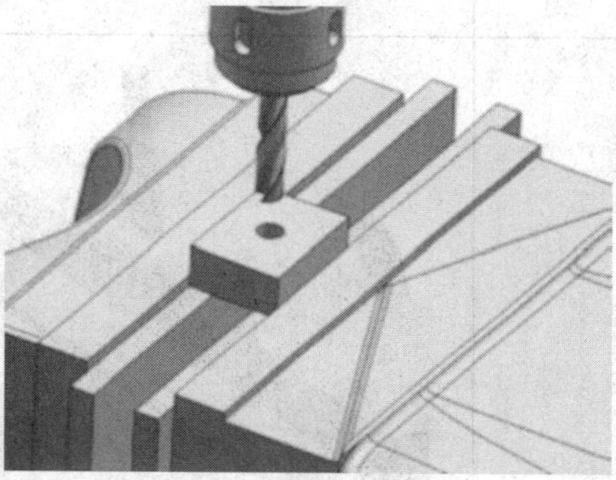	先用寻边器寻边对中心，然后用中心钻定位，再用钻头钻 $\phi 8.5$ mm 的底孔
10	夹持 14 mm 的两表面，钻底孔	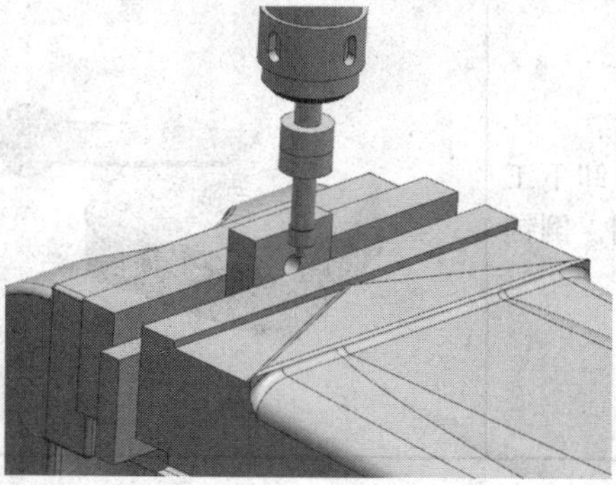 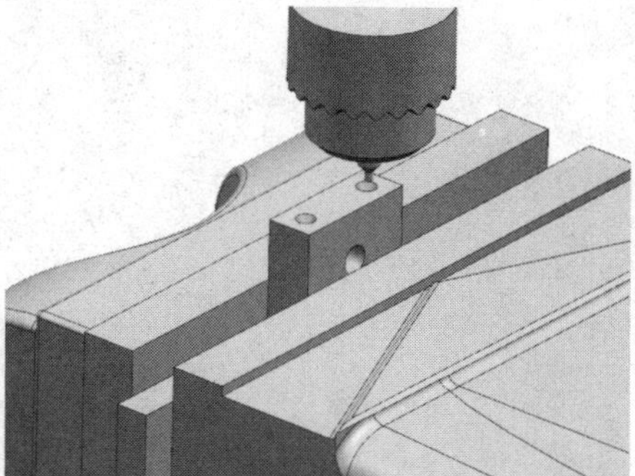	用寻边器寻边，调整工件位置，分别用中心钻定位后，钻 $\phi 6.8$ mm 的底孔，保证两孔中心距及孔深尺寸至要求

续表

序号	步骤	图示	要求
10		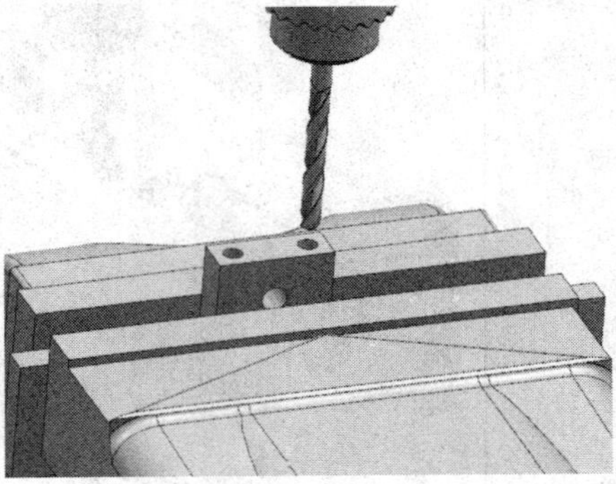	
11	攻螺纹	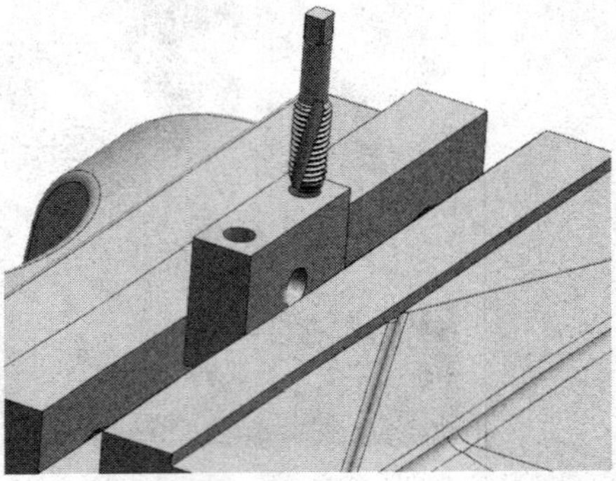	手动攻M8和M10的螺纹，控制螺纹深度尺寸符合图样要求
12	检测合格后卸下工件，修锉毛刺，倒钝锐边		对所加工内容进行检测，修锉毛刺时不要划伤工件表面

课题二 复杂零件的铣削

学习目标

1. 正确使用复杂零件铣削用工艺装备。
2. 掌握复杂零件的铣削方法。
3. 掌握复杂零件的检测方法。

一、复杂零件铣削用工艺装备

1. 复杂零件铣削用刀具

复杂零件铣削一般使用面铣刀、立铣刀、中心钻、钻头、铰刀、镗刀盘（配镗刀）、锉刀、修边器、倒角器等刀具。

2. 复杂零件铣削用量具

复杂零件铣削一般使用钢直尺、游标卡尺、深度游标卡尺、游标万能角度尺、外径千分尺、内测千分尺、壁厚千分尺、百分表、杠杆百分表、塞规、表面粗糙度比较样块（或表面粗糙度仪）等量具。

3. 复杂零件铣削用工具和夹具

复杂零件铣削一般使用机用虎钳（或组合压板）、平行垫铁、V 形架、寻边器、活扳手、呆扳手、内六角扳手、铜锤、油枪、毛刷、防护眼镜等工具和夹具。

二、铣削曲柄

曲柄零件图如图 11-2-1 所示。

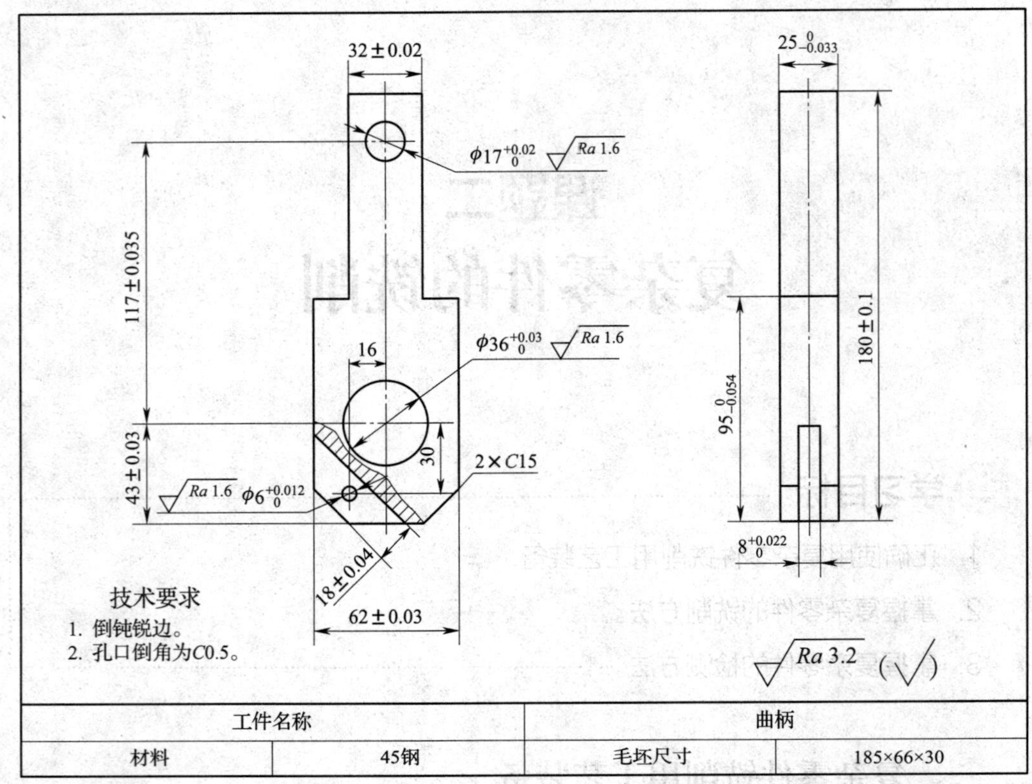

图 11–2–1 曲柄

1. 工艺分析

识读零件图，分析如下：曲柄材料为 45 钢，由六面体、斜面、台阶、直角沟槽和孔组成。六面体尺寸分别为（180±0.1）mm、（62±0.03）mm、$25_{-0.033}^{\ 0}$ mm。两个斜面尺寸为 C15 mm。台阶尺寸分别为 $95_{-0.054}^{\ 0}$ mm、（32±0.02）mm。直角沟槽尺寸分别为 $8_{\ 0}^{+0.022}$ mm、（18±0.04）mm。三个孔的尺寸分别为 $\phi6_{\ 0}^{+0.012}$ mm、$\phi17_{\ 0}^{+0.02}$ mm、$\phi36_{\ 0}^{+0.03}$ mm；孔中心距分别为（43±0.03）mm、（117±0.035）mm、16 mm、30 mm。零件加工精度整体要求较高。孔表面粗糙度为 *Ra*1.6 μm，表面质量要求较高；其余表面粗糙度为 *Ra*3.2 μm，表面质量要求一般。零件毛坯尺寸为 185 mm×66 mm×30 mm。

（1）夹具选择

该零件尺寸中等，外形规则，故选择机用虎钳装夹。

（2）刀具选择

因零件尺寸中等，加工余量合适，在立式铣床上加工，选择的刀具包括 ϕ80 mm 面铣刀，ϕ6 mm、ϕ8 mm、ϕ16 mm 立铣刀，A 型中心钻，ϕ5.7 mm、

ϕ16 mm、ϕ32 mm 的钻头，ϕ6H7 铰刀，镗刀盘（配镗刀）。

（3）量具选择

选择的量具包括钢直尺，游标卡尺（数显游标卡尺），深度游标卡尺（数显深度游标卡尺），25 ~ 50 mm、50 ~ 75 mm、75 ~ 100 mm 外径千分尺，5 ~ 30 mm、25 ~ 50 mm 内测千分尺，游标万能角度尺，ϕ6H7、$\phi 17^{+0.02}_{0}$ mm、$\phi 36^{+0.03}_{0}$ mm 塞规。用表面粗糙度比较样块或表面粗糙度仪检测表面粗糙度。

（4）铣削用量选择

硬质合金铣刀: a_p=0.5 ~ 5 mm; f_z=0.1 ~ 0.3 mm/ 齿; v_c=60 ~ 120 m/min。粗铣时依次选择较大的 a_p、f_z，较小的 v_c；精铣时则相反。高速钢铣刀: a_p=0.3 ~ 2 mm; f_z=0.03 ~ 0.15 mm/ 齿; v_c=10 ~ 30 m/min。粗铣时依次选择较大的 a_p、f_z，较小的 v_c；精铣时则相反。

2. 铣削步骤（见表 11-2-1）

表 11-2-1　铣削步骤

序号	步骤	图示	要求
1	识读零件图，检查毛坯尺寸		读懂图样，检查毛坯余量大小，看其形状是否规则
2	检查及润滑机床，安装及找正机用虎钳		找正机用虎钳固定钳口与工作台纵向进给方向平行，利用标准平板找正固定钳口与工作台面垂直

续表

序号	步骤	图示	要求
3	安装刀具，调整铣削用量	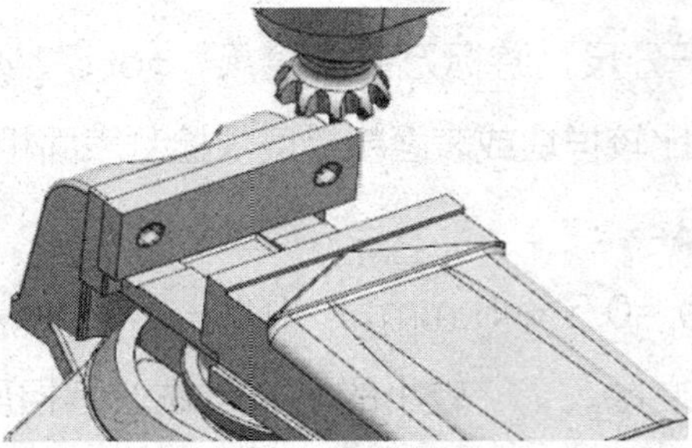	安装 ϕ80 mm 硬质合金面铣刀，合理选择及调整铣削用量
4	选择合适的平行垫铁装夹工件，铣削（62 ± 0.03）mm 的两面	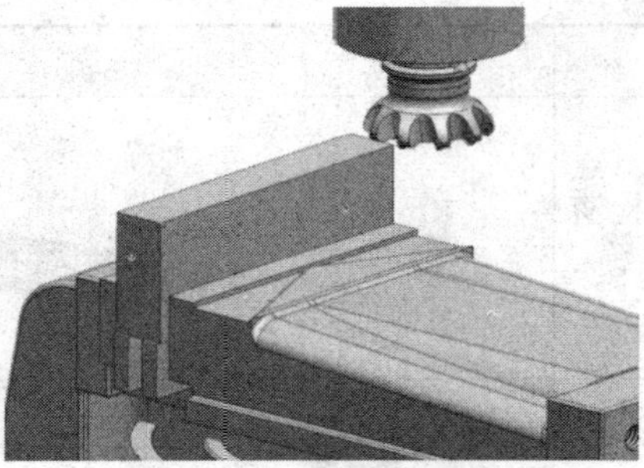	夹持 30 mm 的两表面，铣削 66 mm 尺寸至 63 mm，注意两面加工余量均匀
5	粗铣 $25_{-0.033}^{0}$的两面	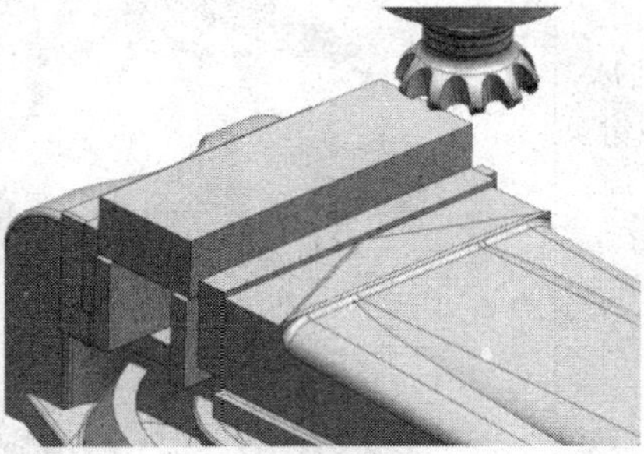	夹持 63 mm 的两表面，粗铣 30 mm 尺寸至 26 mm

续表

序号	步骤	图示	要求
6	精铣 $25_{-0.033}^{0}$的两面	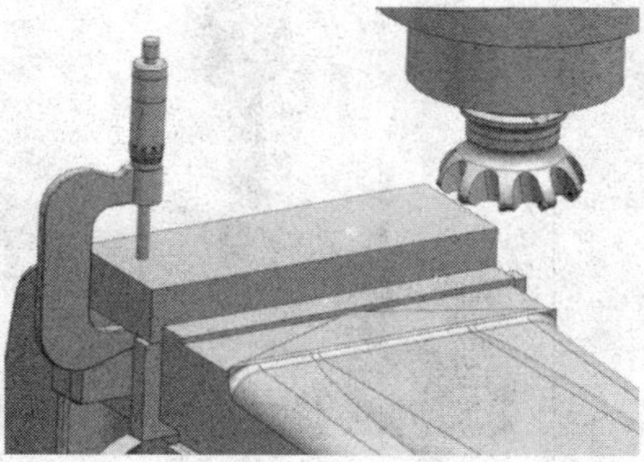	上下翻转工件，夹持 63 mm 的两表面，精铣 $25_{-0.033}^{0}$ mm 尺寸至要求
7	换 $\phi16$ mm 立铣刀，粗铣、精铣(180 ± 0.1) mm 的两面	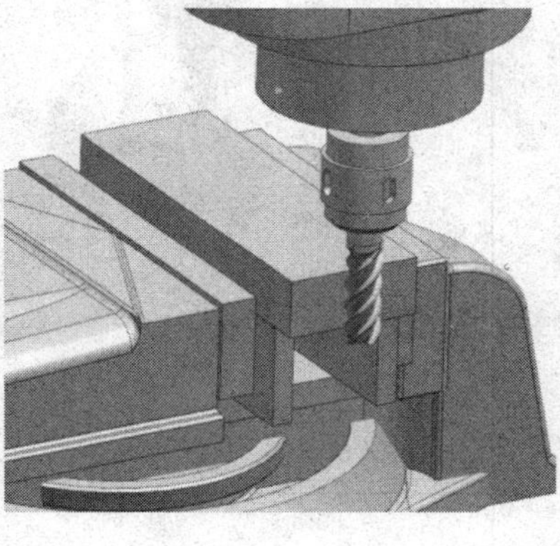	换立铣刀，选择及调整铣削用量，夹持 63 mm 的两表面，工件右端伸出钳口端面 10 mm 左右，粗铣、精铣（180 ± 0.1）mm 尺寸至要求
8	粗铣台阶	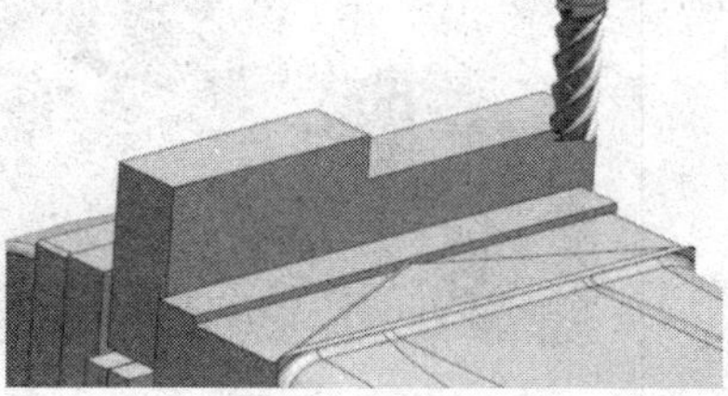	夹持$25_{-0.033}^{0}$mm 的两表面，粗铣两台阶至 97 mm × 15 mm

续表

序号	步骤	图示	要求
9	精铣台阶	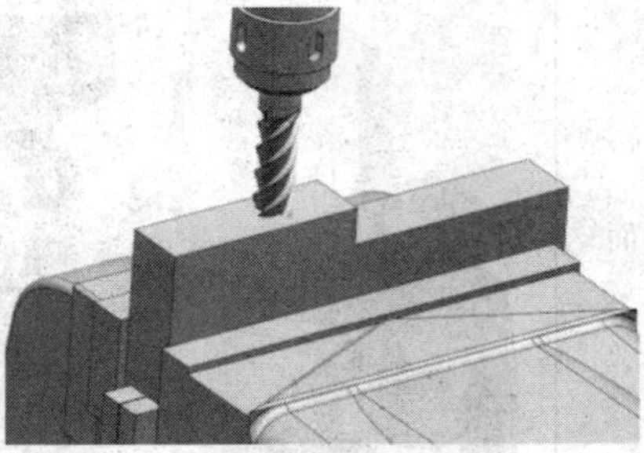 	将 63 mm 尺寸精铣至 62.5 mm，精确进刀 15 mm，精铣台阶深度至要求，同时铣削 $95\ ^{0}_{-0.054}$ mm 尺寸至要求
10	精铣（62 ± 0.03）mm、（32 ± 0.02）mm 尺寸	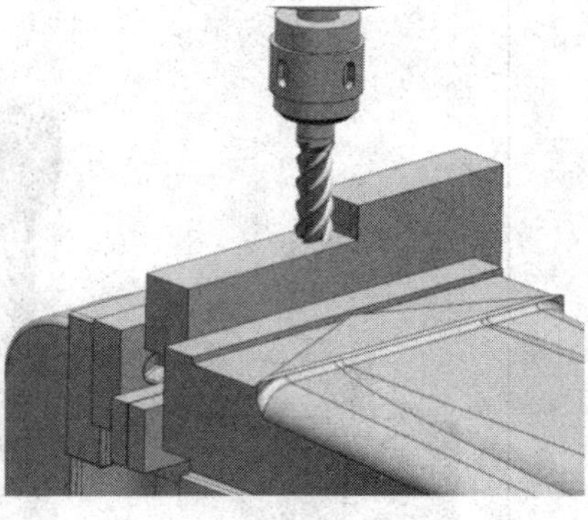	将工件调转 180° 装夹，精铣（62 ± 0.03）mm 尺寸至要求，精铣台阶深度至要求［控制尺寸（32 ± 0.02）mm 和 $95\ ^{0}_{-0.054}$ mm］

续表

序号	步骤	图示	要求
11	铣削斜面	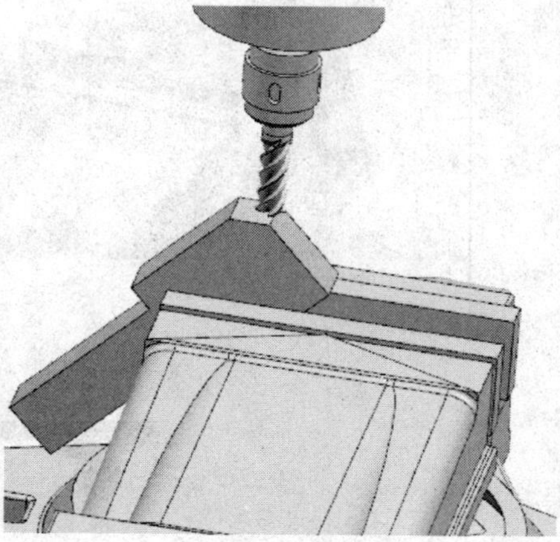 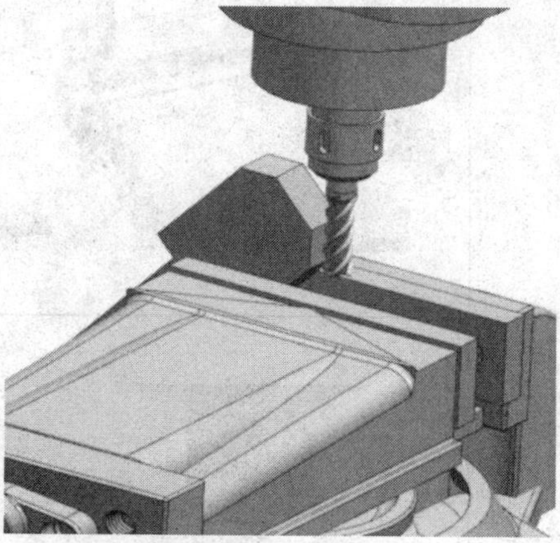	划线找正工件或用V形架装夹工件，一次装夹铣削$C15$ mm的两斜面至要求，（铣削完斜面后不卸下工件）
12	铣削直角沟槽		换$\phi6$ mm立铣刀，粗铣直角沟槽，深度留0.3 mm左右余量。换$\phi8$ mm立铣刀精铣直角沟槽至要求

续表

序号	步骤	图示	要求
13	钻底孔	 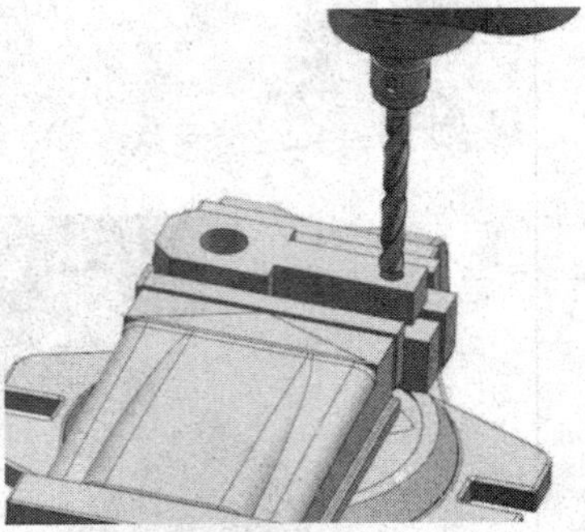	用寻边器寻边或划线，用中心钻定位后分别钻 ϕ32 mm、ϕ16 mm 底孔
14	铰孔	 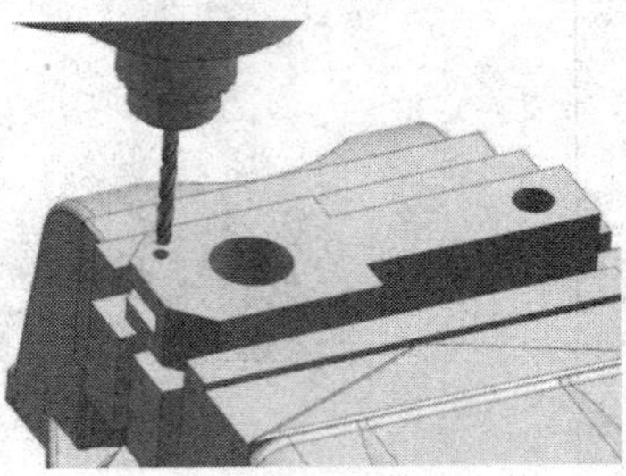	用寻边器寻边，用中心钻定位，钻、铰 $\phi6^{+0.012}_{0}$ mm 孔，控制好中心距 16 mm、30 mm

续表

序号	步骤	图示	要求
15	镗 $\phi 36^{+0.03}_{0}$ mm 孔	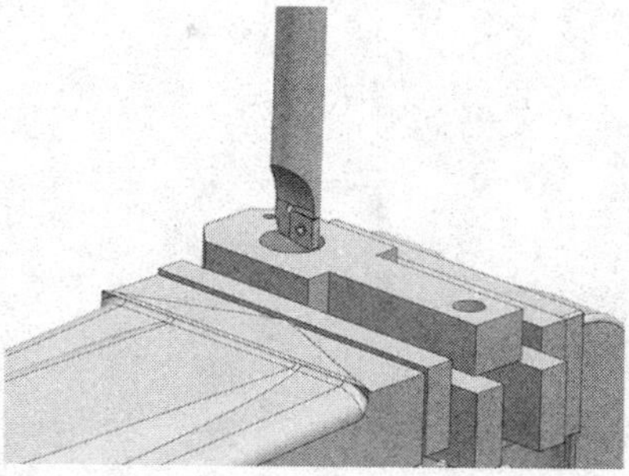	换镗刀盘，安装镗刀，精确移距，粗镗、精镗 $\phi 36^{+0.03}_{0}$ mm 孔至要求，注意控制好中心距（43 ± 0.03）mm
16	镗 $\phi 17^{+0.02}_{0}$ mm 孔	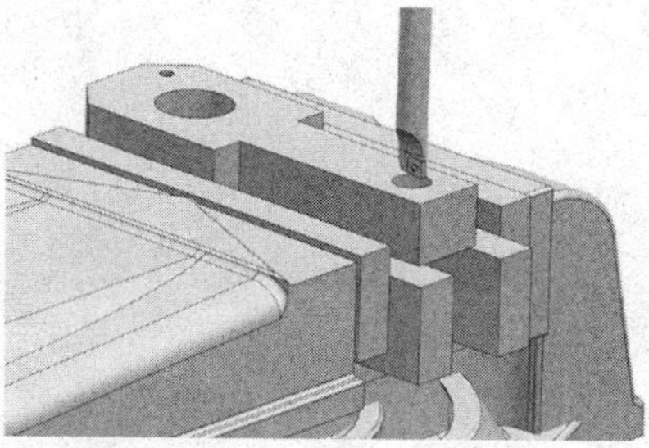	精确移距，粗镗、精镗 $\phi 17^{+0.02}_{0}$ mm孔至要求，注意控制好中心距（117 ± 0.035）mm
17	检测合格后卸下工件，修锉毛刺，倒钝锐边，孔口倒角		对所加工内容进行检测，修锉毛刺时不要划伤工件表面